포괄안보 시대의
위기관리 전략

김진항

주요 학력

육군사 관학교 졸업(영문학사), 연세대학교 대학원 행정학과 졸업(행정학 석사), 미 육군대학원(U.S. ARMY WAR COLLEGE) 졸업, 경기대학교 정치전문대학원 외교/안보학과 졸업(국제정치학 박사)

주요 경력

합동참모본부 군사전략과장, 제12보병 사단장, 육군포병학교장, 한국안보문제연구소 부소장, 행정안전부 재난안전실장, 한국지방행정연구원 석좌연구위원, 공무원연금공단 상임이사, 서울시립대학교/건국대학교 교수
현, 안보문제연구소 이사, 안전모니터봉사단중앙회 회장

저서

전략은 어떻게 만들어지나?(번역서, 연경문화사, 2000), 전략이란 무엇인가?(양서각, 2006), 화력마비전(시선, 2010), 유리한 경쟁의 틀로 바꿔라(박영사, 2011), 세월호를 넘어 멋진 세상으로(위디앤피, 2014)

포괄안보 시대의
위기관리 전략

2018년 1월 5일 초판 인쇄
2018년 1월 10일 초판 발행

지은이 | 김진항
교정교열 | 정난진
펴낸이 | 이찬규
펴낸곳 | 북코리아
등록번호 | 제03·01240호
주소 | 13209 경기도 성남시 중원구 사기막골로 45번길 14
       우림2차 A동 1007호
전화 | 02-704-7840
팩스 | 02-704-7848
이메일 | sunhaksa@korea.com
홈페이지 | www.북코리아.kr
ISBN | 978-89-6324-579-9 (93390)

값 25,000원

포괄안보 시대의
위기관리
전략

김진항 지음

북코리아

서언

    인생(人生)은 위기(危機)의 연속(連續)이다. 사람은 태어나면서부터 위기를 맞는다. 아마도 그것은 인생에서 가장 큰 위기일지도 모른다. 엄마의 배 속에서, 그것도 양수(羊水)로 보호를 받으면서 편안하게 지냈는데 전혀 새로운 환경에 노출(露出)되니 정말 난감(難堪)할 것이다. 부모의 보호 속에서 자라지만 생명을 위협하는 질병(疾病)과 싸워야 하고, 나이를 먹으면 학교에 가야 하고 또래 친구들과 사귀어야 하고 학교를 졸업하면 취직(就職)해야 하고 결혼도 하고 아이도 낳아 키워야 한다. 그리고 사회 시스템의 일원(一員)으로서 역할을 해야 한다. 이 과정에서 수많은 도전(挑戰)을 받게 되는데 그때마다 정도의 차이는 있지만 각자 나름의 위기에 봉착(逢着)한다.

    우리는 태어날 때 위기를 겪었지만 죽음도 인생에서 큰 위기다. 죽음이라는 것 자체가 생명의 종결(終決)을 의미하며 유기체(有機體)의 핵심적 가치가 소멸(消滅)되는 것이다. 그러므로 죽음 자체는 위기가 아니지만, 죽음에 이르는 과정이 위기다. 그리고 죽음은 본인뿐만 아니라 가족을 포함한 관계자들에게 위기상황을 제공한다. 이처럼 우리 인생은 태어나서 죽을 때까지 위기의 연속이다. 위기로 시작해서 위기로 끝난다고 할 수 있다. 따라서 위기를 극복하는 능력이 인생의 성패를 결정한다고 해도 지나친 말은 아니다. 그러므로 인생을 풍요롭고 멋지게 살고 싶으면 위기관리 역량을 극대화(極大化)해야 한다.

이러한 위기를 잘 극복(克服)하면 성공하는 사람이 되고 그러지 못하면 실패자가 된다. 극복한 위기가 크면 클수록 성공의 크기는 커지며 그 위기의 극복 과정이 어려울수록 더 많은 사람들에게 감동(感動)을 준다. 세상만사(世上萬事)가 다 그렇듯이 위기도 모두가 나쁜 것은 아니며, 오히려 극복 가능한 위기는 발전의 디딤돌이 된다. 따라서 성공적인 삶을 위해서는 '극복 가능한 위기의 기회'를 스스로 만드는 것도 하나의 좋은 방법이다. 사람은 위기를 통해서 역량(力量)이 커질 뿐만 아니라 지도자로서 부상(浮上)할 수도 있기 때문이다.

위기는 모든 유기체에게 일상(日常)으로 일어나는 일이었지만 위기관리가 세간(世間)의 관심을 받기 시작한 것은 1962년 10월 22일부터 동년 11월 2일 까지 12일 동안 벌어진 미국과 소련 간의 대치(對峙) 국면(局面)이 있고 나서부터이다. 이를 통상(通常) '쿠바 미사일 위기'라고 하는데, 핵전쟁(核戰爭)으로 비화(飛火)할지도 모르는 국제정치 상황을 미국의 케네디 대통령이 슬기롭게 관리하여 원상회복(原狀回復)하였다. 그 결과 케네디는 훌륭한 대통령으로 명성(名聲)을 얻은 반면, 소련의 공산당 서기장 흐루쇼프는 실각(失脚)했다. 이 사례는 성공적 위기관리의 전형(典型)으로 꼽히고 있으며, 그 이후 국제정치학자들이 위기관리에 관심을 갖기 시작하였다. 이렇게 보면 위기관리의 역사는 지극히 일천(日淺)하다고 볼 수 있다.

이처럼 위기관리가 등장한 초기에는 이를 국가안보상의 문제에 관련한 것으로서 전쟁 발발(戰爭勃發) 위기상황을 관리하는 문제에 국한(局限)하였다. 그러다가 안전보장의 영역(領域)이 확대되고 국가는 위협(威脅) 또는 위험(危險)의 원인이 무엇이든지 상관없이 국민에게 안전을 보장해 주어야 하는 포괄안보(包括安保) 상황이 됨에 따라 위기관리의 영역도 점차 확대되어, 위기에 대한 정의는 이제 "모든 유기체(有機體)가 지켜야 할 핵심적(核心的) 가치가 위험에 처한 상태"로 확대되어 보편적(普遍的) 개념으로 정의(定義)된다.

그러면 이러한 위기는 왜 발생하는가? 이에 대한 답은 세상의 이치(理致)에 연원(淵源)한다. 즉, "만물(萬物)은 변(變)한다."라고 설파(說破)한 고대 그리스의 철학자 탈레스의 말처럼 세상에 변하지 않는 것은 없기 때문이다. 그 변화가 유기체의 주체(主體)가 원하는 방향인가 아닌가에 따라 다르지만, 사실 변화 없이는 아무것도 이룰 수가 없다. 그리고 이 유기체는 이처럼 변화하는 환경 속에서 생존(生存)과 번영(繁榮)이라는 가치를 추구(追求)하는데, 이 변화하는 환경이 유기체의 핵심적 가치에 부정적 영향을 주는 상황이 되면 위기가 되는 것이다.

이러한 위기는 어떻게 관리하느냐에 따라 발전(發展)할 수도 또는 퇴보(退步)할 수도 있다. 그러므로 흔히 하는 말로 위기는 위험(危險)과 기회(機會)라고도 한다. 다시 말해 위기를 잘못 관리하면 위험이 되고 잘 관리하면 발전의 기회가 된다는 말이다. 우리 인류(人類)는 수많은 위기를 겪어 오는 과정에서 위기를 잘 관리하지 못한 종족은 도태(陶汰)되어 버렸기 때문에 위기를 잘 관리하여 진화(進化)한 DNA만이 유전인자(遺傳因子)로 남아 우리 몸속에 흐르고 있다. 이처럼 위기관리는 유기체의 핵심적 가치를 관리하는 아주 중요한 수단이다.

그러면 이렇게 중요한 위기관리를 어떻게 하면 잘할 수 있을까? 위기관리의 목적은 기본적으로 위기 발생 이전(危機發生以前) 상태로 원상회복(原狀回復)을 하거나, 위기를 활용하여 오히려 전화위복(轉禍爲福)의 계기(契機)로 삼아 더 나은 상태로 한 단계 발전시키는 것이다. 그런데 문제는 위기를 당한 어려운 상황에서 어떻게 조기(早期)에 원상회복하거나 또는 위기가 발생하기 이전보다 더 나은 상태를 만들 수 있는가 하는 것이다. 따라서 위기의 관리 방법론(管理方法論)의 문제가 핵심이다. 위기상황을 면밀(綿密)히 분석해 보면 위기를 당한 위기관리 주체는 아주 어려운 여건으로 약자(弱者)의 입장에 처한다. 이 약자는 위기를 조장(助長)한 강자(强者)와의 대결에서 반드시 이기거나 악화(惡化)된 여론을 호전(好轉)시켜야 자신의 핵심적 가치를 지킬 수 있다.

그런데 약자가 강자와의 경쟁에서 이기고자 하는 방법론은 전략 이외에는 대안(對案)이 없다. 그렇다면 전략이란 무엇인가? 동서고금(東西古今) 전략의 근원(根源)을 살펴보고 오늘날과 같은 포괄안보(包括安保) 시대에 적용할 수 있는 전략의 보편적 개념을 찾아 보면 전략이란 "유리한 경쟁의 틀로 바꾸는 것"이라고 정의됨을 알 수 있다. 즉, 불리한 상황에서 유리한 상황으로 바꾸는 방법이 전략인 것이다. 그러므로 전략의 보편적 정의를 바탕으로 전략의 본질(本質)과 속성(屬性)을 이해하고 그 유리한 경쟁의 틀을 만드는 방법론을 체득(體得)한다면, 위기의 예방(豫防)과 위기 발생에 대응(對應)하는 위기관리를 잘할 수 있을 것이다. 따라서 전략에 대한 이해와 활용 사례(活用事例)를 공부하면 위기 시에 적절하게 활용하여 위기를 성공적으로 관리할 수 있을 것이다.

그러나 포괄안보 상황하에서, 과거 전통적(傳統的) 차원의 위기 개념과 위기관리 방법만으로는 우리가 필요로 하는 위기관리에 한계(限界)가 있다. 따라서 그 한계를 극복하고 우리에게 닥치는 모든 위기에 적절하게 대처하는 방법을 찾기 위해서 창의적인 새로운 시도(試圖)가 절실(切實)하다고 생각하였다. 이러한 시도는 먼저 시대적 요구가 포괄안보 상황이라는 점을 적시(摘示)하고 그 포괄안보의 발전을 개관(槪觀)하여 오늘에 적합한 안보 개념(安保槪念)으로 정의하였다. 이어서 포괄적 안보 상황 하에서 위기(危機)의 개념과 위기관리(危機管理)의 방법은 언제, 어느 곳에서나 적용이 가능한 보편적 개념으로 정의하여 체계화(體系化)하였으며, 위기관리와 전략의 관계를 규명(糾明)하여 전략에 대한 연구가 필요함을 인지(認知)케 하였다. 이어서 전략에 대한 핵심적 요소를 전개한바, 전략 역시 고전적(古典的) 의미의 개념을 뛰어넘어 시공(時空)을 초월(超越)한 모든 분야에서 적용이 가능한 보편적 개념으로 정의하고 이를 이용하여 전략을 수립(樹立)하고 구사(驅使)하는 방법론을 설명하였으며, 전략에 대한 이해를 돕기 위한 부수적(附隨的) 사항들에 대한 설명을 곁들였다.

특히 역점(力點)을 둔 점은 위기와 위기관리에 대한 이론적 접근과 전략에 대한 통찰(洞察)을 하나의 연리지(連理枝)[1]로 엮어서 위기관리 전략에 대한 이론적 접근과 실제 적용 가능한 방법론을 제시하려고 노력했다는 것이다. 이러한 위기관리 전략은 지금까지 어느 누구도 시도해 보지 못한 주제이다. 따라서 독자의 용이(容易)한 이해를 위하여 먼저 위기관리 전략의 의의(意義)를 설명한 후 위기관리 단계별 전략을 살펴보았다. 이어서 위기관리 전략이 성공하기 위한 중요한 요소를 탐구(探究)하고 실제적 적용을 위한 위기관리 전략의 수립 절차를 제시하였다. 이를 바탕으로 위기관리 집행 계획 수립 및 시행 방안에 대한 원론적 설명을 부가(附加)하였다.

---

1)   저자의 학위 논문 "포괄안보 시대의 국가위기관리 시스템 구축에 관한 연구"(경기대, 2010)와 졸저 『경쟁의 틀을 바꿔라』(서울: 박영사, 2011)를 상호 유기적으로 결합함

마지막으로 위기관리에서 가장 중요하고 의미 있는 국가위기관리에 대한 이해를 고양하기 위하여 우리나라 국가위기관리 전략의 발전 방향을 사례로 논하였다. 국가위기관리의 핵심 과제는 전통적으로 전쟁 발발(戰爭勃發) 위기를 관리하는 것이지만 포괄안보 시대에는 재난으로부터 오는 위험이 주는 위기의 관리도 중요하다. 전통적 위기는 현대 무기의 가공(可恐)할 위력(威力)에 대한 공포(恐怖)와 국제정치상의 억제(抑制) 전략의 영향으로 그 빈도(頻度)가 제한되지만, 재난으로 위한 국가위기는 강도(强度)는 약하지만 빈도(頻度)는 훨씬 높다. 이러한 상황에서 국가위기관리 시스템을 가장 효율적으로 관리 · 유지할 수 있는 방안을 제시하고자 노력하였다. 그러나 정부가 바뀔 때마다 변하는 위기관리 시스템에 대하여 구체적인 예시(例示)는 의미가 없으므로 원칙적인 방향만 제시하였다.

　　아직도 많은 학자들이 고전적 의미의 위기관리에 매몰(埋沒)되어 있는 상황에서 포괄안보 시대의 위기관리 전략은 다소 생소(生疏)한 감이 없지 않을 것이다. 그럼에도 불구하고 이러한 모험(冒險)을 시도(試圖)하는 것은 지금 시대적 상황이 요구하고 있는 방향에 누군가는 향도(嚮導)로 나서야 한다는 의무감(義務感)에서다. 국가의 역할이 확대되어 위협이 무엇이든지 상관없이 국민을 보호해야 하는 포괄안보 시대에, 자유민주주의 체제하에서 국가의 주인인 국민은 어떠한 원인에 의한 것이든 각자의 핵심적 가치는 반드시 보호받아야 한다. 그런 의미에서 위기관리는 보편성(普遍性)을 지닌 개념으로 확대되어 적용되어야 한다. 뿐만 아니라 이러한 위기에 대한 개념의 보편성은 위기관리에 대한 새로운 패러다임(paradigm)을 제시하여 위기관리에 대한 학문적 영역을 확대하고, 나아가서 국민 생활 전반에 나타나는 위기를 효율적으로 관리할 수 있는 장(場)을 펼 수 있을 것이다.

관성(慣性)의 법칙 때문에 새로운 혁신적(革新的) 사고(思考)에 대하여 상당한 저항(抵抗)이 있으리라 예상되지만, 이러한 다소 무모한 시도가 위기관리 학문 분야에 새로운 지평(地平)을 열어 줄 것으로 확신한다. 그리고 학문은 언제나 도전(挑戰)이고 새로운 시도를 통하여 발전하는 것이므로, 개척자적(開拓者的) 입장에서 다소 부족한 감이 있으나 독자(讀者) 제현(諸賢)들의 조언(助言)과 질책(叱責)으로 나날이 다듬어질 것으로 확신하면서 세상에 내놓을 용기를 가졌다. 모쪼록 이 무모(無謀)한 시도가 위기를 관리해야 하는 모든 사람들에게 도움이 되는 지침서(指針書)가 되기를 간절(懇切)히 소망(所望)한다.

2018년 1월
저자 김진항

CONTENTS

CONTENTS

1장

포괄안보에 대한 이해

1.
포괄안보 개념의 태동 원인

1) 국가관의 변화와 국가책무의 확장

   안전보장의 어원(語源)은 라틴어 'se'(free: …로부터의 해방(解放) 또는 자유)
와 'curitas'(care, anxiety: 불안(不安), 근심 등)의 합성어(合成語)인 'securitas'로부
터 유래(由來)되었다.[1] 따라서 이것은 불안, 걱정, 불확실성으로부터의 자
유를 의미한다. 전통적인 차원에서 안보의 시각(視角)은 안보의 기본 단
위가 국가이기 때문에 국가의 영토 개념(領土槪念)이 중시(重視)되었고 국
경선(國境線)은 국가안보 문제 발생의 핵심적(核心的)인 기준이 되었다. 그
리고 국가안보에 대한 위협(威脅)은 국내보다는 국외에서 발생하는 것으
로 보기 때문에 외부 위협으로부터 국내의 모든 가치를 보전(保全)하는
것을 국가안전보장(國家安全保障) 행위로 본다. 이러한 맥락(脈絡)에서 국가
안보는 국가의 생존과 이익을 안전하게 보호하는 것, 외부의 위협으로

---

1)   최경락 · 정준호 · 황병무, 『국가안전보장서론』(서울: 법문사, 1989), p. 15.

부터 국가와 국민을 보호하는 것으로 인식되어 왔다. 따라서 전통적 시각(視覺)에서의 국가안보 개념은 '외부의 위협으로부터 국가의 내적(內的) 제(諸) 가치(價値)를 보호하기 위한 국가의 역할'이라고 정의(定義)할 수 있다. 국가란 국가를 구성하는 영토 위에서 생활하는 일체의 인간과 인간 집단이 외부의 위협으로부터 방어하고 내부의 치안을 확보하여 일정한 목적을 달성하기 위해 정부라는 조직을 가지는 국민의 단체라고 정의할 수 있다.[2] 이러한 국가의 개념에 기반(基盤)한 안보 개념은 주로 국가의 구성 요소(構成要素)인 영토(領土), 국민(國民), 주권(主權)을 보호하는 것에 국한된다. 대체로 고대 국가로부터 제2차 세계대전까지 국가안보의 개념은 이처럼 외침으로부터 국가를 방어하여 국민의 생명(生命)과 재산(財産)을 보호하는 것에 국한되었다. 고전적 자유주의자들은 국가란 국민 자신이 최선이라고 생각하는 대로 생활할 수 있도록 평화와 사회질서를 제공하는 것에 그쳐야 한다고 주장한 것이다. 따라서 고대 국가에서 국가의 역할은 외침(外侵)으로부터 국가를 보호하는 것에 한정되어 있었다.[3]

자유방임주의(自由放任主義)하에서 국가가 수행해야 할 기능은 외적의 침입 방지, 국내 치안의 확보, 개인의 사유재산과 자유에 대한 침해의 제거 등과 같은, 필요한 최소한의 임무 수행에만 있는 것으로 여겨지게 되었다. 이것이 이른바 근대 초의 야경국가(夜警國家)[4]의 기능이다.[5] 이러한 국가관에 입각(立脚)하고 있었기 때문에 국민의 세금으로써 충당(充當)되는 국가의 경비(經費)는 적으면 적을수록 좋다고 보는, 이른바

---

2) 정인홍 외, 『정치학 대사전』(서울: 박영사, 2005), p. 172.

3) 전호훤, 『국가안보론: 이론과 실제』(대전: 한밭대학교 출판부, 2009), p. 9.

4) 독일의 사회주의자 라살레(Lassalle, F.)가 자유주의 국가를 비판하면서 사용한 개념이다.

5) 이극찬, 『정치학』(서울: 법문사, 1999), pp. 9-10.

'값싼 정부(cheap government)'의 운영이 그 당시의 이상(理想)이었다. 그러나 민주주의와 자본주의가 발전함에 따라 이제 국가는 오로지 국내의 치안 유지(治安維持)와 대외 방위만을 그 주된 직무(職務)로 삼는 야경국가적 존재가 아니게 되었으며, 각 국민에게 '인간다운 생활(decent life)'을 보장해 주기 위하여 경제활동에 대한 적극적 개입이 절실히 요청되게 되었다. 이리하여 이른바 '값싼 정부'로부터 '거대한 정부(big government)'로, '야경 국가'로부터 '복지국가(welfare state)'로의 전환(轉換)이 이루어지게 된 것이다. 다시 말해서, 20세기에 이르러 국가의 역할이 점진적으로 확대되면서 최대 국가론이 부상(浮上)하였다. 즉 사회민주주의자, 근대 자유주의자, 온정적 보수주의자를 포함한 이데올로기(ideology)의 연합(聯合)에 의해 지지(支持)를 받은 유권자들이 사회적 안전에 대해 압력을 가하면서 정부는 빈곤과 사회적 불평등을 줄이며 사회적 복지를 확대하는 것에 비중을 두게 된 것이다.[6]

이처럼 현대 사회에서는 복지국가의 실현이라는 목표 구현을 위하여 모든 국가가 '작은 정부론'에서 '큰 정부론'의 국가관으로 변화하게 된 것이다.[7] 이와 같이 국가의 역할이 증대됨에 따라 국가가 수행하는 기능도 소극적(消極的) 기능에서 적극적(積極的) 기능으로 확대되고 있다. 리프먼(W. A. Lippmann)은 "가장 적게 통치(統治)하는 정부가 가장 좋은 정부라고 보는 것이 18세기의 진리라면 가장 많이 공급해 주는 정부가 가장 좋은 정부라고 보는 것이 20세기의 진리"라고 주장하면서 국가기능이 점차 증대하고 있음을 지적하였다.[8] 이와 같이 현대 사회에서는 사회

---

6) Andrew Heywood, 이종은 · 조현수 역, 『현대정치이론』(서울: 까치, 2007), p. 123.

7) 김명, 『국가학』(서울: 박영사, 1995), pp. 57-58.

8) W. A. Lippmann, *Preface to Politics* (New York: The Macmillan Company, 1933), p. 266.

적 가치를 둘러싼 갈등(葛藤)의 심화(深化)와 사회의 복잡함과 불안성(不安性)의 증대로 인해 국가의 기능이 점차 확대되고 있다. 이와 같은 국가의 역할과 기능의 확대에 따라 오늘날의 국가가 책임져야 하는 안보는 과거와 같은 외부 침입으로부터의 안전보장 및 치안 유지뿐만 아니라 국민을 각종 재난으로부터도 보호하여야 하는 포괄안보 개념(包括安保概念)으로 발전되었다. 이러한 포괄안보 개념의 대두(擡頭)는 인류 문명 발달의 영향으로 인간의 가치가 중시됨에 따라 안전보장의 핵심에 국민이 자리하고 있다는 것을 의미한다.

2) 안보 개념의 다차원적 변화

냉전 시대(冷戰時代)까지 안보의 개념은 현실주의적 관점에 바탕을 두고 국가방위(national defense)와 유사한 의미로 정의되었으며, 군사적 차원에서의 외부적 위협에 대응한 국가의 노력을 국가안보로 총칭(總稱)했다.[9] 그러므로 안보에 대한 대부분의 연구들은 특히 군사적 관점에서 정의된 국가안보에 초점을 맞추어 왔다. 그러므로 이 시기 학자들과 정치가들의 주된 관심은 국가가 처한 위협에 대처(對處)하기 위해 구비(具備)해야 할 군사력에 주로 집중되었다. 냉전 체제(冷戰體制)가 와해(瓦解)되면서 기존(既存)의 대외적·군사적 차원 중심의 안보 연구에 대한 반성과 함께 안보 문제에 있어서 대내적·비군사적 차원의 중요성을 부각시키려는 노력이 증가하였다. 물론 냉전 시대에도 안보 개념을 보다 넓게 해

---

9)   백종천·이민룡, 『한반도 공동안보론』(서울: 일신사, 1993), p. 90.

석하려는 움직임이 존재하기도 했다. 1970년대 중반 이후 석유 위기, 경제적 상호 의존 등의 영향으로 경제적 차원의 안보 문제에 대한 관심이 증가하였으며, 1970년대 말부터 일본을 중심으로 발전되기 시작한 포괄적 안보(comprehensive security)에 대한 논의에서도 경제적 생존력, 정치적 안정성 등을 국가안보를 유지하기 위해 지켜야 할 중요한 가치로 상정(上程)하였다. 아울러 1980년대에 들어오면서 자원, 환경, 인구 문제 등도 국가안보를 저해할 수 있다는 인식이 대두(擡頭)되기 시작하였다.[10]

국제정치학 분야에서 안보 개념에 대한 논의가 활짝 꽃피기 시작했던 1980년대에 이르기까지는 울퍼스가 안보의 개념을 본격적으로 정의하려고 시도한 유일(唯一)한 학자였으며, 그 이후 여러 학자들에 의해 안보의 개념이 정의되었다. 아널드 울퍼스(Arnold Wolfers)는 "객관적 의미로 안보란 획득한 가치들에 대한 위협이 없는 것을 의미하며, 주관적으로는 이러한 가치들에 대한 우려가 없는 것",[11] 즉 "기존의 가치들에 대한 위협의 부재(不在)"라고 정의하였다.[12] 그 이후 국가안보에 대해 아머스 조던(Armos A. Jordan)은 "물리적 공격으로부터 국가와 국민을 보호하는 것"을 의미한다고 하였으며,[13] 조지프 나이(Joseph S. Nye)는 "생존에 대한 위협의 부재"를 의미한다고 하였다.[14] 한편, 찰스 허먼(Charles F. Hermann)은 "국

---

10) 홍용표, "탈냉전기 안보 개념의 확대와 한반도 안보환경의 재조명", 『국제정치총론』 제36집 제4호(한국정치학회보, 2002. 12.), p. 124.

11) Arnold Wolfers, *Discord and Collaboration* (Baltimore: Johns Hopkins University Press, 1962), p. 150.

12) Arnold Wolfers, "National Security As Ambiguous Symbol," *Political Science Quarterly*, Vol. 67, No. 4 (December, 1952), p. 485.

13) Armos A. Jordan, *American National Security: Policy and Process* (Baltimore: Johns Hopkins University Press, 1981), p. 3.

14) Joseph S. Nye, *Bound to Lead: The Changing Nature of American Power* (New York: Basic Books,

가안보란 국가가 인식하는 높은 가치(국가이익)에 대한 안보"라고 정의하고 있다.[15] 트래거와 시모니(Trager & Simonie)는 국가안보를 "현존하거나 잠재적인 적국으로부터 핵심적인 국가가치를 보호하고 확대하는 것"이라고 정의하였다. 홍용표는 보다 단순화하여 안보란 "위협의 부재(absence of threat)" 혹은 "위협으로부터의 해방(freedom from threat)"을 추구하는 것이라고 정의하기도 하였다.[16] 또한 이선호는 "국가안보란 한 국가의 내부적 가치를 외부의 위협으로부터 보호할 수 있는 능력이다."[17]라고 정의하고 있다.

그 이외에도 공식 국가기관에 의한 정의를 살펴보면 한국의 국방대학교는 "군사 및 비군사에 걸친 국내외로부터 기인(起因)하는 각양, 각종의 위협으로부터 국가목표를 달성하는 데 있어서 추구하는 모든 가치를 보전·향상시키기 위해 정치·경제·외교·사회·문화·과학기술에 있어서의 모든 정책체계를 종합적으로 운용함으로써 기존의 위협을 효과적으로 배제(排除)하고, 또한 일어날 수 있는 위협의 발생을 미연(未然)에 방지하며, 나아가 발생한 불시의 사태에 적절히 대처하는 것"[18]이라고 정의하고 있다. 일본 방위연구소에서는 "안전보장이란 외부로부터의 군사·비군사에 걸친 위협이나 침략에 대하여 이를 저지(沮止) 또는 배제(排除)함으로써 국가의 평화와 독립을 지키고 국가의 안전을 보전하는 것을 말하며, 국방이나 방위의 개념보다는 광범위한 군사·비군사

1990), p. 236.

15) Charles F. Hermann, "Defining National Security," in John F. Richard and Steven R. Sturm (eds.), *American Defense Policy, 5th ed.* (Baltimore: Johns Hopkins University Press, 1982), p. 19.

16) 홍용표(2002), 앞의 글, p. 123.

17) 이선호, 『국가안보전략론』(서울: 정우당, 1990), p. 29.

18) 국방대학교, 『안보관계용어집』(1991), p. 50.

에 걸친다."[19]라고 하여 외부로부터 국가의 모든 분야에 대한 위협을 배제한다는 광의(廣義)의 개념을 가진 용어로 정의하고 있다. 미 국방부는 국가안전보장을 포괄적인 안보 개념을 적용하여 "국가안전보장은 미국의 국방과 외교관계를 포괄하는 집합적(集合的)인 용어"로 정의한다. 특히 "① 특정 외국이나 국가집단에 대한 군사적 또는 방어적 이점(利點)에 의해 제공되는 조건, ② 유리한 외교관계의 지위(地位)에 의해 제공되는 조건, ③ 대내외적인 명시적(明示的), 묵시적(黙示的) 적대행위나 공격행위에 대응하여 성공적으로 저항(抵抗)할 수 있는 방위태세에 의해 제공되는 조건을 확보함"을 의미한다고 했다.[20] 이와 함께, 1980년대에 들어서서는 '공동안보', '협력안보', '포괄안보' 등 다양한 안보 개념이 소개되었다.[21] 이들 안보 개념은 여전히 국가 중심적 입장을 견지(堅持)하고 있으나 국가 간 상호 협력(相互協力)과 비군사적 안보 요소들을 강조했다는 측면에서 기존의 현실주의 패러다임과는 다소 다른 시각(視覺)을 보여 주었다. 특히 공동안보 개념을 한 차원 더 발전시킨 협력안보 개념은 군사적 쟁점(爭點)뿐만 아니라 경제, 자원, 환경, 인구, 기술 등 비군사적 쟁점들에 대해 국가들 간 상호 협력을 촉구(促求)하는 한편, 국가 차원보다는 세계적인 차원에서의 해결 노력을 강조했다는 점에서 의미가 있다.

그러나 안보 개념의 확대에 대한 논의(論議)가 본격적으로 이루어지기 시작한 것은 탈냉전(脫冷戰) 분위기 확산부터라고 할 수 있다. 냉전 시대에 핵무기와 미소 양극 체제(兩極體制)에 의해서 유지되었던 국제질서가 와해(瓦解)되면서 과거와 같이 확실하고 분명한 위협 세력을 구분하

19) 최경락 · 정준호 · 황병무(1989), p. 21.

20) 전호훤(2009), p. 16.

21) 온만금, 『국가안보론』(서울: 박영사, 2001), pp. 231-263.

는 것이 어려워졌으며, 특히 군사적 위협이 감소하면서 안보의 개념을 재정립(再定立)해야 할 필요성이 높아진 것이다. 아울러 기존(既存)의 안보 연구가 냉전의 종식(終息)을 예측하기는커녕 기대(期待)조차 하지 못하였다는 사실도 대외(對外) 군사적 차원으로 제한된 안보 개념에 대한 재검토의 필요성을 증가시켰다. 따라서 1990년대에 들어와서는 안보 개념의 재정립 및 그 영역의 확장에 관한 논의들이 어느 때보다도 활발히 이루어졌다.[22] 나아가 1990년대 초 냉전이 끝나면서 안보는 경제적인 문제로까지 확대되었으며, 기존의 안보가 국가 중심적 사고에 의한 군사 및 외교안보에 중점(重點)을 두었던 데 비해 최근에는 인간 중심(人間中心)의 새로운 시각을 가져야 한다는 논의들이 제기되면서, 국가보다는 인간의 복지와 안전 문제에 비중을 두고 있는 인간안보(人間安保)가 부각(浮刻)되고 있다.[23] 제2차 세계대전에서 미국을 중심으로 한 자유민주주의 체제가 승리함에 따라 민주주의는 세계적으로 확산되었으며 이러한 현상으로 인해 인권과 복지에 대한 관심이 제고(提高)되었다. 기본적으로 안보는 '개인 및 집단의 핵심 가치에 대한 위협이 없는 상태'라는 공감대가 형성된 것이다.[24]

이러한 안보 개념의 확대에 대한 논의는 전통적 안보 개념에 대한 반성(反省)으로부터 시작된다. 첫째, 군사 중심적 안보 개념은 국제환경의 현실을 왜곡(歪曲)할 수 있으며, 둘째, 군사적 위협에만 집중할 경우 정치·경제·환경적 문제 등 안보에 보다 위협적일 수도 있는 요인들을

---

22) 홍용표(2002), p. 124.

23) 길병옥, "전통적 국가안보 개념의 형성과 전개: 연구경향과 과제", 한국국제정치학회 하계 학술회의보고서(한국국제정치학회, 2009), p. 8.

24) 대통령실 국가위기상황센터, 『바람직한 국가위기 관리체계』(서울: 대통령실, 2009), p. 7.

간과(看過)함으로써 총체적 안보태세를 감소시킬 수 있으며, 셋째, 국제 관계를 군사화함으로써 장기적으로 세계적 불안정을 초래(招來)할 수 있다는 것이다. 안보 문제에 대해 새로운 접근을 시도한 연구에서는 안보 개념을 정의함에 있어서 중요한 기준인 '핵심적 가치'와 '위협'의 영역이 다양한 분야로 확대되고 있다. 보호되어야 할 국가의 가치로서는 정치적 안정, 경제적 기반 확보, 사회적 통합, 쾌적한 환경, 국민의 인권 등이 거론되고 있다. 이에 따라 확대된 안보 개념하에는 경제적 궁핍(窮乏), 환경오염, 자원 부족, 인구 문제 등 국민의 삶의 질을 저하(低下)시킬 수 있는 제반(諸般) 문제들까지 안보 문제에 대한 위협 요인으로 간주(看做)되고 있다. 물론 안보의 개념을 과도(過度)하게 확장시키는 것에 대한 비판적 시각도 존재한다. 즉, 안보의 개념을 너무 넓게 정의할 경우 국제 정치, 외교 정책 등 다른 분야와 많은 부분이 중복되기 때문에 안보 개념의 학문적 응집성(凝集性)을 약화시킬 수 있을 뿐 아니라, 정책적 측면에서도 안보 문제에 대한 적절한 정책을 세울 수 없다는 것이다. 그러나 이러한 비판에도 불구하고 경제안보와 환경안보는 국가안보 연구의 한 영역으로 자리를 잡아 가고 있다.

수출에 대한 제재, 통화가치에 대한 원치 않는 압박, 외환 위기, 부채(負債)의 지불 불능(支拂不能) 등과 같은 경제적 위협은 전통적 안보의 측면에서만 고려하더라도 국가의 경제적 기반을 약화시킬 뿐만 아니라 그 결과가 군사적·정치적 분야로 쉽게 확대될 수 있다. 우선 경제력의 뒷받침 없이는 군사력은 물론 전반적인 국가의 힘과 위상(位相)을 유지하기 어렵다는 점에서 경제적 위기는 국가안보의 취약점(脆弱點)으로 작용할 수 있다. 또한 경제 문제는 국내의 정치·사회적 안정성과 밀접히 연결되어 있기 때문에 경제적 위협은 국가안보에 대한 내부로부터의 위협

요인으로도 작용할 수 있다. 한편 과학의 발달과 함께 환경파괴의 위험성에 대한 인식이 증가함에 따라 환경안보에 대한 관심도 급증(急增)하고 있다. 산성(酸性)비, 오존층의 파괴, 온실효과(溫室效果)에 의한 기후변화, 그리고 자원 고갈(資源枯渴) 등과 같은 환경적 위협은 군사적 위협과 마찬가지로 국가의 물질적 기반을 해칠 수 있다. 이러한 환경적 위협은 기본적으로 한 국가에 국한된 문제라기보다는 영토·정치적 경계와 무관하게 모든 인류에게 영향을 미칠 수 있는 세계적인 문제라는 측면에서 국가안보보다는 세계안보(global security) 차원에서 많이 논의되고 있다. 그러나 환경의 파괴가 경제·사회적 혼란을 야기하고, 이러한 혼란은 국가 내에서 혹은 국가 간의 갈등(葛藤)과 폭력(暴力)을 유발(誘發)할 수 있다는 측면에서 국가안보의 문제로도 인식되고 있다.[25]

따라서 오늘날의 안보는 그 원인이 무엇이든지 상관없이 국민이 불안하게 느끼거나 위해(危害)를 당하는 모든 것으로부터 안전을 확보해 주어야 하는 상황에 직면(直面)하고 있다. 인구가 집중하는 도시화(都市化)는 많은 사람들에게 직접 또는 간접적으로 영향을 미치는 안보위해(安保危害) 요소를 증가시키고 있으며, 자급자족(自給自足) 시대가 아닌 전문화(專門化)의 시대는 상호 의존적 삶의 시스템으로 구성되어 있기 때문에 이 시스템의 작동이 제대로 되지 않으면 바로 국민의 안전에 위협으로 작용하는 것이다. 따라서 전통적 차원의 안보를 포함하여 국민의 생명과 재산을 지키는 데 위협을 주는 모든 요소로부터 안전을 확보하는 포괄적 안보 개념의 대두(擡頭)는 역사 발전의 필연(必然)이라고 여겨진다.

---

25) 홍용표(2002), pp. 124-125.

2.
포괄안보 개념의 진화

원래 포괄적 안보 개념은 냉전 체제가 공고화(鞏固化)된 후 1970년
대 일본에서 그 기원(起源)을 찾을 수 있는데, 1978년 오히라 마사요시(大
平正芳) 총리의 언론 브리핑에서 나온 것이다. 디윗(David Dewitt)의 주장(主
張)에 따르면 일본은 1970년대 포괄안보 또는 총합안보(總合安保, Overall
Security) 개념을 등장시켰는데 이는 국가안보 대체 개념(代替概念)으로 보다
넓은 국제적 역할과 방위 노력을 합리화하기 위한 실용적 입장을 반영
한다고 하였다. 1978년 12월 오히라 마사요시 총리는 "경제 · 외교 · 정
치 등 다양한 요소들을 포함하여 팽팽히 균형 잡힌 국력의 연결된 쇠사
슬(Chain)"로 포괄안보(총괄안보) 정책을 규정하고 이 모두가 국가안보를
지원하는 것이라고 언급한 바 있다.[26] 지역적 차원의 포괄안보 실천은
1975년 CSCE에서 구체화되었는데 정치 · 군사(신뢰 구축 및 군축), 경제 · 과

---

26) 오히라 총리의 언론 브리핑: *Nikkei Shinbun*, 9 Dec. 1978; J. W. M. Chapman, R. Drifte and I. T.
M. Gow, *Japan Quest for Comprehensive Security* (New York: St. Martin's Press, 1982), p. xvi; David
Dewitt (1974), p. 2.

학기술·환경 협력, 관광·노동·인적 개발, 인도주의적 교류에 관한 협력, 문화교류 협력, 교육교류 협력 등이 명문화되어 이행되고 있다.[27]

기본적으로 포괄안보(comprehensive security)는 냉전의 종식과 세계화의 진전에 따른 새로운 안보위협에 대처하기 위해 등장한 안보 개념이다. 1970년대 초반까지는 한 국가나 한 진영의 안보는 다른 국가나 다른 진영의 안보를 희생시켜야만 달성되는 것으로 인식된 군사안보를 지칭하는 절대(絶對)안보 개념이 기초가 되었다. 그러나 이러한 절대안보의 개념은 국가 간에 과도한 군비경쟁의 악순환(惡循環)을 초래(招來)하였다. 마침내 핵무기의 개발로 인한 상호 공멸(相互共滅)의 공포가 국가 간의 전쟁억제와 군비경쟁을 지양(止揚)토록 했다. 그 결과 적대(敵對) 세력 간의 평화공존을 모색(摸索)하는 의식(意識)이 대두된바, 이로 인해 상호안보, 공동안보, 협력안보, 포괄안보라는 새로운 안보 개념들이 나타나게 되었다.

상호안보(mutual security)와 공동안보(common security)는 1980년대 후반기 미·소 간의 적대관계를 청산(淸算)하려는 노력 속에서 등장하였다. 상호안보는 각자가 상대방의 안보를 감소시키거나 저해(沮害)함으로써 자국의 안보를 증진시킨다고 하는 개념에 반대되는 개념으로서, 결국 자국이나 자기 진영의 안보는 타국이나 타 진영의 안보를 똑같이 인정하는 바탕 위에서 공동으로 추구되어야만 한다는 것을 의미한다.[28] 또한 공동안보는 어떤 국가도 그 자신의 군사력에 의한 일방적 결정, 즉 군비증강에 의한 억지(抑止)만으로 국가의 안보와 평화를 달성할 수 없으며, 오직

---

27) OSCE, *Conference on Security and Cooperation in Europe Final Act, Helsinki 1975* (Vienna: OSCE, November 1999), pp. 11-59.

28) Richard Smoke and Andrei Kortunov eds., *Mutual Security: A New Approach to Soviet-American Relation* (New York: ST. Martin's Press, 1991).

상대 국가들과의 공존(共存, joint survival)과 공영(共榮)을 통해서만 국가안보를 달성할 수 있다는 것이다.[29] 한편 한발 더 나아간 협력안보는 냉전의 종식과 세계화로 인한 탈냉전기 안보환경에 대응하기 위해 등장한 개념이다. 이것은 독일의 통일과 구소련의 붕괴로 인해 1990년대 등장한 개념으로서, 각 국가의 군사 체제 간의 대립관계를 청산하고 협력적 관계의 설정을 추구함으로써 근본적으로 상호 양립이 가능한 안보 목적을 달성하는 것을 의미한다.[30]

포괄안보의 개념은 학문적으로는 1990년대 아세안 국가 연합(ASEAN)의 협력 방식에 적용되면서 정착하기 시작했다. 아세안 국가들은 안보에 있어 군사적 문제보다는 정치적 대화, 경제적 협력, 상호 의존성의 증대, 국가들의 통치 능력에 초점을 맞추면서 국가들 간의 협력 증진을 도모했다. 이러한 성공 경험을 토대로 아세안 국가들은 1994년 아세안 지역 포럼(ASEAN Regional Forum: ARF)을 발족하면서 ARF를 포괄안보 개념에 기초하여 발전시켜 나갈 것을 천명하였다. 1995년 제2차 외무장관 회의에서 "ARF는 군사 문제(military aspect)뿐만 아니라 정치·경제·사회 및 여타의 문제들을 포함하여 다루는 포괄안보 개념(concept of comprehensive security)에 입각함"을 확인하였다.[31] 또한, 1998년 제5차 외무장관 회의에서는 "ARF가 포괄적 방식(comprehensive manner)에 입각한 안보 문제 접근을 지속(持續)해 왔으며, 핵심적인 군사 및 방위 관련 문제에 초점을 맞

29) Bjorn Moller, *Common Security and Nonoffensive Defense: A Nonrealist Perspective* (Boulder, Colorado: Lynner Rienner Publishers, Inc., 1992), pp. 28–30.

30) Janne E. Nolan ed., *Gobal Engagement: Cooperation and Security in the 21st Century* (Washington DC: The Brookins Institution, 1994), pp. 3–18.

31) Bandar Seri Begawan, Brunei Darussalam., "Chairman's Statement the second ASEAN Regional Forum" (1 August 1995); *ASEAN Secretariat* (2003), p. 10.

추는 한편, 지역안보에 중요한 영향을 미치는 비군사적 문제들도 다루기로 하고 해양안보, 해양에서의 법과 질서, 해양환경의 보호와 보존이 포괄안보 규칙하에서 검토되어야 한다."고 강조하였다.[32] 2002년 제9차 외무장관 회의에서도 "포괄적인 방식으로(in a comprehensive manner)" 안보 문제를 해결하여야 한다고 재확인하였다.[33] 따라서 아세안 국가들이 가정(假定)한 포괄안보는 비군사적 분야에서 출발하여 군사적 협력의 접근을 시도(試圖)하는 방식으로 볼 수 있다. 이러한 아세안식 포괄안보 개념은 최초에는 군사적 문제를 배제(排除)시키고 비군사적 분야의 협력을 강조하였으나, 이제는 군사적 · 비군사적 분야를 동시에 다루는 안보 개념으로 발전하고 있다. 이때까지도 포괄안보에 대한 논의는 안보의 대상을 여전히 국가에 두고 그 구현 방법과 수단을 비군사적 수단까지 망라한다는 차원에서 전통적 안보의 아류로 인식되었다. 이런 이유로 어떤 학자들은 포괄안보를 비군사적 수단에 의한 안보로 해석하여 전통적 안보의 대척점(對蹠點)에 자리한 것으로 오해하기도 한다.

1989년 베를린 장벽의 붕괴(崩壞)를 시작으로 동구 공산주의가 몰락(沒落)하고, 소련의 개혁 · 개방 정책은 전통적 안보의 중요성이 약화되었다. 이에 반하여 기후변화 등 자연현상의 극심한 변화에 따른 자연재난과 도시화로 인한 인적재난 증가, 그리고 변종 바이러스 등장으로 인한 질병으로부터의 보호, IT 문명의 발전으로 인한 사이버 공격 및 환율 조작, 금융위기로부터의 보호 등의 요구는 점증하고 있는 상황이다.

32) Manila, Philippines., "Chairman's State the Fifth ASEAN Regional Forum" (27 July 1998); *ASEAN Secretariat* (2003), p. 150.

33) Bandar Seri Begawan, Brunei Darussalam, "Chairman's State the Ninth ASEAN Regional Forum" (31 July 2002); *ASEAN Secretariat* (2003), p. 355.

이러한 상황은 포괄안보의 개념을 새로운 패러다임으로 변환하게 하였다. 이전의 포괄안보 개념은 안보의 수혜(受惠) 대상을 국가로 하고 그 구현 방법과 수단 면에서 포괄적이라고 명명(命名)했으나, 이에 반하여 현재의 포괄안보 개념은 안보의 위해 요인이 포괄적이라는 차원에서 포괄안보로 인식한다. 즉, 포괄안보 개념은 전통적인 군사적 안보와 오늘날 테러, 재난, 전염병 등 새롭게 등장한 비군사적 안보를 통칭하는 안보 개념으로서 그 적실성(的實性)과 유용성을 지닌 것으로 인식(認識)되고 있다. 1994년 UN은 『인간개발보고서』에서 '인간안보'라는 개념을 정의하였다.[34] 인간안보는 냉전 종식 이후 인간 개발의 중요성, 소위 실패한 국가들에서 국내 분쟁의 증가, 테러나 전염병 등 초국가적(超國家的) 위험의 확산(擴散), 그리고 인권 및 인도주의적 개입(介入) 상황과 결부(結付)되면서 부각(浮刻)되었다. 그러므로 인간안보는 안보 영역에 있어서 가장 광범위하고 포괄적인 개념으로 정치안보, 군사안보, 경제안보, 사회안보, 환경안보 모두를 포함하고 있기 때문에 사실상의 포괄안보라 볼 수 있는 것이다.[35]

국가안보는 국가의 주권과 영토적 통합을 유지하는 데 목표를 두고 있는 반면, 인간안보는 사람들을 보호하는 것에 관한 것이다. 국가는 강력한 군사력을 유지하여 외적(外敵)을 막는 한편 자국의 영토 내 국민들을 보호할 의무도 함께 가진다. 이와 함께 UN '인간안보위원회'의 보고서를 살펴보면 "인간안보는 인권을 증진시키고 인간 발전을 강화하면서

---

34) 대통령실 국가위기상황센터(2009), p. 10,

35) 이수형, "비전통적 안보 개념의 등장배경과 유형 및 속성", 『2009 한국국제정치학회 하계학술회의 발표 논문집』(2009), p. 41.

동시에 국가안보를 보완하는 역할을 수행한다"[36]라고 기술하여 인간안보가 국가안보와 상호 보완적인 관계임을 밝히고 있다.[37] 국가가 타국의 지배하에 놓여 있게 되면 국민의 생명과 자유가 무참(無慘)하게 침해(侵害)되고 인권이 유린(蹂躙)되는 상황에 처하게 될 것이다.[38] 그런 점에서 맥린(George Maclean)을 비롯한 많은 학자들이 국가안보(state security)와 인간안보는 상호 보완적이라는 점을 강조한다. 국가안보가 자동적으로 인간안보를 보장(保障)해 주는 것은 아니지만, 국가안보는 인간안보 실현을 위한 필요조건(必要條件)이다. 외부의 침입으로부터 영토(領土)와 주권(主權)이 안정적으로 유지되지 않으면 자국 내 국민들의 복지(福祉)와 안전(安全)이 보장될 수 없다. 역(逆)으로 자국(自國)의 국민들에게 최저 생계 보장과 물리적 안정 유지 등 국가로서의 의무를 이행하지 않고서는 국가안보를 유지하기 어렵다.[39] 따라서 인간안보는 국민을 대상으로 하는 안보라고 이해되며, 포괄안보란 '국민 생존에 위협을 가하는 다양한 위협과 위험으로부터 위협이 없는 상태 또는 안전한 상태'로 정의할 수 있다.

---

36) Commission on Human Security, *Human Security Now: Final Report* (New York: CHS, 2003), p. 4.

37) Amitav Acharya, "The Nexus Between Human Security and Traditional Security in Asia," paper presented in International Conference on Human Security in East ASIA, International Conference Hall, Korea Press Center, Seoul, Korea, 16-17 (June 2003), p. 88.

38) Dewi Fortuna Anwar, "Human Security: An Intractable Problem," in *ASIA Security Order: Instrumental and Normative Features* (Standford, California: Stanford University Press, 2003), p. 564.

39) 전웅, "국가안보와 인간안보", 『국제정치논집』 제44지 1호(2004), pp. 40-42.

3.
안보 중심축의 이동 및 변화

우리는 흔히 안보라고 하면 국가안보(國家安保)로 이해하고 그것을 당연한 것으로 받아들였다. 그러나 오늘날 안보에서는 국가안보보다 더 중요한 것이 개인안보(個人安保)다. 이러한 연유(緣由)는 정치 발전과 깊은 관계를 가지고 있다. 원시인 사회에서 안보는 개인 각자의 책임이었다. 그러므로 인간은 불안(不安)과 공포(恐怖)에 시달리는 나날을 살아왔다. 그런 과정에서 인간의 지혜(知慧)는 공동체를 구성하는 것이 이러한 불안과 공포로부터 안전을 확보하는 방법이라는 것을 알았다. 따라서 이러한 공동체는 씨족(氏族), 부족(部族)사회를 거쳐 고대 국가 형태로 발전하였다. 이러한 국가 형태의 공동체는 '자신의 자유(自由)를 제한(制限)하는 대신 안전(安全)을 보장받고자' 하였다. 따라서 지도자를 뽑아서 그 지도자에게 자신의 자유(自由)를 저당(抵當) 잡히고 안전을 보장받으려고 한 것이다. 이러한 고대 국가가 점점 발전하여 규모가 커짐에 따라 지도자의 권력도 점점 커졌다. 발전은 언제나 예상치도 않은 방향으로 지나치게 쏠리는 현상을 가져온다. 그것이 절대 권력의 탄생이다. 자신의 안전을 위해 저당(抵當) 잡힌 자유는 억압(抑壓)으로 나타났고 개인은 지도자로부터 더 큰 위협에 직면하게 되었다. 절대 권력을 손에 쥔 왕(王)이나 봉건영주(封建領主)는 자신의 부(富)와 권력(權力)을 축적(蓄積)하기 위하여 전쟁을 시작했다. 이러한 전쟁의 와중(渦中)에서 새로운 질서를 찾아 나선 것이 30년 전쟁이고 이 전쟁의 처리 방법으로 나온 것이 1648년 베스트팔리아 체제다.[40] 베스트팔리아 체제는 내정(內政) 불간섭(不干涉)과 주권의 독립을 보장하는 것을 그 기본 원칙으로 하고 있다. 기본 원칙에 의하면 각국(各國)은 주권에 대한 독립을 보장받아야 하며 이 주권이 침해될 경우에는 전쟁으로 해결하게 되어 있다. 이러한 사고방식은 안보란 곧 국가의 생존과 번영을 보장하는 수단이라는 프레임(Frame)을 만들었다. 이러한 상황에서 국가의 안보를 유지하는 최종적 수단은 군사력(軍事力)이므로 군사적 안보가 곧 국가안보(國家安保)로 인식되게 된 것이다. 이러한 국가안보는 국민 개개인의 안전을 보장하는 필요조건은 되지만 충분조건을 만족시키지는 못하는 한계를 가지고 있다.

오늘날 우리가 살고 있는 민주주의 체제는 주권재민(主權在民)을 기반으로 한다. 그러므로 정치체제(政治體制)를 이루는 주된 행위자(行爲者)가 국민 한 사람 한 사람이다. 따라서 국가의 안보가 아무리 튼튼하다고 하더라도 국민 개개인의 안전이 보장되지 못한다면 그것은 충분한 안보가 아니다. 이는 왕권(王權)국가나 독재(獨裁)국가에 나타나는 현상으로 북한이 그 좋은 사례다. 민주주의 체제는 20세기 중반, 특히 2차 대전(大戰) 종전(終戰)을 기점(起點)으로 지구상(地球上)의 상당한 나라들이 채택(採擇)하였고 점차 확산되었다. 그럼에도 불구하고 국가안보의 문제

---

40) 이상우, 『정치학 개론』(서울: 도서출판 오름, 2013), p. 245.

는 상당 기간 베스트팔리아 체제의 연장선상(延長線上)에 있었다. 그러다가 2001년 9.11 사태 이후에 국민 개개인의 안보가 중요하다는 포괄안보 개념이 등장하였다. 이렇게 된 연유(緣由)는 사고(思考)의 관성(慣性)으로 보인다. 비록 정치체제가 변하더라도 그에 따라 변해야 할 국가안보에 대한 인식은 관성을 가지고 21세기 초까지 지속(持續)되었기 때문이다. 그런 와중(渦中)에 9.11이 발생하여 새로운 안보 개념이 탄생한 것이다. 이렇게 탄생한 포괄안보 개념에서 국민 개개인은 그 원인이 무엇이든지 상관없이 모든 위협과 위험으로부터 안전을 보장받아야 하는 당위적(當爲的) 상황에 놓여 있다. 민주주의 국가에서 정치의 주된 행위자는 국민 개개인이므로 국가는 그 국민 개개인이 요구하는 안전보장(安全保障)을 책임져야 한다. 왜냐하면 국가는 그런 일을 하라고 국민들로부터 권한(權限)을 위임(委任)받은 것이기 때문이다. 그렇게 해야 국민 개개인이 생존과 번영을 구가(謳歌)할 수 있다. 그것이 민주주의 국가가 추구(追求)하는 진정한 안보의 개념이다.

2장

포괄안보 시대의
위기

1.
위기의 개념

1) 개념에 대하여

위기를 이해(理解)하려면 위기가 도대체 무엇인가 하는 정확한 개념(概念)을 파악(把握)하여야 한다. 그렇게 하려면 먼저 개념에 대한 정확한 이해가 필요하다. 적어도 현재 우리가 처한 시간적 · 공간적 차원에서 위기를 개념적으로 어떻게 정의해야 하는지에 대한 정확한 논의(論議)가 요구된다. 따라서 먼저 '개념이 무엇인지'부터 알아보는 것이 순서(順序)다.

개념의 사전적(辭典的) 의미는 하나의 사물을 나타내는 여러 관념(觀念) 속에서 공통적이고 일반적인 요소를 추출(抽出)하고 종합(綜合)하여 얻은 관념(觀念) 또는 어떤 사물에 대한 일반적인 뜻이나 내용[1]으로 정의되어 있다. 이것은 어떤 관념이 주변 환경에 의하여 만들어진 것을 모두

---

1)   다음 인터넷 사전

제거(除去)하고 남는 본질(本質)을 말한다. 우리가 일반적으로 접하는 것들은 같은 본질적 속성(屬性)을 지니고 있는 것이라 하더라도 외양(外樣)은 다르다. 그 외피(外皮)를 제거하고 남는 속살을 찾아내면 우리가 알고자 하는 바를 이해하는 데 용이(容易)하다.

『우주변화의 원리』의 저자 한동석은 개념이란 "삼라만상(森羅萬象)이 다양다색(多樣多色)하므로 인간이 이것을 이해하기 위하여 지각(知覺)이나 기억(記憶)이나 사상에 나타나는 개체적(個體的)인 표상(表象)에서 그 공통된 속성을 추상(抽象) 결합하여서, 혹은 문장화하고 혹은 언어화된 사상의 통일체를 표식(標識)하기 위한 정명(正名)을 말하는 것이다[2]."라고 설파(說破)하고 있다. 한동석의 개념에 대한 정의(定義)는 그 용어 자체가 어려워서 이해하기가 어려울지도 모르겠다. 이를 더 쉬운 말로 설명하면 여러 가지 사상(事象)을 꿰뚫을 수 있는 그 어떤 것을 말하는데, 수학에서 다루는 최대공약수라고 할 수 있다. 이를 공자는 일이관지(一以貫之)라는 말로 대변(代辯)하고 있는데, 즉 하나의 명제(命題)로서 모든 것을 관통(貫通)한다는 것이다. 바꾸어 말하면 모든 것을 하나의 언어로 꿸 수 있다는 것이다. 이것은 공자가 제자 자공에게 "자공아! 내가 많이 배워서 아는 사람이라고 생각하느냐?"라고 묻자 자공이 답하기를 "그럼 아닙니까?"라고 하니, 공자는 "그렇지 않다. 나는 일이관지(一以貫之)로 알고 있다."라고 말했다는 고사(故事)에서 유래(由來)한다. 공자는 일일이 하나하나 공부하지 않고 원리(原理)를 깨달아 개념을 파악(把握)하여 세상사 모든 것을 이해한 것이다. 이것은 우리가 공부를 하는 이유이기도 하다. 세상만사(世上萬事)를 모두 경험할 수는 없기에 원리를 파악하여 그 원리를 이

---

2)   한동석, 『우주변화의 원리』(서울: 대원출판, 2002), p. 48.

용하여 나머지를 이해하고자 함이다.

또한, 개념은 고정불변(固定不變)의 것이 아니고 유동적(流動的)이다. 개념은 사회 변동(社會變動)과 학문의 발전에 영향을 받아 발전하는데 처음 한 분야에서 시작되어 유일(唯一)한 대표 개념으로 정의되어 존재하다가 관련 영역의 확대 발전으로 개념이 확대된다. 이렇게 되면 개념은 그 망라 범위(網羅範圍)가 커지면서 일반화(一般化)되고 보편화(普遍化)되는 속성을 가지고 있다. 이것은 마치 최대공약수(最大公約數)의 숫자가 작아지는 것과 유사하다. 망라 범위가 넓어질수록 더 깊은 차원의 개념이 설정된다. 이때 개념은 포괄적(包括的)이고 광의적(廣義的)으로 정의되며, 구체적 영역 또는 분야의 개념은 협의적(協議的) 개념으로 정의된다. 따라서 처음 등장한 개념은 일반적이고 광의적인 개념과 구별하기 위하여 그 분야를 지칭하는 형용사를 앞에 붙여서 지칭(指稱)하고자 하는 대상을 수식(修飾)하는 개념으로 발전한다. 위기라는 개념이 인구(人口)에 회자(膾炙)되기 시작한 쿠바 사태 당시에는 위기란 당연히 국가위기를 지칭하였다. 그러나 오늘과 같이 다양한 분야에서 위기의 개념이 요구됨에 따라 다른 위기와 구별이 가능하도록 그것은 국가위기라는 이름을 얻게 되었다. 동시에 개념은 망라 범위의 기준(基準)이 되기도 한다. 예를 들어 동물의 개념은 '움직이는 유기체'로 정의할 수 있으며 식물의 반대되는 개념을 전부 망라하게 된다. 개념과 유사한 용어로 정의(定義, definition)가 있다. 정의는 술어(述語)의 뜻을 명백히 하여 개념의 내용을 한정(限定)[3]하는 것으로 맥락(脈絡)과 상황에 맞게 구체적으로 의미를 한정한다. 따라서 개념이 정의보다 더 범위가 넓다.

---

3) 『에센스 국어사전』(서울: 민중서림, 1994).

예를 들어, 오늘날의 상황에서 위기의 개념이 논의되는 범위는 사회 전 영역으로 확대되었다. 특히 국가적 차원에서 위기를 다룰 때, 전쟁뿐만 아니라 일반 사고 및 재난으로부터 야기되는 위기도 중요한 국가의 이슈(issue)로 고려된다. 따라서 위기가 학문의 연구 대상으로 부상(浮上)되는 계기(契機)를 제공한 쿠바 사태에서 비롯된 국제정치학상의 국가 위기로부터, 인간을 안보의 중심으로 고려하는 포괄안보 시대에까지 적용 가능한 위기의 개념에 대한 연구가 요구되는 바이다.

2) 위기 개념의 발전

일반적으로 위기란 심히 어려운 난관(難關)에 봉착(逢着)하여 즉각적인 대처 행동(對處行動)이 요구되는 상황으로서 어떤 사건의 전개 과정에서 사태 악화(事態惡化)로 인해 파국(破局)이나 종언(終焉)으로 치닫게 되려는 결정적인 국면 전환(局面轉換)의 고비를 말한다. 또한 위기란 사회 구조는 물론 사회를 지탱(支撐)하는 본질적인 가치(價値)와 규범(規範)을 총체적으로 붕괴(崩壞)시킬 수 있는 상황[4]이라고 정의할 수 있지만, 위기에 관한 정의는 매우 다양하고 실제로 다양한 개념들이 혼용되고 있는 것이 현실이다. 오늘날 위기라는 말은 군사, 정치, 경제, 사회, 문화 등 모든 분야에서 사용되는 말로서 특히 1962년 쿠바 미사일 위기 이래로 일상생활 속에서 흔히 사용되는 보편적인 단어가 되었다. 그러나 국제정치학에서는 이러한 국가적 위기상황을 평화(平和)와 전쟁(戰爭)의 전환

---

4)　박우순, 『현대조직론』(서울: 법문사, 1996), p. 446.

점(轉換點)으로 파악하고 국가 간의 상충(相衝)된 이해관계가 표출(表出)되어 갈등(葛藤)이 극도로 고조(高調)된 전쟁 발발 직전의 급박한 상황을 의미하였다.[5]

위기(Crisis)라는 말은 원래 분리(分離)를 의미하는 'Krinein'이라는 그리스어에서 유래(由來)하였고, 전통적인 의학 용법(醫學用法)에서는 '회복되느냐 혹은 죽느냐'를 시사(示唆)하는 병상(病狀)의 변화를 의미하며, 넓게 말하면 어떤 행동 또는 상황이 계속되느냐, 궤도(軌道)를 수정하느냐, 혹은 종착점에 도달하느냐가 결정되는 시점에 관계된다는 것을 의미한다.[6] 그리고 위기의 사전적(辭典的) 의미는 '위험한 고비, 위급한 시기'라고 정의된다.[7]

또한 위기라는 용어는 "어떤 사건의 과정(過程)에서 결정적인 시기(時期), 혹은 상황(狀況), 전환점(轉換點), 불안정한 상황, 갑작스런 변화, 저항(抵抗)의 긴장 상태(緊張狀態)" 등 여러 가지 뜻으로 정의되고 있고,[8] 찰스 허먼(Charles F. Hermann)은 위기를 "의사결정 단위의 최우선 목표가 위협을 받고 있고, 반응을 취하는 데 걸리는 시간이 제한되어 있으며 정책결정자들이 전혀 예기치 못한 상황"이라고 정의하고 있다.[9] 또한 윌리엄스는 이러한 위기의 본질은 국가들 간의 적대적(敵對的) 대결(對決)이 짧은 기간의 상황에서 급속(急速)히 전개되는, 즉 전쟁 발발(戰爭勃發) 가능성

---

5) 이동훈, 『위기관리의 사회학』(서울: 집문당, 1999), p. 42.

6) R. C. North, O. R. Holsti, M. G. Zaninovich and D. A. Zinnes, *Content Analysis* (1963), p. 4.

7) 우리말사전편찬회, 『우리말 대사전』(서울: 삼성문화사, 1997), p. 1259.

8) James A. H. Murray, et al., *The Oxford English Dictionary* (London, Oxford University Press, 1961), p. 1178.

9) Charles F. Hermann, "Defining National Security," in John F. Richard and Steven R. Sturn (eds), *American Defense Policy, 5th ed.* (Baltimore: Johns Hopkins University Press, 1982), p. 13.

의 고조 상태(高調狀態)로 보았고,[10] 스나이더도 역시 같은 맥락에서 냉전적(冷戰的) 갈등 현상이 극대화(極大化)되어 비록 전쟁의 발발은 아니더라도 흡사(恰似) 전쟁 상황과 같은 긴장 국면(緊張局面)이 급격하게 전개되는 것을 위기라고 정의하기도 했다.[11] 이처럼 현실주의 정치학자들은 위기에 대하여 주로 전통적 안보의 차원에서 연구하고 논의한바, 위기란 주로 국제정치관계(國際政治關係)에서 국가라는 행위자를 중심으로, 국가 간의 어떤 사건의 발생으로 인한 위험한 시기(時期)의 도래(到來)로 전쟁과 평화를 구분 짓는 절박(切迫)한 시점으로 이해된다.

이신화는 정치·사회학적인 측면에서 위기를 좀 더 보편적(普遍的) 차원으로 일반화(一般化)시켜 설명한바, 위기적 상황을 "위험하고 불안정한 상황인 동시에 변동(變動)의 분기점(分岐點) 또는 선택의 상황이므로, 결정을 통하여 불확실성을 줄이고 이해관계(利害關係)를 조정(調整)하는 등 정치적 결단이 요구되는 시점"으로 파악한다.[12] 그러나 지금까지 살펴본 바와 같이 기존의 학자들이 정의한 위기의 개념으로는 21세기 다양(多樣)한 요인에서 비롯되는 위기를 정확하게 설명하지 못한다. 그러므로 위기의 개념들은 21세기 들어 점차 포괄적인 안보상황하에서 재고(在考)되는 분위기다. 즉, 오늘날에는 군사적 위기뿐만 아니라 비군사적 위기도 '위기의 개념' 속에 포함하는 경향(傾向)이 늘어나고 있다. 따라서 위기는 군사적·비군사적 위기를 아우르는 개념으로 이해되어야 할 것이다. 다시 말해 위기라는 용어는 이제 군사적 위기뿐만 아니라 정치·

---

10) Phill William et al., *Crisis Management* (London: Groom Helm, 1978), pp. 3-5.

11) Glenn H. Snyder and Paul Diesing, *Conflict among Nations: Bargining Decision Making and System Structure in International Crisis* (Princeton: Princeton University Press, 1977), p. 6.

12) 이신화, "국가위기관리와 조기경보: 미국 NGO 및 정당의 위기관리 역할", 『한국정치학회 Post-IMF Governance 하계학술회의 발표논문집』(2000), p. 2.

사회·문화적 위기와 대형 재난(大形災難)의 위기 등 비군사적 위기까지를 포함하는 개념으로 이해되어야 한다.

인류는 이 땅에서 생존(生存)과 번영(繁榮)을 위하여 공동체 생활을 하게 되었고 이에는 공동체 생활에 필요한 질서(秩序)와 외부의 침입으로부터 집단을 보호하기 위한 조직이 요구되었다. 이러한 조직은 씨족, 부족 사회를 거쳐 국가(Nation State)로 발전하였으며 국가 시스템은 규모가 커짐에 따라 공동체 구성원의 이익보다는 권력자의 권력 향유(權力享有) 놀음으로 변질(變質)되기 시작하여 오늘에 이르고 있었다. 왕권국가 또는 독재국가는 말할 것도 없고 사회제도의 관성(慣性)에 의해 민주적 정부에서마저도 국가는 국민에게 최소의 안전만 보장하는 것이 옳다는 주장이 20세기 중반까지 팽배(澎湃)하였다. 이러한 상황에서 안전보장은 국가의 생존에 관한 문제일 뿐이었으며, 따라서 국가의 생존에 영향을 주는 특정 사건만을 위기로 인식하였던 것이다. 이러한 관점에서 접근한 것이 전통적 위기의 개념이다. 그러나 주권재민(主權在民)의 민주주의 사회에서 가장 중요한 가치는 국민이 안전하게 생존(生存)과 번영(繁榮)을 누리는 것이며, 국가는 이를 위해서 존재하는 것이다. 그러므로 이제 국민은 그 원인이 무엇이든 관계없이 안전보장에 위해(危害)가 되는 모든 것으로부터 보호받을 당위성(當爲性)과 권리(權利)가 있는 것이다. 이러한 상황이 포괄적 안보의 필요성을 불러왔으며, 오늘날의 위기는 포괄안보 상황에 상응(相應)한 확대된 위기의 개념이 적용되고 있다.

물론 위기의 개념은 전통적 안보 상황과 비전통적 안보 상황의 차이로 인해 그 양태(樣態)의 차이가 있다. 따라서 전통적 안보 개념에 입각(立脚)한 위기의 정의는 포괄적 안보의 개념에 입각한 개념으로 확대 재정의(再定義)되는 것이 마땅하다. 전통적 안보 개념상의 위기는 '위협(威

脅)'을 전제(前提)하고 있는 데 반해, 자연재난 및 인적재난 등의 비군사적 위기는 '위험(危險)'을 전제(前提)로 하고 있다. 엄밀(嚴密)하게 말해, 위협과 위험은 다르다. 위협의 결과가 위험이기도 하지만, 위험은 반드시 위협으로만 결과되는 것은 아니다. 그리고 위협에는 반드시 위협을 가하는 자의 의도(意圖)가 포함되지만, 위험에는 비의도적인 것도 포함되어, 위협 없이 바로 위험에 노출되는 경우도 있다. 위기관리 주체는 위협으로부터도 위험에 빠질 수 있지만, 비의도적(非意圖的)인 실수(失手)나 기계적 실수, 또는 자연재해(自然災害)로부터의 위험에 빠질 수도 있다. 또한 위협(威脅)에는 가하는 주체가 있어서 주로 그것을 제거하기 위해 관리하는 단계에서 위기관리 주체에게 발생하는 위기임에 비하여, 위험(危險)은 발생하고 난 후 그 영향이 미치는 상황에 따라 위기가 발생한다. 그러므로 위협은 사건 발생을 사전(事前)에 방지하는 과정상(過程上)의 잠재적(潛在的) 위험이고, 위험은 그런 과정 없이 관리 주체에게 바로 발생하는 결과이다. 위협의 관리가 실패하여 사건이 발생하면 그것은 위험과 같은 위기를 초래한다. 예를 들어 전쟁의 위협이 발생하여 전쟁을 억제(抑制)

〈표 2-1〉 위협과 위험

행위 주체자	위협	위험	비고
의도적	• 목적: 위협 제거 • 관리: 상대와 협상(거래) • 결과: 　성공 → 위협 무 　실패 → 위험 상태 도래	• 목적: 위험 억제 • 관리: 가용 수단을 총동원하여 위험을 최소화 • 결과: 　성공 → 위험 무/최소 　실패 → 핵심 가치 상실	• 전쟁 • 인질 사건 • 사회적 재난(시위, 파업)
비의도적	없음	상동	• 자연재난 • 인적재난(사고)

또는 방지(防止)하기 위한 위기관리가 성공(成功)하면 평화적 상황(平和的狀況)이 되는 것이고 실패(失敗)하면 전쟁(戰爭)인 것이다. 그러므로 전쟁 이전 단계는 위협이고 전쟁은 위험이다. 이를 요약 정리하면 〈표 2-1〉과 같다.

이와 관련하여 2004년 9월 한국의 국가안전보장회의(NSC) 사무처는 "국가위기관리 기본지침"에서 위기를 "국가주권(國家主權) 또는 국가를 구성하는 정치, 경제, 사회, 문화체계 등 '국가의 핵심 요소나 가치'에 중요한 위해가 가해질 가능성이 있거나 가해지고 있는 상태"라고 명시(明示)하면서 전통적 및 비전통적 안보위협(威脅)과 위험(危險)을 동시(同時)에 고려하여 위기를 정의하였다. 여기서 "국가위기관리 기본지침"이 명시하고 있는 국가의 '핵심 가치(核心價値)'를 주목(注目)해 볼 필요가 있다. 위기에 처한 주체(主體)의 성격이나 규모에 따라 차이가 날 수 있지만 그 나름의 핵심적 가치는 모두 지니고 있으므로, 위기를 일반화한다면, 포괄적 안보상황하에서 위기란 "모든 유기체(有機體)가 지켜야 할 핵심적(核心的) 가치(價値)가 위험에 처한 상태"로 정의할 수 있다. 지금까지 위기에 대한 연구가 쿠바 사태로부터 시작된 관계로 국가를 주체로 하였지만, 포괄적 안보상황에서 위기에 대한 이해는 국가를 포함한 보편적 주체로 확대할 필요가 있다. 유기체라 함은 사람뿐만 아니라 조직, 시스템 등 의미 있는 활동을 하는 모든 개체(個體)를 의미한다. 정의에서 유기체로 한정한 것은 무기체(無機體)도 핵심적 가치가 위험에 빠질 수 있겠지만, 위기는 인식(認識)의 문제이므로 그것을 인식할 수 있는 것은 유기체뿐이기 때문이다. 아무리 큰 대형 사건이 일어나더라도 유기체와 관련이 없다면 위기라고 볼 수 없다. 그리고 핵심적 가치는 유기체의 생존과 번영의 가치에서 비롯되며 해당 유기체의 비전(Vision)이나 목적으로부터 유도(誘

導)된다. 뿐만 아니라 핵심적 가치는 위기관리 목표 설정의 기반(基盤)을 제공하는 동시에 위기관리 성패(成敗)의 기준이 되므로 매우 중요하다.

3) 유기체와 핵심적 가치

새롭게 정의한 위기의 개념을 올바르게 이해하기 위해서는 정의에서 언급된 유기체(有機體)와 핵심적(核心的) 가치에 대하여 정확한 이해가 요구된다.

먼저 유기체의 의미를 살펴보자. 유기체의 사전적 의미는 일정한 목적을 위해 각각의 구성 요소가 유기적으로 작동(作動)하는 주체 또는 많은 부분이 일정한 목적 아래 통일, 조직되어 그 각 부분과 전체가 필연적 관계를 가지는 조직체[13]라고 정의된다. 우리 주변에서 가장 대표적인 유기체는 사람이다. 사람은 일단 무기물(無機物)이 아닌 유기물(有機物)로 이뤄져 있고, 생활기능을 가지고 있고, 두뇌, 사지(四肢) 및 오장육부(五臟六腑)는 생존(生存)과 번영(繁榮)이라는 하나의 목적 아래 하나로 통일되어 이루어져 있어 부분과 전체가 긴밀(緊密) 관계를 가지고 있다. 그리고 인간이 만든 기업이나 국가 등 모든 조직은 인간과 마찬가지로 유기적 관계를 가지고 있다. 이러한 유기체의 핵심적 가치는 기본적으로 생존과 번영이다. 이러한 가치를 기준으로 그 유기체가 처한 환경에 따라 기본 가치가 분화(分化)하여 계층화(階層化)하고 있다. 위기의 정의에서 유기체를 사람으로 집중하여 논의하는 것은 위기를 인식하는 주체가 어

---

13) 『에센스 국어사전』(서울: 민중서림, 1994).

디까지나 사람이기 때문이다. 동물과 나무도 유기체이기는 하지만 그것은 위기를 인식하는 주체가 되지 못하기 때문에 적어도 위기를 연구하는 측면에서는 의미가 없다.

이어서 핵심적 가치에 대한 정확한 정명(正名)과 설명이 필요하다. 어떠한 유기체이든 기본적인 핵심적 가치는 생존과 번영이다. 생존의 가치가 보장(保障)되지 않는다면 모든 가치를 잃게 되며, 번영의 가치는 생존을 더 의미 있게, 더 항구적(恒久的)으로 보장하는 가치다. 모든 유기체의 핵심적 가치는 '생존과 번영(번식, 발전)'이라는 최상위 가치를 정점(頂點)으로 하여 하부(下部) 가치로 분화(分化)한다. 이것은 가치의 피라미드 구조로 분화(break down) 발전시킬 수 있는데 이런 절차(節次)와 과정(過程)을 거쳐서 유관(有關) 유기체의 핵심적 가치를 바르게 식별할 수 있다. 일반적으로 하부 가치는 상부 가치와 계층구조를 가지고 있다. 이를 일반화하면 최상위(最上位)에 유기체의 생존과 번식의 가치가 있고, 그다음에 유기체의 건강 유지 및 발전, 유기체 내부 시스템의 원활한 작동, 유기체 내부 시스템 작동을 보장해 주는 외부 지원 역량, 그리고 외부 지원 역량을 유지 및 발전시켜 주는 생태적(生態的) 환경으로 구성된다. 이것은 지극히 일반화시킨 것이므로 특정 상황(特定狀況)하에서는 그 상황에 맞는 핵심적 가치를 특정화(特定化)해서 식별해야 한다. 이러한 하부 가치를 식별함으로써 위기관리를 하면서 위협이나 위험이 핵심적 가치에 이르기 전에 차단(遮斷)할 수 있다. 이를 좀 더 구체화하면 이러한 생존과 번영의 가치는 유기체의 시스템과 품격(品格)이 유지됨을 의미하며 이 시스템과 품격은 건강 및 경제력과 평판(評判)[14]에 의해 유지된다. 여기서 건강과

---

14) 김학진, 『이타주의자의 은밀한 뇌구조』(서울: 도서출판 갈매나무, 2017), p. 111.

경제력이라 함은 유기체의 시스템을 유지하는 데 필요한 유기체의 원활한 유기성(有機性)과 이 유기체의 생명력을 유지할 수 있게 하는 물적 가치(物的價値)를 말한다. 특히, 유기체의 건강이란 유기체 구성 요소 간의 유기성으로서, 조직의 경우에는 조직원 간의 유대(紐帶), 조직원의 충성심, 조직원의 능력과 건전성 등이 이에 해당한다. 경제력이란 생존을 위한 자양분(滋養分) 공급에 필요한 물적 자원과 번영을 보장하는 물적 자원이다. 품격이란 유기체의 역량과 지위에 걸맞는 도덕성을 지칭하는데, 도덕성이란 대중이 기대하는 수준으로 해당 유기체의 주변에서 직접적 · 간접적 영향을 주고받는 구성원들로부터 받는 평가이며 신뢰(信賴)가 가장 중요한 요소이다. 이러한 핵심적 가치가 중요한 또 다른 의미는 위기관리 목표의 설정(設定) 기반(基盤)을 제공한다는 것이다.

성공적인 위기관리를 위해서는 유기체가 꼭 지켜야 할 핵심적 가치가 무엇인지 식별(識別)하는 것에서부터 시작해야 한다. 위기관리 목표는 바로 이 핵심적 가치로부터 유도되며 모든 노력을 한 방향으로 집중케 하는 역할(役割)을 한다. 만약 목표가 없다면 중구난방(衆口難防)으로 우왕좌왕(右往左往)할 수밖에 없다. 특히 위기는 대부분 긴박한 상황으로 갑작스러운 상황에서 관계관들 모두가 당황(唐慌)하여 어쩔 줄 몰라 하는 상황이기 때문에, 명확한 목표 설정은 무엇과도 비교할 수 없을 만큼 중요하다. 그러므로 이렇게 중요한 목표를 유도하는 유기체의 핵심적 가치를 식별하는 것은 위기관리의 출발점이다. 요컨대 위기가 발생하면 상황을 파악하여 유관(有關) 유기체의 핵심적 가치가 무엇인지 식별하고, 그 핵심적 가치가 처한 위협 또는 위험을 제거(除去) 또는 완화(緩和)하려는 노력을 하게 되므로 핵심적 가치를 정확하게 식별하는 것은 매우 중요하다.

2.
위기의 속성

1) 위기의 변이

　위기를 당했을 때 그 위기를 적절하게 관리하지 못하면 위기의 성격이 바뀌어 더 큰 위기를 초래하여 추락(墜落)한다. 따라서 예기치 못한 위기를 맞으면 그 위기가 전개될 미래 상황을 예측해 보고 그 위기가 조기에 수습(收拾)되도록 해야 하며, 섣부른 조치로 더 상황이 좋지 않은 위기로 재생산(再生産)되는 것을 막아야 한다. 땅콩 회항 사건[15]은 위기를 초기에 잘못 관리한 결과다. 자신에게 닥친 위기를 제대로 파악하지 못하고 당장의 위기를 모면(謀免)하기 위하여 자기 보호 본능에 사로잡혀

---

15)　2014년 12월 5일, 금요일 0시 50분(현지 시각 기준), 뉴욕 존 F. 케네디 국제공항에서 인천 국제공항으로 향한 대한항공 KE 086편에서 사건은 발생했다. A380 여객기 퍼스트 클래스에 탑승한 조현아 대한항공 부사장이 땅콩제공 서비스를 문제 삼아 사무장을 항공기에서 내리게 했고 이로 인해 항공기는 예정된 시간보다 46분 늦게 출발했다. 2014년 12월 8일, 언론을 통해 '땅콩 회항' 사건이 알려지고 파장이 커지자 대한항공은 사과문을 발표했으나 실상은 부사장을 위한 변명과 행동 합리화를 거듭 반복하며 권력을 동원하여 무마, 회유 등의 부적절한 대응을 하여 구속된 사건이다.

내뱉은 말 때문에 더 큰 위기상황을 초래한 대표적 케이스다. 올바른 위기관리를 위해서 가장 필요한 것은 이 위기상황이 앞으로 어떻게 전개될 것인가를 예측해 보는 능력이다. 그러므로 전략의 기획성(企劃性)인 미래성(未來性)과 전체성(全體性)을 적용해야 한다. 즉, 미래에는 지금의 이 위기상황이, 그리고 위기상황과 관련된 시스템의 전체적 상황이 어떻게 될 것인가의 문제를 분석(分析)하고 평가(評價)할 필요가 있다. 그런데 지금 우리나라에서 위기를 관리하는 상황을 보면 미래는커녕 지금 당장 현실의 상황도 제대로 파악하고 있지 못하다. 미국의 워터게이트 사건 역시 도청(盜聽) 문제가 대통령의 거짓말 문제로 변이(變移)되어 지도자의 도덕성(道德性)과 신뢰성(信賴性)의 위기로 인해 닉슨 대통령이 사임(辭任)하였다.

위기의 일차적인 관리는 위기의 원인(原因)을 제거(除去)하여 원상복귀(原狀復歸)시키는 것이다. 그러나 위기의 당사자가 공인(公人)일 경우에는 여론(輿論)과 직접 관련이 있다. 공인으로서의 인격(人格)의 문제가 부각(浮刻)되기 시작하면 신뢰(信賴)가 가장 큰 가치로 부상(浮上)한다. 여론은 언제나 '유죄(有罪) 추정(推定)의 원칙'이 적용되며 약자의 편이다. 위기관리를 하는 당사자나 관리책임자는 이 점을 분명하게 알고 관리해야 한다. 여론과의 관계에서 중요한 것은 사실의 옳고 그름의 문제가 아니고 감정의 문제다. 감정이 들끓는 상황에서 논리적 판단의 시시비비(是是非非)는 감정의 파고(派高)만 높인다.

공인이 위기에 처할 경우 사건의 본질(本質)보다, 위기처리 과정에 여론을 고려하지 않은 실수(失手)로 인해 새로운 위기가 발생하게 된다. 이러한 문제를 미연에 방지하기 위해서 위기 발생 시 '자기 보호 본능(保護本能)'의 껍데기를 깨고 나와서 '필사즉생(必死卽生)' 전략으로 대응하면 그 문제가 전혀 엉뚱한 문제로 비화(飛火)하는 일은 없다. 설사 위기를 초래한 그 문제에 대해서는 책임을 져야 할지 모르지만 죽기를 각오하고 책임지는 자세가 여론으로부터 인정받게 되면 인간적인 면에서 이해(理解)를 받게 될 것이고, 나아가서 전화위복(轉禍爲福)의 위기관리가 될 수도 있다. 위기를 초래한 관리적 차원에서 책임은 면하기 어려울지 모르지만, 인격적인 면에서는 위기가 발생하지 않는다. 오히려 책임감 있는 위기관리에 대한 능력을 인정받아 신뢰지수(信賴指數)를 높일 수도 있다. 그런데 문제는 공인이 보호 본능의 틀을 깨기가 쉽지 않다는 데 있다. 그 자리에 오르기 위해 투자(投資)했던 노력과 그 자리에서 누릴 수 있는 권력의 맛 때문에 그 자리를 포기(拋棄)하는 용기가 나지 않는다. 그러나 그 모든 것을 포기할 각오를 하고 위기를 관리해야 한다. 결코 자리에 연연(戀戀)해서는 안 된다. 공인(公人)은 인기(人氣)를 먹고 산다. 다른 말로 하면 인격적으로 하자(瑕疵)가 없어야 한다. 인격(人格), 즉 사람으로서의 격이 있어야 그 인기를 유지할 수 있다. 다시 말해 인기는 인격이 뒷받침되지 못하면 당장 무너진다. 인격을 유지하려면, 신뢰성(信賴性)과 책임성(責任性)을 견지(堅持)해야 한다. 과거에 잘못이 있다면 솔직히 인정(認定)하고 그에 대해 책임을 지면 최소한의 인격은 유지(維持)할 수 있다. 사람은 과거의 일보다 현재의 처신(處身)에 대해 더 관심을 갖는다. 용기 있고 과감(果敢)한 결단을 내리기 위해서는 객관적 입장에서 현실을 볼 수 있는 구조(構造)가 필요하다. 다시 말해 당사자가 아닌 제3자의 입장에서 조언(助言)을 해 주는 전문가의 도움을 받을 수 있는 시스템을 구축(構築)해 두는 것도 한 가지 좋은 방법이 될 것이다.

2) 위기의 양면성

세상만사(世上萬事)는 음(陰)과 양(陽)으로 이뤄져서, 앞으로 나아가려는 힘이 있으면 그것을 나아가지 못하게 막아서는 힘이 있다. 그것이 세상의 이치다. 동양학의 『주역(周易)』은 이러한 원리를 기본으로 하고 있다. 서양의 철학자 헤겔(Hegel)[16]은 정반합(正反合)의 원리를 제시하였고, 유명한 역사학자 토인비(Toynbee)[17] 역시 역사 발전의 동력(動力)을 도전(挑戰)과 응전(應戰)이라고 하였다. 이러한 맥락(脈絡)에서 모든 유기체는 앞으로 나아가려고 하면 반드시 그 앞을 가로막아 서는 장애물(障礙物)이 있다. 이 장애물을 극복하고 앞으로 나아가면 그것이 발전이고 그렇지 못하면 위기다. 장애물의 극복(克服) 여하(如何)에 따라 발전이냐 위기냐로 갈리는 것이다. 어떤 사고가 일어나면 누구에게는 심각(深刻)한 '위기(危機)의 상황'이지만 누구에게는 '기회(機會)의 상황'이 된다.

또는 그 정도는 아니지만, 같은 사고 현장에 있더라도 누구에게는 '위기 수준'이지만 누구에게는 그냥 '단순 사고' 정도다. 예를 들어 국가적 경제위기가 발생하면 서민(庶民)들에게는 핵심적 가치인 생존이 걸린 위기가 되지만 부유층(富裕層)에게는 그저 수입이 조금 줄어들 뿐이다. 이처럼 각자가 처한 입장에 따라 그 위기의 정도가 다르다. 고전적 의미의 국가적 위기상황에서 역시 각각의 조직 차원에서 감지(感知)하는 위기의 정도가 다르다. 예를 들어, 북한의 핵실험에 대해서도 청와대가 느끼는 위기의 정도(程度)와 정부 여당이 느끼는 위기의 정도가 다르며, 야당

---

16) Georg Wilhelm Friedrich Hegel(1770~1831) : 칸트 철학을 계승한 독일 관념론 철학자

17) Arnold Joseph Toynbee(1889~1975) : 영국의 역사학자. 저서 『역사의 연구』에서 독자적인 문명사관 제시

들에게는 그 감도가 더 큰 차이를 보일 것이다. 또한 사회적으로도 정치단체가 느끼는 위기의 정도와 경제단체들이 느끼는 위기의 정도가 다르다. 같은 경제단체들 중에서도 개성공단 관련 업체나 금강산 관광 등 대북 경제 관련 단체들이 느끼는 위기감은 다를 것이다.

이런 여러 사정을 감안(勘案)해 볼 때, 같은 사고 또는 사건이라고 하더라도 느끼는 위기의 감도(感度)가 모두 다르다. 그러므로 어떤 사고가 일어나면 그것이 어느 유기체에 어떤 형태의 위기로 발전될 것인가를 예측·판단하는 과정이 필요하다. 그 판단은 각 유기체가 처한 상황에 따라 다르며, 이것을 정확하게 판단하는 것은 어려운 일이다.

3) 위기의 계층화

위기는 상위(上位) 가치에 영향을 미치는 전(前) 단계 사건이다. 그러므로 위기관리는 이 전(前) 단계 사건이 상위 가치에 미치는 영향을 배제(排除)하거나, 영향이 미친 결과를 원상회복(原狀回復) 또는 전화위복(轉禍爲福)으로 만드는 절차와 과정이다. 위기가 적절하게 관리되지 않으면 나쁜 방향으로 단계화 발전한다. 고전적 차원의 국가위기의 경우, 위기가 제대로 관리되지 못하면 최초의 전쟁 발발의 위기는 전쟁으로, 전쟁은 다시 국가 패망(敗亡)의 문제로, 국가 패망은 민족 말살(抹殺) 상황으로 악화(惡化)된다. 그러므로 전쟁은 국가 존망(國家存亡)의 위기[18]가 되며

---

18) 청일 전쟁 후 맺은 시모노세키 조약(1895년)과 미국과 일본이 주고받은 가쓰라-태프트 밀약(1905년)으로 일본이 조선을 식민지화하려는 상황인데도 속수무책인 조선으로서는 국가 존망의 위기 상태였다.

국가 패망은 민족 존망(民族存亡)의 위기[19]가 되는 것이다. 국가위기의 기본형은 주지(周知)하는 바와 같이 전쟁 발발(戰爭勃發)의 위기를 말한다. 1962년 10월 발생한 쿠바 사태는 미·소 간의 핵전쟁 발발의 위기였다. 쿠바 사태가 해결되지 않았다면 제3차 세계대전이 일어났을 것이며 그것은 핵전쟁이었을 가능성이 높았다. 그러므로 우리가 흔히 말하는 국가위기를 엄밀하게 정의하면 전쟁 발발 위기라고 부르는 것이 적절하다.

이러한 위기를 조장하는 위기의 실체는 국가의 정체성에 위해(危害)를 가하는 외부의 행동으로서 한 국가의 안전보장에 위해(危害)를 끼치는 행위들이다. 그것들은 간첩 침투, 국지 도발, 테러, 무력 시위 등이며 근래에는 사이버전 형태의 해킹(Hacking), 디도스(DeDOS) 공격 등이 있다. 북한의 핵실험, 미사일 발사 등의 사건은 고전적 의미의 국가위기로서 미래의 전쟁 발발 위기에 해당한다. 만약 우리가 수수방관(袖手傍觀)하고 있다가 북한이 핵무장(核武裝)을 완료하게 되면 우리의 국가이익이 종속적(從屬的) 상태에 놓이게 될 것이고, 최악의 상황에서는 우리나라의 핵심적 가치가 위험에 놓이게 될 것이다. 개성공단의 폐쇄와 UN 안보리에서의 대북 제재 결의안 통과는 현재 시점에서 북한이 저지르는 도발적(挑發的) 행위가 미래 우리의 안전보장을 위협할 가능성이 예측되므로 사전(事前) 위기관리의 차원에서 북한의 핵개발을 중단시키기 위한 노력의 일환(一環)이다.

---

19) 조선을 강제 점령한 일본은 한민족을 말살하기 위하여 식민사관을 주입시키고 창씨개명, 황국신민화, 내선일체 정책을 강제로 추진하였다. 이 시기는 우리 민족 말살의 위기였다.

3.
위기 발생의 원인

원인(原因)을 알면 그에 대한 대책(對策)을 찾는 것이 쉽다. 마찬가지로 위기의 발생 원인을 안다면 위기 발생을 미연(未然)에 방지하거나 위기 발생 시에 대처(對處)가 용이할 것이다. 위기는 기본적으로 사고(事故)로부터 출발하는데 그 사고는 모두가 스스로 만든 것이다. 대체로 사고란 시스템의 작동에 이상(異常)이 발생한 것을 말하는데, 그 이상이 생기게 만드는 것은 유기체 당사자(當事者)가 그 시스템을 정상적으로 관리하지 않았기 때문이다. 좀 더 구체적으로 보면, 시스템에 대해 잘 알고서 지속적(持續的)으로 점검(點檢)하면 사고가 나지 않는다. 예를 들어 자동차도 정비 수칙(整備守則)을 제대로 지키지 않으니 사고가 나고, 그로 인해 일어난 사고를 제대로 관리하지 못하면 위기로 발전한다. 대부분의 사고가 위기로 연결되는 것은 사고가 나도록 시스템 관리를 제대로 하지 않은 유기체는 사고관리에 대한 사전 준비가 되어 있을 리가 만무(萬無)하기 때문이다. 물론 천재지변(天災之變)과 같은 불가항력적(不可抗力的)인 사고가 있을 수 있다. 그러나 비록 그러한 사항(事項)이라도 예보(豫報) 시스템을 정비하고, 사고에 대비한 인적(人的) · 물적(物的) 자원을 비축(備築)하고, 사고 대피 훈련을 철저하게 해 둔다면 사고에 의한 피해를 최소화할 수 있고, 짧은 시간에 사고를 수습(收拾)하여 위기로 발전하는 것을 차단할 수 있다. 따라서 위기를 예방하기 위하여 사고의 원인을 알아보면 다음과 같다.

1) 상황 변화에 부적응

많은 사람들이 미래를 예측하고 싶어 한다. 동서고금(東西古今)을 막론하고 앞일을 안다는 것은 무척이나 중요하다. 그러면 우리는 미래를 어떤 방법으로 예측할 수 있는가? 서양 철학의 아버지라고 할 수 있는 아리스토텔레스도 "만물(萬物)은 변한다."라고 했다. 만약 세상이 변하지 않는다면, 미래를 예측하는 문제 자체가 있을 수 없다. 항상 그대로이므로 미래는 오늘과 같을 것이기 때문이다. 그러나 변화하는 세상에서는 미래가 어떻게 전개될 것인가에 대한 예측이 미흡(未洽)하여 판단을 그르치면 위기가 발생한다.[20]

위기란 '유기체의 핵심적 가치가 위험에 처한 상태'라고 정의하였다. 그런데 이러한 위기가 갖는 특성은 비예고성(非豫告性), 긴박성(緊迫性), 치명성(致命性)이다. 다시 말해 위기는 예기치 않은 상황에서 갑작스럽게 나타나기 때문에 그 대응(對應)에 긴박성(緊迫性)이 요구된다. 이를 뒤집어 보면 어떤 일이 일어날 것을 예상하고 있다면 위기 발생을 미연

---

20) 부록 4 참조.

에 방지할 수 있다는 말이 된다. 사고나 재난이 발생하였다고 해서 모두 다 위기가 되는 것은 아니다. 재난이 발생해도 그것이 어떤 유기체, 즉 어떤 개인이나 조직의 핵심적 가치에 심각(深刻)한 영향을 미치지 않는 다면 그것은 위기가 아니다. 그러므로 사고나 재난의 관리를 제대로 하면 위기에 이르지 않을 수 있다. 천재지변(天災地變)과 같이 불가항력적(不可抗力的)으로 발생하는 것이라도 그에 대응할 태세(態勢)를 준비하고, 훈련(訓練)해 두면 위기에까지 이르지 않는다. 그러므로 미리 대비하면 위기를 사전에 예방할 수 있는 것이다. 즉, 위기는 사전에 철저한 준비를 하지 않았기 때문에 발생한다.

또한 위기가 발생하는 것은 사전(事前)에 위기의 조짐(兆朕)을 파악하여 조치(措置)하지 못한 탓이다. 세상은 일정한 법칙(法則)과 원리(原理)에 의해서 움직인다. 모든 것은 변한다는 원칙에 따라 세상은 변하는데, 변하지 않을 것이라고 생각하고 변화에 대해 대응하지 않기 때문에 위기가 발생한다. 세상의 모든 것은 무슨 일이 일어나기 전에 그 조짐(兆朕)이나 징조(徵兆)를 보인다. 그런데도 나태(懶怠)하거나 무관심(無關心)한 사람들은 그 변화의 조짐을 알아채지 못하거나 무시(無視)하기 쉽다. 세상만사는 봄, 여름, 가을, 겨울의 변화와 같은 라이프사이클(Life Cycle, 수명주기)을 가진다. 다시 말해, 태어나고, 자라고, 열매 맺어 갈무리하는 과정을 거치는 것이다. 여기에는 내부(內部) 라이프사이클과 외부(外部) 라이프사이클이 있는데, 두 라이프사이클 간의 조화(調和) 여부가 위기 여부를 결정한다. 그런데, 이 원리를 이해하지 못하거나 무시(無視)함으로써 그 변화의 조짐(兆朕)을 알아차리지 못하고 있다가 누적(累積)된 변화가 어느 날 갑자기 큰 변화로 나타나면 그것이 위기가 된다. 즉, 변화를 따라잡지 못하면 위기가 온다. 변화를 따라잡으려면 크게는 우주(宇宙)의 라이프사이클로부터 우리 주변을 감싸고 있는 모든 것들의 라이프사이클을 간파(看破)해야 한다. 이를 간파하는 것은 리더의 역할이다. 계절의 변화처럼 우리가 쉽게 알아차릴 수 있는 것은 별 문제가 없지만, 그 외의 세상만사에는 그 라이프사이클이 내재(內在)하고 있기 때문에 그것을 간파하는 능력인 통찰력(洞察力)이 필요하다. 혜안(慧眼)과 통찰력을 가진 전략적 사고를 하지 못하면 세상의 변화를 읽지 못한다. 그렇게 되면 안일(安逸)과 무사태평주의(無事太平主義)가 만연(蔓延)하고 자만심(自慢心)과 오만(傲慢)한 태도가 나타나 사고가 발생하여 위기로 발전한다.

2) 유기체의 나쁜 습관

위기는 대체로 그 유기체가 가지고 있는 좋지 못한 습관(習慣)에 의해서 초래(招來)된다. 사람의 경우, 위기는 정신적(精神的) 위기와 신체적(身體的) 위기로 구분할 수 있다. 정신적 위기란 주로 평판(評判)에 대한 위기다. 고귀(高貴)한 인격(人格)을 가지고 있는 것으로 알고 있던 사람이 알고 보니 탈법(脫法)하고, 위법(違法)하고, 비신사적 행위가 드러났다. 국회 인사 청문회에서 자주 보는 현상이다. 평소 좋지 못한 생활 습관이 누적(累積)된 결과가 세상 밖으로 드러난 경우다. 평소 바르지 못한 언행(言行)이 부지불식간(不知不識間)에 습관이 되어서 생긴 일이다. 신체적 위기 또한 나쁜 습관(習慣)에 의해서 만들어진다. 암이나 당뇨 등은 오랜 시간의 식습관(食習慣), 운동 습관(運動習慣), 사고방식(思考方式), 업무방식(業務方式) 등의 결과다. 난폭(亂暴) 운전 습관을 가진 사람은 교통사고 가능성이 높으며, 바르지 못한 자세는 척추(脊椎)를 상(傷)하게 할 수 있다. 흡연(吸煙)

습관은 폐암 발생 가능성을 높이고, 폭음(暴飮)과 폭식(暴食)은 위암 발병(發病) 가능성을 높인다. 흔히 착하게만 살았는데 왜 암에 걸렸느냐고 한탄(恨歎)하는 경우도 있는데, 그런 사람의 경우는 평소에 걱정을 많이 하는 습관 때문일 것이다. 모든 것을 부정적(否定的)으로 생각하거나, 여러 가지 원인에 의해 스트레스(stress)를 받으면 아드레날린(Adrenaline) 종류의 호르몬을 다량(多量) 분비(分泌)하게 되어 암을 유발(誘發)할 가능성이 높다.

조직(組織)의 경우에는 좋지 않은 문화(文化)가 위기를 발생시킨다. 문화란 조직의 성원(成員)인 사람의 습관이 모여서 만들어진 것이므로 결국은 한 사람, 한 사람의 습관이 위기의 원인인 것이다. 비합리적(非合理的), 비도덕적(非道德的) 행위나 폐습(弊習) 등이 사고를 유발하고, 그것이 발전하여 위기가 된다. 세월호 참사(2014. 4. 16.)는 일어나서는 안 될 사고였지만, 단순한 해상 교통사고가 관계관들의 관리 미숙(未熟)으로 국가적인 위기로 악화되었다. 세월 호 참사는 안전 불감증(不感症) 문화를 핵심으로 하여 뇌물(賂物), 횡령(橫領), 감독 부실(監督不實), 책임 회피(責任回避), 무사안일주의(無事安逸主義) 등의 악습문화가 총체적으로 결합하여 나타난 것이다. 따라서 사고를 미연에 방지하고 불가항력적(不可抗力的)인 사고가 발생한 경우에도 최소의 피해로 사고를 수습(收拾)하려면 안전문화가 사회 전반에 확산되도록 해야 한다. 개인 한 사람, 한 사람이 '안전을 무시하는 습관'을 바꾸면 위기가 발생하지 않는다. 즉, 개인 차원에서 올바른 생각을 신념화(信念化)하고 그 생각을 행동화(行動化)하도록 하여야 하며, 그 행동이 반복되어 습관으로 자리 잡을 때까지 각종 조직의 CEO들이 노력해야 한다. 이러한 노력이 우선은 비용을 수반(隨伴)하겠지만, 전략적 차원에서 궁극적(窮極的) 이익을 가져다준다.

3) 자만과 오만

　고사성어(古事成語)에 교병필패(驕兵必敗)[21]라는 말이 있다. '교만(驕慢)한 군대는 반드시 패(敗)한다.'라는 뜻이다. 송양지인(宋襄之仁)이라는 말이 있다. 이 말은 중국 춘추 시대에, 송(宋)나라의 양공(襄公)이 적을 불쌍히 여겨 공자목이(公子目夷)의 진언(進言)을 받아들이지 않았다가 오히려 초(楚)나라에 패한 것에 대하여 세상 사람들이 비웃었다는 데서 유래(由來)한다. 송나라의 양공은 초나라와 싸울 때, 먼저 강 건너 맞은편에 진을 치고 있었고, 초나라 군사는 이를 공격하고자 강을 건너는 중이었다. 이때 송나라 장군 공자목이가 송양공에게 이르기를 "적이 강을 반쯤 건너왔을 때 공격하면 이길 수 있습니다." 하고 권하였다. 그러나 송양공은 "그건 정정당당(正正堂堂)한 싸움이 아니다. 정정당당하게 싸워야 참다운 패자가 될 수 있지 않은가?" 하면서 듣지 않았다. 강을 건너온 초나라 군사가 진용(陣容)을 가다듬고 있을 때, 또다시 공자목이가 "적이 미처 진용을 가다듬기 전에 치면 적을 지리멸렬(支離滅裂)하게 할 수 있습니다." 하고 건의하였으나, 송양공(宋襄公)은 "군자(君子)는 남이 어려운 처지에 있을 때 괴롭히지 않는 법이다." 하며 말을 듣지 않았다. 그 결과 송나라는 크게 패하였고 양공은 이 싸움에서 부상을 입어 이듬해에 죽었다. 이처럼 국가 간의 분할(分割)할 수 없는 절대적(絶對的) 가치를 두고 경쟁할 때에는 수단과 방법을 가리지 않고 오직 승리만을 추구(追求)함이 옳다. 그렇게 해야만 국가와 국민의 생존을 지킬 수 있기 때문이다. 송양공은 주어진 유리한 경쟁의 틀을 걷어차 버리고 자신의 '의로움을 과

---

21)　삼성경제연구소, 『나는 고집한다. 고로 존재한다』(서울: 삼성경제연구소, 2011), p. 140.

시(誇示)하기 위하여' 국가와 국민의 생존을 위험에 빠뜨리는 어리석은 짓을 한 것이다. 이는 그의 자만(自慢)과 오만(傲慢)의 결과다.

우리 속담에도 "나무에 잘 오르는 사람은 나무에서 떨어져 죽고, 수영 잘하는 사람은 물에 빠져 죽는다."라는 말이 있다. 잘한다고 자만하거나 오만하게 행동하지 말라는 경구다. 사실 초보 운전자보다 운전 경력이 많은 사람이 교통사고를 내는 확률이 높다고 한다. 이것 역시 자만과 오만의 결과다. 자만과 오만은 부주의(不注意)를 불러오고 부주의의 결과는 사고로 이어진다. 마찬가지로 많은 기업들이 자만하거나 오만한 자세로 현재의 성공에 안주(安住)하면 변화에 뒤처지고 만다. 우리 속담에 "3대 가는 부자 없다."라는 말이 있고 서양에서도 100년 가는 기업이 별로 없다고 한다. 이는 나아가는 속도가 그 반작용으로 나타나는 중력(重力)을 이기지 못하기 때문인데 그것이 위기다. 이러한 위기는 전진(前進)의 속도가 중력을 이기지 못하고 줄어들기 시작하는 순간부터 시작된다. 그러나 성공에 도취된 CEO는 그 위기의 시작을 알아채지 못한다. 중력은 조직을 둘러싸고 있는 환경, 그 조직 구성원의 타성(惰性), 경쟁자(競爭者), 사회의 변화, 성공 아이템(item)의 라이프사이클 등이다.

그런데 이런 성공의 덫에 걸리지 않고 250년을 넘긴 독일의 세계적 문구 회사(文具會社) 파버 카스텔이라는 기업이 있다. 이 기업은 1761년 카스파르 파버라는 캐비닛 제조 회사로 출발하였지만 문구 회사로 변신하여 연필의 표준(標準)을 만들었으며 다가오는 장애물(障碍物)을 적극적으로 극복하고 성장하였다. 파버 카스텔은 항상 현재의 성공에 만족하지 않고 중력의 힘이 회사의 전진 속도를 늦출 때 연필의 정의(定義)를 다르게 하여 기존의 연필에 새로운 라이프사이클을 만들어 주었다. 연필을 '문자를 적는 도구'라고 정의한 라이프사이클에서 성장의 한계에 도달하자 파버 카스텔은 연필을 '생각을 여는 창'으로 재정의(再定義) 하여 연필에게 새로운 라이프사이클을 부여한 것이다. 연필을 재정의하자 글을 쓸 때, 필기감(筆記感)이 신경을 거스르지 않게 연필을 부드럽게 만들어야 한다는 당위성(當爲性)이 제기되었고 연필심이 부러져서 생각의 맥(脈)이 끊기는 일이 없도록 할 필요가 있었다. 물론 연필을 필기도구(筆記道具)로 정의하더라도 부드럽고 단단한 느낌을 주는 연필이 되어야 하지만, 생각을 여는 창으로 정의해 놓고 보면 더 좋은 연필을 만들어야 한다는 절실(切實)함이 커졌다. 2000년에는 책상에서 굴러떨어지지 않게 만든 이미 개발해 낸 육각형 모델에서 벗어나 삼각형의 단면을 갖고 있되 표면에 오돌토돌한 돌기를 붙여 쉽게 미끄러지지 않도록 만든 신개념(新槪念) 연필인 '그립 2001'을 출시했다.[22] 이에 부가하여 최근에는 연필의 본질인 '쓰다'라는 개념을 확장하여 마스카라 같은 화장품을 출시(出市)하는 등 끊임없이 변화를 주어 새로운 라이프사이클을 부여함으로써 회사의 동력(動力)을 유지해 나가고 있다.

4) 무리수

무리(無理)의 사전적(辭典的) 의미는 도리(道理)나 이치(理致)에 맞지 않거나 정도(正道)에서 지나치게 벗어남이다. 도리나 이치에 맞지 않는 일을 하니까 문제가 생기는 것이고 그것이 사고로 표출(表出)되어 그 사고에 대한 관리가 부실할 경우 마침내 위기로 연결된다. 무리수가 위기

---

22) 위의 책, p. 99.

를 만드는 이유는 우리가 살아가는 사회적 시스템의 정상적(正常的) 작동을 비정상적(非正常的)으로 작동하게 만들기 때문이다. 이러한 무리는 왜곡(歪曲)을 부르고 왜곡은 위기를 낳는다.

세종시로 간 중앙부처 행정 공무원들이 국회와 청와대에 오가느라고 시간을 대부분 고속도로에서 보낸다는 비판이 일자, 화상회의(畵像會議)를 대안(對案)으로 내놓았는데, 이것이 세종시 화상회의 할당제(割當制)다. 업무의 효율을 높이기 위해 화상화의 시스템을 이용하자는 것은 IT 문명을 구가(謳歌)하는 우리나라에서 당연히 있어야 하고 있을 법한 일이다. 그런데 문제는 그 화상회의를 공무원들이 좋아하지 않는다는 것이다. 이유는 모든 것이 기록으로 남기 때문에 껄끄럽게 생각한다는 것이다. 그러나 그 싫어하는 화상회의를 세종시 이전(移轉)에 대한 불만을 잠재우는 수단으로서 상부(上部)에서 강제로 월 몇 회로 할당하는 할당제를 지시했다. 이렇게 할당제를 지시받게 되는 공무원들은 당장 화상회의 할당제 횟수를 채우는 일에 골몰(汨沒)하고 있다고 한다. 화상회의 할당제를 충족하기 위한 회의를 하고 있다는 것이다. 회의는 국민들을 위한 정책을 수립(樹立)하고 집행(執行)하기 위함인데, 화상회의를 위한 회의나 하게 되니 회의의 근본 목적(根本目的)은 온데간데없어졌다. 정해진 화상회의 횟수 채우기 회의만 하고 있으니 목적과 수단이 완전히 바뀐 왜곡 현상의 전형(典型)이 되었다. 이러한 현상은 중앙정부 업무 수행체계에 위기가 발생한 것이다.

이런 일들은 국가에서뿐만 아니라 회사나 가정에서도, 개인에게도 흔히 일어나는 일이다. 무슨 일을 하든지 무리수는 반드시 본질의 왜곡(歪曲)을 부르게 된다. 시험을 치는 것은 공부를 잘했는지를 점검해 보기 위한 수단인 동시에 공부를 잘하게 하는 수단으로서 기능한다. 그런데 그 시험 점수에 지나친 관심을 갖게 되면, 공부는 하지 않고 그 점수를 따는 방법에만 골몰하게 된다. 내용은 모르면서 그저 답을 쓰기 위해 외우기만 한다든지 아니면 커닝(cunning의 비표준어)을 해서라도 점수를 올리는 극단적(極端的)인 방법을 쓰게 된다. 부모가 아이들에게 높은 시험 점수만을 강요하는 경우에 반드시 일어나는 현상이다. 이처럼 부모의 무리한 점수 요구는 필연적으로 왜곡된 시험 행태(試驗行態)를 부르고 이렇게 왜곡된 아이의 학교생활은 상급 학교 입학시험에서 떨어지는 위기를 맞거나, 더 심하면 거짓말을 하고 부정한 짓을 하는 습관 때문에 인생을 망치는 위기로 나타난다. 회사에서도 하부조직(下部組織)에 무리한 성과(成果)를 요구하면 당장의 불편을 모면(謀免)하고자 부정한 방법을 쓰거나 허위 보고(虛僞報告)를 일삼게 되고, 그것이 누적(累積)되면 반드시 회사 경영상(經營上)의 위기를 초래한다. 이러한 현상은 소통이 잘되지 않는 경직(硬直)된 조직에서 더 심하게 나타나고, 한번 실패하면 재기(在起)하기 힘든 문화를 가진 조직에 잘 나타난다.

또한 사람은 먹어야 살지만, 맛있는 것을 너무 많이 먹으면 비만(肥滿)해지고 이 비만이 온갖 병을 만들어 비싼 약을 입에 달고 살아야 한다. 학교에 보내 공부를 시키는 것은 인격 도야(人格陶冶)를 위해서인데, 부모가 점수 타령을 하면서 들들 볶으니까 점수를 따는 기술만 배우고 마침내는 성적표를 조작하는 사태까지 발전한다. 미국으로 유학 간 영재(英才)가 미국의 여러 명문 대학교로부터 입학 허가를 받았다고 거짓말을 해서 세상을 떠들썩하게 한 것도 그 좋은 사례다. 현대 생활에서 돈은 필수 불가결(必須不可缺)한 요소인데, 그 돈을 너무 많이 벌려고 하다가 삶을 망치는 경우도 많이 본다. 돈이 필요한 이유는 건강하고 행복한 삶을 위해서인데 더 많은 돈을 벌려고 욕심을 부리다가 삶 자체를 망가지게 하는 것이다. 경제인이 탈세(脫稅)하고 뇌물(賂物)을 주고, 정치인이 이권(利權)에 개입하다가 결국은 영어(囹圄)의 몸이 되는 것을 자주 본다. 경찰이 범인을 검거하기 위해서 파출소별로 경쟁을 시키면 그 숫자를 채우기 위해서 억울한 사람이 생기기도 한다. 권위주의 시절 사회를 정화(淨化)하겠다고 우범자(虞犯者)들을 대대적으로 검거하여 '삼청교육대'라는 것을 만들어 물의(物議)를 일으킨 일이 있다. 사회적으로 문제가 되는 사람을 교화(敎化)시키겠다고 좋은 의도로 시작했으나 실적(實績) 올리기에 골몰(汨沒)한 현장에서는 전혀 엉뚱한 사람을 잡아가는 바람에 두고두고 문제로 남았다. 국가, 기업, 가정, 개인 할 것 없이 무리수는 반드시 왜곡을 낳는다는 사실을 알아야 한다. 실적주의를 내세우면 단기적으로는 성과를 달성할지 모르나 반드시 폐해(弊害)가 나타난다.

2010년 2월 아키오 도요타 자동차 사장은 미국 연방하원 청문회(聽聞會)에서 가속페달 결함(缺陷)을 인정하고 미국 소비자들에게 총 12억 달러(약 1조 4,000억 원)의 보상(報償)을 약속했다. 세계 각국에서 팔린 1,000만 대에 대한 리콜(recall)도 단행(斷行)하였다. 당시 세계 1위(판매량 기준)였던 도요타는 연산(年産) 1,000만 대 생산을 코앞에 두고 있었다. 하지만 원가(原價) 절감을 위한 무리한 성과주의(成果主義) 탓에 부품 결함(缺陷)을 방조(幇助)하다가 리콜 사태를 맞았다. 또한 폴크스바겐(VW) 사태는 '제2의 도요타' 사태로 불린다. 세계 1위로서 연산 1,000만 대를 앞두고 대규모 리콜로 주저앉았다는 유사점(類似點)에서다. 폴크스바겐은 2015년 상반기 504만 대를 팔아 도요타를 2만 대 차이로 누르고 세계 1위에 등극(登極)한 지 두 달 만에, 1937년 창사 이후 78년 만의 최대 위기에 봉착(逢着)했다.

서비스 1등에만 매달린 무리수를 둔 인천공항은 보안 문제로 위기를 맞은 적이 있다.[23] 서비스 분야에서 세계 1등을 유지(維持)하려고 하는 국토부와 공항공사 사장의 무리한 업무 지시는 인천공항이 보안 분야의 업무에 대하여 소홀(疏忽)하게 만들었다. 인천공항은 세계 공항 서비스 평가(ASQ)에서 10년째 1위를 이어 가고 있는데, 이 평가의 주요 지표가 승객 출입국 시간 단축이다. 이 지표 점수를 올리는 것이 인천공항의 중점 목표가 되어 왔다. 이 때문에 베트남인이 자동 출입국심사대를 강제로 열고 나오는 과정에서도 이를 지켜봐야 할 출입국 심사 요원은 입국장(入國場)에 승객(乘客)들이 몰리자 자리를 비우고 이를 조정(調整)하는 일을 했던 것으로 알려졌다. 인천공항의 보안이 이처럼 허술한 것은 서비스 평가 지표에만 극단적(極端的)으로 목을 맨 무리수의 결과다.

이처럼 모든 시스템에서 무리수를 두는 것은 당장(當場)에는 문제가 없을지 모르지만 시간이 지나면 반드시 문제가 생긴다. 바로 그 결과가 위기로 나타나는 것이다.

5) 유기체의 역량 미흡

어떤 유기체인가를 막론하고 자신을 지킬 능력이 없으면 위기에 노

---

23) 불과 8일 사이 외국인 환승객에게 2차례나 뚫리는 과정에서 드러난 인천공항의 보안은 어이 없는 수준이다. 지난 29일 국내로 밀입국한 베트남인이 인천공항 입국장 자동 출입국심사대 보안 문 2개를 강제로 열고 빠져나오는 데 걸린 시간은 2분도 되지 않았다. 앞서 21일에는 중국인 2명이 인천공항 4개 보안 문을 14분 만에 뚫고 나왔다. 베트남인은 공항이 붐비는 아침에 자동 출입국심사대를 손으로 강제로 열고 나왔지만 입국장 첫 번째 문을 열 때 울린 경보음은 작아서 주변 사람도 잘 인지하지 못했고, 두 번째 문을 통과할 때는 아무 소리도 울리지 않았다. 심지어 중국인들이 밀입국할 때는 닫혀 있어야 할 출입문이 자동으로 열렸고, 마지막 문의 잠금장치는 10년 동안 내버려 둔 경첩이 헐거워서 가볍게 뜯겼다.

출(露出)된다. 이러한 능력은 물리력(物理力)과 정신력(精神力)으로 나눌 수 있다. 위기 개념의 발원지(發源地)인 국가 위기상황에서 유기체의 역량은 물리력인 군사력과 경제력이며 정신력은 다른 나라와 관계를 관리하는 외교력과 국내 역량을 결집하는 정치력이다. 우리나라 반만년의 역사에서 수많은 외침(外侵)을 당한 것은 우리의 핵심적 가치를 지킬 군사력과 외교력이 부족한 탓이었다. 그로 인하여 치욕적(恥辱的)인 근세사(近世史) 일제(日帝) 강점기(强占期)에는 민족 말살(民族抹殺)의 위기에까지 이르렀고 6.25 전쟁에서는 국가 존망(存亡)의 위기에 처했었다. 6.25 전쟁이 정전 상태(停戰狀態)로 지속(持續)되면서 북한의 끊임없는 도발(挑發)은 우리의 안보에 지속적인 위기로 작동(作動)하였으며, 북한의 핵과 미사일 개발 역시 우리의 안보의 심대한 위기상황이다. 또한, 1997년 외환 위기(外換危機)는 세계경제 시스템 속에서 우리의 외환 부족 때문에 발생한 경제적 위기였다. 이렇듯 외침으로부터의 안전을 보장받은 후에는 국가의 생존과 번영을 위한 가장 큰 힘은 경제력이다. 경제력은 물리력을 증강시킬 수 있는 토대(土臺)인 동시에 내부적 단결과 성장을 견인(牽引)하는 가장 중요한 힘이다.

유기체의 가장 기본 단위인 개인의 입장에서 보면 물리력은 완력(腕力)과 면역력(免疫力), 그리고 경제력이다. 강력한 통제력(統制力)을 갖는 국내법하에서 개인이 물리력에 의한 위기상황에 처할 가능성은 지극히 낮지만, 강도(强盜)와 같은 극단적 상황하에서는 자신을 지킬 물리력이 없으면 위기에 직면할 수 있다. 또한, 개인의 생존에 가장 큰 영향을 주는 요소는 질병(疾病)이다. 이 질병으로부터 자신을 지킬 수 있는 면역력이 필요하며, 면역력을 초과하는 질병의 공격에도 대처하는 능력이 필요하다. 이에 부가하여 경제력은 자본주의 경제하에서 개인의 핵심적 가치를 지키는 데 가장 필수(必須)적인 역량이다. 경제력이 없으면 생존이 불가하고 번영은 생각조차 할 수 없다. 그리고 개인에게 정신적 역량은 사회적 관계를 만들고 유지하는 데 필요한 것들이다. 그것은 지식(知識), 교양(敎養), 친화력(親化力), 리더십, 공감력(共感力) 등이며 자체로서 핵심적 가치를 지키는 데 기여하기도 하지만 물리력을 증강하는 데도 기여한다.

우리가 관심을 가지는 또 하나의 유기체는 국가와 개인 사이에 존재하는 각종 조직이다. 이것들은 혈연(血緣) 조직과 사회적(社會的) 조직 모두를 망라(網羅)한다. 각 조직은 그들이 갖는 목적을 달성하기 위한 핵심적 가치가 존재하며 그 추구하는 목표에 의해 핵심적 가치의 경중(輕重)이 매겨진다. 예를 들어 군대는 무력(武力)이 가장 핵심적인 가치이고 회사는 경제력이 핵심적 가치가 될 것이다. 이러한 조직 역시 그 특성에 따라 상대적이기는 하겠지만 핵심적 가치를 지키기 위한 물리력과 정신력이 필요하다. 요컨대 어떠한 유기체이든지 자신의 핵심적 가치를 지켜 낼 역량이 부족하면 위기에 직면(直面)하게 된다.

6) CEO의 능력 부족

위기의 단초(端初)는 사고에서 시작되는데 유기체의 CEO가 사고 예방에 대한 관심(關心)이 부족하여 사고 예방 시스템이 정상적으로 작동하도록 하지 못하면 위기가 발생한다. 예를 들어 조직의 관리 부실(管理不實)로 인한 내부 불만이 팽배(澎湃)하여 시스템이 부적절하게 작동한다거나 소통의 부족으로 동맥경화(動脈硬化)가 일어나면 위기로 이어진다. 앞에서 적시(摘示)한 상황 판단 능력이나 변화 대응(變化對應) 능력 역시 CEO의 몫이다. 세상 만물은 생장성쇠(生長盛衰)의 과정을 거친다. 즉, 모든 것들은 태어나서 자라고 결실을 맺어 새로운 생명 탄생을 위해 쇠락(衰落)한다. 이를 일반적 용어로는 기승전결(起承轉結)이라고 표현하고 동양 철학에서는 오행(五行)으로 설명한다. 그 만물 중에서 유기체가 겪는 생장성쇠가 더 확연하고 심각하다. 위기의 광의적 개념은 '유기체의 핵심적 가치가 심각한 위험에 처한 상태'라고 정의하는데 그 핵심적 가치인 생존(生存)과 번영(繁榮)이 생장성쇠의 과정에 놓여 있다. 생존은 번영이 멈추면 끝이 나는 것이기에 번영이 생존의 다음 순서의 가치라고 할 수 있다. 위기관리에서 다루는 유기체가 위기에 노출되는 것은 쇠락(衰落)의 모멘트(moment)에 이르는 것을 말한다. 국가나 회사 또는 가정, 어떠한 조직이나 개인이 위기에 처하지 않으려면 사전에 쇠락의 모멘트에 이르지 않도록 해야 한다. 이를 위해서 유기체는 성장(成長)을 지속할 수 있어야 한다. 그 성장의 속도가 유지되지 못하는 순간 위기가 발생한다. 그렇다면 유기체가 성장하는 요인을 알고 그 요인이 지속되도록 하면 위기를 미연에 방지할 수 있다는 결론에 도달한다.

이런 문제를 해결하기 위하여 유명한 역사학자 토인비(Toynbee)의 주장(主張)을 벤치마킹할 필요가 있다. 토인비는 『역사의 연구』라는 책에서 문명의 발전을 '도전(挑戰)과 응전(應戰)'이라고 보고 "한 문명이 성장을 거듭하려면 응전을 주도할 '창조적 소수'에 의한 창조적 능력이 계속적으로 발휘되어야 한다. 그리고 그 창조적 업적을 대중이 뒤따라 수용(受容)해야 한다."라고 하였다. 그리고 토인비는 이러한 창조적 소수에 의한 창안(創案)과 대중에 의한 모방(模倣)을 통틀어 '자기결정(自己決定)'이라고 부르고 문명의 성장은 이러한 '자기결정' 능력에 의해 좌우된다고 보았다. 이어서 토인비는 문명 쇠퇴의 근본적 원인을 내적 요인에서 찾고 있는데, 그것은 '자기결정' 능력을 잃어버림으로써 쇠퇴(衰退)의 길로 접어든다는 것이다. 자기결정 능력의 상실(喪失) 내지 실패는 우선 '창조적 소수'의 창조성 상실과 그들에 대한 대중의 모방 철회(撤回)로부터 빚어지며, 무릇 창조성의 상실은 만족(滿足)과 교만(驕慢)으로부터 비롯되는데, 일시적일 수밖에 없는 자아(自我)와 제도 및 기술을 마치 항구적(恒久的)이라고 착각(錯覺)함으로써 새로운 문제의식(問題意識)과 창조적(創造的) 해결책(解決策)의 발견을 방해(妨害)하고 기존의 성취(成就)에 도취(陶醉)되게 만든다는 것이다. 이렇게 되어 모방(模倣)할 창조성이 없으면 대중은 등을 돌린다.[24] 이러한 현상은 문명에 한하는 것이 아니고 우리가 관심을 갖는 위기관리도 마찬가지다. 문명(文明)을 위기관리에서 가장 중요한 유기체(有機體)로 대체(代替)하면 다음과 같은 명제(命題)가 만들어진다. 모든 유기체 역시 '자기결정' 능력이 없으면 쇠락(衰落)의 길로 들어서는 것이고 그렇게 되면 위기가 발생한다는 것이다. 만물은 변하고 있는데, 그 변하는 만물에 따라가기 위한 창조적 소수의 창의력이 발휘되지 않는다면 만물이 변화해 나가는 대열(隊列)에서 낙오(落伍)하거나 이탈(離脫)할 수밖에 없다. 그 결과로 핵심 가치인 번영이 멈추고 이어서 그 영향으로 생존이 위협을 받는다. 그러므로 위기는 곧 CEO의 능력에 크게 달려 있다고 해도 지나친 말이 아니다.

원래 CEO라는 용어는 회사와 같은 조직에서 나온 말이지만 국가나 개인에게도 확대 적용이 가능하다. 국가의 경우에는 대통령(大統領)이나 총리(總理)가 여기에 해당하고 개인의 경우 두뇌(頭腦)가 여기에 해당

---

24) 허남성, 『전쟁과 문명』(서울: 도서출판 플래닛미디어, 2015), pp. 46-47.

한다. 그러므로 국가위기는 대통령이나 총리의 능력에 달려 있으며 개인의 위기는 그 사람의 두뇌에 달려 있다. 만약 두뇌에 이상이 생기면 그 자체로서 큰 위기이며, 두뇌가 건강상으로는 이상이 없더라도 올바른 판단을 하지 못하면 위기 발생의 원인이 된다. 따라서 개인에게는 두뇌가 가장 중요하다. 한편 국가나 조직의 CEO는 사람이고 그 사람의 CEO는 두뇌다. 결국 CEO의 능력은 CEO 두뇌의 역량이다. 그러므로 사람의 두뇌를 위기에 대한 전략적 사고를 할 수 있는 역량을 갖추도록 훈련하면 모든 유기체의 핵심적 가치를 지킬 수 있을 것이다.

4.
사고, 재해, 재난 그리고 위기

사고와 재난은, 어떤 원인에 의해 발생한 시스템상의 이상(異常)을 시스템 내의 능력으로 처리가 가능하면 사고(事故)로, 그 시스템의 능력으로는 해결이 불가능하여 상위 시스템의 능력을 필요로 할 때에는 재난(災難)으로 구분한다. 또한, 사고냐 재난이냐 하는 문제는 상대적(相對的)인 것으로 조직체계에서 하급 기관(下級機關)에서는 재난이지만 상급 기관(上級機關)에서는 사고로 간주(看做)되기도 한다.[25]

재난은 발생한 사고가 관련된 사람들에게 어려움을 주고 있는 상황이나 결과로서 사람들이 느끼는 감정(感情)과 관련이 있다. 아무리 큰 사건이 발생해도 사람에게 영향을 미치지 않으면 재난이 아니다. 예를 들어 시베리아 벌판에 진도(震度) 8 이상의 지진이 발생해도 그로 인해 영

---

25) 미국의 중요한 위기관리 시스템인 NIMS(National Incident Management System)는 우리나라의 입장(立場)에서 보면 재난관리 기관임이 분명한데, 사고관리 기관으로 부르고 있다. 이것은 아마도 미국은 지리적으로 큰 나라이고 지방정부가 행정의 대부분의 역할과 기능을 가지고 있기 때문에 웬만한 것은 연방정부 차원에서는 사고(incident)로 부르는 것이 아닌가 생각된다.

향을 받는 사람들이 없다면 그것은 재난이 아니다. 재난과 유사한 개념으로는 재해(災害)가 있다. 재해는 주로 자연의 영향으로 인해 발생한 피해를 말하는데, 재난보다는 조금 더 객관적(客觀的)인 표현으로 일본에서 주로 사용한다. 그리고 사고는 사람에 의해 저질러진 결과로 고의적(故意的), 비고의적(非故意的) 사고를 모두 망라(網羅)한다. 따라서 사고는 사람이 고의적으로나 비고의적으로 저지른 잘못에 의해서 시스템의 정상 작동(正常作動)을 방해한 것이고, 재해는 자연이 원인이 되어 인간 생활에 필요한 환경 및 시스템에 나쁜 영향을 주는 결과물(結果物)을 말한다. 그리고 이러한 두 가지가 원인이 되어 사람이 생존하고 발전하는 데 어려움을 주는 것이 재난이다.

그렇다면 재난과 위기는 어떤 관계인가? 위기란 유기체의 핵심적 가치가 위험에 처한 상태를 말하는바, 일반적으로 재난이 위기의 원인으로 작용하지만 발생한 재난이 어떤 유기체, 즉 어떤 개인이나 조직의 핵심적 가치에 심각한 영향을 미치지 않는다면 위기가 아니다. 그리고 재난은 어떤 유기체에게는 위기지만 다른 유기체에게는 위기가 아닐 수도 있다. 그러므로 위기 역시 상대적(相對的)인 문제다. 개인정보 유출로 어떤 카드 회사에게는 위기가 발생했지만 카드 배달 업무를 하는 회사에게는 이것이 오히려 기회가 된 경우도 있다. 특수한 경우지만 세상일은 다 그렇다. 더 분명하게 이해하기 위해서 재난관리(災難管理)와 위기관리(危機管理)를 비교해 보면, 재난관리는 발생한 재난을 최소의 희생으로 원상회복(原狀回復)하여 재발(再發) 방지 대책을 강구하는 객체적(客體的) 관리이다. 이에 비하여 위기관리는 재난관리 과정을 포함하여 그 재난이 미치는 영향이 관리 주체의 핵심적 가치에 영향을 미치지 않도록 하는 주체적(主體的) 관리다. 그러므로 위기관리는 재난관리보다 상위의 개

넘이며 복합적(複合的) 관리이다. 따라서 사고가 발생한 재난 현장에서는 주로 재난관리를 하고, 이를 지휘하는 상위 기관은 위기관리를 하게 된다. 예를 들어 세월호 사건에서 최초에 배가 기울어 좌초(坐礁)할 위기에 놓였을 때, 선장(船長)이 세월호의 핵심적 가치는 '승객의 안전'이라는 것을 제대로 인식하고 승객을 안전하게 대피시켰다면 국가적 차원에서 세월호 사건은 하나의 해상 교통사고로 기록되었을 것이다. 물론 선장의 입장에서 배가 기울어 좌초하는 순간은 위기다. 그때 세월호의 핵심적 가치를 지키기 위해서 올바른 위기관리를 하였다면, 즉 자기 보호 본능(自己保護本能)에서 벗어나 필사즉생 전략(必死卽生戰略)으로 승객을 모두 구하고 최종적으로 퇴선(退船)하였거나 그것이 불가능하여 배와 함께 최후를 맞았다면 성공적인 위기관리가 되었을 것이다. 선장의 무책임(無責任)으로 많은 승객이 남아 있는 상태로 배가 침몰(沈沒)하고 있는 상황은 국가적 재난이며 이로 인한 국가적 위기상황이다. 이런 상황에서 현장에서는 재난관리를, 정부의 책임 부서인 중앙재난안전대책본부에서는 위기관리를 해야 했다. 급박한 상황에 대처하기 위한 신속한 현장 지휘소가 만들어지고 여러 기능을 가진 전문 기관이 참여하되 이를 일사불란(一絲不亂)하게 지휘할 지휘기구가 만들어졌어야 했다. 그리고 중앙재난안전대책본부에서는 현장 지휘소가 필요로 하는 모든 자원을 신속히 지원할 수 있도록 모든 역량을 동원(動員)하고 국가적 핵심 가치가 손상(損傷)되지 않도록 관리를 했어야 했다. 그러지 못해서 많은 지탄(指彈)과 원망(怨望)을 듣게 된 것이다.

1) 사고 발생의 원인

모든 위기는 작은 사고(事故)로부터 시작된다. 그러한 사고는 가시적(可視的) 사고와 비가시적(非可視的) 사고를 망라(網羅)한다. 최초에 부득이 발생한 사고라고 할지라도 그 사고를 효율적으로 관리하면 단순 사고(單純事故)로 종결되지만 사고관리가 부실(不實)하면 재난을 거쳐 위기로 발전한다. 그러므로 최상(最上)의 위기관리는 사고를 사전에 방지하거나 완벽한 사고관리 시스템을 작동하여 사고가 더 이상 재난이나 위기로 발전하지 못하도록 차단하는 것이다. 그렇다면 이러한 위기의 단초(端初)인 사고에 대해서 살펴보자. 사고는 시스템의 작동에 이상(異常)이 발생한 상태를 말하는데, 사고가 발생했다는 것은 그 시스템이 정상적으로 작동하지 못하게 하는 원인이 있었다는 것이다. 이러한 사고의 원인은 내부적인 것과 외부적인 것으로 구분할 수 있다.

먼저 내부적 원인을 살펴보면 첫째, 시스템의 작동 원리(作動原理)에 대한 무지(無知) 때문이다. 시스템 운영에 관계되는 사람들이 그 시스템이 운영되는 원리와 작동 방법을 몰라서 일어나는 사고다. 전문가의 감독 없이 초보자가 운영을 한다든지, 임시로 고용한 운영자의 미숙(未熟) 때문에 사고가 날 수도 있다. 둘째, 시스템 원리에 대한 무지로 일어나는 사고는 그리 크지 않다. 왜냐하면 이 시스템 작동에 대해서 잘 모를 때는 적어도 조심성은 있기 때문이다. 이보다 더 심각한 것은 시스템에 대한 무관심과 방심(放心) 그리고 오만(傲慢) 등의 심리적(心理的) 요인이다. 이러한 심리적 현상은 시스템에 어느 정도 익숙해졌을 때 잘 일어나는 현상으로, 사람은 새로운 환경에 접하면 긴장(緊張)하다가 서서히 그 환경에 익숙해지면서 긴장이 풀리기 때문에 일어난다. 이때가 위험한 상황으로 사고가 자주 발생하는 것이다. 사고를 예방하기 위해서는 항상 긴장을 해야 하는데 그것이 쉽지 않다. 사람은 생래적(生來的)으로 긴장을 하고 있으면 이완(弛緩)하고 싶고, 이완 상태에서는 긴장(緊張)을 원한다. 이것은 자연의 섭리(攝理)다. 위험에 대처하기 위해서는 계속 긴장해야 하는데 그렇게 하지 못하는 이유는 사람의 몸이 그것에 필요한 생리적 에너지를 계속 투입하기 어렵기 때문이다. 긴장을 하려면 교감신경계(交感神經系)를 지속적으로 활성화(活性化)시켜야 한다. 이렇게 되면 사람의 몸은 스트레스를 겪게 된다. 이처럼 스트레스 상태가 되면 사람은 긴장을 늦추고 마음을 놓음으로써 심리적으로 편한 상태가 되려는 욕구가 발동(發動)한다. 이와 같은 생리적 현상이 위험에 대한 우리의 지속적 경계를 어렵게 만든다. 이러한 심리적 일탈 현상(逸脫現象)은 곧바로 사고로 연결된다. 셋째, 당면 문제(當面問題)에만 집중하는 비전략적 사고 때문이다. 사람들은 미래에 얻을 수 있는 이득보다 지금의 이득을 더 중시하기 쉽다. 이것은 오랜 시간 수렵 생활(狩獵生活)을 통해 형성된 원시인(原始人) 심리 3가지 중 하나다. 그러므로 사람들은 안전과 같은 목표를 달성하는 데 필요한 노력과 비용을 달가워하지 않는다. 안전을 위해서는 투자를 해야 하지만 사람들은 미래의 혜택보다는 지금 당장 주어지는 이득(利得), 예를 들어 비용 절감(節減)이나 생산설비 확충(擴充)에 따른 이윤(利潤)의 확대를 더 가치 있게 생각한다. 그래서 안전의 문제는 우선순위(優先順位)에서 늘 뒷전으로 밀려난다. 재정 상태(財政狀態)가 열악(劣惡)한 소규모 조직에서 이러한 현상이 더 심한데, 그런 조직에서 사고가 날 개연성(蓋然性)은 더 크다. 또한, 안전에 대한 투자의 결과는 눈에 잘 띄지 않기 때문에 사람들은 그러한 투자의 효과를 과소평가한다. 안전에 대한 노력이 가져다주는 최상의 결과는 지금처럼 안전한 상태이다. 그러므로 사람들은 보통 이러한 일정한 상태가 투자에 따른 산물(産物)이라는 사실을 잊곤 한다. 예나 지금이나 안전한 상황이 변하지 않고 지속(持續)되면 사람들은 그것이 저절로 주어지는 것으로 착각(錯覺)한다. 그래서 안전에 관한 노력은 잘해야 본전이고, 안전에 대한 활동으로 표창을 받는 일은 드물다. 이것은 오리가 물에 떠 있는 동안 물밑에서 오리 발이 쉼 없이 움직인다는 사실을 모른다는 것과 비슷하다. 그리고 주변의 환경이 변화하였는데도 그 사실을 인정하지 않고 현재의 상황이 그대로 지속될 것이라는 의사결정권자의 오판(誤判)으로 사고가 발생한다. 마지막으로 목표 달성을 위한 무리수(無理數)가 사고를 유발(誘發)한다. 이러한 현상은 권위주의적인 조직에서 흔히 일어나는 사고인데, 의사소통이 잘 안 되는 곳에서 빈번하다. 최고 의사결정권자가 제시한 무리한 목표를 무리하게 달성하고자 할 때 부하직원들은 그것이 안 된다고 감히 말하지 못한다. 그렇게 되면 보고를 하지 않거나 허위 보고를 하게 된다. 그러한 일들이 얼마간은 유지되겠지만, 그 에너지가 축적(蓄積)되어 임계점(臨界點)에 도달하면 반드시 터지고 만다. 이러한 사태는 그 지속 기간(持續其間)에 비례해서 사고의 크기가 결정된다.

사고의 외부적 요인은 첫째, 자연에 의한 사고 원인이다. 자연현상이 인간 삶의 시스템에 악영향(惡影響)을 주는 경우이다. 태풍(太風), 폭우(暴雨), 가뭄, 강풍(强風), 폭설(暴雪), 혹한(酷寒), 혹서(酷暑), 지진(地震), 해일(海溢) 등이 이에 속한다. 우리 인간 삶의 시스템이 자연현상에 의해 제대로 작동되지 못하게 되면 사고가 발생한다. 둘째, 인간에 의한 사고 원인이다. 조직 외부의 인간의 악한 행동에 의해 사고가 야기(惹起)되는 것을 말한다. 외부 환경을 형성하는 조직이나 개인이 시스템 작동을 방해할 목적으로 고의적(故意的) 또는 비고의적인 방식으로 악영향(惡影響)

을 주는 경우이다. 고의적인 경우는 방화(放火), 강도(强盜), 사기(詐欺), 공갈(恐喝), 협박(脅迫), 테러, 사이버 공격 등 범죄적 성격의 문제이고 비고의적인 경우는 교통사고와 같은 실수(失手)에 의해서 일어나는 사고다. 마지막으로 사회적 현상에 의한 사고 원인이다. 사회적 가치 배분(配分)에 불만을 품은 집단들이 자신들의 이익을 극대화하기 위하여 기존(旣存) 시스템의 작동을 방해하기 위한 직접적·간접적 공격 행위를 감행하는 것으로서 시위(示威), 파업(罷業), 폭동(暴動) 등이 있으며, 적(敵)의 공격(攻擊)은 그중에서 가장 강도가 높은 사고(事故) 유형이다.

2) 사고에서 위기로의 전개 과정

재난이나 위기는 사고로부터 발전한다. 예기치 못한 대형 사고는 바로 재난상황(災難狀況)이 되고 나아가서 위기상황(危機狀況)이 된다. 이러한 경우에는 사고관리(事故管理), 재난관리(災難管理), 위기관리(危機管理)를 동시에 실시해야 한다. 실제 현장에서는 그 차이를 구분하기가 쉽지 않지만 개념상으로 구분한다면 사고관리(事故管理)는 시스템 작동이 정상화되도록 노력하는 데 집중하는 것이고, 재난관리(災難管理)는 그 사고로 인해 어려움을 느끼는 이해 당사자(利害當事者)들의 고통(苦痛)을 감소시키는 것이다. 그리고 위기관리(危機管理)는 그 사고로 인하여 관련된 유기체의 핵심적 가치에 가해진 위협이나 위험을 제거하는 노력에 집중한다. 그런데 소형 사고가 재난을 거쳐 위기까지 발전하는 과정은 관리 주체의 관리 역량(管理力量)과 관계가 있다. 사고가 발생하였을 경우 시스템 내 역량으로 관리가 적절하게 이루어지면 그것은 단순(單純)한 사고로 끝난다. 이러한 단순 사고는 그 자체로서 시스템의 생산성(生産性)에 약간의 차질(蹉跌)을 발생시키겠지만, 성공적 사고관리 과정을 통해서 동일한 사고의 재발 방지와 사고 발생 시 즉각 수습할 수 있는 역량이 생기는 부수 효과(附隨效果)가 있다. 그러나 사고관리가 적절하지 못하여 기대 이상의 피해가 발생하면 재난으로 발전한다. 재난이란 피해 당사자(被害當事者)가 상당한 어려움을 느끼는 상황으로, 그 피해가 커서 피해 당사자의 시스템으로는 관리가 불가(不可)하고 상위(上位) 시스템의 지원이 필요한 상황이다. 이러한 재난 역시 관리 능력이 관건(關鍵)이다. 재난관리가 적절하면 사고 당사자 상위 시스템의 범위 내에서 문제가 해결될 것이다. 이러한 과정을 거치면서 부수적(附隨的)으로 상위 시스템은 재난관리 역량이 부각되어 신뢰(信賴)를 획득하고 리더십에 대하여 좋은 평가를 얻을 것이다. 반대로 재난관리가 적절하지 못할 경우에는 위기로 발전한다. 사고로 발생된 재난의 문제에 그치는 것이 아니라 그 재난을 관리한 유기체의 핵심적 가치가 위험에 처하게 된다. 이 핵심적 가치는 그 상위 시스템의 존재적(存在的) 가치에 대한 도전(挑戰)으로 나타난다. 이렇게 발전한 위기가 제대로 관리되면 여론으로부터 신뢰를 획득하고 능력을 인정받게 된다. 그러나 위기관리가 적절하지 못하면 능력에 불신(不信)을 받게 되고, 이 신뢰의 위기로 유기체는 핵심적 가치를 지키지 못하고 무력한 상태가 되거나 완전 소멸(消滅)로 이어진다.

사고가 재난을 거쳐 위기로 발전하는 속도는 지배(支配)하고 있는 환경과 사고(事故)의 여파(餘波)가 전파되는 속도에 비례한다. 화재(火災)나 교통사고(交通事故), 폭발사고(爆發事故) 등 골든타임(golden-time)이 짧은 경우는 그 대응 속도(對應速度) 역시 긴박성을 요구하는데, 사전에 충분한 자원(資源)의 준비와 관계 요원의 숙달된 훈련이 되어 있는지가 관건(關鍵)

이다. 그러나 전염병이나 가축 질병같이 진행 속도가 느린 경우는 그 위협의 공포(恐怖)를 어떻게 통제(統制)하는가에 달려 있다. 2014년 세월호 참사(慘事)와 2015년의 메르스 사태는 이를 설명하는 데 아주 좋은 사례다. 세월호 참사는 만약 선장을 비롯한 승무원들이 승객 구조를 제대로 했더라면 단순한 해난 사고로 분류될 것이었다. 우왕좌왕(右往左往)하면서 책임자들이 자신의 책무를 다하지 못하고 많은 승객의 생명이 위협을 받게 되자 이는 재난상황(災難狀況)으로 발전하였는데, 그 상황에서 해경(海警)을 비롯한 안전행전부가 체계적으로 재난관리를 했더라면 국가위기상황으로까지 발전하지는 않았을 것이다. 한편 메르스 사태는 전염(傳染)을 통제하는 것이 가장 중요한 관건이었다. 최초 발생한 평택의 병원에서 메르스의 심각성(深刻性)을 알고 그 자체를 보건복지부에 보고하고 원점(原點)을 강력히 통제하였더라면, 한 사람의 전염병 환자 발생으로 끝나는 단순 사고였을 것이다. 그러나 전염병 통제에 대한 매뉴얼이 제대로 지켜지지 않아 메르스의 매개(媒介) 경로(經路)도 알지 못한 채 확산되어 재난으로 발전하였고, 국민들은 정부의 통제력을 불신하기 시작하여 이 역시 국가위기(國家危機)로 발전하였다.

5.
위기의 유형

위기를 더 잘 이해하기 위해서는 위기의 성격(性格)과 특징(特徵)을 고려하여 유형별로 구분해 보는 것도 좋은 방법이다. 무엇을 구분할 때에는 혼란 방지(混亂防止)를 위하여 반드시 배타성(排他性)의 원칙과 수준 유지(水準維持)의 원칙이 적용되게 분류해야 한다. 그렇게 하지 않으면 이해를 돕기 위해서 분류한 것들이 오히려 혼란(混亂)을 초래(招來)할 가능성마저 있다. 배타성의 원칙이란 분류된 항목들 간에 겹치는 부분이 없어야 한다는 의미이고, 수준 유지 원칙이란 급이 다른 내용을 같은 급으로 분류해서는 안 된다는 의미다. 이런 원칙을 적용하여 동일 수준의 항목들이 상호 배타성을 가지도록 분류하면 다양(多樣)하게 분류되어 이름이 매겨진 위기에 대하여 심도(深度) 깊게 이해할 수 있다. 이러한 원칙에 따라 적용하여 분류한 기준은 전개 속도, 유기체의 성격, 핵심적 가치, 위기 조성 주체 유무 등이다.

1) 진행 속도에 의한 분류

위기는 긴박(緊迫)하게 전개하는 위기와 완만(緩慢)하게 전개하는 위기로 나눌 수 있다. 진행 속도는 위기에 대응하는 방식을 결정한다. 전자(前者)는 급성적(急性的) 위기로서 천재지변(天災地變), 화재, 대형 사고, 인질 사태, 적의 도발(挑發)과 같이 생명과 재산 등 핵심적 가치가 급박(急迫)하고 위태로운 상황으로 즉각적인 대응을 요구한다. 이에 비하여 후자(後者)는 만성적(慢性的) 위기로서 전염병(傳染病), 가축 질병(家畜疾病), 환경오염(環境汚染), 금융위기(金融危機), 가뭄 등으로 위기의 전개 속도(展開速度)가 완만하다.

2) 유기체의 성격에 의한 분류

위기란 유기체의 핵심적 가치가 심각한 위험에 처한 상태를 말하므로 어떤 유기체에게 위기가 닥치는가에 따라 분류할 수 있다. 각 개인에게 닥친 개인위기(個人危機), 가정에 발생하는 가정위기(家庭危機), 기업이나 사회단체 등의 조직위기(組織危機), 국가위기(國家危機), 사회적 위기(社會的 危機) 등 모든 유기체의 위기로 분류할 수 있다. 다시 말해 어떤 유기체에게 발생한 위기인가 하는 문제다.

3) 핵심적 가치에 의한 분류

모든 유기체의 핵심적 가치는 생존(生存)과 번영(繁榮)이므로 생존의 위기와 번영의 위기로 분류할 수 있다. 그리고 이 두 핵심적 가치는 가치의 하위 체계(下位體系)로서 재화(財貨)와 같은 물적(物的) 위기, 평판(評判) 또는 신뢰(信賴)와 같은 정신적(精神的) 위기, 시스템 부조화(不調和)의 위기 등으로 분류할 수 있다. 유기체가 가지는 핵심적 가치의 범주(範疇)에 의해 결정되며 상황변수(狀況變數)가 중요한 역할을 한다.

4) 위기 조성 주체 유무에 의한 분류

마지막으로 위기를 조성하는 주체(主體)의 유무에 의해 위협(威脅)으로부터의 위기와 위험(危險)으로부터의 위기로 분류가 가능하다. 전통적 국가위기와 같이 위기를 조장하는 주체가 있을 경우에는 위기를 조성하는 인자(因子)가 위협이다. 적대국(敵對國)이나 인질범(人質犯), 강성노조(强性勞組) 등의 무리한 요구가 위협을 통하여 자신의 이익을 추구하고자 할 때 이에 대처하는 유기체는 위기를 맞게 된다. 그러나 자연재해(自然災害)와 같이 위기를 만드는 주체가 없는 경우는 바로 위험(危險)이 위기를 만든다. 위험에 의한 위기는 유기체에 닥친 위험이 2차적, 3차적 위기로 발전하는 경우가 많다. 그 위기는 주로 위험을 관리하는 과정에서 관련 기관이나 관련자들의 관리 부실(管理不實)로 인하여 발생한다.

3장

포괄안보 시대의
위기관리

1.
위기관리의 개념

　위기관리라는 용어가 보편적(普遍的)으로 사용되기 시작한 것은 앞에서 이미 언급(言及)한 바와 같이 1962년 쿠바 미사일 위기 이후부터라고 보는 것이 통설(通說)이다.[1] 일반적으로 위기관리는 위기 발생 전후(前後)를 통해서 위기를 사전(事前)에 예방하거나 사후(事後)에도 그 위기를 최소화하기 위한 활동을 의미하며, 타국(他國)의 이익과 경쟁하고 절충(折衷)하는 외교 형태 중 극단적인 형태의 하나로 볼 수 있다. 이러한 의미의 위기관리는 위기의 갈등(葛藤), 증폭(增幅), 또는 전쟁 발발 등의 사태로 악화되는 것을 방지하기 위한 목적을 갖고 있는데 이에 대해 두 가지 시각이 있다.[2] 첫째는 전쟁을 회피(回避)할 수 있는 방안을 정책결정자가 선택하도록 한다는 것으로 이는 '대결의 평화적 해결'을 의미한다. 다른

---

1)　Richard Clutterbuck, *International Crisis and Conflict* (New York: ST Martin's Press Inc., 1993), p. 7.
2)　정찬권, "국가위기관리체계 변화의 결정요인에 관한 연구: 냉전기와 탈냉전기의 비교를 중심으로", 『군사논단』 제53호(2008년 봄 호), p. 41.

하나는 전쟁은 국가가 선택할 여러 가지 전략들 가운데 오직 하나에 지나지 않으며 위기 시 승리가 목적이며 위기를 좋은 기회로 삼는다는 것이다.[3]

하지만 위기관리는 대결과 협력의 요소를 동시에 내포(內包)하고 있기 때문에 더욱 포괄적인 정의들이 내려졌다. 이와 관련하여 스나이더(Glenn H. Snyder)는 위기관리를 "위기 시 정치적 수완(手腕)의 문제는 자신의 전략에서 어떻게 강압(强壓)과 유화(宥和)를 최적(最適)으로 배합(配合)을 이루는가이다. 즉 배합은 전쟁 회피(戰爭回避)와 자신의 이익 극대화 또는 손해의 최소화를 의미한다."라고 하였다.[4] 한편 윌리엄스(Phil Williams)는 "위기관리는 위기상황이 전쟁으로 확대되지 않도록 위기를 통제(統制)하고 조절(調節)하는 과정임과 동시에 다른 한편으로는 위기가 당사국(當事國)에 유리하게 해결되어 해당 국가의 중요한 이익(critical interest)이 보호되고 유지될 수 있도록 하는 모든 노력"이라고 정의하고 있다.[5] 남주홍은 국가위기란 특정 시기(特定時期)에 국가 리더십이 특정 현안(特定懸案)에 대해 고도의 안보상의 위협을 느끼고, 이에 대한 긴급한 조치를 독자적(獨自的)으로 혹은 국제적 연대 속에 취할 필요성을 느끼는 상황, 즉 국가 존립의 위협에 따라서 다음의 3가지 행동이 동시에 진행되는 과정을 지칭(指稱)한다고 하였다. 첫째는 정책결정자들이 국가이익의 범위(範圍)와 원칙(原則)을 세우고 취해야 할 행동 양태(行動樣態)를 구체화하는 것이

3) Gilbert R. Winham (ed.), *New Issue in International Crisis Management* (Boulder: Westview Press, 1988), p. 4.

4) Glenn H. Snyder and Paul Diesing, *Conflict Among Nations: Bargaining, Decisionmaking and System Structure in International Crisis* (Princeton: Princeton University Press, 1972), p. 10.

5) Phil Williams, *Crisis Management: Confrontation and Diplomacy in the Nuclear Age* (London: Martin Robertson, 1976), p. 30.

고, 둘째는 이를 국민들에게 적절히 공지(公知)하여 위협에 대한 국민적 공감대를 형성하여 유사시 동요함이 없도록 하는 일이며, 셋째는 당면 위협(當面威脅) 문제를 국제화시켜 국제공조 체제(國際共助體制)를 구축(構築)함으로써 최소의 비용으로 최대의 전쟁억제 효과(戰爭抑制效果)를 내게 하는 일이다.[6]

이와 같이 위기관리는 어려운 판단(判斷)이나 결정이 요구되는 두 가지 상반(相反)된 목표를 어떻게 조화롭게 추구하는가의 문제이기 때문에, 위기로 인한 갈등(葛藤)이 폭발하지 않도록 절제(節制)된 범위 내에서 이루어지도록 하는 것이 위기관리 정책의 핵심(核心)임과 동시에 딜레마(dilemma)라 할 수 있다. 이처럼 전통적 위기관리의 개념은 전통적 안보 개념하의 위기상황에서 국가의 이익과 안보를 보호하기 위한 일련(一連)의 활동들로 이해할 수 있다. 즉, 양국 간 또는 다수 국가 간의 국가이익이 상충(相衝)되는 것에서 발생하는 갈등과 분쟁 상태가 더욱 커져서 전쟁으로 돌입하느냐, 아니면 평화 회복으로 향하느냐를 결정하는 분수령(分水嶺)에서, 위기에 처한 당사국들이 국가의 존립(存立)이나 체제를 위협하는 위기가 전쟁으로 확대되는 것을 방지하려는 모든 노력이라고 정의할 수 있다.[7]

전통적 위기관리의 특징은 재난과 다른 몇 가지 특징이 있는데, 첫째, 위기상황에 상대가 있다는 점이다. 전통적 안보위기는 적대적(敵對的)인 상대국(相對國)이라는 위기의 행위자(行爲者)가 있고 그 상대(相對)로서 이에 대응(對應)하는 국가나 의사결정자가 있는 것이다. 둘째, 위기 조

---

6)   남주홍, "한국의 위기관리체제 발전방향", 『비상대비연구논총』 제30–31집(2003), p. 202.

7)   조영갑, "전환기 국가 위기관리정책", 『제20회 비상대비세미나 자료집』(2003), p. 10.

성 단계(造成段階)에 관련해 위기상황의 상대국끼리는 평시에도 국가이익의 갈등이 존재할 수 있지만 그 자체만으로 위기로 발전하지 않다가, 어느 일방이 자극적(刺戟的)인 행위를 할 때 위기가 조성되기 시작한다. 셋째, 행위자가 국가의 정책결정체계나 의사결정자가 되며, 비교적 이성적(理性的)이고 합리적(合理的)으로 행동하고 전략적(戰略的)으로 접근한다. 넷째, 국가와 사회적인 가치에 의하여 영향을 받는다. 위협을 어떻게 인식하느냐가 위기 인식에 큰 영향을 주며, 위기에 대한 인식이 개인의 가치에 의하여 달라질 수 있다.[8]

사실, 기본적으로 위기관리의 정의는 전통적 안보의 개념 속에서 시도(試圖)된 산물(産物)들이다. 2008년 이전까지 한국 역시 이러한 배경(背景)하에 위기의 정의를 내렸다. 한국 국방부의 『위기관리 실무지침』은 국가위기를 "정치·군사·경제·외교의 복합적(複合的)인 상황 조치가 요구되는 중대(重大) 사태(事態) 또는 국가안위(國家安危)에 중대한 위협이 되는 사건이 발생하여 군사적 조치(措置)가 예견(豫見)되거나 요구되는 전쟁 이전의 상황"[9]으로 정의하고 있다. 한편, 국가비상기획위원회(구)가 만든 『비상대비교육교재』는 "국가의 중요한 가치나 핵심적인 목표에 대한 심대(深大)한 위협으로 인해 즉각적인 대응의 필요성이 인식(認識)되는 긴박(緊迫)한 상황, 평화와 전쟁의 연속선 상(連續線上)에서 다른 국가와의 상충(相衝)된 이해관계가 표출(表出)되어 갈등이 극도(極度)로 고조(高調)된 전쟁 발발에 준(準)하는 상황, 국내외의 제반 위협으로 인하여 심대한 위협상황에 직면(直面)한 것을 정책 담당자가 인지(認知)하고 즉각적인

---

8) 김용석, "위기관리 이론과 실천", 『한국위기관리논집』 제1권 2호(2005년 겨울 호), pp. 4-5.

9) 국방부, 『위기관리실무지침』(서울: 국방부, 1998). p. 6.

대응책을 강구(講究)하여야 할 필요성을 느끼는 긴급상황"[10] 등을 위기로
보고 있다. 국방부나 비상기획위원회의 위기에 관한 정의는 전형적(典型
的)으로 전통적(傳統的) 차원의 위기에 대한 개념 설명으로 이해된다. 당
시의 시대적 상황이나 부처(部處)의 업무 범위가 그렇게 한정(限定)할 수
밖에 없었다고 본다.

하지만 탈냉전기(脫冷戰期)의 전통적 안보와 비전통적 안보를 포함하
는 포괄적(包括的) 안보상황에서는 위기관리 개념의 확대(擴大)가 요구된
다. 최근의 위기관리 개념은 안보·경제·사회 등 모든 분야의 위기상
황을 사전(事前)에 예측하고, 효과적인 대응을 통해 위기를 해결하는 일
련(一連)의 과정(過程)과 체계(體系)를 의미한다. 이는 탈냉전기에 현실적
으로 나타나고 있는 테러(terror), 경제위기(經濟危機), 환경재난(環境災難), 질
병(疾病), 인종 갈등(人種葛藤) 등과 같은 비전통적 위협까지 위기관리의 대
상에 포함시키고 있기 때문이다. 그리하여 각 국가들은 전통적 안보 분
야뿐만 아니라 자연재난(自然災難)과 인적재난(人的災難) 그리고 사회적 재
난(社會的 災難)[11]도 위기의 개념에 포함시키기 시작했다. 이에 따라 한국
의 위기관리도 다른 나라들과 마찬가지로 전쟁과 자연재난, 인적재난,
사회적 재난을 포함하는 포괄적인 개념으로 전환(轉換)되었다. "국가위
기관리 기본지침"에서는 국가위기관리를 "국가위기를 사전에 예방하고
발생에 대비하며 위기 발생 시에는 효과적인 대응 및 복구를 통하여 그

---

10) 비상기획위원회, 『비상대비교육교재 96-9』(서울: 비상기획위원회, 1996), p. 1.

11) 법률 제8856호 재난 및 안전관리 기본법 제3조 1항, 가목 자연재난, 나목 인적재난, 다목 국
가기반체계 재난으로 구분하고 있다. 구분은 상호 배타성 원칙을 지켜야 하나 가, 나목은 '원
인에 의한 구분'인데, 다목은 '목적물에 의한 구분'이다. 2004년 법 제정 시 사회운동가들의
반대로 '사회적 재난' 용어 사용이 불가하였다고 한다. 그러나 학문적 관점에서는 원인에 의
한 구분으로 재난의 구분을 자연재난, 인적재난, 사회적 재난으로 구분하는 것이 타당하다.

피해와 영향을 최소화함으로써 조기에 위기 이전 상태로 복귀시키고자 하는 제반 활동(諸般活動)"으로 정의하고 있다. 한국의 경우는 전시·사변(事變) 또는 이에 준하는 비상상황을 의미하는 비상사태(非常事態)[12]와 적의 침공이나 전국 또는 일부 지방의 안녕질서를 위태롭게 할 재난을 의미하는 민방위사태(民防衛事態)[13] 그리고 각종 재난 등이 국가가 관리해야 하는 위기의 범주(範疇)에 포함될 수 있을 것이다. 따라서 이러한 위기를 총체적(總體的)으로 예방(豫防), 대응(對應)하는 것이 탈냉전기 한국의 위기관리라 할 수 있다.[14] 이런 맥락에서 탈냉전기 위기관리는 "국가주권(國家主權)에 대한 위기나 정치, 경제, 사회, 문화체계 등 국가의 핵심 요소나 가치에 대한 위해(危害)로부터 국가와 국민을 보호하기 위한 종합적(綜合的)이고 총체적(總體的)인 제반 대응책과 보완책을 체계적으로 강구하는 것"으로 정의되기도 했다.[15] 이와 관련하여 이재은은 위기관리를 "위기로부터 국민의 생명과 재산을 보호해 주고 위험을 극복하기 위한 사업 계획을 집행하는 일상화된 과정"으로 정의했고[16], 이신화는 "사전적(事前的)인 관리 기법과 사후적(事後的)인 적극적 대처 방안을 개발하여 우리 사회에 잠재(潛在)되어 있는 우발적(偶發的)인 충격(衝擊)이나 위기의 발생 확률을 줄이고 발생 시 피해를 극소화(極小化)하는 것"으로 정의했다.[17] 따라서 보다 큰 국가 차원에서의 위기관리란 정치, 경제, 사회, 외

---

12) 비상대비 자원관리법 1조

13) 민방위기본법 2조

14) 이덕로·오성호·정원영, "국가위기관리능력의 제고에 관한 고찰: 비상대비 업무기능 강화의 관점에서", 『한국정책과학학회』 제13권 제2호(2009), p. 236.

15) 김열수, 『21세기 국가위기관리체제론』(서울: 오름, 2005), pp. 38-39.

16) 이재은, "한국의 위기관리정책에 관한 연구", 연세대학교 대학원 박사학위논문(2000), p. 64.

17) 이신화(2000), p. 2.

교, 안보 등 각 분야에서 국가 전체를 아우르는 관리체제의 내실(內實)을 다질 수 있는 총체적 국가경영 능력을 제고(提高)함으로써 대내외적인 국가위기상황에 효과적으로 대처해 나가는 것을 의미한다.

그러므로 포괄안보 상황하에서 국가위기관리란 '전·평시를 막론하고 국내외적으로, 그리고 새로운 안보환경의 변화에 따라 발생될 것으로 예상되는 군사적(軍事的) 혹은 비군사적(非軍事的) 성격의 모든 국가안보(國家安保) 및 국가위기적(危機的) 상황들에 대처(對處)하여 국가와 국민을 보호하기 위한 종합적이고 총체적인 제반 대응책(對應策)과 보완책(補完策)을 체계적으로 강구(講究)하는 것'이라고 정의할 수 있다. 그러나 포괄적 안보상황에서 위기의 개념을 보편화한 바와 같이 위기관리의 개념을 보편화(普遍化)하면 '유기체(有機體)의 핵심적(核心的) 가치(價値)에 가해질 위험을 사전(事前)에 예방(豫防)하거나 가해진 위험을 효과적(效果的)으로 제거(除去)하는 것'으로 정의할 수 있다.

2.
위기관리의 원칙

위기와 같은 난제(難題)를 푸는 첫걸음은 사실(事實)을 정직(正直)하게 인정(認定)하는 데서 출발한다. 이를 바탕으로 위기를 관리하는 좀 더 구체적인 보편적 원칙을 찾아 보는 것은 위기관리를 이해하고 실천하는 데 도움이 될 것이다. 포괄적 안보상황하에서 위기는 위협(威脅)과 위험(危險)에 대한 관리를 모두 포함하여 위기관리 원칙을 고찰(考察)해 보는 것이 타당할 것이다. 그러나 위기관리 연구는 국가위기관리에 대한 것이 대부분이고 여타(餘他)의 위기관리에 대해서는 크게 부족한 것이 현실이다. 그럼에도 불구하고 국가위기관리 영역에서 연구된 위기관리의 원칙은 모든 영역의 위기관리에 시사(示唆)하는 바가 크다. 이미 언급(言及)한 바와 같이 포괄안보상황하의 위기관리는 위협관리(威脅管理)와 위험관리(危險管理)를 망라하고 있지만 국가위기관리에서 위기관리 원칙은 오로지 위협관리에 대한 원칙에 해당(該當)한다. 따라서 먼저 국가위기관리의 영역(領域)인 위협에 대한 관리의 원칙을 살펴보자. 국가위기는 전시 개념인 동시에 평시 개념이며, 군사적 대응논리와 비군사적 대응논리 모두가 요구되는 대내외적이고 총체적인 상황 전개를 필요로 한다. 그러므로 유사시에 대비한 안보체제와 정책전략을 체계적으로 갖추는 것이 필요하다.[18] 위기의 본질적인 특징으로 사태 진전(事態進展)이 불확실하기 때문에, 모든 위기에 적용될 수 있는 효과적이고 구체적인 위기관리 원칙은 있을 수 없다. 그럼에도 불구하고 학자들 간에 일반적으로 합의가 이루어진 원칙은 아래와 같이 제시될 수 있다.[19]

첫째는 상황의 규정(規定)과 대응 방안 판단에 관해 가능한 한 다양한 견해를 접하고 많은 토론을 유도하는 것이 필요하다. 위기 시 가능한 다양(多樣)한 경로(經路)의 논의를 통해 서로 다른 견해들을 접(接)하고 고려하되 시기를 놓치지 말고 신속하고 정확하게 최종적인 결정을 내려야 한다. 쿠바 미사일 위기 시 미국의 케네디 대통령이 참모들의 다양한 의견을 접하기 위해 대통령이 회의에 참석지 않음으로써 자유로운 토론이 가능하게 한 것은 시사(示唆)하는 바가 크다.

둘째는 결정된 정책을 집행할 때 시행착오(試行錯誤)나 오류(誤謬)가 발생하지 않도록 철저히 통제(統制)하는 것이다. 위기란 고도(高度)의 긴장이 연속되는 상황이기 때문에 일사불란(一絲不亂)하고 효율적인 정책의 집행이나 단합된 힘의 과시(誇示)가 요망된다. 따라서 위기 시 정책결정자는 평소보다 훨씬 강한 정치적 통제력을 발휘해야 한다. 위기 시에 요구되는 리더십은 극한상황(極限狀況)의 리더십이므로 임무 중심 리더십이 필요하다. 그러므로 일단 선택된 대안에 대해서는 강한 통제력이 요구된다.

---

18) 채경석, 『위기관리정책론』(서울: 대왕사, 2004), p. 24.

19) 김영태 외, 『국제분쟁과 전쟁』(서울: 국방참모대, 1992), p. 91.

셋째로는 최고 정책결정자는 분명하고 제한적(制限的)인 목표를 설정하고 제시해야 한다. 정책결정자는 위기대책 방안을 고려(考慮)하기 전에 분명하고 제한된 목표를 설정하여 위기협상의 경우나 방안 선택에 있어서 양보(讓步)와 타협(妥協)이 가능한 최적(最適)의 선택을 해야 한다. 목표란 구성원의 노력이 한 방향으로 집중되는 역할을 하므로 분명해야 한다. 특히 긴박한 상황에서 대응해야 하는 위기관리 조치 사항들은 위기관리에 참여하는 구성원들이 혼란을 겪지 않도록 분명한 목표를 견지해야 한다.

넷째, 정책결정자는 가능한 한 유연(柔軟)하고 점진적(漸進的)인 선택을 유지할 필요가 있다. 외관상(外觀上)은 강력하고 완강(頑剛)한 결의를 견지(堅持)하는 것처럼 보일 필요가 어느 정도 있지만, 실제 협상에 임(臨)했을 때는 유연성(柔軟性)의 유지가 필요한 것이다. 위기관리상황은 변화 가능성이 크기 때문에 만약 경직(硬直)된 사고를 바탕으로 정책을 결정한다면 위기상황에 적절하게 대응할 수가 없다.

다섯째는 가능한 한 시간적 여유를 가지고 주어진 시간을 최대한 활용해야 한다는 점이다. 졸속(拙速)으로 잘못된 응급조치(應急措置)를 하면 오히려 하지 않은 것만도 못한 결과를 초래하는 경우도 있다. 위기는 급박(急迫)하게 전개되기 때문에 당황(唐慌)스러운 상황하에서 빠른 대응을 요구한다. 그럼에도 불구하고 부실한 대응책(對應策)을 방지하기 위하여 상대적으로 여유를 가지라는 의미다.

여섯째는 상대방의 의도(意圖)를 정확히 파악하고 상대방의 관점(觀點)과 입장(立場)을 고려해야 한다는 것이다. 가능한 상대방의 입장에서 문제나 사태(事態)를 인지(認知)하여 이해하려 노력하고 자신이 취할 행동에 대해서도 상대방이 어떻게 해석(解釋)하고 받아들일 것인가를 생각해야 한다. 위협에 의한 위기관리는 상대가 있으므로 상대의 의도를 파악하는 것이 가장 중요하며, 위기관리 원칙에서 가장 중요한 요소다.

마지막으로 정확한 의사 전달(意思傳達)과 절차상(節次上)의 오해 방지(誤解防止)에 유의(留意)해야 한다. 메시지는 가능한 한 분명하고 정확해야 하며, 어떤 신호가 중요한 것인지를 구분할 수 있도록 해 주어야 한다. 특히 상대에게 전달되는 메시지의 정확한 의사 전달에 최대한 관심을 가져야 한다.

이 밖에도 상대방의 영향권이나 고유 이익(固有利益)의 인정, 위험한 전술 및 행위의 회피, 유사한 위기 사례에 대한 깊은 관심, 국제법의 중요성 인식, 위기의 형태에 적합한 정책 수립, 미래 지향적인 결정 등이 위기관리 원칙으로 제시되고 있다.[20]

지금까지 살펴본 바와 같이 위협의 관리는 상대와의 관계가 가장 중요하게 다뤄지지만 위험에 대한 관리는 위기를 조장하는 주체가 없거나 불분명(不分明)하므로, 상대를 대상으로 협상하는 과정의 원칙을 제외하면 위험에 의한 위기관리에도 모두 같이 적용된다. 포괄안보상황하에서 그 중요성이 대두(擡頭)된 위기관리는 위험으로부터 위기의 관리다. 자연재난을 비롯한 각종 사고는 부적절(不適切)한 관리로 인해 위기로 발전한다. 이러한 위기의 관리는 위험의 최소화가 기본적 목표다. 물론 직접적 피해자에 대한 적절한 보상관리(補償管理)가 가장 중요하며 여론의 동향(動向)도 중요하다. 자연재난이나 대형 사고에 의해서 발생하는 위기는 영향을 받는 우호적(友好的) 세력, 중립적(中立的) 세력, 적대적(敵對的) 세력에 대한 관리에 관심을 집중하여야 한다. 따라서 초기 위험관리의

---

20) 서창수. "한국의 위기관리체계 발전 방향 연구"(합동참모대학 연구보고서, 2005), pp. 13-16.

부실(不實)로 인해서 위기가 증폭되거나 변이(變異)되지 않도록 소통(疏通)과 홍보(弘報)에 관심을 가져야 한다. 위협에 대한 관리에서도 국내법이 적용되는 인질(人質)이나 노사(勞使) 문제로 인한 위기관리는 위기가 영향을 미치는 적대적(敵對的) 세력, 우호적(友好的) 세력, 중립적(中立的) 세력에 관심을 집중하여야 한다.

3.
위기관리의 유형

위기를 관리하는 유형을 구분하면 그에 대한 관리 방법을 모색(摸索)하기가 용이(容易)하고 그 결과를 활용하여 매뉴얼(manual)을 만드는 데 도움이 될 수 있다. 이 구분 역시 배타성(排他性)과 수준 유지(水準維持)의 원칙이 적용된다. 이러한 원칙을 적용하여 안출(案出)한 기준은 관리 방법에 기반(基盤)하여 관리 목표에 의한 분류, 관리 시기에 의한 분류, 관리 범위에 의한 분류, 유기체의 성격에 의한 분류, 위기 발생 방식에 의한 분류, 위기 조성 행위자 유무에 의한 분류, 위기 해소 방식에 따른 분류로 나누어 볼 수 있다.

1) 관리 목표에 의한 분류

관리하고자 하는 목표에 의해 분류하는 방법이다. 위기가 발생하면 적극적으로 전화위복(轉禍爲福)에 목표를 두고 관리하는 방법과 소극적으로 원상복구(原狀復舊)에 목표를 두고 관리하는 방법이 있다. 적극적(積極的) 위기관리는 위기를 변화의 모멘텀(momentum)으로 보고 새로운 장(場)을 만들어 위기 발생 이전(以前)보다 나은 상태를 만들겠다는 생각에서 출발한다. 이에 비하여 발생한 위기가 야기(惹起)한 핵심적 가치에 처한 위험(危險)을 제거(除去)하는 데 초점을 맞춘 소극적(消極的) 위기관리는 전통적 위기관리로서 위기관리의 본령(本領)이다. 적극적 위기관리가 전략적이라면 소극적 위기관리는 전술적이다.

2) 관리 시기에 의한 분류

위기관리를 위기 발생 시점(時點)을 기준으로 위기 발생 이전의 사전적(事前的) 위기관리와 위기 발생 이후의 사후적(事後的) 위기관리로 나눌 수 있다. 사전적 위기관리란 위기 발생을 미연(未然)에 방지하는 제반 활동(諸般活動)을 지칭(指稱)한다. 다른 용어로는 예방적(豫防的) 위기관리라고 할 수 있다. 그리고 사후적 위기관리는 대응적(對應的) 위기관리와 상응(相應)한다. 사전적 위기관리는 위기 발생을 예견(豫見)하고 그 위기를 사전에 방지하기 위한 활동으로 전략적이다. 이에 비하여 사후적 위기관리는 발생한 위기에 대응하는 위기관리로서 긴박한 상황에서 현장 중심 관리에 중점이 두어지는 것으로 전술적이다.

3) 관리 범위에 의한 분류

관리 범위에 의한 분류는 광의적(廣義的) 위기관리와 협의적(狹義的) 위기관리로 구분할 수 있다. 광의적 위기관리란 위기관리의 개념을 광의적으로 해석한 것으로서 사전적(事前的) 위기관리 또는 예방적 위기관리까지를 포함한다. 이에 비하여 협의적 위기관리란 위기가 발생한 후이에 대한 관리로서 사후적 위기관리 또는 대응적(對應的) 위기관리를 말하는데 최초 위기관리 태생(胎生)의 형태이다. 광의적 위기관리는 적극적 위기관리와 상응(相應)하고 협의적 위기관리는 소극적 위기관리와 상응한다.

4) 유기체의 성격에 의한 분류

위기에 처한 유기체(有機體)가 누구냐에 의해 분류하는 방법이다. 국제사회에서 절대주권(絶對主權)을 핵심적 가치로 관리하는 국가위기관리, 국가 이외의 조직인 기업, 공공기관, NGO 등 모든 조직을 유기체로 하는 조직위기관리, 모든 사람이 1차적으로 소속하는 가정에서의 가정위기관리, 그리고 개인위기관리 등 위기에 처한 유기체에 따라 분류할 수 있다. 어떤 사고나 재난이 발생하여 위기로 발전할 경우 각각의 유기체가 처하는 위기의 상황은 각각 상이(相異)하므로 각각의 유기체별로 위기관리 방법도 상이(相異)할 수밖에 없다.

5) 위기 발생 방식에 의한 분류

위기는 천천히 영향을 미치는 만성적(慢性的) 위기와 급박하게 영향을 미치는 급성적(急性的) 위기로 나눌 수 있는데, 이와 같이 위기의 성격에 따라 관리의 방법이 달라야 한다. 만성적 위기는 처음에는 유기체 성장의 둔화(鈍化)로 나타나는데, 그 원인을 쉽게 알아채지 못한다. 개인이나 조직의 CEO가 그 만성적 위기의 조짐(兆朕)을 잘 알아채지 못하는 이유는 환경의 변화에 둔감(鈍感)하거나 변화를 알았다고 하더라도 그것을 아전인수(我田引水)식으로 해석함으로써, 또는 낙관적 해석으로 그 변화 사실을 무시(無視)하기 때문이다. 따라서 만성적 위기를 현명(賢明)하게 관리하려면 전략적 혜안(慧眼)을 가지고 세상의 변화를 읽어 그에 대한 사전 예방적 차원에서 위기 발생을 차단(遮斷)하는 관리를 해야 한다. 그러므로 이것은 필연적으로 전략적 차원이다. 현명한 CEO는 만성적 위기 징조(徵兆)가 보이기 전에 모종(某種)의 전략적 조치를 취한다. 이 만성적 위기관리가 성공하면 지속적 번영이 가능하고 그러지 못하면 급성적 위기상황으로 발전하여 생존의 가치가 위협을 받는 상황에 놓이게 된다. 삼성은 '프랑크푸르트' 선언을 통해 만성적 위기를 훌륭하게 극복한 사례이며 구글에 넘어간 노키아와 굴지(屈指)의 필름 회사였던 코닥은 실패한 사례이다. 특히 당쟁(黨爭)만을 일삼으면서 국방력을 소홀(疏忽)히 한 결과, 임진왜란을 초래(招來)한 조선의 역사는 만성적 위기관리 실패의 대표적 경우다.

만성적 위기가 성장의 가치에 영향을 주는 것이라면 급성적 위기는 생존의 가치에 영향을 주는 사건들이다. 급성적 위기관리는 아주 심각한 상황에서 생존의 가치를 추구하는 상황에서 이뤄진다. 따라서 급성적 위기관리는 당장 몰아닥친 위기를 타개(打開)하기 위한 비상수단을 동원하여 관리해야 한다. 전통적 안보상황의 위기에 대한 관리와 대규모 재난에 의한 위기가 여기에 속하며 이것이 위기관리의 기본이다.

6) 위기 조성 행위자 유무에 의한 분류

위기 조성(造成) 행위 주체자의 의도(意圖)는 위기를 관리하는 데 아주 중요하므로 위기를 조성하는 행위자의 유무(有無)에 따라 위기관리의 형태가 달라진다. 주체자의 의도가 있는 경우는 위기관리의 기본인 위기관리 목표를 달성하기 위하여 이 행위자와의 협상(協商)이 중요한 위기관리의 수단이 되며, 이의 성공 여부는 위기관리의 성공을 결정짓는다. 그러므로 위기관리에서 상대가 있다는 것은 고도(高度)의 전략이 요구되는 위기로서 위기관리자의 능력이 가장 큰 변수(變數)라는 것이다. 전쟁이나 인질(人質) 사건, 시위(示威), 파업(罷業) 등의 사회적 재난은 위기를 조성하는 행위자가 있어 유기체의 핵심적 가치를 위협하고 있는 경우다. 이러한 위협에 의해 조성(造成)되는 위기는 관리의 목적이 위기의 원인을 제거하거나 위험 상태로 발전하는 것을 억제하는 것이며, 관리의 방법은 협상이나 거래를 통하여 위협을 가하는 자의 의지(意志)를 꺾어 위협을 제거하는 것이다. 이에 비하여 자연재난이나 대형 사고와 같은 인적재난, 전염병이나 가축 질병과 같이 위기를 조성하는 주체가 없는 경우에는 협상의 상대가 없으므로 위기상황에 대하여 대증요법(對症療法) 방식으로 대응한다. 이러한 경우에는 가용 자원(可用資源)을 총동원하여 피해를 최소화하는 데 모든 역량을 집중해야 한다. 이처럼 위기관리를

<표 3-1> 행위 주체 의도 유무에 의한 위기관리

행위 주체 의도	위기관리의 목적	수단	성공의 변수	위기 유형

유	• 위기 원인 제거
	• 위험 상태로의
	  발전 억제
		• 협상
		• 시위
			• 고도의 전략
			• 위기관리자의
			  능력
				• 전쟁
				• 인질 사건
				• 사회적 재난
				  (시위, 파업)

무	• 피해의 최소화	• 대증요법 • 비상 자원	• 고도의 경영 능력	• 자연재난 • 인적재난(사고)

위기 조성 행위 주체자의 의도 유무에 의하여 구분하면 그에 대한 대응 방법을 결정하는 데 크게 도움이 된다. 이를 요약하면 〈표 3-1〉과 같다.

7) 위기 해소 방식에 의한 분류

발생한 위기를 어떤 방식으로 해소(解消)하느냐에 따라 분류하면 교섭적(交涉的) 위기관리, 수습적(收拾的) 위기관리 그리고 적응적(適應的) 위기관리로 분류할 수 있다. 먼저 교섭적(交涉的) 위기관리는 위협의 근원이 상충(相衝)되는 이해관계가 있는 국가 간 또는 정치집단 간에 발생한 위기를 관리하는 형태로서 위기를 조장한 주체(主體)가 있는 경우다. 상대가 있는 위기이므로 협상을 통해 위기 관련 당사자 간에 이익을 관철(貫徹)하기 위해 노력한다. 위기관리의 성공 요체(要諦)는 협상력이며 쿠바 미사일 위기나 고려 성종 때 거란의 침입을 협상으로 해결하고 강동 6주를 할양(割讓)받은 서희 장군의 위기관리 방식이다. 다음은 수습적 위기관리 방식이다. 타 국가의 실수(失手)와 오판(誤判) 또는 무의식적 행위로 인해 발생한 우발적 사건에서 위기가 발생한 경우나 자연재난, 인적재난 또는 대형 사고로 인해 발생된 긴급사태에서 위기가 야기된 경우에 적용된다. 위기관리의 핵심적 관심은 조속(早速)하고 효과적인 사태(事態) 수습이다. 사태 수습의 최종 목표는 상황에 따라 원상회복이거나, 또는 위기를 전화위복의 계기로 삼아 원래보다 발전되거나 개선된 상태를 지향하는 경우도 있다. 위기를 조성하는 상대가 있는 경우에도 교섭적 위기관리 방식으로 해소가 불가능할 경우에는 적극적 관리 차원에서 상대의 굴복(屈服)을 통한 위기의 근원을 제거하는 수습활동이 필요하다. 전쟁은 국가 간 위기를 수습하는 가장 적극적 방식이다. 8.18 도끼 만행(蠻行)에 대하여 우리 특전사 특공팀이 미루나무를 절단(絶斷)해 버린 것도 위기를 수습한 한 방법이다. 마지막으로 적응적 위기관리는 위기의 발단(發端)이 주변 환경의 갑작스런 변화에 기인(起因)한 경우에 적용하는 위기관리 방식이다. 위협의 근원은 상황 변화에 있으며 새로운 무기체계의 개발이나 도입, 지역 또는 세계적 세력 분포나 판도의 변화, 주요 동맹국의 변화, 인접 국가와 정치적, 경제적, 사회적 질서의 급작(急作)스런 변화가 이에 해당한다. 기업의 경우 신기술의 발전이나 사회 패러다임(Paradigm)의 변화로 인해 기업이나 조직의 핵심적 가치가 위협을 받는 모든 경우에 해당한다. 이러한 변화의 상황에서는 조기에 적응하는 것이 최상의 위기관리다.

4.
위기관리의 방법

　위기관리란 위기 발생(危機發生)을 미연에 방지하는 예방활동(豫防活動)을 하거나 위기가 발생했을 때는 위기 발생 이전(發生以前)으로 원상복구(原狀復舊) 또는 전화위복(轉禍爲福) 시키는 제반 활동(諸般活動)이라고 정의하였다. 이러한 위기관리는 위기로 인해 영향을 받는 유기체의 핵심적(核心的) 가치(價値)를 보존(保存)하는 것이 최상(最上)의 목적(目的)이다. 모든 위기는 위협에 의한 것이든 위험에 의한 것이든 관련 기관 또는 집단이 있으며 그에 따른 각기 다른 이해관계자(利害關係者)가 있다. 세상의 모든 일이 그렇듯이 위기 발생 시에도 핵심적 가치가 위험에 처하는 위기 당사자를 포함하여 적대적 관련자, 피해자, 우호적 관련자 그리고 중립적 관련자가 있다. 이 모든 관련자들은 이해관계가 각기 다르기 때문에 차별화(差別化)된 대응(對應)이 요구된다. 따라서 이러한 문제의 해결은 위기와 관련된 유기체와 그 유기체의 핵심적 가치를 식별(識別)하는 것이 선결(先決) 과제다. 이를 좀 더 구체적으로 살펴보면 먼저 유기체 식별은 사건이나 사고를 면밀(綿密)히 분석하여, 관련된 유기체를 설정하고 그 각각의 '유기체 중심의 입장'을 결정하여야 한다. 그 각각의 '유기체 중심의 입장'이 결정되면 그 차원에서 핵심적 가치를 식별하고 사고나 재난이 그 핵심적 가치에 미치는 영향을 분석하면 된다. 다음으로 관심의 대상은 핵심 가치(核心價値)의 문제다. 어떤 사고가 발생하여 동일한 영향이 미치더라도 각자의 입장에서 중시(重視)하는 가치에 따라 다르게 나타난다. 누구에게는 그저 단순한 금전적(金錢的) 영향이지만, 누구에게는 심각한 평판(評判)의 문제가 될 수 있다. 평판도 사회적 지위에 따라 지켜야 할 가치가 다르기 때문에 미치는 영향력 역시 다르므로 그에 맞게 분석되어야 한다. 위기관리의 원조(元祖) 격인 '위협(威脅)에 의한 위기'는 위기관리의 전형적(典型的) 모델(model)로서 국제사회에서 국가 간 벌어지는 형태인 '전쟁 발발(戰爭勃發)의 위기'가 대표적이다. 이보다 약한 형태는 기업에서 벌어지는 노조(勞組)의 파업(罷業)이나 태업(怠業)과 같은 위기이며, 인질 사태(人質事態) 등 위협을 가하는 주체와 위협을 당하는 주체 사이에 벌어지는 위기의 형태다. 이러한 위기에서 위기관리는 위협을 제거하는 것에 목적이 있다. 따라서 이러한 위기의 관리는 위협 상대(相對)와의 관계 문제다. 그러므로 위기관리는 상대가 위협을 포기(抛棄)하게 만들거나 양쪽 당사자가 만족하는 상태에서 방지하고자 하는 부정적 상태에 이르지 않도록 하는 것이다.

이러한 위기를 효율적으로 관리하려면 일반적으로 3단계의 절차를 거친다. 먼저 1단계는 도전(挑戰)에 대한 저항(抵抗)이다. 위협을 가하는 주체에 대하여 저항하지 않으면 상대는 아 측의 이익을 현저(顯著)히 침해(侵害)할 것이며 그 저항이 적절하지 못하면 반복적으로 위협을 가하게 될 것이다. 그렇지만 도전에 대한 저항은 필연적(必然的)으로 위협 가해자와 피위협자 간에 심각한 갈등(葛藤)이 생기게 한다는 것을 받아들여야 한다. 가장 대표적인 사례로 우리가 잘 아는 쿠바 사태 시, 소련의 도전(挑戰)에 대하여 미국이 즉각적으로 저항(抵抗)하자 미·소 간에는 핵전쟁 갈등 국면(葛藤局面)으로 발전한 예가 있다. 반대로 남북 간 빈번(頻繁)히 일어났던 북한의 위협에 대하여 우리가 확전을 우려(憂慮)하여 적절한 저항을 하지 못한 관계로 북한이 반복적(反復的)으로 위협을 가하였던 것이다. 2단계는 도전에 대한 저항의 결과로 나타나는 갈등관리(葛藤管理)이다. 갈등의 관리에는 협상(協商)과 대결(對決)의 두 가지 방법이 있다. 먼저 협상이란 갈등관계 당사자들이 윈윈(win-win)하는 방식을 택하는 것이다. 이것은 기본적으로 양자(兩者)가 추구하는 '가치(價值)의 분할(分割)'이 가능한 경우다. 즉 위협을 가하는 측에서 추구(追求)하는 목표를 수정(修正)하고 피위협 측에서도 지켜야 할 가치를 어느 정도 수정하는 것이 가능한 상황이다.

다음으로 양자가 협상의 과정에서 만족할 만한 수준의 새로운 가치를 창출(創出)하거나 추구하는 가치를 상향 조정(上向調整)하여 상위의 가치에 합의하는 방법이다. 이러한 제반 노력에도 불구하고 협상이 성공하지 못하면 대결의 양상(樣相)으로 변한다. 이 단계에서의 대결은 모든 가치를 걸고 하는 절대적 대결이 아니라 제한적 대결이다.[21] 3단계는 갈등관리의 실패 결과로 나타나는 현상으로 절대적 대결 과정이다. 이것은 위기관리의 실패를 의미하며 일정 범위 대결 후에 정치적으로 타협하는 국지전(局地戰)과 끝까지 승부(勝負)를 결(決)하는 전면전(全面戰)이 있다. 국지전으로 비화하면 국내외 정치적 관계에서 영향력이 작동하며 위기에 관련된 당사자들이 실질적 피해를 체감(體感)함에 따라 적정한 선

---

21) 제한적 대결은 담력 경쟁으로 치킨게임(겁쟁이 게임)으로 이뤄진다. 겁이 많은 자가 항복한다.

에서 타협을 모색하게 된다. 그러나 절대 포기할 수 없는 절대적 가치가 훼손(毀損)되는 상황에서는 전면전으로 돌입하여 어느 일방이 승리할 때까지 싸운다. 이를 더 큰 차원에서 고려하면 적극적 위기관리로 볼수 있다. 위기의 잠재성(潛在性)을 근원적으로 제거(除去)하여 발생한 위기를 전화위복의 계기로 활동한 경우다. 제3차 중동전(中東戰) 당시 이스라엘은 이집트의 위협에 선제적(先制的) 공격을 감행(敢行), 기습(奇襲)의 효과를 극대화(極大化)하여 6일 만에 승리하였다. 이러한 경우는 1, 2단계가 잠재적인 상황으로서 객관적 입장에서는 그것을 감지하지 못했지만, 이스라엘의 입장에서는 전략적 분석 결과 선제공격(先制攻擊)을 이집트의 위협을 제거하는 최선의 방법으로 선택한 것이다. 이러한 위기관리과정에서 대응력과 협상력을 높이기 위한 우호 세력들로부터의 지원 획득(支援獲得), 내부자(內部者) 단합(團合) 등의 노력이 매우 중요한데 그 핵심은 홍보활동이며 그 중심에 언론 대책(言論對策)이 자리하고 있다.

포괄안보상황하에서 그 중요성을 인정받기 시작한 '위험으로부터의 위기'의 관리는 위험의 최소화(最小化)가 기본적 목표다. 자연재난을 비롯한 각종 사고는 부적절한 사고관리와 부적절한 재난관리로 인해 위기로 발전한다. 이러한 형태의 위기관리에서는 위기를 조성하는 주체자가 없으므로 적대적(敵對的) 관련자는 없다. 따라서 피해자가 우선적으로 고려되어야 할 관련자 집단이며 이들에 대한 적절한 관리가 되지 않으면 적대적 관련자로 변할 수도 있다. 그리고 대부분이 중립적(中立的) 관련자들인데 이들에 대한 관리 여하(如何)에 따라 위기관리의 성패(成敗)가 결정된다. 그러므로 피해자에 대한 적절한 보상관리(補償管理)가 가장 중요하며 중립적 관련자들을 우호적 세력으로 유도하는 여론의 동향을 관리하는 것 역시 매우 중요하다. 일반적으로 여론은 그 위기관리 과정에서 위기관리 주체의 도덕성(道德性)과 진정성(眞情性)을 잣대로 평가한다. 따라서 부적절한 위기관리로 위기의 성격이 악화(惡化)되지 않도록 하는 노력이 중요하다. 위기관리 주체는 필사즉생(必死卽生) 전략으로 58, 82, 100의 법칙[22]을 적용해야 한다. 즉, 실제보다 조금 오버(58)해서 가급적 빨리(82) 100% 진정성을 가지고 사과하는 것이 좋다. 자기 보호(自己保護) 본능(本能)의 뒤에 숨어서 대리인(代理人)을 내세워 법적(法的) 정당성(正當性)만을 따지다가는 더 큰 위기에 봉착(逢着)한다. 위기란 언제나 사고(事故)로부터 시작되는데, 전략적 사고(思考)를 바탕으로 한 통찰력으로 국면(局面)을 시·공간적으로 확대해서 살펴보고, 유관 집단(有關集團)에 적절한 관리를 가장 신속히 하는 것이 최선의 위기관리다.

---

22) 법칙을 만들 때는 가급적 간단하고 쉽게 이해되는 것이 좋다는 측면에서 숫자의 발음과 원칙을 연계하여 만든 것으로 상대를 이해시키는 데 효과적일 것으로 판단하였다.

5.
위기관리의 성공 요건

　위기를 성공적으로 관리하려면 관련 기관과 시스템이 완벽(完璧)하게 작동할 수 있도록 준비하여야 하며, 실제 위기상황에서 작동(作動)되어야 한다. 이를 위하여 먼저 위기를 관리하는 CEO의 리더십이 가장 중요하다. 위기가 발생하면 상황을 면밀히 파악하여 위기의 성격과 관리의 대상을 식별한 후 위기관리 목표를 명확하게 설정할 능력이 있어야 한다. 이러한 능력은 CEO의 통찰력과 직관력(直觀力)으로부터 나오며 평소 훈련된 전략적 사고의 결과물이다. 두 번째는 위기관리 시스템의 문제다. CEO의 능력이 아무리 출중(出衆)하더라도 위기를 관리하는 시스템이 불비(不備)하면 제대로 된 위기관리가 불가(不可)하다. 위기관리 시스템은 관련 법령이 잘 정비되어야 하고 매뉴얼은 현장 중심으로 실무자들의 행동이 정확하게 규정되어야 한다. 그리고 위기관리 상황실을 중심으로 위기관리 관련 정보와 의사결정(意思決定) 사항이 원활(圓滑)하게 유통(流通)되고 집행(執行)될 수 있는 조직과 기구(機構)가 완비(完備)되어야 한다. 세 번째는 위기 관련 교육훈련을 잘 해야 한다. 위기관리 시스템을 완벽하게 구축하여도 그 시스템을 운영하는 운영자의 역량이 부족하면 위기관리의 성공은 보장(保障)받을 수 없다. 위기관리 시스템 운영 종사자(從事者)는 먼저 교육을 통해 위기관리에 대하여 전반적으로 이해한 후, 소관 직책(所官織責)에서 매뉴얼이 규정한 내용대로 무의식적 상태에서 조건(條件) 반사적(反射的)으로 행동할 수 있도록 훈련되어야 한다. 특히 상황이 급박(急迫)하게 전개되는 현장에서 활동하는 위기관리 참여자는 완벽하게 훈련이 되어야 한다. 마지막으로 우호적 여론 조성을 위한 홍보 정책(弘報政策)이 중요하다. 가능한 빠른 시간 내에 알고 있는 정보를 진솔(眞率)하게 제공하는 것이 전략적이다. 정보를 제공하는 방법도 고려해야 하는데, 초기(初期)에는 완벽한 정보를 제공하지 않아도 좋다. 무슨 일이 언제, 어디서 일어났는지만 밝혀도 된다. 그리고 원인은 조사 후 알려 주겠다고 하면 된다. 시간이 지난 후, 사실관계(事實關係)가 밝혀지고 나면 그 사고가 왜 일어났고, 누가 책임을 질 것이며 어떻게 대처할 것인지 밝히면 된다. 너무 완벽한 정보를 제공하려다가 낭패(狼狽)를 보는 경우가 많다. 따라서 정보는 밝혀지는 대로 순차적(順次的)으로 제공하는 것이 좋다. 그래서 언론이나 여론으로 하여금 정직하고 신뢰성 있는 정보를 제공받고 있다는 인식을 갖게 해야 한다. 중요한 것은 여론이나 언론이 궁금해하도록 정보의 공백 상태(空白狀態)를 만들면 안 된다는 것이다. 동시에 홍보 창구(弘報窓口)를 일원화해서 정제(精製)되지 않은 정보가 혼란스럽게 유포(流布)되지 않도록 통제하는 것도 중요하다.

6.
위기관리와 리더십

　리더십의 진가(眞價)는 위기 시에 빛난다. 평상시에는 리더십을 발휘(發揮)할 기회가 별로 없다. 위기와 같은 비상시(非常時)에 리더십이 어떻게 발휘되느냐에 따라 리더의 능력이 검증된다. 유명한 쿠바 사태 시 미국의 케네디 대통령은 성공적으로 위기를 관리함으로써 역사적으로 훌륭한 대통령으로 기록된 반면에 소련의 흐루쇼프 서기장은 위기관리 실패로 말미암아 서기장직에서 물러났다. 위기상황이 되면 조직의 구성원들은 리더의 얼굴만 바라본다. 따라서 리더는 홀로 어려운 의사결정을 해야 한다. 이때 참모들의 건의를 합리적 기준에 의해서 판단하고 자신의 직간접 경험과 직관(直觀)을 이용하여 행동을 결정해야 한다. 이에 부가하여 리더 자신의 이해관계(利害關係)를 초월(超越)하여 필사즉생 전략으로 위기관리에 임(臨)해야 성공할 수 있다. 즉, 자신의 목숨을 버릴 각오를 하면 집착(執着)이 사라져서 객관적 시각(視角)을 갖게 되고 이러한 생각은 주변의 이해(理解)와 호응(呼應)을 얻을 수 있게 한다.

1) 전략적 판단력

평시(平時)에는 CEO가 해야 할 일이 별로 없다. 실제 현장에서 일하는 구성원들이 자신의 임무와 역할을 잘할 수 있는 여건만 만들어 주면 된다. 조직의 구성원들이 자신의 역량을 최대한 발휘할 수 있게 격려(激勵)하고, 필요한 교육훈련을 시키며 내부 단결을 도모(圖謀)할 수 있는 조치를 하면 된다. 그러나 위기가 발생하면 상황은 달라진다. 위기가 발생하면 CEO를 포함한 모든 구성원은 당황(唐慌)하여 정상적인 판단을 하지 못하고 허둥지둥한다. 위기는 예기치 않게 일어나기 때문에 사고체계(思考體系)에 혼란이 일어난다. 사람의 두뇌는 예정된 일이나 습관적인 것에는 사고(思考)하는 방식이 준비되어 있어 순조롭게 사고(思考)하고 판단하여 자연스럽게 행동으로 이어진다. 이렇게 정돈된 사고체계에 갑자기 엉뚱한 일이 들이닥치면 혼란이 일어나는 것이다.

심리학자들의 연구에 의하면 사람들이 위기상황에서는 지능지수(知能指數)가 갑자기 개나 고양이의 지능 수준인 80~85 정도로 떨어진다고 한다. 아마도 운전 중에 접촉사고(接觸事故) 정도의 경미(輕微)한 교통사고가 났을 때에도 당황스럽고 경황(驚惶)이 없어 자기 집 전화번호도 생각나지 않는 경우를 경험한 적이 있을 것이다. 이러한 상황이 위 심리학자들의 연구 결과를 충분히 증명한다. 이런 상황이 되면 모든 조직의 구성원은 아무것도 하지 못하고 CEO의 얼굴만 쳐다보게 된다. 이때 CEO가 어떻게 하느냐에 따라 그의 능력이 평가된다. 평소 치밀(致密)한 준비를 하고 경험이 많은 CEO는 신속히 상황을 판단하고 위기상황에 대한 적절한 조치를 취할 것이나 그렇지 못한 CEO는 소리만 지르면서 아랫사람만 닦달 한다. 평소에 준비를 하지 않았던 CEO일수록 더 큰 소리로 요란스럽게 난리를 친다. 그러면 그럴수록 상황은 더 악화된다. 그러므로 위기를 관리함에 있어서 리더십의 요체(要諦)는 단연 위기에 대한 판단력(判斷力)이다. 발생한 위기에 대한 상황을 정확히 판단하고 그 위기를 극복하기 위한 대안(對案)을 찾아내는 전략적 판단력이 바로 그것이다. 그런데 누구나 무엇을 판단하는 데는 나름의 기준이 있는데, 그 기준은 필연적(必然的)으로 그가 견지(堅持)하고 있는 가치관(價値觀)이다. 결국 리더의 능력(能力)이란 올바른 가치관을 가지고 객관적(客觀的)이고 합리적(합리적)인 판단을 내리는 역량(力量)을 말한다. 위기가 발생하면 누구나 그 위기를 신속하게 극복하고 싶어 한다. 그런데 그것이 생각과는 정반대로 전개되는 경우가 많다. 여러 가지 이유가 있겠지만 가장 중요한 것이 전략적 사고(戰略的思考) 부족 탓이다. 즉, 상황을 크게 보지 못하고, 국지적(局地的)인 문제에 집착하여, 자기 보호 본능에 사로잡힌 결과다. 사람은 누구나 위기가 닥치면 정신적으로 혼란(混亂)스럽고 자기중심적(自己中心的)이 된다. 위험한 상황이 되면 잠재(潛在)되어 있던 '원시인 심리'가 튀어나온다. 즉, 당장의 문제에 집착(執着)하게 되고 두려움에 떨게 된다. 그러니 위험한 현장에 나서기가 두려워 뒤에 숨으려 한다. 이러한 상황에서 리더는 치졸(稚拙)한 생각을 떨쳐 버리고 대범(大汎)하게 위기에 대처하여야 한다. 위기 국면(危機局面) 그 자체에만 집착하지 말고 위기를 둘러싸고 있는 외연(外延)을 시·공간적으로 확대하여 판을 키워 생각해야 한다. 그렇게 하면 길이 보인다. 소중한 가치가 보이고, 그 가치를 구현하기 위해서는 어떻게 해야 한다는 판단이 선다. 그 판단에 따라 신속하게 행동하면 위기는 오히려 전화위복(轉禍爲福)이 될 수 있다. 위기관리를 잘하는 CEO가 되려면 평소에 위기상황에 대한 철저한 준비가 필요하다. CEO 자신부터 세상의 변화를 읽을 줄 알아야 하고, 많은 경험을 해 두어야 한다. 당장 눈앞의 문제보다는 좀 더 크게 멀리 보는 전략적 사고를 습관화(習慣化)해 두는 것이 좋다.

평소 업무는 항상 하는 일이므로 숙달(熟達)이 되어 있고, 정상적인 상황이므로 시간적 여유(餘裕)도 있다. 그러나 위기 시는 이와 정반대의 상황이다. 그야말로 비상사태(非常事態)이므로 상황은 급박(急迫)하게 돌아간다. 그런데 CEO 자신을 포함하여 모든 조직의 구성원들이 평소에 하지 않던 일을 해야 한다. 더군다나 우호적 세력보다는 적대적 세력이 많다. 희생(犧牲)을 강요하고 언론의 집요(執拗)한 추적(追跡)이 있기 마련이다. 이런 때에 대국적(大局的) 관점에서 위기상황을 극복하여 1차적으로 원상회복(原狀回復)을 하고 2차적으로는 전화위복(轉禍爲福)의 계기(契機)를 만드는 능력을 발휘해야 한다. 일반적으로 위기관리의 관심은 사후 위기관리에 맞춰진다. 그러나 더 유능한 CEO는 사전 위기관리에 관심을 갖는다. "잘나갈 때 조심하라."라는 말이 있다. 지금 최정상(最頂上)을 찍고 있다면 머지않아 하강(下降)을 시작할 것이라는 것을 알아야 한다. 모든 것은 나름의 '라이프사이클'[23]이 있다. 그 이치를 모르는 사람은 지금의 상황이 영원히 지속(持續)될 것 같은 착각(錯覺)에 빠진다. 소위 '지속편향(持續偏向)'이라는 속성에 빠지는 것이다. 그러나 조직을 이끄는 CEO는 달라야 한다. 세상의 이치(理致)를 알고 지금 하고 있는 일들에 대한 라이프사이클을 파악하고 있어야 한다. 그리고 주변에서 일어나고 있는 조짐(兆朕)을 파악하여 그 조짐이 무엇을 의미하는지 알아서 적기(適期)에 그에 대한 적절한 대책을 마련하고 시행(施行)해야 한다. 세계 굴지(屈

---

23) 사람이 태어나서 성장하고 청장년을 거쳐 노인에 이르러 죽는 것과 같이 봄이 오면 머지않아 여름이 오고 여름 다음에 가을이, 가을 다음에는 겨울이 오는 것처럼 세상은 변하게 되어있다.

指)의 기업(企業) 코닥이나 노키아가 망한 것은 세상의 변화를 읽지 못하고 지속편향에 빠진 결과다. 기업 환경이 변하면 그에 적응하도록 변해야 하는데 지속편향에 빠진 CEO의 무능(無能)으로 망한 것이다. 그러니까 무능한 CEO를 둔 조직은 구성원은 말할 것도 없고 관련 조직들 모두에게 피해를 준다. 그러므로 CEO는 그 업무의 전문가(專門家)가 되어 있어야 한다. 또한, 리더는 전략적 관점에서 위기를 선제적(先制的)으로 관리해야 한다. 보통 사람들은 날이 가물면 물 걱정을 하고 비가 오면 홍수나 산사태를 걱정한다. 그러나 리더는 한발 먼저 일어날 일을 예측(豫測)하고 걱정해야 한다. 그것이 리더가 해야 할 일이고 조직을 운영하는 사람들이 해야 할 일이다. 불과 2~3일간 200밀리에서 300밀리 정도 비만 와도 침수사고(浸水事故)가 나고 붕괴사고(崩壞事故)가 난다. 가뭄에 물을 찾기만 했지, 비가 너무 와서 물길이 막히고 넘쳐 나는 것은 생각지도 않았던 것이다. 대부분의 침수사고(浸水事故)는 하수구가 막히거나 아무렇지 않게 방치(放置)한 배수로 때문이다. 몇 년 전 경기도 파주시 금촌읍에서 일어난 침수사고는 아파트 공사 현장에서 물길을 돌려놓았던 것을 비가 올 때 바로잡지 않은 것이 화근(禍根)이었다. 일어날 일에 대한 사전 대비(事前對備)를 하겠다는 전략적 사고의 부족에서 생긴 것이다. 세상에 가장 알맞은 경우란 별로 없다. 사람들은 비가 적당한 시간 간격(間隔)으로 적정량(適定量)이 내려 주기를 바란다. 그런데 자연을 그렇게 조종(操縱)할 수는 없다. 같은 양(量)의 비라고 할지라도 처(處)한 환경에 따라서 다르다. 즉, 장소에 따라, 사람에 따라 그 필요한 적정량이 다르다. 같은 양(量)일지라도 사람에 따라 어떤 사람에게는 넘치지만 어떤 사람에게는 부족하다. 그것이 세상의 이치다. 아무리 가뭄이 심해도 비가 올 경우를 대비하여 배수로(排水路)를 준비하고, 아무리 많은 비가 내릴지라도 가뭄에 대비하여 저수탱크에 물을 채우는 지혜가 필요하다.[24] 이렇게 한 단계 앞서서 미리 준비하는 자가 전략적 리더다. 그리고 이러한 전략적 리더가 국가경영에 참여해야 국민이 행복하게 살 수 있다.

그런데 여기에 한 가지 더 보탤 것이 있다. 아무리 훌륭한 전략적 리더일지라도 그의 의견에 동조해 주는 사람이 없으면 힘들다는 것이다. 율곡은 왜(倭)의 침략에 대비하여 십만(十萬) 양병(養兵)을 주창(主唱)했지만, 그에 동조(同調)하는 사람들이 많지 않아서 아무런 결실(結實)을 맺지 못했다. 그러므로 나라가 잘 되기 위해서는 많은 사람들이 전략적 식견(識見)을 가지고 있어야 한다. 그래서 전략가의 혜안(慧眼)에 대해 동조(同調)하여 국가, 사회적 분위기를 만들어 갈 수 있어야 한다. 전략적 리더는 미리 예측하여 맥(脈)을 잡아 일을 하므로 최소의 노력으로 미래를 대비(對備)한다. 전략적 리더는 바쁘게 많은 일을 할 필요가 없다. 미래를 예측하여 일이 돌아가는 사태를 파악하여 그것이 원하는 방향으로 가도록 방향만 잡아 주면 되는 것이다. 무슨 일이든지 근원(根原)에서 출발할 때에는 차이가 적다. 그러나 점점 나아갈수록 각도(角度)는 벌어진다. 이렇듯 미리 예측한다는 것은 일을 적게 하고도 큰 결과를 얻을 수 있음을 말한다. 그러므로 전략적으로 생각한다는 것은 대단히 경제적이다. 조그만 노력으로 큰 결과를 얻기 때문이다. 어느 집단인가를 막론하고 전략적 리더가 없다는 것은 대단히 불행한 일이다. 또한 집단의 규모

---

24) 우리 속담에 "호미로 막을 물을 가래로도 못 막는다."라는 말이 있다. 이 말은 일의 사리(事理)를 알아서 미리 준비하고 조치(措置)하면 간단히 일을 처리할 수 있다는 의미다. 전략이란 미래에 일어날 사안(事案)에 대해 미리 그 상황을 상정(上程)해서 그에 대한 조치를 취하는 과정인바, 여름에 홍수가 날 것을 예견(豫見)하고 물길을 예측(豫測)하여 물길을 파서 준비한다면 홍수 피해를 막을 수 있을 것이다. 봄에 여름의 폭우를 예측하고 물길을 손질할 때는 호미로도 가능하다. 그러나 여름에 큰물이 질 때에는 가래로도 넘치는 물을 막을 수 없는 것이다.

가 크면 클수록 전략적 리더의 가치는 커진다. 왜냐하면 전략적 리더의 활동은 시행착오(試行錯誤)를 최소화하고 작은 노력으로 큰 결과를 얻을 수 있기 때문이다.

　이러한 리더는 크고 작은 문제를 결심할 때 올바른 판단(判斷)을 해야 한다. 그런데 이처럼 중요한 판단력 역시 전략적 사고(戰略的 思考)의 도움을 받는다. 즉, 전체적(全體的), 미래적(未來的) 차원에서 결심해야 실수(失手)가 없다. 또한, 리더는 세상의 변화를 느끼고 눈앞에 벌어지는 현상을 정확히 알기 위해서는 사물을 보는 방법도 익혀야 한다. 우리는 무슨 행위(行爲)를 하든지 간에 사물(事物)을 본다. 주변의 것들을 보기도 하고 앞으로 일어날 일을 예측하기 위해서도 지금 당장 일어나는 일들을 본다. 뿐만 아니라 새로운 무엇을 창조(創造)하기 위해서도 지금 현재의 상황을 보는 것부터 시작하여 주의 깊게 보는 관찰(觀察), 사물을 꿰뚫어 보는 통찰(洞察)을 한다.[25] 그런데 심안(心眼)을 가지고 통찰(洞察)을 하

---

25) 우선 가장 단순한 것이 그냥 보는 것이다. 이러한 행위는 가장 기본적이고도 원초적인 것으로 관찰이나 통찰에 대한 대표적 언어로서도 자리매김하고 있다. 그리고 그냥 뚜렷한 목적의식 없이 보는 것이 주를 이룬다. 흔히 주마간산(走馬看山)이라고 할 때 볼 간(看)이 이에 해당한다. 그저 사물이 눈에 들어오니까 보는 것이다. 어쩌면 피동적인 눈의 작동이다. 그러니까 보는 것 중에서 가장 급이 낮은 단계를 말한다. 영어로는 'see'가 이에 해당할 것이다. 다음 단계로, 좀 더 주의 깊게 보는 것이 관찰(觀察)이다. 그냥 보는 것이 아니고 자세히 살펴가면서 본다는 뜻이다. 이것은 사물을 볼 때 분명한 목적의식을 가지고 보는 것이다. 따라서 그 관찰의 대상에서 찾고자 하는 것이 있으므로 세밀히 살펴 가면서 보아야 한다. 그러나 이것도 어디까지나 육안으로 보는 것이다. 육안으로 보는 것이므로 어디까지나 관찰 대상의 피상을 주로 본다. 그 본 것을 결과로 판단하는 것은 심리적 작용이지만 보는 자체는 외관을 위주로 본다. 영어로는 'observation'이 이에 해당한다. 마지막으로 높은 수준의 보는 방법으로 통찰(洞察)이 있다. 통찰의 사전적 의미는 예리한 관찰력으로 사물을 꿰뚫어 보는 것이다. 사물의 이면까지 꿰뚫어 보아야 통찰이 된다. 양은우 씨는 『관찰의 기술』이라는 책에서 "통찰이란 사물의 원리, 사물의 현상, 사람들의 행동을 꿰뚫어 보는 행위로 문제의 본질을 파악할 수 있다."라고 설명한다. 통찰도 관찰과 마찬가지로 분명한 목적 행위이며 이것은 육안으로는 불가하고 심안으로 가능하다. 영어로는 'insight'가 이에 해당한다. 그러므로 심안이 볼 수 있는 통찰은 유·무형의 모든 것을 다 볼 수 있다.

고자 하면, 수많은 관찰(觀察)을 통한 직접 경험(經驗)과 세상의 이치(理致)를 알아야 하고 인과관계(因果關係)를 이해하는 상당한 수준의 지식(知識)과 지혜(智慧)가 필요하다. 통찰을 하는 목적은 통찰의 대상(對象)이 소유한 본질(本質), 인과관계(因果關係), 맥락(脈絡)을 파악하는 데 있다. 이러한 통찰을 통하여 그 본질적인 원리와 맥락으로 새로운 세계(世界) 또는 사안(事案)을 이해하고 적용하여 '새로운 패러다임(paradigm)'을 창조하거나 '새로운 것'을 만들어 내는 것이다. 이렇게 보면 통찰은 진정(眞正)한 의미의 '창조의 적극적 수단'이며 인류 역사 발전의 핵심이다. 공부를 하는 목적은 바로 이 통찰력을 키우기 위함이기도 하다. 그냥 눈에 보이는 피상적(皮相的)인 것을 넘어 그 속에 있는 것을 꿰뚫어 보는 능력을 갖고 싶은 것이다.

사람들이 무리 지어 있는 것을 그냥 보고 있으면 별 의미가 없다. '왜 저 사람들이 모여 있는가?' 하는 의문이 생기면 그 사람들이 누구이며, 생김새는 어떻고, 어떤 말을 쓰고 있고, 가지고 있는 것들은 무엇인지 세밀히 보게 된다. 그것이 관찰(觀察)이다. 그리고 그 사람들의 모임이 나에게 어떤 영향을 줄 것인지를 알고자 한다면 통찰(洞察)을 해야 한다. 그 무리들의 본질을 꿰뚫어 보고 지금 이 시·공간적 상황에서 왜 저 사람들이 모여 있는지, 저런 부류(部類)의 사람들의 특징(特徵)은 무엇인지, 앞으로 어떤 행동을 하게 될 것인지, 그 행동들이 나와는 무슨 관계가 있을 것인지, 왜 저렇게 모여 있는지에 대한 사회적 맥락은 무엇인지 등을 볼 수 있다. 그 보는 능력은 통찰력의 정도에 달려 있다. 즉, 그 통찰력의 깊이와 넓이가 그 꿰뚫어 보는 정도를 결정한다. 밖으로 드러나는 것을 보는 것은 눈이 정상인 사람은 누구나 할 수 있다. 그렇지만 내면을 꿰뚫어 보는 일은 마음이 하는 일이다. 그 심안(心眼)을 키우기 위해 공부를 하는 것이고 그 결과가 학문이다. 이렇듯 통찰력은 불투명(不透明)한 미래를 예측하는 가장 강력한 힘이다. 이것은 위기 시에 문제를 해결하는 능력이고 그에 대한 전략을 만드는 중요 인자(因子)다. 우리는 애써서 통찰력을 배양(培養)하는 데 전력(全力)을 기울여야 하고, 특히, 국가 지도자는 통찰력이 자신의 업무 수행에 필수 요소(必須要素)임을 명심(銘心)해야 한다. 그런데 이 통찰력이 부족하여 좋은 의도로 시행한 정책이 전혀 엉뚱한 결과를 초래하는 경우가 흔히 있다. 앞에서도 설명한 바와 같이 통찰력이란 겉만 보는 것이 아니고 사물의 내면적(內面的) 관계를 자세히 들여다본다는 것이다. 그러면 이런 통찰력은 어떻게 길러지는 걸까? 아마 가장 좋은 방법은 직접경험(直接經驗)일 것이다. 그런데 이런 복잡한 21세기 정보화 사회에서 모든 것을 직접 경험한다는 것은 불가능하다. 그러므로 간접경험(間接經驗)을 통해서 통찰력을 연마(練磨)할 수밖에 없다. 이러한 통찰력은 리더가 위기를 사전·사후적으로 관리하는 데 아주 중요한 능력이다.

　뿐만 아니라 위기관리에서 가장 관심을 갖는 긴박한 현장위기관리에는 전문가의 직관이 결정적 역할을 한다. 현장위기관리 리더의 순간적인 판단이 위기관리의 분수령을 결정한다. 불확실성 속에서 순간순간 번뜩이는 섬광(閃光) 같은 통찰력을 통해 생기는 아이디어를 '직관(直觀)'이라고 부른다. 직관은 평범한 직관, 전문가 직관, 전략적 직관이 있는데, 위기관리 시 리더에게 필요한 직관은 전문가 직관이다. 전문가 직관은 뭔가 익숙한 것을 인식(認識)할 때, 깨닫는 순간적인 판단을 말한다. 사람은 자신이 하는 일에 능숙(能熟)해질수록 유사한 문제들을 더 빨리 해결할 수 있는 패턴(Pattern)을 인식하게 된다. 훈련은 이러한 전문가(專門家) 직관을 배양(培養)하기 위해서다. 위기의 순간(瞬間)에 전문가가 필요한 이유는 그 긴박(緊迫)한 순간에 섬광(閃光)처럼 위기를 모면(謀免)할 지혜가 떠오르기 때문이다. 전문가 직관이라고 하는 이유는 전문가의 경지(境地)에 이르지 않으면 도달(到達)할 수 없기 때문이다. 현장의 리더에게 요구되는 직관이다. 2009년 1월 15일 오후 3시 27분, US 에어 소속의 A320 여객기가 뉴욕 라과디아 공항 이륙(離陸) 후 양쪽 엔진에 거위 떼가 흡입(吸入)되어 추력(推力)이 거의 상실(喪失)된 상태에서 공항으로부터 8.5 마일 떨어진 허드슨 강에 불시착(不時着)하여 탑승자 150명 중 객실 승무원 1명과 승객 4명이 중상(重傷)을 입고 항공기는 전파(全破)되는 사고가 있었다. 당시 셀렌버그 기장(機長)과 부기장은 승객의 안전이 위험하다고 판단하고 허드슨 강에 수상착륙(水上着陸)하기로 목표를 세우고 자신의 모든 비행 경험을 총동원하여 수상착륙을 시도하였다. 가까운 공항으로 착륙을 고려했으나 만약 실패 시에는 승객의 안전이 위협받음은 물론 뉴욕 도심(都心)에 추락(墜落)할 가능성까지 고려하였다. 긴박한 순간에 위험을 동반한 수상착륙에 대한 셀렌버그 기장의 판단은 전문가 직관으로부터 비롯되었다.

2) 책임감과 희생정신

위기의 발생은 기본적으로 리더의 책임(責任)이다. 따라서 이 위기는 나로 인해 비롯된 것이며, 이 위기를 헤쳐 나가는 것은 모두 나의 책무다. 그러니 '죽기를 각오하고 이 위기를 극복하겠다.'라는 정신으로 대처(對處)해야 한다. 이러한 상황에서 리더는 책임을 통감(痛感)하고 필사즉생(必死卽生)의 생각으로 최전면(最前面)에 나서서 위기를 관리해야 한다.

전통적(傳統的) 위기관리에서도 국내 및 국제 여론이 중요하지만 비전통적(非傳統的) 위기관리 영역에서는 가장 먼저 고려해야 할 분야가 여론이다. 2011년 현대캐피털 전산망이 해킹(hacking)을 당해 고객 정보가 줄줄이 새 나간 사건이 발생했다. 당시 현대캐피털 경영진(經營陣) 사이에서는 "사과(謝過)를 CEO가 하느냐, 임원(任員)이 대신 하느냐" 하는 문제를 가지고 격론(激論)을 벌이고 있었다. 이때 정영진 회장은 그 모든 것은 회장 자신의 책임이라면서 직접 사과하였다. 이러한 초동(初動) 조치가 알려지면서 여론은 점차 호전(好轉)되었다.

위기가 발생했을 경우, 법적(法的)인 잘잘못이나 합리성(合理性), 객관성(客觀性)은 나중의 일이다. 우선 급한 것은 이해(利害) 당사자(當事者) 및 여론이 생각하는 잘잘못의 문제이다. 여론은 언제나 '유죄(有罪) 추정(推定) 원칙'이다. 법의 '무죄(無罪) 추정(推定) 원칙'과 정반대다. 세상 인심(世上人心)이 그렇다. 남 잘되는 것을 싫어하고 시기(猜忌)하는 것이 대중(大衆)의 심리다. 대중의 관심을 받는 개인이나 집단은 좋아하는 사람도 있지만, 시기(猜忌)하는 사람이 더 많다. 그러니 어떤 문제가 발생하면, "거봐! 잘난 체하더니!" 또는 "아주 나쁜 짓을 했구먼!"이라고 단정해 버린다. 영웅 만들기를 좋아하는 서구(西歐) 사회보다 깎아내리기를 좋아하는 우리 문화에서는 더욱 심하다. 특히, 자기보다 잘난 사람이나 힘이 있는 조직에 대해서는 더 심하다. 따라서 진심(眞心)이 우러나는 사죄(謝罪)를 하는 것이 좋다. 잘잘못은 나중에 조사(調査)와 법원(法院)에서 가려질 것이므로, 자신의 입으로 시시비비(是是非非)를 가리는 것은 먹히지 않는 어리석은 일이다. 여기서 필요한 것은 자신의 명예(名譽)가 아니고 리더의 진실성(眞實性)을 인정(認定)받고 여론으로부터 신뢰(信賴)를 얻어 내는 것이다. 그리고 위기를 극복하려는 리더의 책임감(責任感)을 여론으로부터 인정(認定)받는 것이다. 일반적으로 여론은 어떤 사고가 발생하면 처음에는 그 사실에 경악(驚愕)하다가 시간이 지나면서 일어난 사실에 대해서는 어쩔 수 없다는 것을 인식하고 그 사고에 대처(對處)하는 책임 당사자의 태도(態度)에 관심을 갖는다. 자신의 잘못을 인정하고 최선(最善)을 다해 보상(補償) 및 해결(解決)하겠다는 것에 대해 인간의 감정은 쉽게 받아들인다. 특히, 감정적(感情的) 사회인 우리나라에서는 이 방법이 더 효과를 발휘한다. 위기 발생 원인에 대해 책임을 지는 태도는 당사자(當事者)나 조직(組織)에 대한 신뢰(信賴)를 상승(上昇)시키며 기업에 대한 신뢰의 상승은 미래를 밝게 한다.

그런데 무슨 일에 책임(責任)을 지려고 하면 반드시 희생정신(犧牲精神)을 동반(同伴)한다. 특히, 생사(生死)가 걸린 위기에 대한 책임을 지는 것은 희생정신 없이는 불가능하다. 1852년 2월 남아프리카공화국 케이프타운 근처 바다에서 영국 해군 수송선(輸送船) 버큰헤드 호가 암초(暗礁)에 부딪혀 가라앉기 시작했다. 승객(乘客)은 영국 73 보병연대 소속 군인 472명과 가족 162명이었다. 구명보트는 3대뿐으로 180명만 탈 수 있었다. 탑승자(搭乘者)들이 서로 먼저 보트를 타겠다고 몰려들자 누군가 북을 울렸다. 버큰헤드 호 승조원(乘組員)인 해군과 승객인 육군 병사들이 갑판(甲板)에 모였다. 함장(艦長) 세튼 대령이 외쳤다. "그동안 우리를 위해 희생(犧牲)해 온 가족들을 우리가 지킬 때다. 어린이와 여자부터 탈출(脫出)시켜라." 아이와 여성들이 군인들의 도움을 받아 구명보트로 옮겨 탔다. 마지막 세 번째 보트에서 누군가 소리쳤다. "아직 자리가 남아 있으니 군인들도 타세요." 그러자 한 장교(將校)가 나섰다. "우리가 저 보트로 몰려가면 큰 혼란이 일어나고 배가 뒤집힐 수도 있다." 함장(艦長)을 비롯한 군인 470여 명은 구명보트를 향해 거수경례(擧手敬禮)를 하며 배와 함께 가라앉았다. 버큰헤드 호 선장은 자신의 책임(責任)과 사명(使命)을 다하기 위하여 어린아이와 여자들을 구하고 군인들과 배와 함께 침몰(沈沒)했다.[26] 책임감과 희생정신을 보여 준 본보기다. 그 후 100년이 지난 1952년 군 수송선(輸送船) 엠파이어 윈드러시 호 침몰(沈沒) 사고에서도 버큰헤드 정신[27]은 어김없이 지켜졌다. 알제리 인근 바다에서 이배의 보일러실이 폭발했다. 배에는 군인과 가족 1,515명이 타고 있었다. 구명보트는 턱없이 모자랐다. 지휘관(指揮官) 스콧 대령이 마이크를 잡았다. "지금부터 버큰헤드 훈련을 하겠습니다. 모두 갑판 위에 그대로 서 계시고 구명보트 지정(指定)을 받으면 움직이십시오." 그는 가족들이 동요(動搖)할까 봐 '훈련'이라고 둘러댄 것이다. 곧바로 선장(船長)과 선원(船員)들이 여성과 아이, 환자들을 구명보트에 태웠다. 선원과 군인 300여 명이 남았다. 선장과 스콧 대령은 "이제 모두 바다에 뛰어내리라!"라고 지시하고는 부하들이 모두 떠난 것을 확인한 뒤 마지막으로 물로 뛰어들었다. 다행히 이들은 다른 화물선(貨物船)에 의해 모두 구조(救助)되었다.

---

26) 2014. 4. 16. 세월호 사고 당시 보여 준 이준석 선장의 행동과는 극명하게 대비된다.

27) 1859년 작가 새뮤얼 스마일스가 버큰헤드 호에 관한 책을 써 이 사연을 세상에 알렸다. 이때부터 영국 사람들은 큰 재난을 당하면 누가 먼저랄 것 없이 '버큰헤드를 기억합시다'고 말하기 시작했다. 위기 때 약자(弱者)를 먼저 배려하는 '버큰헤드 정신'이 영국 국민의 전통으로 자리 잡았다.

7.
위기관리 시스템

위기관리 시스템은 통합적(統合的) · 협력적(協力的) · 영속적(永續的) 구조가 보장(保障)되는 형태여야 한다. 위기 발생 시 긴박(緊迫)한 상황에 신속하고 적정(適正)한 대응(對應)을 위해서는 효율성을 확보해야 한다. 그렇게 하려면 상황 보고 및 지휘체계와 자원관리의 통합적 시스템을 구축하는 것이 필요하다. 협력적 구조에 대한 요구에는 위기관리 시스템의 운영적(運營的) 차원의 이슈(issue)로서 매뉴얼을 정비해야 하고, 영속적 구조의 문제에는 통합적 구조와 협력적 구조가 지속될 수 있도록 강력한 법적 · 제도적 장치(裝置)가 필요하다. 예를 들어 적합한 국가위기관리 시스템을 구축하기 위해서는 안보적 상황의 특성(特性)과 효율성(效率性), 제도(制度), 경험(經驗), 문화(文化) 등을 종합적으로 고려해야 한다. 이를 위하여 위기관리 조직의 태생적(胎生的) 특성을 감안(堪案)하고 정치문화(政治文化)와 행정문화(行政文化)의 특성인 위기인식(危機認識) 행태(行態)와 사회문화적(社會文化的) 요소도 고려해야 한다. 이를 토대(土臺)로 현실성(現實性)과 효과성(效果性)그리고 실현성(實現性)을 종합적으로 고려하여 시스템을 구축하여야 한다. 이를 위하여 기구(機構)는 통합하고 업무는 분권화(分權化)하는 것이 효율적이다. 이러한 시스템은 모든 유형의 안보 상황이 혼재(混在)한 여건에서 동시다발적(同時多發的)으로 발생하는 위기를 효율적으로 관리하는 형태가 되어야 한다.

이를 구체적으로 살펴보면 첫째, 모든 위기 관련 상황을 실시간(實時間)으로 관리할 수 있는 규모의 상황실 조직을 가져야 한다. 구체적으로, 상황을 신속(迅速)·정확(正確)하게 보고받고, 보고받은 상황을 분석할 능력이 있어야 하며, 상황을 체계적(體系的)으로 관리하고 필요시 지휘소 기능을 수행할 수 있는 역량을 갖추어야 한다. 둘째, 상황실에서 분석한 결과에 대하여 대안(對案)을 제시하고 결정된 대안을 실행할 수 있는 조직이 필요하다. 일반적으로 이 대안을 토대(土臺)로 위기관리회의 참석자들이 토의를 할 수 있어야 한다. 그리고 그 대안이 실행됨에 따라 진전(進展)되는 관리를 할 수 있도록 해야 한다. 셋째, 위기관리 소요 자원(所要資源)을 준비하고 관리하는 조직이 필요하다. 구체적으로, 발생 가능한 위기별로 소요되는 자원을 산출하고 대응 역량을 산출하며 나아가 자원을 가장 최적의 상태로 조정·통제할 수 있어야 한다. 넷째, 미래를 예측하고, 예상되는 위기관리 과제(課題)를 염출(捻出)하는 조직이 필요하다. 구체적으로 미래 트렌드(trend)와 가능성이 큰 위협(威脅)과 위험(危險), 그리고 민심(民心)의 파악(把握) 등 위기관리에 대하여 미리 준비할 수 있도록 하는 연구 기능의 조직이 있어야 한다.

위기관리 시스템이 아무리 훌륭하게 만들어져 있다고 해도 그 시스템을 운영하는 능력과 운영 방법이 미숙(未熟)하면 소기(所期)의 성과를 달성할 수가 없다. 그러므로 효율적인 위기관리를 위한 매뉴얼이 체계적으로 준비되어야 하며, 위기 발생 시 위기관리 관계관들이 대응 방안(對應方案)에 대하여 공감한 상태에서 효과적으로 위기를 관리하기 위한 수단으로 발전시켜야 한다. 매뉴얼은 기본(基本) 매뉴얼과 실무(實務) 매뉴얼, 그리고 현장에서 사고 또는 재난을 관리하는 현장(現場) 매뉴얼로 구분할 수 있다. 기본 매뉴얼은 위기관리에 대한 최상위(最上位)의 매뉴얼로서 선언적(宣言的)이고 개략적(槪略的)으로 작성하면 된다. 이것을 관리하는 부서(部署)나 조직은 그를 다시 세분화(細分化)해서 자신들이 실제로 행동할 수 있도록 발전시켜야 한다.

위기관리 매뉴얼을 좀 더 발전시키기 위해서는 가장 심각(深刻)한 국가위기상황에 대비하여 오랜 기간 동안 연구·발전된 군사교범체계를 벤치마킹(bench-marking)하면 좋은 결과를 얻을 수 있을 것이다. 임무(任務)와 상황(狀況)을 고려하여 현장에서 적용 가능한 대응 계획(對應計劃)을 수립하고, 이를 기본으로 각 부서(各部署)가 단계별(段階別)로 행동해야 할 매뉴얼을 만들고, 이를 조직 구성원 개개인이 행동할 임무 카드로 만들어서 숙달(熟達)시킨다면 현장 적응성(適應性)을 높일 수 있다. 특히 유념할 것은 이러한 과정을 거친 대응 계획은 시·공간별로 차별화(差別化)되어 작성되어야 한다는 점이다. 가장 중요한 현장 매뉴얼에는 현장 지휘체계 확립(現場指揮體系確立)을 위한 지휘통제(指揮統制) 시스템이 먼저 구성(構成)되고 각 구성원의 임무 카드가 명확하게 작성되어야 하며, 이러한 일련(一連)의 매뉴얼은 시시각각(時時刻刻)으로 상황에 따라 수정되는 역동성(力動性)을 가져야 한다.

또한 영속적(永續的) 구조 보장을 위하여 법과 제도를 정비하여야 한다. 위기관리 주체의 위상(位相)에 따라 다르겠지만, 일반적으로 위기관리에 관한 여러 가지의 법령(法令)과 규정(規定)에서 제정(制定) 목적과 적용 범위(適用範圍)가 중복(重複)되거나 공백(空白)이 발생하는 것을 방지하기 위하여, 관련 법들의 중복 해결 및 공백 부분을 보충(補充)할 수 있는 강제성(强制性)을 가진 기관의 법률로 기본법(基本法)이 제정(制定)되어야 한다.

마지막으로 위기관리에 대한 연습(練習)과 훈련(訓練)을 제도적으로 정착(定着)시켜야 한다. 모든 유기체는 연습·훈련을 싫어한다. 아무리 좋은 조직과 매뉴얼을 만들고 법과 제도를 정비해도 이를 실제로 운영할 사람의 능력(能力)이 없으면 무용지물(無用之物)이다. 위기 시 적용될 매뉴얼은 그저 숙지(熟知)하는 정도로 충분한 것이 아니다. 갑작스럽고 혼란스러운 상황에서도 차질 없이 소정(所定)의 역할(役割)을 수행(遂行)하려면 훈련이 되어 있어야 한다. 훈련이란 무의식(無意識) 상태에서 조건반사적(條件反射的)으로 행동할 수 있도록 반복 숙달하는 과정이다. 따라서 이런 훈련을 강제(强制)할 수 있는 제도(制度)가 요망된다.

8.
위기관리 협상력

위기관리에서 협상(協商)의 문제는 '위협에 의한 위기'에서 발생한다. 이는 적대적 관계의 국가 간에, 인질범과 경찰 간에, 강성 노조(勞組)와 사주(社主) 간에 조성(造成)된 위기를 관리하기 위해 사용되는 주 수단이다. 그 이외에도 세월호 사고와 같은 대형 사고나 자연재난 등으로 심각한 피해를 입은 경우, 법이 정한 보상(補償)에 만족하지 못할 경우 피해자는 위기 조장(助長) 집단으로 떠오른다. 이 협상(協商)이란 상대가 있는 것이므로 언제나 상대적(相對的)이고 유동적(流動的)이다. 특히, 위기관리의 협상에서는 위기를 제거(除去)하거나 위기를 완화(緩化)하는 것이 목적이고 그 협상의 주제(主題)가 상호(相互) 유기체(有機體) 간의 '핵심적 가치'를 경쟁(競爭)하는 과정(過程)이므로 심각(深刻)하다.

이러한 위기관리 협상은 일반적으로 다섯 가지 정도가 고려 사항(考慮事項)이다. 첫째, 협상 목표(協商目標)의 설정이다. 위기관리에서 협상 목표는 유연(柔軟)해야 한다. 상황 변화에 따라 상대적으로 최선의 이익을 추구해야 하므로 목표의 상한선(上限線)과 하한선(下限線)을 정해 두어야 한다. 이것은 겉으로 표현되는 명목적(名目的) 목표가 아니고 협상 전략팀이 선정(選定)한 고도로 정선(精選)된 비밀이 보장(保障)된 사안(事案)이다. 둘째, 협상 상대에게 단호(斷乎)한 결의(決意)를 표명(表明)해야 한다. 협상의 목표가 유연(柔軟)하다고 하더라도 표면적으로는 배수진(背水陣)을 치고 더 이상 양보할 대안이 없음을 통보하고 강력한 대응을 해야 한다. 최종 조치(最終措置) 결정권을 상대에게 부여하여 불행한 사태가 발생할 경우 책임을 전가(轉嫁)할 수 있는 명분(名分)을 확보하는 것이 중요하다. 셋째, 극한상황(極限狀況) 예방을 위한 위기통제(危機統制)가 필요하다. 비록 협상 상대에게 단호한 결의를 표명(表明)한다고 하더라도 그것은 어디까지나 위협(威脅)을 포기(抛棄)시키기 위한 것이지 극한상황(極限狀況)까지 가도 좋다는 의미는 아니다. 따라서 최고 의사결정권자는 위기관리에 관련되는 기관이나 조직에 대한 강력한 통제를 해야 한다. 통상 국가위기상황에서 강조되는 문민통제(文民統制)는 이를 대변(代辯)하고 있다. 쿠바 미사일 위기 시에 케네디 대통령이 미 해군을 강력히 통제한 것은 아주 좋은 사례. 넷째, 가급적(可及的) 적의 퇴로(退路)와 명분(名分)을 줄 수 있는 협상안(協商案)을 제시할 필요가 있다. 협상은 명분과 실리의 교환 과정(交換過程)이라고 해도 무방하다. 그러므로 협상 과정에서 상대에게 절대 굴욕감(屈辱感)을 주어서는 안 된다. 쿠바 미사일 위기 시 케네디 대통령은 참모들에게 "절대 뽐내지 말라!"라고 지시했다. 이것은 소련 공산당 서기장 흐루쇼프에게 굴욕감(屈辱感)을 주지 않기 위해서였다. 실리(實利)를 얻으려면 상대에게 명분(名分)을 주어야 하고 상대의 체면(體面)을 세워 주어야 한다. 특히, 한 나라를 대표하는 국가원수(國家元帥)는 협상이 굴욕적일 경우 자국(自國) 내 정치적 위기에 직면할 수 있다. 만약 협상 대상자가 자국의 국내정치적 위기를 우려한다면 절대 협상에 협조적이지 않을 것이다. 그러므로 상대의 입장(立場)을 고려해서 협상을 전개해야 한다. 우리나라 외교사(外交史)에서 가장 빛나는 고려의 서희 장군과 거란의 소손녕 간의 위기관리 협상은 가장 성공적인 사례이다. 서희 장군은 고려를 침략(侵略)하고자 출병(出兵)한 소손녕에게 배후 안정(背後安定)이라는 명분을 주고 강동 6주를 할양(割讓)받는 실리를 챙겼다. 마지막으로 협상안(協商案)을 단계화(段階化)할 필요가 있다. 협상의 사안을 잘게 쪼개서 협상을 하면 협상이 잘못되더라도 손실을 최소화할 수 있다. 이는 동시에 상대로 하여금 제안(提案)을 쉽게 받아들일 수 있게 하기 위함이다. 그리고 사안을 쪼개서 여러 단계로 협상을 하여 그 단계가 누적(累積)되면 이미 합의된 협상안을 공고화(鞏固化)할 수 있는 장점이 있다.

위기를 해소하기 위한 가장 바람직한 방법은 협상이다. 따라서 고도(高度)의 통찰력(洞察力)을 바탕으로 한 전략적(戰略的) 식견(識見)으로 상대와의 협상(協商)에 임(臨)해야 한다.

9.
위기관리 정책 결정 시 고려사항

위기관리 정책은 성공적 위기관리를 위한 핵심적 방책(方策)이다. 위기 행위 주체자(主體者)가 없는 위험에 대한 위기관리는 오로지 피해 최소화를 위한 정태적(靜態的) 관리이므로 비교적 단순하다. 이에 비하여 위기 행위 주체자(主體者)가 있는 위기관리는 상대(相對)가 있기 때문에 동태적(動態的) 위기관리를 해야 한다. 특히, 위기관리의 본령(本領)인 국가 간 전쟁 발발 위기는 위기관리 정책이 긴요(緊要)한 역할을 한다. 실제로 이러한 국가위기관리가 가장 어려운 과제이므로 이를 이해하면 그 이하 기타 위기관리는 쉽게 이해할 수 있다. 따라서 일반적으로 전통적 위기관리 시 정책을 결정하는 데 고려해 볼 사항들을 살펴보려면, 먼저 위기관리의 목적을 어떻게 할 것인가를 고려해야 한다.

전통적 위기관리의 경우 근본적 목적은 전쟁 방지(戰爭防止)이므로 위기관리의 목적은 기본적으로 방위적(防衛的) 목적을 취한다. 위기를 조성(造成)한 상대 국가(相對國家)가 자국의 중요한 이익에 영향을 주는 경우에는 위기 조성(危機造成) 행위 자체를 중지(中止)시키는 것이 목적이며, 위사실이 기정사실화(旣定事實化)한 경우에는 그 영향을 철회(撤回)시키고, 원 상태(原狀態)로 회복(回復)하는 것이 목적이다. 이러한 목적 달성을 위한 전략에는 적극적 방법인 공세적(攻勢的) 위기관리 전략과 소극적 방법인 수세적(守勢的) 위기관리 전략이 있다. 먼저 공세적(攻勢的) 위기관리 전략에는 공갈(恐喝), 제한적이고 전환이 가능한 시험적(試驗的) 행동, 통제된 압력(壓力), 신속하고 결단적인 행위를 통한 기정사실화(旣定事實化), 게릴라 활동이나 테러와 같은 소모 전략(消耗戰略) 활용 등이 있다. 다음으로 수세적(守勢的) 위기관리 전략에는 강압적(强壓的) 외교, 제한된 위기 확산(危機擴散) 시도, 상대방이 위기를 확산시키지 못하게 하거나 상대방의 위기 확산을 억제하면서 능력을 시험하는 것, 협상을 통한 해결 모색을 위한 시간 벌기 등의 방안이 있다. 또한 위기관리는 유연성(柔軟性) 확보를 위한 통제된 압력(壓力)과 단계적인 실천(實踐)이 필요한데, 이것은 도발성(挑發性)과 자극성(刺戟性)이 적은 대응 조치(對應措置)부터 취해 나가면서 상대국에 대한 요구(要求) 및 강제 조치(强制措置)에 대한 언급을 애매(曖昧)하게 하는 것이 좋다. 그리고 상대방의 위기 확산(危機擴散) 억제(抑制)를 위해서는 어느 정도 계산된 행동이 요구되는데, 이를 위하여 역지사지(易地思之)로 상대(相對)가 명예로운 퇴출(退出)을 할 수 있게 여지(餘地)를 만들어 주는 것이 좋다.

위기관리는 근본적으로 정치적 문제(政治的 問題)이지 군사작전(軍事作戰) 활동이 아니다. 군은 속성상(屬性上) 군사적 수단(手段)에 호소(呼訴)하는 경향(傾向)이 강하므로 정치가 엄밀(嚴密)히 통제하지 않으면 위기의 확대(擴大)로 갈 가능성이 농후(濃厚)하다. 따라서 강력한 문민(文民) 통제(統制)가 필요하다. 이러한 관점(觀點)에서 쿠바 사태 시 케네디 대통령은 작전의 세세(細細)한 부분까지 간섭(干涉)하였다. 전쟁, 특히 전쟁의 발발(勃

發) 위기 시 군사적 관점은 정치적 관점에 반드시 종속(從屬)되어야 한다.

위기관리 정책에서 고려할 사항 중 커뮤니케이션(communication)의 이용 역시 중요하다. 위기관리에서 교섭(交涉) 과정의 본질은 커뮤니케이션이다. 상호 간에 오해(誤解)로 인한 잘못된 판단으로 예측(豫測)하지 못한 사태를 야기(惹起)시키는 일이 없도록 상대방에게 의사(意思)를 정확히 이해(理解)시켜야 한다. 이러한 과정에서 대사관의 역할이 중요하지만 공식적 · 비공식적인 가능한 모든 채널(channel)을 이용, 일관(一貫)된 의사를 전달하고 이를 행동으로 뒷받침해야 한다. 또한, 상대와의 협상(協商)에서 승리하기 위해서는 유리한 경쟁의 틀을 만들어서 협상해야 하는데, 상대(相對)에게 불리(不利)하고 아 측(我側)에 유리(有利)한 점, 즉 자기에게 유리한 유형(有形) · 무형(無形)의 비대칭(非對稱) 수단(手段)을 찾아내거나 혹은 만들어 활용(活用)할 필요가 있다.

그리고 모든 것이 그러하듯이 상대와의 협상에서 위기상황(危機狀況)을 자신이 원하는 대로 처리할 수 있는 행동의 자유(自由)를 획득하는 것이 기본이다. 이를 위하여 상대를 결정적 결정을 내려야 하는 궁지(窮地)로 몰아넣어야 한다. 즉, '전쟁을 할 것이냐? 물러날 것이냐?'의 양자택일(兩者擇一)을 강요(强要)하는 조치(措置)를 취하여 전쟁에서 상대가 얻을 이익이 없다는 인식을 갖고 퇴각(退却)하게 만들어야 한다.

비록 상대가 아 측의 핵심적 가치를 위협하는 위기상황이더라도 위기관리는 공통(共通)의 이익(利益)에 기초하여 협력할 수 있는 측면(側面)이 있다. 그러므로 공통 이익(共通利益)이 있다는 것에 대해 쌍방(雙方)의 생각이 일치(一致)하면 묵시적(黙示的) 이해(理解) 내지 합의(合意)를 얻을 수 있다. 쌍방이 받아들일 수 있는 공통의 이익을 도출(導出)하기 위해서는 상위 가치(上位價値)[28]를 염출(捻出)해야 한다.

이러한 위기관리 전략의 강력한 추진을 위해서는 무엇보다도 여론(輿論)의 지지(支持)가 중요하다. 국내(國內)정치적으로는 민주주의의 확산(擴散)이, 국제(國際)정치적으로는 세계화가 여론의 영향력을 점점 증대(增大)시킨다. 그러므로 UN의 결의(決議) 등 여론 조성이 위기관리에 상당히 결정적인 환경을 제공한다. 이러한 여론의 움직임을 상대가 어떻게 받아들이고 있는지를 파악하여 위기관리에 유리한 여건을 만들어야 한다. 그러므로 국내외 여론을 자국(自國)에 유리한 환경이 조성될 수 있도록 지지를 호소(呼訴)하고 상대국이 그 여론을 지각(知覺)하는 정도를 파악하여 위기관리 정책 결정에 반영(反影)하는 것이 좋다.

그리고 위기가 어떤 방식으로 종결(終結)되느냐를 잘 인식(認識)하여 그 위기 종료(終了) 전후에 적절한 정치적 배려(配慮)를 해야 한다. 위기관리에서 어느 일방(一方)의 승리는 불가(不可)하며, 설혹(設或) 그런 상황이라고 하더라도 상대국에서는 승리라고 변명(辨明)할 수 있는 여지(餘地)를 두어야 위기 재발(在發)을 방지할 수 있다. 이를 위하여 종결 방식은 애매(曖昧)한 형태로 두는 것이 좋다. 위기관리에서는 집권자(執權者)의 체면(體面)이 중요하므로 자국민(自國民)들에게 서로 자기가 승자(勝者)라고 우길 수 있게 해야 한다.

마지막으로 위기관리 전략의 한계를 고려해야 한다. 위기상황에서는 정보(情報)의 신빙성(信憑性) 부족으로 상대의 의도(意圖), 기대(期待), 결의(決意) 등에 관한 오산(誤算) 가능성이 내재(內在)해 있다. 그러므로 우발적(偶發的) 사건 발생 가능성을 배제(排除)할 수가 없으며, 상대방이 정

---

28) 상위 가치는 하위 가치를 포괄하는 속성을 가지므로 하위 가치로 다투다가 상위 가치에 대한 공감이 이뤄지면 갈등이 해소된다.

치적 목적을 달성하기 위하여 전쟁을 바란다면 위기관리가 불가능할 수 있는 한계(限界)가 있다는 것을 인식할 필요가 있다. 그러므로 위기관리 정책 수립 시 최악(最惡)의 경우를 상정(想定)하여 전쟁을 염두(念頭)에 두어야 한다.

10.
위기관리 시 홍보

안 좋은 일이 일어나면 우선 숨기고 싶은 본능(本能)이 작용한다. 그러나 최대한 빠른 시간 내에 알고 있는 모든 진실(眞實)한 정보를 제공(提供)하는 것이 좋다. 정보화 시대인 요즘은 알려 주지 않으면 추측(推測) 기사가 마구잡이로 돌아다닌다. 한번 돌기 시작한 기사(記事)는 수정(修正)이 불가능하다. 올바른 정보를 제공하지 않으면 기자(記者)는 추측 기사로 응수타진(應手打診)을 한다. 나중에 진실된 정보를 제공하더라도 이미 퍼진 악성(惡性) 루머(rumor)는 되돌리는 것이 어렵다. 그러므로 가능한 빠른 시간 내에 알고 있는 정보를 진솔(眞率)하게 제공하는 것이 전략적이다. 홍보 창구를 일원화해서 정제되지 않은 정보가 혼란스럽게 유포되지 않도록 통제하는 것(提供)도 중요하다. 세월호 참사에서 보여 준 중앙재난안전대책본부의 홍보가 대표적인 실패 사례다. 또한, 사고가 발생했을 때 사과(謝過)가 형식적이거나 '사과의 철학'이 빠져 있으면 실패한다. 사과(謝過)의 태도(態度)는 위기를 어느 방향에서 보는지에 따라 180도 바뀌는데 여론(輿論)의 위치(位置)에 설 때 정확하게 보인다. 미국의 대형 마트 타깃(Target)에서 1억 명이 넘는 고객의 신용 정보가 해커(hacker)에 의해 유출(流出)됐을 때 그 회사의 스타인하펠 대표는 위기 대응(危機對應)에서 "고객을 위해 옳은 조치를 취한다."라는 위기관리 목표를 설정하고 오로지 그 목표에 집중했다. 그는 홍보팀이 작성한 보도 자료 초안(草案)을 본 뒤, 보도 자료가 마치 변호사가 쓴 것처럼 기업의 입장만을 보호했다면서 불만을 제기(提起)했고, 직원들은 부득이 보도 자료를 다시 썼다. 한편 대기업(大企業)에서 사고가 터지면 오너(owner)들은 '월급사장(月給社長)'의 뒤에 숨는 경향이 있는데, 이와 다르게 코오롱 이웅렬 회장은 계열사(系列社)가 지은 경주 리조트(resort)에서 인명 사고(人命事故)가 났을 때 직접 현장에서 피해자들을 만나 사과했다. 그러자 거대 기업의 상속자(相續者)로 그를 기억하던 대중의 태도는 누그러졌고 여론은 우호적(友好的)으로 돌아섰다.

1) 홍보의 중요성

위기관리의 목표를 달성하기 위해서는 위기를 당한 유기체(有機體)를 둘러싸고 있는 환경(環境)을 우호적(友好的)으로 만드는 것이 중요하다. 유기체의 핵심 요소인 사람은 사회적 존재이므로 그가 속한 사회적 맥락(脈絡) 속에서 존재하고 활동한다. 사람이 생존하고 발전하는 것은 그 맥락 속에서 이뤄지는 행위들이므로 그 맥락을 결정짓는 환경을 우호적으로 만드는 것은 위기관리의 한 축(軸)을 이룬다. 따라서 위기는 기본적으로 유기체의 핵심적 가치가 위험에 처한 상태이지만, 다른 말로 하면 그 핵심적 가치가 생존하고 발전할 수 있는 환경이 심하게 훼손(毀損)

된 상황이라 할 수 있다. 그러므로 위기관리란 그 악화된 환경을 우호적
여건으로 만드는 것이다. 비록 위협을 가하는 경쟁자일지라도 경쟁 구
도(競爭構圖)를 둘러싸고 있는 상황에서 유리한 입장에 설 수 있는 환경
을 조성한다면 위협을 철회(撤回)할 수밖에 없을 것이며, 대형 사고나 재
난으로 인한 위기 역시 그 발생한 사고나 재난을 해결하는 데 우호적 환
경 조성이 매우 중요하다. 이러한 우호적 여건을 만드는 활동에 핵심적
역할을 하는 주역(主役)이 바로 홍보다. 홍보의 대상은 기본적으로 경쟁
자(競爭者) 또는 적(敵), 피해자(被害者), 내부 구성원(內部構成員)과 외부 세
력(外部勢力)이다. 이들에 대한 홍보는 언론을 상대로 하며 구체적(具體的)
으로는 기자(記者)를 상대한다. 따라서 기자의 속성(屬性)을 잘 이해하고
기자들의 취재활동(取材活動)이 긍정적 방향이 되도록 노력해야 한다.

2) 대언론(對言論) 관리[29]

(1) 위기관리 커뮤니케이션의 목적

위기가 발생하면 위기를 당한 위기관리 주체(主體)를 제외하고는 모
두 적대적(敵對的) 환경이다. 이런 환경에서 위기를 조기(早期)에 수습(收
拾)하여 위기 이전 상황으로 전환(轉換)하거나 더 나은 상태로 만들기 위
해서는 위기관리 환경을 유리하게 만드는 것이 절대적으로 필요하다.
이를 위해서 커뮤니케이션이 필요하다. 따라서 위기관리 전략이 추구하

---

29) 조재형, 『위기는 없다』(서울: 신화커뮤니케이션 출판팀, 1995), pp. 71-93.

는 위기관리에 유리한 경쟁의 틀을 만드는 주요 수단은 언론(言論)이다. 급속(急速)하게 진행되는 위기상황에서 언론이 어떠한 환경을 조성하느냐에 따라 위기관리의 방향이 결정된다.

위기가 발생하면 가장 관심을 가져야 할 대상은 위기에 따른 피해 당사자(被害當事者)이다. 긴급상황에 대한 긍정적(肯定的)이고 정확(正確)한 인식(認識)을 심어 주어야 하고 관리 주체의 명확한 의도(意圖)를 알려 주어야 한다. 이러한 활동은 두 가지 경로(經路)로 이뤄지는데 하나는 피해 당사자에게 전화나 문서로 직접 전달하는 것이고 나머지 하나는 불특정(不特定) 다수(多數)에게 전(傳)하는 방법으로 매스컴(mass communication)이 이용된다.

오늘날과 같이 미디어(media)가 발달한 상황에서는 매스컴이 가장 빠르고 영향력이 크다. 위기 관련 이해 당사자가(利害當事者) 가장 먼저 접(接)하는 것이 언론이다. 위기는 비정상(非正常)의 상황이므로 그것은 바로 언론이 다루는 뉴스에 속하며 이때 언론은 위기상황에 대한 내용을 경쟁적(競爭的)으로 보도한다. 언론기관 간에 뉴스 보도의 속도(速度)와 양(量)으로 경쟁하는 과정에서 실제 상황(實際狀況)이 왜곡(歪曲)되기도 하고 실제 상황보다 부풀려져 알려지기도 한다. 따라서 첫 단추가 잘못 꿰어지면 관리가 어려워지고 아주 나쁜 결과를 초래(招來)할 수도 있다. 그러므로 성공적인 위기관리를 위해서는 효과적(效果的)인 언론 대응(言論對應)이 필요하다. 언론 대응은 대개 3가지의 목적을 가지고 이뤄진다. 첫째는 위기관리 주체의 긍정적이고 정확한 이미지(image)를 제시하는 데 목적이 있고, 둘째는 긴급상황에 대한 올바른 인식을 심어 주기 위함이며, 셋째는 언론을 통해 배포(配布)되고 알려진 각종 자료를 수집(收集)하고 점검(點檢)하기 위함이다.

일반적으로 위기를 당(當)한 위기관리 주체는 자신들의 활동이 도덕적(道德的)이며 윤리적(倫理的)이라는 것을 대중(大衆)에 알릴 필요가 있고, 위기 관련 당사자들은 위기에 대한 실제 상황과 앞으로의 진행 사항, 피해자 보상(補償) 등에 특별한 관심을 갖는다. 따라서 이들이 위기관리 주체자들의 위기관리 진행에 대한 신뢰와 긍정적인 인식과 태도를 가지도록 최선을 다해야 하며, 외부에 공포(公布)된 정보는 모니터링(monitering)하여 근거(根據) 없는 소문(所聞)이나 주장(主張)은 빠르게 수정(修正)되도록 최선의 노력을 다해야 한다.

(2) 위기관리 시 홍보활동 고려사항

위기관리 시 홍보활동(弘報活動)은 언론매체(媒體)만을 대상(對象)으로 해서는 안 된다. 언론이 중요한 홍보 대상이긴 하지만, 위기와 관련한 모든 기관을 대상으로 각각의 기관에 적합한 홍보를 할 필요가 있다. 그 대상(對象)은 위기관리 주체의 직원, 위기로 인한 피해자의 가족, 관련 정부 및 기타 기관, 모든 언론 매체, 일반인을 포함한다. 특히 SNS 시대에는 모든 사람들이 뉴스를 제작(製作)하여 배포(配布)하고 있으므로 일반인도 중요한 홍보의 대상이다. 모든 관련 기관에 적극적 홍보를 해야 하지만, 그중에서 가장 중요한 홍보의 대상은 역시 언론이다. 그러므로 언론의 특성(特性)을 잘 이해하고 그에 적절한 대응을 해야 한다. 언론은 기본적으로 공익(共益)과 사익(私益)을 동시에 추구(追求)하는 실체(實體)다. 공익성은 국민의 알 권리를 충족시킨다는 의미이고 사익성은 타 언론사와의 경쟁 우위(優位)를 차지하여 광고 등을 통한 수익을 극대화하고자 하는 것을 의미한다.

이러한 활동을 하는 최첨단(最尖端)에 서 있는 사람이 기자다. 기자의 속성(屬性)은 위기관리 관련 정보를 가장 정확하고 신속하게 데스크(desk)에 송고(送稿)하는 데 목숨을 거는 것이다. 따라서 기자는 생존자(生存者), 목격자(目擊者), 전문가(專門家), 인근 주민(住民), 정부 관리(官吏), 또는 위기를 초래한 사고의 원인을 해명(解明)할 수 있는 사람이라면 '그 누구'에게라도 접근하여 마감 시간 이전에 기사를 송고(送稿)하려고 최선의 노력을 다한다. 현장의 기자들은 처음에는 정확한 정보를 찾아 뛰어다니다가 마감 시간이 가까워지면 '속도에 집중'하게 된다. 하루에 한 번 발간되는 신문은 그래도 시간적 여유가 있지만, 실시간(實時間)으로 뉴스가 나가는 방송은 또 다른 차원이다. 실시간으로 현장에서 취재(取材)한 영상(映像)을 전달하는 방송에서는 그 위기 원인의 정확성을 제공하는 데 최선의 노력을 다해야 한다. 한번 왜곡(歪曲)되어 보도된 내용을 바로잡기는 아주 어렵기 때문에 위기 관련 정보가 왜곡되어 알려지지 않도록 최선을 다해야 한다. 그런데 통상 위기관리 주체는 언론을 두려워하는 경향(傾向)이 있다. 따라서 언론을 적극적으로 대응하기보다는 소극적으로 대응하는 자세를 취하는 경향(傾向)이 있다. 좋지 않은 것을 감추고자 하는 것이 인간의 기본적 욕구(慾求)이지만, 감추려고 하면 상대는 더 파헤치려는 욕구가 증가한다. 그러므로 언론의 입장을 잘 이해하고 신중(愼重)하게 대처하면 기대 이상의 효과를 얻을 수 있다. 기자의 필요성을 인식하는 것은 공정(公正)하고 정확한 사고 보도(事故報道)로 가는 긴 여정(旅程)의 출발점이다. "정직(正直)이 최선의 방책(方策)이다."라는 생각으로 대처(對處)하는 것이 가장 현명(賢明)하다.

그리고 언론을 통해 여론을 조성하는 대중의 태도에 관심을 가져야 한다. 위기 발생 시 대중은 피해자에 대하여 심정적(心情的)으로 우호적(友

好的)이다. 스포츠 경기를 참관하거나 TV로 중계방송을 시청(視聽)할 때에 자신도 모르게 누군가를, 또는 어느 편을 응원하고 있다. 양 팀의 경기를 객관적(客觀的)으로 평가하면서 즐기는 사람은 별로 없다. 자신이 그 팀의 소속(所屬)인 양, 자신이 그 팀의 선수인 양 흥분(興奮)하면서 응원을 하고 있다. 우리나라 선수들과 다른 나라 선수들 간의 경기이면 당연히 우리나라 선수를 응원하고 있고, 국내 경기일 경우에는 연고지(緣故地)나 아니면 자신이 좋아하는 선수가 있는 팀을 응원하고 있다. 그런데 사람들은 자신과 관련이 없는 경우에도 응원(應援)을 한다. 자신과 같은 소속이면 당연히 자기 편을 응원하지만 관련이 없는 경우에는 약자(弱者)를 응원한다. 노사 대립(勞使對立)에서도 대중(大衆)은 노동자를 응원하고, 반정부(反政府) 시위(示威)가 있을 경우에는 특별한 관련이 없는 사람은 시위대(示威隊)를 응원한다. 그리고 야당은 기본적으로 국민들의 동정을 받는다. 그 이유는 우리의 DNA에 비밀이 있는 것 같다. 원시(原始) 채집경제(採集經濟) 시대부터 진화한 DNA가 바로 그 주인공이다. 인간은 생존(生存)과 번식(繁殖)을 위해 경쟁을 했고 강자를 이겨야 생존과 번영이 가능했다. 그 경쟁에서 살아남은 자가 우리들이다. 그러니까 강자에 대한 적개심(敵愾心)과 경쟁심(競爭心)이 항상 마음속 깊이 자리하고 있는 것이다. 강자(强者)는 이겨야 할 대상이므로 약자(弱者)가 자연스럽게 내 편이 되는 것이다. 따라서 약자를 응원(應援)할 수밖에 없다. 그러므로 대중에 대한 각별(恪別)한 관심을 가지고 위기를 관리해야 한다.

(3) 대중매체 대응 전략

위기관리에서 대중매체(大衆媒體)를 어떻게 활용하는가에 따라 위기관리의 성패가 달려 있다고 해도 과언이 아니다. 오늘날의 대중매체는 빠른 속도와 광대(廣大)한 전파 범위(傳播範圍)를 자랑한다. 따라서 위기관리 주체는 사전에 대언론 전략(對言論戰略)을 수립해 두어야 한다. 위기가 발생하면 자기 보호 본능(保護本能)이 발동(發動)하여 가급적(可及的) 사실을 감추고자 한다. 그런데 사실은 감춘다고 감춰지는 것이 아니다. 오히려 정직하게 발표하여 대중매체를 유리하게 활용하는 적극적 전략이 바람직하다. 그러므로 언론에 노코멘트(no comment)하는 것보다는 가능한 한 많은 정보를 제공하는 것이 좋다. 적어도 기자(記者)가 아는 내용에 대해서는 추측 기사(推測記事)나 오보(誤報)를 내지 않는다. 대중은 언론을 통해서 위기상황을 이해하기 때문에 위기관리 주체는 최대한 오해(誤解)나 추측(推測)이 난무(亂舞)하여 괴담(怪談) 수준으로 발전하지 않도록 해야 한다.

위기관리 주체는 공식적 발표를 통해서 추측을 줄일 수 있고 사고 보도에 대한 왜곡을 방지할 수 있다. 책임이 있는 자리에 있는 사람이 직접 언론을 상대함으로써 신뢰성을 제고할 수 있고, 목격자의 진술(陳述) 또는 언론 자체의 해석이 아닌 위기관리 주체자들의 이야기를 밝히는 기회를 얻을 수 있다. 그리고 사실을 좀 더 분명하게 규명(糾明)할 수 있고, 편견(偏見)이나 감정 대립(感情對立)을 없앨 수도 있다. 이와 같이 위기를 효과적으로 관리하기 위한 대중매체에 대한 대응 전략은 신속성(迅速性), 책임성(責任性), 진정성(眞正性), 통일성(統一性)을 기반(基盤)으로 수립되어야 한다. 위기가 발생하면 위기관리 주체자는 위기를 야기(惹起)한 사고에 대하여 최대한 신속하게 책임을 인정하고 진정성이 느껴지는 사과를 하는 것이 좋다. 그리고 위기관리 과정에서 신뢰성을 유지하기 위하여 사고 발표, 처리 과정, 보상 문제 등은 한목소리로 발표하여 통일성을 유지하는 것이 바람직하다.

[1] 신속성

대중매체(大衆媒體)에 대한 대응은 가급적 신속해야 한다. 정보통신이 극도로 발달한 현재와 같은 상황에서는 다양한 매체가 작동하므로 오보(誤報)나 괴담(怪談) 생산을 사전에 차단(遮斷)하기 위해서라도 대응 속도가 중요하다. IT 문명이 발달하기 전에는 사건이 발생하면 언론을 통제(統制)하거나 차단(遮斷)하려고 노력했다. 그러나 SNS가 횡행(橫行)하고 있는 오늘날에는 감추려고 하면 할수록 불리한 상황이 전개된다. 비밀유지가 불가능한 시대적 상황에서는 사실(事實)을 가장 먼저 발표하는 것이 최선이다. 대중의 인식체계(認識體系)에 가장 '먼저 자리한 정보'가 대중의 판단에 미치는 영향력이 가장 크다. 만일 오보된 정보가 대중들의 인식체계에 입력(入力)된다면 그 후에는 사실을 전파해도 수용(受容)이 잘되지 않는다.

위기상황에 신속하게 대응하기 위해서 가장 중요한 것은 적극적인 자세로 위기를 관리하겠다는 의지(意志)다. 위기상황을 조기에 원상복구하거나 전화위복의 계기(契機)로 삼겠다는 전략적 안목(眼目)을 가지고 위기를 관리해야 한다. 그러나 실제 위기상황에서는 의지(意志)만으로 충분한 것이 아니다. 따라서 평소 언론에 신속히 대응하기 위한 준비가 필요하다. 평소에 위기관리 주체자는 가능한 한 위기상황에 대한 포괄적인 대비 목록(對備目錄)을 만들어 두어야 하는데, 그것은 매우 가능성이 높은 것부터 아주 가능성이 희박(稀薄)한 것까지 망라(網羅)할 필요가 있다. 그리고 이러한 다양한 특성의 위기에 대하여 대처할 특별한 언론 관련 대응 방안을 수립해 두어야 한다. 또한 사소(些少)해 보이지만 급박(急迫)하게 전개되는 위기상황에서 혼란 방지를 위하여 팩스(fax), 휴대용 전화기, 무전기, 사진기, 복사기, PC 등 커뮤니케이션에 필요한 장비를 사전(事

前)에 마련해 두는 것이 좋다. 그리고 기자회견(記者會見) 장소 역시 상황에 적절한 장소를 사전에 여러 곳 마련하는 것이 좋다.

② 책임성

위기가 발생하면 이해 당사자들과 언론은 위기 발생에 대한 책임 소재(責任所在) 규명(糾明)에 집중하고, 책임 있는 당사자(當事者)가 전면에 나타나기를 바란다. 따라서 위기관리 주체 최고 책임자(最高責任者)가 기자회견장에서 희생자(犧牲者)와 그 가족들에게 위로의 말을 전하고 사고수습(事故收拾)에 최선을 다하겠다는 다짐을 하는 것이 좋다. 최고 책임자가 현장에 나옴으로써 심각성(深刻性)을 인정한 것에 대해 공감하는 분위기가 확산될 수 있다. 질문을 받으면 즉시 답변을 해 줄 수 있는 자세를 취해야 하고, 변명(辨明)을 하거나 책임을 회피(回避)하려는 태도를 보여서는 안 된다. 사람은 누구나 위기가 닥치면 당황하여 정신적으로 혼란스럽고 자기중심적이게 된다. 위험한 상황이 되면 잠재(潛在)되어 있던 '원시인 심리'가 튀어나온다. 즉, 당장의 문제에 집착(執着)하게 되고 두려움에 떨게 된다. 위험한 현장에 나서기가 두려워 뒤에 숨으려고 한다. 그러나 이러한 상황에서도 리더는 치졸(稚拙)한 생각을 떨쳐 버리고 대범(大範)하게 전면(前面)에 나서야 한다. "이 위기는 나로 인해 비롯된 것이며, 이 위기를 헤쳐 나가는 것은 모두 나의 책무(責務)다. 그러니 죽기를 각오하고 이 위기를 극복하겠다."라는 필사즉생의 정신으로 대처해야 한다.

2011년 현대 캐피털 전산망이 해킹을 당해 고객 정보가 유출된 사건이 발생했다. 당시 현대 캐피털 경영진에서는 "사과를 CEO가 하느냐? 임원이 대신 하느냐?"의 문제로 격론이 있었다. 이때 정영진 회장은 자신의 책임이라고 언급하고 직접 사과했다. 그 결과 여론은 점차 호전(好轉)되었다. 2014년 세월호 참사 시 이주영 해수부 장관이 사고 발생일부터 열악(劣惡)한 현장에서 수염이 텁수룩한 모습으로 구조 작업을 지휘하는 모습에 유가족(遺家族)들이 감동하고 장관 유임(留任)을 요청한 것도 장관의 책임지는 자세를 높이 평가한 결과다.

③ 진정성

진정성(眞情性)은 상대의 협조(協助)와 지지(支持)를 구하는 데 최선의 방편이다. 사람은 자기 보호 본능(保護本能)의 작용으로 책임을 회피하고자 사실을 왜곡(歪曲)하거나 축소(縮小)하려는 경향이 있는데 이는 결코 바람직하지 않다. 내면(內面)에서 솟아오르는 보호 본능(保護本能)을 억제하고 진실을 말하는 것이 최선이다. 사실이 아닌 것을 발표하면 그것을 보호하기 위해 또 다시 수없는 사실을 왜곡해야 한다. 그것은 사상누각(沙上樓閣)이 되어 결정적 위험을 초래하고, 워터게이트 사건처럼 위기의 원인이 거짓말이라는 새로운 위기로 전이(轉移)되어 문제를 증폭시킨다. 특히, 정치 영역에서의 위기에서 진실이 아닌 발표는 그 결과를 예측하기 어렵다. 진정성의 문제는 사실의 발표만의 문제가 아니다. 위기를 대하는 관리 주체의 태도 역시 큰 영향을 미친다. 위기로 인한 직간접적 피해의 당사자들에게 겸손(謙遜)하고 진지(眞摯)한 자세로 감정을 어루만져야 상대가 진정성(眞情性)을 느낄 수 있다. 위기관리에서 가장 어려운 문제는 피해자와 여론의 감정을 관리하는 것이다. 결국 감정을 잠재우고 우호적 분위기로 돌아서게 하는 최선의 방법은 위기관리 책임자의 진정성이다. "말이 탄환(彈丸)이라면 신뢰는 장약(裝藥)이다."라는 말과 같이 말은 말하는 사람의 진정성이 있어야 효력을 발휘한다.

4 **통일성**

위기 시 대언론(對言論) 발표는 반드시 한목소리로 나가야 한다. 중구난방(衆口難防)의 발표는 위기관리를 어렵게 하고 신뢰성(信賴性)을 추락(墜落)하게 한다. 따라서 가장 먼저 해야 할 일은 대언론 창구를 일원화(一元化)하는 것이다. 위기가 발생하면 대변인(代辯人)을 현장에 즉시 파견하여 위기관리 주체자의 성명(聲明)을 발표하게 해야 한다. 여기저기서 북적거리는 기자들을 기자회견장으로 유도(誘導)하여 그들이 임의(任意)로 관계자 또는 피해자들과 접촉(接觸)하는 것을 차단하는 것이 좋다. 기자회견은 가급적 신속하게 자주 발표하여 기자들로부터 신뢰를 획득하는 것이 바람직하다. 이를 위해서는 확인되지 않은 정보는 절대 발표해서는 안 되며, 획득된 추가 정보는 가용한 수단을 총동원하여 가장 빠른 시간에 제공하는 것이 좋다. 이러한 과정에서 언론 모니터링을 통해 부정확한 보도는 즉시 반박(反駁)하여 잘못된 내용을 수정토록 하고, 부정확한 목격자 진술 등은 상황에 맞게 정정(訂正)하여야 한다. 이에 부가하여 전문성이 요구되는 특정 사안에 대해서는 사고 조사 과정을 세세(細細)하게 언론에 설명하여 추측 보도를 사전에 배제(排除)하는 노력 역시 필요하다.

(4) 언론 취재 대응법

위기관리에서 언론은 불가분(不可分)의 관계이므로 이를 적극적(積極的) 차원에서 위기관리에 유리하게 작용하도록 만들어야 한다. 일반적으로 상황을 어렵게 만드는 것은 위기관리 주체자의 언론에 대한 잘못된 생각 탓이다. 언론이 문제를 확대시킨다고 생각하고 기사를 빼라거나 일체

함구(緘口)하라는 등의 지시를 하는 리더가 있다. 이것은 아주 잘못된 접근 방법(接近方法)이다. 감추려고 하면 더 파헤치고, 알려 주지 않으면 궁금증을 증폭(增幅)하여 더 집요(執拗)하게 취재하고, 정보가 부족하면 응수타진(應酬打珍)을 하거나 또는 마감 시간에 지면을 메우기 위해 추측, 왜곡, 과장, 오보라도 내보내는 언론의 속성을 이해해야 한다. 이처럼 현대와 같은 정보의 홍수가 흐르는 세상에 감추는 것은 절대 불가능하기 때문에, 소극적으로 대처하는 것보다는 적극적 자세로 언론을 활용하여 위기를 전화위복의 계기로 만드는 방편으로 활용하는 것이 현명하다. 따라서 언론의 취재활동(取材活動)에 대하여 솔직(率直)하고 침착(沈着)하게 있는 대로 정직(正直)하게 알려 주고 은폐(隱蔽)하지 않아야 한다. 그리고 혼란을 미연에 방지하기 위하여 발표하기로 확인한 사실만 알려 주고 진심으로 걱정하는 태도를 견지하면서 문제 해결(問題解決)과 재발 방지(再發防止)를 위해 애쓰는 모습을 보여 주는 것이 좋다. 이미 보도된 내용에 대해서는 평(評)하지 않는 것이 좋으며 답변할 수 없는 내용에 대해서는 납득(納得)할 만한 이유를 설명할 필요가 있다. '노코멘트' 또는 '오프더레코드(off-the-record)'라는 말은 가급적 쓰지 않는 것이 좋다. 노코멘트는 무성의(無誠意)하게 보이거나 무시당한다는 느낌을 갖게 하고, 오프더레코드에 대해서는 반드시 위반(違反)하는 언론사가 있게 마련이므로 사고(事故)를 낼 가능성이 있다. 또한 모든 취재진(取材陣)을 공평(公平)하게 대하는 것이 좋고 일체(一切)의 비난(非難) 행위는 하지 않아야 한다. 그리고 기자들이 목을 매고 있는 마감 시간은 반드시 맞춰 주는 것이 바람직하다. 언론사는 기사(記事)로 먹고사는 영업 주체(營業主體)이며 기자는 마감 시간에 특종(特種)을 송고(送稿)하는 것을 지상목표(至上目標)로 하고 있는 주체이며 감정(感情)을 가진 사람이라는 사실을 명심하고 대해야 한다.

4장

전략의 해석

1.
전략의 기원

    전략이라는 용어가 공식적으로 사전(辭典)에 등재(登載)되기 시작한
것은 1801년이다. 그렇지만 의식(意識)했든, 아니든 상관없이 전략의 정
의(定義)인 "경쟁의 틀을 바꾸는 행동"들은 오래전부터 있었다. 인류가
지구 상에 나타난 것은 200만 년 내지 300만 년 전이라고 하지만 현생
인류(人類) 호모 사피엔스가 이 세상에 나타난 시기는 대개 20만 년 전이
라고 한다.[1] 그중에서 99% 정도의 기간은 채집(採集)을 하면서 살았다.
그 후 구석기 시대를 거쳐 기원전 8,000년 전까지 거슬러 올라가는 신석
기 시대에 경작(耕作)과 소규모 목축(牧畜) 등의 활동이 시작되었다. 이렇
게 생산된 잉여(剩餘) 산물(産物)은 단지, 통, 바구니 등을 만들어 저장(貯
藏)하기 시작했다. 이처럼 먹고 남은 것을 저장함으로써 인간은 처음으
로 미래를 계획할 수 있었고, 종잡을 수 없는 자연에 맞설 대책을 세우
고 환경을 지배(支配)하기 시작했다. 잉여(剩餘) 산물과 함께 경제가 생겨

---

1)   이언 크로프턴 · 제러미 블랙, 이정민 역, 『빅 히스토리』(서울: 생각정거장, 2017), p. 70.

났고, 그 후로 경제는 가족을 괴롭히는 골치 아픈 문제가 되었다. 즉, 누가 저장하고, 누구에게 나누어 줄 것이며, 어떤 비율로 나눌 것이냐 하는 문제였다. 나누는 문제가 자연스럽게 경쟁의 문제를 발생시켰으며 비로소 인류에게 상호 쟁탈(相互爭奪)의 목적물(目的物)이 생긴 것이다. 이러한 현상에 의해 인간은 필연적(必然的)으로 더 많은 목적물을 쟁탈하기 위한 '유리한 경쟁의 틀'을 만드는 꾀를 생각하기 시작했을 것이라 보인다. 즉, 그 신석기 시대 사람들은 그러한 맥락에서 부지불식간에 유리한 경쟁의 틀을 만들기 시작했을 것이다. 그러므로 전략의 시작은 신석기 시대를 그 기원(起源)으로 보는 것이 타당(妥當)하리라 본다.

그 후 인류 공동체가 씨족(氏族)에서 부족(部族)으로, 다시 국가(國家)로 발전하여, 자원 쟁탈(資源爭奪)로 국가의 생존과 번영의 목표를 추구하는 과정에서 전략은 국가목표 달성의 중요한 수단으로 발전하였다. 그리고 20세기에 태동(胎動)한 기업 경영은 이러한 군사전략 개념을 벤치마킹하기에 이르렀으며, 오늘날에는 인간이 살아가는 전(全) 분야(分野)로 확산되어 목표 구현 수단으로 자리매김하였다. 이렇듯 전략은 비록 전쟁터에서 시작되었지만 지금은 경영과 거의 같은 맥락으로 쓰인다. 전략이 태동한 시기에는 경제의 중심인 기업 경영이라는 시스템과 개념 자체가 없었다. 굳이 경제라는 범주(範疇)에서 설명한다면 약탈(掠奪) 경제였기에 전쟁을 통해서 그 목적물(目的物)을 얼마나 잘 획득하느냐의 문제였다. 그 방법론이 바로 전략이므로 이것은 오늘날의 경영과 유사한 개념이다. 기업 간 M&A 역시 약탈 경제의 범주이지 않은가? 다만 총칼 대신에 자본과 법적 지식으로 약탈한다는 수단의 차이만 있을 뿐이다. 이러한 전략적 행위는 추구하는 목표에 이르는 가장 합리적 대안을 찾는 것이므로 그 프로세스(process)가 경제적이다. 목표에 이르는 가장 빠른

길, 가장 저렴(低廉)한 비용, 가장 노력이 적게 드는 방법을 찾는 것이 전략이므로 전략은 지극히 경제적이라고 말할 수 있다. 요컨대, 인간의 모든 행위는 전략적 행동으로 이뤄질 때 가장 경제적이다.

현대적 의미의 전략의 어원은 고대 그리스나 중국의 전국 시대까지 소급(遡及)되지만, 학문적으로 연구되기 시작한 것은 19세기 이후다. 구체적으로는 1832년 클라우제비츠가 저작한 전쟁론(ON WAR)에서 시작되었다고 보는 것이 통설(通說)이다. 그러나 전략(strategy)이라는 영어 단어는 나폴레옹의 군사적 작전이 절정(絶頂)을 이루던 1810년에 생겼다. 이처럼 전략은 군사 분야에서 시작되었지만, 시간이 지나면서 다른 분야, 특히 비즈니스(business) 분야로 확산되었다. 이러한 비즈니스 분야의 전략 연구는 20세기 초반(初盤), 오스트리아 경제학자인 '슘페터'에 의해 시작되었으며 그 후 1984년 미 공군대학원 교수인 드류 대령이 쓴 논문[2]에서는 전략이 인간사(人間事) 모든 분야로 확산(擴散)되어 적용되는 보편적 전략 개념으로 발전하였다.

---

2)   Dennis M. Drew, "Strategy Procero and Principle back to the basics", *Air University Review* (May-June, 1980).

2.
전략의 개념

오늘날 전략이라는 용어는 사회 도처(到處)에서 널리 사용되고 있다. 하지만 그 의미와 내용에 대한 정확한 이해(理解) 없이 쓰이고 있다. 또한, 전략이라는 용어가 사회 변화와 더불어 변화, 발전된 점을 규명(糾明)하지 않은 채 전문용어와 일상용어의 구분 없이 사용되고 있고, 사용되는 환경과 사용하는 사람에 따라 지칭하는 범위와 의미가 다양해지고 있다. 때문에 정작 본래의 전략 분야에서는 많은 혼란이 일어나고 있으며, 전략은 막연히 애매하고 어려운 것으로 치부(置簿)되고 있다. 이러한 이유는 전략이라는 용어가 정확한 개념[3]으로 정의되어 있지 못하기 때문이다. 이로 인해 전략을 전문적으로 공부하는 학생들마저 "전략은 어려운 것, 혹은 애매한 것, 아니면 뜬구름 잡는 것"이라는 자조적(自嘲的)

---

3) 『우주 변화의 원리』(서울: 대원출판, 2002)의 저자 한동석은 "개념이라는 것은 삼라만상(森羅萬象)이 다양다색(多樣多色)하므로 인간이 이것을 이해하기 쉽도록 하기 위하여 지각(知覺)이나 기억이나 사상(事象)에 나타나는 개체적(個體的)인 표상(表象)에서 그 공통된 속성을 추상(抽象) 결합하여서 혹은 문장화하고 혹은 언어화된 사상의 통일체를 표시하기 위한 정명(正名)을 말하는 것"이라고 하였다.

인 표현을 쓰고 있는 현실은 안타깝기 그지없다. 많은 사람들이 전략이라는 용어를 즐겨 사용하면서도 정작 "전략이란 무엇인가?"라는 물음에 정확한 답을 하지 못하고 어려워한다.

처음 사용되었을 때 전략이라는 용어는 전문적인 것이었다. 다시 말해서, 전쟁을 하는데 어떻게 하면 승리할 수 있을까에 대한 '전쟁하는 꾀'를 전략이라고 표현했다. 그러나 오늘날 우리가 접하는 전략이라는 용어는 사용 분야가 넓어져서 그 본래의 의미보다는 기획과 연관되어 쓰이고 있는 경향이 크다. 즉, 전략의 전문적인 의미보다는 일상생활에서 흔히 쓰이는 보통명사로서 그 의미가 확대되어 있는 상황이다. 다시 말해 우리 일상생활 전 부문에서 전략이라는 용어가 쓰이고 있는 것이다. 이처럼 일반명사화되어 쓰이다 보니 원래의 전략 개념만으로는 사용자의 의도를 충분히 이해할 수가 없다. 원래 언어는 고정적인 것이 아니고 환경에 따라 그 의미가 확대되거나, 심하면 다른 의미로도 쓰이는 '의미의 전이 현상'이 나타난다. 같은 맥락으로 오늘날의 전략은 전략 원래의 의미보다는 '략(略)'의 의미로 변화되어, 경쟁관계에 있는 모든 영역에서 사용되는 보편적 용어로 어의가 확대되었다. 따라서 이제 전략은 전략의 성격을 한정하는 수식어가 전략 앞에 붙어서 그 의미를 분명히 하고 있다.

1) 전통적 전략의 개념

최초 서양에서 전략이라는 용어는 고대(古代) 그리스의 'strategos' 또는 'strategia'라는 말에서 유래(由來)되었다. 이 'strategos'라는 말은 고대 아테네에서 10개의 부족단체(部族團體)로부터 차출(差出)된 10개 연대(taxi)를 총지휘했던 장군(將軍)의 명칭인데 이 장군(strategos)이 구사하는 용병법(用兵法)을 'strategia'라고 했다. 이것은 '장군의 지휘술(generalship)' 또는 '장군의 술(術)(the art of the general)'을 뜻하며 이와 같은 말들이 발전되어 오늘날의 'strategy'가 되었다.

그리고 동양에서는 고대 중국에서 전략이라는 용어가 사용되었는데, 고대 중국의 주나라 병서(兵書)인 『육도(六韜)』와 『위료자(尉繚子)』 등에서 사용된 '전권(戰權)', '전도(戰道)', '병법(兵法)', '병도(兵道)'라는 용어가 발전된 것으로서 '권모(權謀)', '모공지법(謀攻之法)', '지략(智略)', '선전지모략(善戰之謀略)' 등의 말과 동등(同等)하게 사용되었다. 전략이라는 용어는 춘추 시대(春秋時代) 이전의 주(周) 왕조(王朝) 초기에는 순수한 무인(武人)의 행동에 관한 군사적 의미로 한정(限定)되어 사용되었으나, 도시국가의 연합체(聯合體)가 형성된 춘추 시대에 접어들면서 무력(武力)과 권모(權謀)를 동시에 구사(驅使)하여 정치를 행(行)한, 소위(所謂) 패권(霸權)에 의한 정치 수단으로 변모(變貌)됨으로써 순수한 군사적 개념에 비군사적인 개념이 추가된 복합개념으로 발전하였다. 그럼에도 불구하고 대략 17세기 말까지는 전쟁이 비교적 단순하고 수단 면에서 제한되었기 때문에 단지 준비된 무력을 어떻게 운용하느냐 하는 군사력 분야에 국한(局限)되어 전략이라는 용어가 통용(通用)되었다.

즉, 고대 전쟁에서는 전쟁의 수단이 생활 도구이거나 그 생활 도구를 전쟁에 유용(有用)하도록 약간 발전시킨 정도에 불과했기 때문에, 그리고 병력 역시 상비군(常備軍)이 아니고 필요시에 백성을 동원(動員)하여 전쟁을 하였기 때문에 군사력의 준비에 대해서는 관심을 가질 필요가 없었으며, 단지 준비된 전쟁 수단을 효과적으로 사용하는 것이 주 관심

대상이었다. 따라서 부대를 지휘하는 장군의 생각 그 자체가 전략일 수밖에 없었다. 고대 전투에서 전략은 오로지 장군의 머릿속에 있는 것으로, 전투 현장(戰鬪現場)에서 장군이 '전투 대형과 진용(陣容)을 어떻게 짜고 어떻게 공격할 것인가?' 하고 생각하는 개념이었다. 그러므로 그 당시의 전략이란 곧 '장군의 술'이었으며 장군은 곧 국가 최고 지도자였으므로 전략은 국가 전략이나 마찬가지였다.

앞에서 살펴본 바와 같이 전략이란 용어는 근본적으로 정치와 군사적 개념을 포괄(包括)하고 있으나, 이러한 의미의 전략 개념이 보편적(普遍的)으로 사용되기 시작한 것은 18세기부터다. 그 이전에는 '전술(tactics)'이라는 용어가 주로 사용되었다. 그러나 전쟁이 보다 복잡해지고 프랑스 혁명의 경우처럼 전쟁이 혁명사상으로 무장(武裝)하여 한 국가의 존립(存立)과 연관된 이후에, 전술이란 용어와 구분될 수 있는 전략의 정치·군사적 활용이 나타나게 된 것이다. 여기서 전술(戰術)이란 고대 그리스의 'tactika'에서 유래되었는데 '배열(排列)하다', '정돈(整頓)하다'라는 뜻으로, 환언(換言)하면 전투에서 부대를 어떻게 배치하고 이동시켜 전투력을 행사하는가의 술을 의미한다. 이러한 전략과 전술이 역사적으로 어떻게 개념적으로 발전하였는지 살펴보자. 1801년 파리에서 발간(發刊)된 군사 사전(軍事辭典)에서 처음으로 'strategime'을 "전투의 규칙(規則) 또는 적을 패배(敗北)시키거나 굴복(屈服)시키는 방법"이라고 정의하였고, '전술'은 병력 이동(兵力移動)의 과학이라고 정의하였다. 나폴레옹 전쟁을 거치면서 전략은 점차 'strategime'이란 뜻을 함축(含蓄)하게 되었고, '장군의 술'은 전쟁 수행 중의 제반 활동(諸般活動)뿐만 아니라 전쟁 수행(戰爭遂行)을 위한 계획에 관련되는 활동을 포함하게 되었다. 또한 조미니는 전략을 6가지 전쟁술(戰爭術)⁴⁾ 중의 하나로 제시하였으며, 클라우제비츠는 전략은 "전쟁 목적을 달성하기 위한 전투의 사용"이며, 전술은 "전투에서 전투력의 사용"이라고 정의하였다. 그리고 데니스 마한은 전략은 "군대를 지휘하는 장군의 과학"이며, 전술은 "부대를 조직적으로 결집(結集)시키고 이동시키는 술"이라고 설파(說破)하면서도 양자(兩者) 간의 정확한 구분이 어렵다고 토로(吐露)하였다. 19세기 후반(後半)에 영국과 미국의 참모대학에서는 "전략이란 승리의 가능성을 증가시키고 패배의 결과를 감소시킬 수 있도록 적에 대해 유리한 위치에 군대를 배치하기 위하여 작전 지역에 군대를 이동시키는 술이며, 전술이란 전쟁에서 부대를 기동(機動)시키고 전개(展開)하는 술이다."라고 정의하였다. 또한, 프랑스 전쟁대학에서 근무했던 보날 장군은 전략을 기획사고(企劃思考)의 술로, 전술을 실행(實行)의 술로 정의하기도 하였다. 대한민국 국방대학원에서 발간한 『안보관계 용어집』(1991)에서는 전략은 전쟁에서 승리하는 것이요, 전술은 전투에서 승리하는 것이며, 전략은 군사 분야의 최고 통치자(統治者)에 직접 관련된 영역이고, 전술은 예하(隸下) 지휘관의 영역이며, 전략은 독창적인 측면이 강조되고, 전술은 다소 정서적(情緖的)인 측면이 강조되며, 전술적 실패는 전략에서 만회(挽回)가 가능하지만, 전략적 실패는 전술에서 만회가 불가능하다는 것 등으로 두 개념을 구분하고 있다.

이상과 같이 전략과 전술의 비교를 통하여 전략의 개념에 어느 정도 접근할 수 있다. 즉, 전통적 개념의 전략은 전쟁에서 어떻게 하면 승리할 수 있는가에 대하여 전략 원래의 범주를 채 벗어나지 않은 상태에서 한정적(限定的)으로 사고(思考)하여 정의(定義)하고 있음을 알 수 있다.

---

4) 전략(strategy), 정략(statemanship), 대전술(grand tactics), 군수(logistics), 공병술(the art of engineer), 소전술(minortactics)

그러나 아직도 어딘가 설명이 충분치 못하다는 느낌을 떨쳐 버릴 수가 없다. 그것은 전략에 대한 전략가들이나 학자들의 설명이 틀려서가 아니고 '나름대로의 상황'에서 전략이라는 개념을 설명하였기 때문이며, 전략가들의 '전략에 대한 당시 상황에 적합한 설명'이 오늘날의 관점(觀點)에서는 부족할 수밖에 없기 때문이다.

전쟁의 근대적 혁명이라고 할 수 있는 나폴레옹 전쟁을 전환점(轉換點)으로, 전략의 개념이 확대되어 "전장의 행동에서 중시(重視)되었던 '장군의 술'이 아니라 전쟁을 수행(遂行)하기 위한 한 나라의 전체적(全體的)인 노력을 조정(調整)하는 업무"로 변화하였으며, 특히 제2차 세계대전 이후에는 더욱 두드러진 변화를 가져왔다. 그러나 이때까지의 개념 확장으로는 현대에서 쓰이는 전략이라는 용어를 설명하기에 충분치 못하다. 왜냐하면 이 시기까지도 전략은 전쟁을 기획하고 전쟁을 수행하는 과정상(過程上)의 문제에 국한(局限)되어 있었기 때문이다.

고대 국가에서는 장수(將帥)가 곧 국가의 최고 통치권자(統治權者)였으며 국가의 생성(生成)과 흥망성쇠(興亡盛衰)가 곧 전쟁에 의해 결정되었다. 통치권자의 국가경영(國家經營)은 곧 전쟁을 어떻게 하느냐에 달려 있는 것으로서, 백성들의 경제활동은 어디까지나 개인의 관심 사항일 뿐만 아니라 개인의 책임이었다. 이러한 상황은 사회발전론 측면에서는 산업사회 이전까지이고 정치적으로는 제국주의의 시대까지라고 할 수 있다. 따라서 이 당시(當時)까지는 국가 전략(國家戰略)으로부터 오늘날의 작전전략(作戰戰略)까지를 전략이라는 용어(用語)로 포괄(包括)할 수 있었다.

2) 현대적 전략의 개념

그러나 산업사회(産業社會)의 등장(登場)은 국가 통치자로 하여금 전쟁 이외의 사항(事項)에도 관심을 갖도록 만들었다. 산업사회에서는 국가적 관심이 전쟁보다는 경제적인 분야에 집중되었다. 그러므로 국가발전을 위해서는 전쟁이 아닌 다른 방법에 더 호소(呼訴)해야 하는 상황이 대두(擡頭)된 것이다. 따라서 국가 전략이 전쟁을 준비하고 수행하는 전략만이 될 수 없으며, 국가 전략은 이제 국가가 생존(生存)과 번영(繁榮)을 누릴 수 있는 최선의 방안을 여러 가지 다양(多樣)한 수단에서 찾아야 하는 상황에 처하였다.

따라서 순수한 의미의 원초적(原初的)인 전략은 이제 국가 전략의 한 분야로서 만족해야 하는 상황에 직면하게 되었다. 이러한 상황은 사회발전과 더불어 국가목표를 구현하는 방법이 다양화됨에 따라 더욱 심화(深化)되기 시작하였다. 따라서 근래에는 전략이라는 용어가 군사 분야뿐만 아니라 일상생활에서도 매우 다양하게 사용되고 있기 때문에 전통적인 의미의 전략 개념으로는 설명이 되지 않는다. 그러므로 이제는 전략이라는 용어가 군사 분야 전문가만의 전유물(專有物)이 아니다. 용어의 의미 확대 및 변화는 어떤 사람이 강제(强制)할 수 있는 것이 아니다. 일반적으로 용어는 그 사회 환경에서 통용(通用)되는 방식으로 그냥 이해하고 그 변화를 받아들이는 것이 타당하다. 오늘날 전략은 군사 분야를 포함하여 일상생활 전반에 널리 쓰인다. 국가에는 국가 전략(國家戰略)이 있고, 기업가에게는 기업 전략(企業戰略)이 있으며, 축구감독에게는 경기 전략(競技戰略)이, 영업사원에게는 영업 전략(營業戰略)이, 연인들에게는 연애전략(戀愛戰略)이, 심지어 대학을 들어가기 위한 수험생에게는 자신이 받은 수학능력 점수로 어느 대학을 지원하는 것이 합격의 영광을 누릴 수 있을까 하는 원서접수 전략(願書接受戰略)도 존재한다. 다시 말해 전략이라는 용어는 이제 우리 일상생활 전(全) 분야에서, 거의 모든 사람이 자주, 그것도 유식(有識)한 체하면서 사용하는 보편적(普遍的)이고 일상적(日常的)인 생활용어가 되었다. 오늘날 이처럼 다양하게 쓰이는 전략이라는 용어를 전략의 전통적 개념으로는 도저히 설명할 수 없으며, 그것이 전통적 전략의 개념 정의에 맞지 않는다고 해서 틀리다고 말할 수는 없는 것이다. 이제는 '전략이라는 용어'가 더 이상 전문(專門)용어가 아닌 일반(一般)용어로서 개념이 정의되어야 하고 전문성이 요구되는 경우에는 그에 적합한 용어로 수식(修飾)하여 의미를 한정하는 것이 옳다.

군사적 전문용어인 전략이 일반 사회에 널리 확산되어 사용된 이유는 사회적 변화 발전과 관련이 있다. 산업사회의 도래로 약탈경제(掠奪經濟)가 생산경제(生産經濟)로 변화함에 따라 전략 본래의 영역인 전쟁의 역할은 국가 생존의 문제로 한정되고, 국가 번영을 위한 생산 활동이 점차 중요한 요소로 발전하였다. 이에 따라 전략은 국가 번영을 위한 활동 영역으로 확대되기 시작하였는데 그것은 아마 전략의 기획적(企劃的) 속성에 기인(起因)한다고 생각한다. 농업사회에서 산업사회로 전이(轉移)되면서 사회조직의 규모가 커지고, 단순한 관리로는 효율을 기대하기가 어려운 상황에서 경영에 대한 관심이 높아졌으며, 경영에는 필수적으로 미래에 대한 기획이 필요하였다. 따라서 경영학의 발달과 더불어 제2차 세계대전의 영향으로 군사문화(軍事文化)의 사회로의 전이(轉移) 현상과 맞물려 전략이라는 용어가 일반 사회 영역으로 확산된 것으로 생각된다. 그리고 매스미디어(mass media)의 발전은 상업주의적 측면의 상호 경쟁 과정에서 독자(讀者)나 시청자의 관심을 끌기 위하여 자극적이고 센세이셔

널(sensational)한 표현이 크게 요구되었다. 이러한 복합적 상황에서는 일상 생활의 사소(些少)한 경쟁관계를 전쟁이나 전투에 비유(比喩)하여 사회 전반에 군사용어를 사용하는 사례가 많아졌다. 이렇듯 오늘날 전략이라는 용어가 사회 전 분야에 쓰이고 있다고 전략의 속성(屬性)을 상실(喪失)한 것은 아니다. 전략적이라고 표현하면 그것은 뭔가 좀 미래적이고, 규모가 큰 상급 기관, 혹은 문제를 결정하는 최고의 의사결정 기관의 행동양식(行動樣式)을 나타낸다. 아울러 그것은 무엇인가를 상대방이 모르게 은밀(隱密)히 준비하여 결과가 바람직한 방향으로 나타날 것이라는 기대를 가지는 대안(對案)이라는 의미로도 이해된다. 현재 사용되고 있는 전략은 전통적 전략과 비교하여 상황과 대상이 다를 따름이지, 전략 원래의 본질적 속성은 그대로 담고 있으므로 전략 개념의 확대라고 볼 수 있다. 이러한 현상은 전략의 속성을 좀 더 과장(誇張)하고 확대(擴大)하여 적용한 결과다. 그 과장과 확대는 기획 과정에서 전략의 기획적 속성을 기업에 원용(援用)하고 인간 생활의 모든 활동을 (그 강도나 치열도(熾烈度)가 낮거나 상대가 다르기는 하지만) 전쟁으로 비유(比喩)하여 설명한 것이다. 이렇게 볼 때 오늘날 보편적으로 쓰이는 전략이라는 용어는 일반적인 개념으로 정의해 두고, 필요한 특수 전문 분야에서는 그것을 구분할 수 있는, 다시 말해 의미 전달을 분명히 할 수 있는 한정어(限定語)를 접두어(接頭語)나 수식어(修飾語)로 붙이는 것이 타당(妥當)하다고 생각한다.

이제 전략이라는 용어는 군사 분야에서 태동(胎動)하여 사회 전 분야로 널리 퍼져 나간 '출세한 어휘(語彙)'라고 생각된다. 따라서 전통적인 전략 개념은 '협의(狹義)의 개념'으로 정의하고 오늘날 보편적으로 쓰이는 전략 개념을 '광의(廣義)의 개념'으로 정의할 수도 있겠으나, 이것은 오히려 혼란(混亂)스러울 뿐이므로 현대적 의미의 전략 개념을 새로 정의하고 필요에 따라 수식어를 붙여 사용하는 것이 혼란을 방지할 수 있을 것으로 본다. 구체적으로 전략에 붙이는 수식어는 횡적(橫的)으로는 업무 전문 영역별(專門領域別)로, 종적(縱的)으로는 조직 계층별(組織階層別)로 구분하면 좋다. 예를 들어, 국가 전략을 횡적으로 구분하면 국방 전략, 외교 전략, 경제 전략, 사회 전략, 문화 전략 등으로 구분이 가능하고, 다시 종적으로 구분하면 조직계층별로 안보 전략, 국방 전략, 군사 전략, 작전 전략 등으로 구분할 수 있다. 이렇게 전략을 한정(限定) 수식(修飾)함으로써 전략이 추구하고자 하는 개념을 명확하게 할 수 있다.

3) 개념 정리

전략이라는 용어가 어의(語義) 확대 과정(擴大過程)을 거쳐 오늘날 사회 전 분야에 널리 사용되고 있는 것은 주지(周知)의 사실이며, 그러한 이유는 전략의 속성(屬性)과 매력(魅力) 때문이다. 즉, 전략은 복잡한 일을 성공적으로 달성 가능케 하는 체계적인 방법이기 때문에 변화가 많고 변수가 많은 업무는 반드시 전략적 사고 과정(思考過程)을 필요로 한다. 그러므로 전략은 경쟁관계에 있는 모든 사회활동에 적용될 수 있는 유용한 수단이며, 올바른 전략의 수립 여부가 경쟁에서 승패를 결정한다. 아울러 외형적(外形的)으로도 전략이라는 말을 쓰면 뭔가 유식(有識)하고 유능(有能)할 것 같고 일을 성공적으로 완수(完)할 것 같은 생각이 들 뿐만 아니라, 그 속에는 기발(奇拔)한 아이디어나 꾀가 숨어 있어 보통 사람으로서는 생각해 낼 수 없는 특별한 것이 있을 것 같은 기분이 든다. 또한, 전략은 전면(前面)에 나타나지 않고 숨어서 무엇인가를 도모(圖謀)하는 속성이 강하여 매력적이다.

　이처럼 많은 분야에서 쓰이고 있는 전략의 의미(意味)를 명확하게 이해하는 것은 정확한 의사소통을 가능하게 하여 부여된 과업을 효율적으로 수행할 수 있게 하리라 생각한다. 결론적으로 현대적 의미에서 전략의 개념은 전통적 차원의 전략 개념이 공간적으로 확대되어 '전(戰)'은 '경쟁'으로 어의(語意)가 변화 발전되어 생략되고, 략(略)의 의미만 남아 모든 경쟁관계에 활용되고 있다. 그럼에도 불구하고 전략 본래의 속성이 사라진 것은 아니다. 국가적 차원에서 전쟁을 기획하고 지도하는 거시적(巨視的)·전체적(全體的)·총론적(總論的) 차원과, 경쟁 상대가 예기치 못한 창의적(創意的) 아이디어와 은밀(隱密)하고 간접적(間接的)인 방법으로 상대를 기만(欺瞞)하는 행동 계획을 만들어 전술적 활동이 용이하도록 사전에 유리한 환경을 조성(造成)하는 것 등에 그 속성이 남아 있다. 좀 더 구체적으로 설명하면 경쟁의 현장에서 상대가 경쟁 상대가 될 수 없도록 미리 준비하여 판을 짜 두는 것이다. 따라서 전략의 개념을 오늘날의 상황과 현실에 맞게 보편화하여 '전략은 달성하고자 하는 바를 가장 효율적으로 성취(成就)할 수 있도록 아 측에 유리한 경쟁의 틀로 바꾸는 체계적인 행동 계획'으로 정의할 수 있으며, 모든 사람들이 전략을 쉽게 이해할 수 있도록 이를 더욱 간략히 요약하면 '전략이란 유리한 경쟁의 틀로 바꾸는 것'이라고 정의(定義)할 수 있다.

3.
전략의 구성 요소

모든 것은 그것을 이루는 구성 요소(構成要素)가 있다. 그러므로 구성 요소를 알면 그것이 무엇인지 알기가 쉽다. 마찬가지로 전략의 구성 요소가 무엇인지 안다면 전략이 무엇인지를 이해하는 데 도움이 될 것이다. 미국 육군 대학원(US Army War College)에서 오랫동안 근무했던 라이크(Lyke) 교수는 전략은 목표(目標), 개념(概念), 수단(手段)으로 구성되어 있다고 주장했다.[5] 전략 이론에 관한 이론 중에서 최적(最適)의 설명이라고 생각한다. 이를 부연(敷衍)하여 설명하면 전략은 전략 목표, 전략 개념, 전략 수단으로 구성되어 있다.

이를 세분하여 설명하면, 먼저 전략 목표는 전략을 구사하는 데 있어서 가장 중요한 요소다. 목표란 유기체(有機體)의 모든 활동을 하나로 지향(指向)하게 하는 구심점(求心點)인바, 전략 구사에서도 전략 목표가 최우선(最優先)이다. 전략 목표(戰略目標)란 경쟁 목표(競爭目標)를 효율적으로

---

5)   John P. Steward and A. Lykke, Jr.(eds), *Military Strategy: Theory and Application(Carlisle Barracks, PA: US Army War College, 1982)*, pp. 3/1 – 3/4.

달성하기 위하여 설정한 목표다. 전략 목표를 달성하면 목표가 저절로 달성(達成)되거나 쉽게 달성케 되도록 하는 역할을 한다. 예를 들면 나폴레옹이 1793년 프랑스 남부 해안(海岸)의 군사 요충지(要衝地) 툴롱 항 탈환작전(奪還作戰)에서 목표인 툴롱 항 대신 레퀴에트 요새(要塞)를 전략 목표로 설정, 공격하여 영국군을 툴롱 항에서 완전히 몰아내는 데 성공했다. 우리 일상의 사례로는 체력 단련을 위해 마냥 달리기나 웨이트 트레이닝을 하는 재미없는 방법보다는 재미있는 축구와 같은 구기(球技) 운동을 전략 목표로 설정하여 훈련하는 것이 있다. 체력 단련은 목표이고 축구와 같은 구기 운동을 잘하는 것은 전략 목표다. 요컨대, 전략 목표는 부여(附與)된 목표를 효율적으로 달성하기 위하여 임시로 설정한 목표로서 그야말로 전략적이다. 그러므로 전략 목표인 것이다. 일반적으로 목표는 도달하고자 하는 어떤 지점(地點)이나 실적(實積)으로서 공개적(公開的)이고 보편적(普遍的)인 성격을 갖는다. 그러나 전략 목표는 명시(明示)된 목표의 구현(具顯)을 위해 수립하는 것이므로 전략적 속성을 갖는 목표다. 따라서 전략 목표는 비밀성(秘密性)을 가지며 명시적(明示的) 목표를 달성하는 데 간접적(間接的)으로 기여(寄與)하도록 설정된다.

다음은 경쟁을 어떻게 할 것인가에 대한 답을 주는 전략 개념(戰略概念)이다. 이것은 전략의 가장 핵심적인 요소로서 전략적인 경쟁 방법(競爭方法)을 말한다. 상대방과의 경쟁에서 유리한 경쟁의 틀을 만들기 위한 전략 목표 구현(具現)을 위한 방법론(方法論)이다. 이것은 전략의 가장 핵심적인 요소이며 전략의 전통적 개념의 시원(始源)이다. 이는 창의적인 사고(思考)의 결과이며 전장(戰場)에서 가장 많이 오래 쓰인 방법으로, 경쟁 상대가 전혀 생각하지 못했던 경쟁의 방법을 창안(創案)해 내야 한다. 고대 전장(戰場)에서 전략의 핵심으로 작동(作動)하였으며 전사에 빛나는 전법(戰法)은 모두 이에 해당한다. 그리스의 밀티아데스가 전통적으로 정면(正面)이 강한 페르시아군과 대적(對敵)하여 전사상(戰史上) 최초로 계획적인 양익포위(兩翼包圍)를 적용했던 마라톤 전투가 대표적이다. 전장(戰場)은 오로지 주어진 조건에서 유리한 경쟁의 틀을 만들어야 하므로 변화의 가능성이 있는 부분은 전략 개념뿐이다. 따라서 현행 전략(現行戰略)에서 가장 중요한 요소다.

마지막으로 무엇으로 경쟁할 것인가를 결정하는 전략 수단(戰略手段)이다. 아무리 좋은 전략 목표와 전략 개념이 있다고 하더라도 이를 구현할 수단이 없으면 의미가 없다. 경쟁을 유리하게 만들기 위하여 수단을 변화시키려면 상대가 그 수단을 모르게 하거나, 알더라도 그 수단에 대응할 수 없게 해야 한다. 이러한 수단은 경쟁의 틀을 유리하게 만들 수 있는 전략적 방책(方策)이 되는 것이다. 비대칭(非對稱) 전력(戰力)이 좋은 사례이며 전쟁사에서 나타난 신무기(新武器)는 이러한 전략적 수단이다. 따라서 모든 나라는 상대가 경쟁할 수 없는 최첨단(最尖端) 신무기(新武器) 개발에 심혈(心血)을 기울이고 있다. 일상사(日常事)에서도 상대가 가진 수단보다 더 좋은 수단을 현재 가지고 있거나 앞으로 확보할 수 있다면 유리한 경쟁의 틀로 바꾸는 것은 쉬운 일이다. 특히, 전략적 수단은 미래를 준비하는 장기 전략에서 주 관심사다.

4.
전략의 속성

전략은 유리한 경쟁의 틀로 바꾸는 것이라고 했는데, 그렇다면 전략은 어떠한 속성(屬性)을 가지고 있는가? 쉽게 말해서 어떤 성질을 가진 것을 전략이라고 하는가? 우선 결론부터 말하면 전략은 기본적으로 사고적(思考的) 과정의 기획성(企劃性)과 실행적(實行的) 과정의 기만성(欺瞞性)을 속성으로 한다.

1) 기획성

기획(企劃)이란 어떤 대상(對象)에 대해 그 대상의 변화를 가져올 목적을 확인하고 그 목적을 성취(成就)하는 데에 가장 적합한 행동을 설계(設計)하는 것을 의미하며, 계획은 기획을 통해 산출된 결과를 의미한다.[6]

---

6)   네이버 지식백과 사전.

이러한 정의를 자세히 살펴보면 기획이란 문제를 해결함에 있어 최대한 범위를 확대하고 있음을 알 수 있다. 따라서 기획성(企劃性)이란 시간적으로 미래성(未來性)을, 공간적으로 전체성(全體性)을 가진다. 그러므로 전략은 이러한 기획성이 발휘되어 어떤 사안이 처한 상황을 시간적·공간적으로 확대하여 보다 미래적이고 전체적인 차원에서 문제의 해결책을 찾는다. 이러한 기획성이 전략에서 중요하게 부각(浮刻)되기 시작한 것은 1800년 나폴레옹 시대부터다. 이때부터 전략(戰略)이 국가적(國家的) 차원(次元)에서 논의(論議)되기 시작하였고 전쟁도 국가적 차원에서 득실(得失)을 따지기 시작하였다. 즉, 국가적 차원에서 전쟁을 기획함으로써 전략의 전체성이 중요한 요소로 자리매김하였다. 이런 면에서 전략의 기획적 속성은 조미니적 전략이라고 할 수 있다. 이처럼 전략은 기획적 사고로 문제를 해결하는 방법이다.

그러면 전략의 기획성인 전체성과 미래성은 국지성(局地性)에 비해서 얼마나 큰 전체성(全體性)을, 그리고 현재에 대비하여 어느 정도까지의 미래를 말하는가? 이것은 전략 구상(構想)에 상당히 중요한 기준이다. 이 질문에 대한 답은 세상의 모든 것이 상대적이듯 상대적[7]일 수밖에 없다. 그렇다면 논의의 범위가 좁혀진다. 결국 미래성(未來性)과 전체성(全體性)은 상대적 의미에서 미래성이고 전체성이다. 그리고 상대적 크기를 정하는 기준은 전략의 속성 중의 하나인 기만성이 기준이 된다. 즉, 미래성(未來性)은 경쟁하는 상대가 그 문제와 관련해서 '예측하기 힘든 시간상의 미래 정도(程度)'면 되고, 전체성(全體性)은 해결하고자 하는 문제의 외연(外延)을 둘러싸고 있는 크기를 '경쟁 상대가 생각하지 못하는 범

---

7) 우주 생성의 시작인 무극을 빼고는 전부가 상대적이다. 무극이 태극으로 변화된 이후에 생긴 모든 것은 상대적이다. 다시 말해 음양의 법칙에 따라 모든 것은 상대적으로 존재한다.

위(範圍)'이면 된다. 지금 현재의 상황에서 조치(措置)하는 것들이 즉각 예측(豫測)되거나 이해(理解)되지 않을 정도의 시간적 미래와 외연(外延)의 크기라고 생각하면 된다. 그러면 기만성을 보장받을 수 있기 때문이다. 결론적으로 전략을 구사하는 입장에서 구사하는 어떤 행위를 상대가 쉽게 예측하거나 알아차리면 그것은 전략이 될 수 없기 때문이다.

(1) 미래성

미래성(未來性)이란 시간적 관점에서 현재 당장의 문제에 집착(執着)하지 않고, 관련된 먼 미래의 시점까지 확대하여 사안(事案)을 살펴보고 목표 달성에 가장 유리한 방법을 택하는 것을 말한다. 부연(敷衍)하면 전략은 시간적 차원에서, 당장(當場)의 현재적 입장보다 미래적 차원에서 사안의 문제를 취급한다는 의미다. 그렇게 하면 유리한 경쟁의 틀을 만들 수 있다. 지금 당장의 시점에서는 그 해결 방법이 보이지 않는 것도 미래적 차원으로 '판을 키워서 보면' 그 답이 보인다. 여기에는 중요한 철학적(哲學的) 의미가 있는데, 시간적 차원에서 만사(萬事)는 변한다는 대원칙(大原則)이 그것이다. 동양에는 불교의 '제행무상(制行無常)'이라는 사상(思想)이 있고 서양에는 탈레스의 "만물은 변한다."라는 철학이 있다. 이처럼 지금 당장의 현재 상황이 항상 그대로 있는 것이 아니고 시간이 지나면 반드시 변한다는 것이다. 즉, 현재의 불리한 상황은 유리한 상황으로, 현재의 유리한 상황은 불리한 상황으로 바뀐다는 것이다. 그러므로 미래가 어떤 상황으로 변할 것인가를 아는 것은 전략에서 가장 중요한 요소다. 그러므로 전략 구상에서 가장 먼저인 것이 기획적 속성이고, 그 기획적 속성 중에서 으뜸은 미래성이다. 전체성도 기획적 속성이기는 하지만 이는 현재에 존재하는 것이므로 아직 경험해 보지 못한 미래를 아는 것보다는 상대적으로 쉽다. 미래가 어떻게 전개될 것인가를 알기 위한 미래 예측 방법에서 인간은 여전히 그 한계성(限界性)을 드러내고 있다. 만약 미래가 어떻게 전개(展開)될 것이라고 정확히 알 수 있다면 전략은 설 자리가 없어질지도 모른다. 그러므로 미래 예측(未來豫測)의 한계성(限界性)을 인정하고서 가능한 범위 내에서 미래를 예측해야 한다. 미래 예측은 전략이 추구하는 목표 시점에 따라 장기(長期)적 미래 예측과 단기(短期)적 미래 예측으로 구분된다. 단기적 미래 예측은 과거의 경험을 통하여 예측하는 것으로 추세 분석(趨勢分析) 기법이나 빅데이터(big data) 분석으로 가능하다. 그러나 장기적 미래 예측은 위 방법으로는 불가하고 세상의 변화 원리를 활용하는 것이 바람직하다고 생각한다.[8]

(2) 전체성

전체성(全體性)이란 공간적 관점에서 수평적(水平的)·수직적(垂直的)으로 확대하는 것을 말한다. 즉, 해결해야 할 사안을 수평적으로 확대하여 그 속에서 사안을 바라보고 해결책을 찾고, 수직적으로 확대하여 그 사안을 더 높은 곳에서 바라보고 해결 방법을 모색(摸索)하는 것을 말한다. 이렇게 함으로써 궁극적(窮極的) 차원에서 유리한 입장이 되고, 결과로서 파이(pie)를 크게 할 수 있는 것이다. 부연(敷衍)하면, 전략은 공간의 차원에서도 현재 당장의 국소적(局所的)인 면보다 더 큰 차원에서 사안(事案)의 문제를 취급한다는 의미다. 지금 당장의 국소적 관점에서는 그 해

---

8) 부록 4 참조.

결 방법이 보이지 않는 것도 공간적 차원으로 판을 키우면, 다시 말해 거시적(巨視的)·전체적 국면에서 보면 그 답이 보인다는 것이다. 예를 들어 산행(山行)에서 길을 잃었을 경우에 길을 찾는 방법은 높은 곳으로 올라가는 것이다. 그곳에서 내려다보면 길이 보인다. 비가시적(非可視的) 경우에도 마찬가지다. 조직에서도 말단(末端) 하부 조직의 입장에서 보면 해결이 어려운 과제를 조직의 전체적인 관점에서 보면 답이 보인다. 그래서 조직 전체 차원에서 작성하는 계획은 상대적인 면에서 전략적이다. 어떤 조직이나 기획부서가 최고 의사결정 기관(意思決定機關)에 있거나 부속(附屬)되어 있는 것은 전체성과 관련이 있다. 그곳에서는 조직을 한눈에 조망(眺望)할 수 있기 때문이다.

2) 기만성

전략은 내가 하고자 하는 것을 상대가 모르게 해야 하는데, 그 핵심이 기만(欺瞞)이다. 미래적, 전체적 차원에서 유리한 경쟁의 틀을 기획한 내용이 상대에게 알려지면 상대는 그에 대한 대책(對策)을 마련할 것이기 때문에 그 기획은 더 이상 '유리한 경쟁의 틀'을 만들지 못한다. 전략이 전략으로서 온전(穩全)한 가치(價値)를 가지려면 그 내용을 상대가 모르게 해야 한다. 아무리 훌륭한 전략일지라도 기만성(欺瞞性)이 보장(保障)되지 않으면 의미가 없다. 이렇듯 전략에서 기만성은 전략의 원초적(原初的) 문제이며 클라우제비츠적 전략의 핵심이다. 전략이란 약자가 강자와 경쟁할 때 필요한 것인바, 약자가 유리한 조건(條件)을 만들려고 애쓰는 그 과정(過程)을 상대가 알아서는 안 된다. 그러므로 약자는 유리한 경쟁의 틀을 만들려는 낌새와 그 과정마저도 감춰야 하는 것이다. 약자가 유리한 경쟁의 틀을 만들려면 강자(强者)가 지금의 현 상황이 영원(永遠)히 지속(持續)될 것이라고 굳게 믿도록 하여야 하며, 고정관념(固定觀念)에서 벗어나지 못하도록 각종 기만책(欺瞞策)을 써야 성공할 수 있다. 전략은 전장에서 그 개념이 태동된 순간부터 적장(敵將)에게 나의 생각과 행동을 숨기기 위한 각종 계책(計策)을 준비하여 시행하는 것이었다. 전략의 략(略) 자는 꾀를 의미한다. 꾀를 쓴다는 것은 힘이 약한 자가 이기기 위해서 힘보다 머리를 쓴다는 것으로서 상대를 기만하여 소기의 목적을 달성함을 의미한다. 그러므로 전략이라고 하면 어떠한 방식으로든지 상대를 속여서 내가 원하는 것을 얻어 내는 기만성을 수반(隨伴)한다. 즉, 전략은 반드시 내가 생각하는 의도(意圖)를 상대가 짐작하지 못하게 해야 하고 나의 행동의 저의(底意)를 상대가 알아채지 못하게 해야 한다. 만약 나의 언행을 상대가 알아채고 그에 대해 대응(對應)을 해 버리면 나의 의도(意圖)가 제대로 이행(移行)될 수 없기 때문이다.

이러한 이유로 사람들은 '전략은 곧 기만'이라는 부정적(否定的) 인식의 지배하(支配下)에 놓이므로, 전략이라는 단어를 들으면 부정적(否定的) 이미지를 떠올리기 십상이다. 따라서 전략적이라고 하면 상대를 속여서 자신의 이익을 추구하는 방법을 쓴다는 것쯤으로 생각하는 뉘앙스가 있다. 우리가 일상생활에서 "꾀를 부린다."라고 하면 정당한 방법보다는 뭔가 올바르지 못한 방법으로 일을 처리하는 방법을 연상(聯想)하게 된다. 마찬가지로 전략이 부정적인 이미지로 느껴지는 것이다. 이것은 또한 전략이 처음부터 부정적 의미를 가진 전쟁과 관련되어 생겨난 말이기 때문이기도 하다. 전쟁이란 국가 생존의 문제이고 최후의 수단으로 선택된 대안이기 때문에 하나밖에 없는 생명을 걸고 하는 절대적 경쟁이다. 따라서 전장(戰場)에서는 상대의 의중(意中)을 파악하여 생각하지 못한 방법으로 상대를 굴복시키려고 애쓴다. 그러므로 가용(可用)한 모든 수단이 이용되는 전투 현장(戰鬪現場)에서는 적을 기만(欺瞞)하고 적이 미처 생각하지 못했던 바를 전술(戰術)로 구사할 수 있도록 유리한 조건을 만들어 주는 것이 전략의 본분(本分)이다. 그런 연유(緣由)들로 전략은 부정적(否定的)인 이미지(image)를 내포(內包)하고 있다. 그러나 눈을 크게 뜨고 전략의 본질(本質)을 잘 새겨 보면, 전략은 작은 꾀나 부리는 꼼수로는 통하지 않는다. 다루는 대상(對象)이 크면 클수록, 또한 목표 시점이 멀면 멀수록 전략은 원칙(原則)과 진실(眞實)을 바탕으로 만들어진다. 미래의 상황을 예측하고 세상의 이치를 터득한 엘리트(elite)만이 그에 알맞은 전략적 방안(方案)을 제시할 수 있다. 따라서 전략은 절대 잔꾀로는 성립되지 않는다.

그렇다면 전략적 기만과 속임수의 차이는 무엇인가? 전장(戰場)에서 경쟁하는 양측(兩側)의 장수는 유리한 경쟁의 틀을 만들기 위해 노심초사(勞心焦思)한다. 그들은 상대를 속이기 위한 모든 노력을 경주(傾注)한다. 이렇듯 전장에서 행해지는 속임수는 비난을 받기는커녕 아주 훌륭한 전략으로 칭찬을 받는다. 전쟁사에서 빛나는 전공(戰功)을 세운 유명한 장수(將帥)는 거의 모두 이러한 속임수에 능(能)했다. 일반적으로 속이는 것은 옳지 못한 일이다. 그런데도 전략에서 상대를 속이는 기만성이 보편적 가치를 가지는 이유는 '대의명분(大義名分)'에 있다. 기만의 목적이 대의명분을 가지고 있느냐의 여부가 문제이다. 예를 들어 국가 간의 전쟁에서는 '승리'가 최선의 가치이기 때문에 전장에서 승리를 위해 수단과 방법을 가리지 않는 것이 용인(容認)된다. 승리를 위해 적장을 기만하는 것은 칭송(稱頌)을 받을지언정 결코 비난(非難)받지 않는다. 왜냐하면 그

일을 하라고 장수(將帥)에게 국가가 대의명분을 부여(賦與)해 주었기 때문이다. 사사(私私)로운 이익을 위하여 감언이설(甘言利說)로 상대를 속이는 사기(詐欺)나 거짓말로 상대를 기만하는 행위와는 차원이 다르다. 그런 경우는 전략이라고 하지 않고 모략(謀略)이라고 한다.

이처럼 기만(欺瞞)은 부정적(否定的)이기도 하지만 긍정적(肯定的) 기만도 있다. 부정적이냐 긍정적이냐의 기준은 경쟁의 성격에 의해 결정된다. 경쟁관계가 우호적(友好的)이냐 적대적(敵對的)이냐에 따라 기만의 성격이 달라진다. 우호적 관계의 전략은 내부를 지향(指向)하는 전략이고 적대적 관계의 전략은 외부를 지향하는 전략이다. 내부 지향의 전략은 전략의 주체(主體)와 객체(客體)가 동일(同一)한 목표를 지향하고 있다. 따라서 내부 지향 전략에서 구사(驅使)되는 기만은 궁극적으로 경쟁의 상대를 이롭게 하므로 긍정적이다. 서로 같은 목적을 추구하는 가족, 공동체의 구성원, 의사와 환자의 관계에서 주로 갑(甲)이 을(乙)의 성장(成長)과 발전(發展)을 위해서 구사하는 기만과 같은 것이 긍정적 기만이다. 반면(反面)에 부정적 기만이란 주체(主體)와 객체(客體)가 동일한 가치를 두고 서로 차지하려고 쟁탈(爭奪)하는 적대적(敵對的) 관계에서, 배타적(排他的)인 목표를 지향하고 있는 외부 지향적 전략 상황에 작동(作動)한다. 이 부정적 기만은 상대를 이기기 위한 방책(方策)으로서 상대를 최대한 곤경(困境)에 처하도록 만들고자 기획되는 방안이며 고전적(古典的) 전략의 기본 형태다. 전략이 처음부터 이러한 부정적 기만을 기반(基盤)으로 태동(胎動)하였기 때문에 부정적 이미지를 배태(胚胎)하고 있는 것이다. 그러나 전략의 개념이 크게 확장(擴張)된 오늘날에는 경쟁적(競爭的) 관계뿐만 아니라 상보적(相補的) 관계에서도 전략이 활발히 쓰이고 있으므로 기만성 때문에 전략을 부정적(否定的)으로 볼 이유가 없다. 오히려 기만의 긍정적, 부정적 성격을 상황에 맞게 선택하여 활용하는 지혜가 필요하다. 한편 전략의 핵심적 속성인 이 기만성은 간접성(間接性)과 은밀성(隱密性) 그리고 창의성(創意性)이 없이는 절대 존립(存立)하지 못한다.

(1) 간접성

상대를 기만하려면 나의 의도(意圖)를 노출해서는 안 된다. 어떤 유기체든지 직접적 방법에 대해서는 즉각 반응(反應)을 나타낸다. 따라서 그 반응이 일어나지 않도록 간접적 접근 방법이 필요하다. 간접적으로 접근해야 상대가 나의 의도를 바로 알지 못하게 할 수 있고, 동시에 기만하고자 하는 기도에 대하여 바로 반발(反發)하는 것을 미연에 방지할 수 있다. 간접성은 기만을 위해 행위 자체는 드러내지만 의도하는 본심(本心)은 내면(內面)에 잠재(潛在)시킨다. 따라서 기만을 당한 경우에도 그 의도하는 본심을 알아채지 못한 것은 기만을 당한 자의 탓이 되므로, 기만에 대하여 웃어넘기거나 분노할 경우에도 그 분노의 화살은 피기만자(被欺瞞者)에게로 향한다. 예를 들어, 많은 식물들은 수정(受精)을 위하여 꽃을 피워 화려한 색깔과 달콤한 꿀로써 벌이나 나비를 유혹(誘惑)한다. 이때 식물은 꽃가루 수정(授精)을 위해 벌과 나비가 꽃의 암술과 수술 사이를 헤집고 다니도록 그들이 원하는 꿀을 제공(提供)하는 간접적 접근 방법을 쓴다. 어쩌면 이것은 가장 원초적(原初的)이고 모범적(模範的)인 전략의 간접성 모델(model)일 것이다. 또, 암스테르담 공항(空港)에서는 넛지(Nudge)[9] 전략으로 소변기에 파리 모양 스티커(sticker)를 붙여 놓은 아

---

9) 리처드 탈러 시카고 대학 경제학 교수와 캐스 선스타인 하버드 대학 로스쿨 교수가 공동으로 저술한 책 『넛지』에 실린 내용이다. '넛지(nudge)'를 사전에서 찾아보면 "(주의를 환기하

이디어(idea)만으로 소변기 밖으로 새어 나가는 소변의 양을 80%나 줄일수 있었다고 한다. 이곳에는 화장실을 깨끗이 사용하라는 경고(警告)의 말이나, 심지어 파리를 겨냥하라는 부탁조차 없었다고 한다. 어떠한 금지(禁止)나 인센티브(incentive) 없이도, 인간 행동에 대한 적절한 이해를 바탕으로 원하는 결과를 얻어 낸 것이다. 이 암스테르담 공항의 '소변기의 파리 스티커'는 대부분의 사람들로 하여금 소변기에 붙어 있는 파리를 소변 줄기로 떨어뜨리고 싶은 본능(本能)을 자극한다. 설사 소변을 보는 남자가 그 파리 스티커는 소변이 밖으로 새 나가는 것을 방지하기 위하여 의도적(意圖的)으로 붙여 놓은 것이라는 것을 아는 경우에도 상관없이 이 본능은 작용한다. 왜 그럴까? 그것은 재미를 추구하는 인간의 본성이 작용하기 때문이다. 재미있다고 생각하면 아무 의미 없는 행동도 하는 것이 인간이다. 인간의 재미있는 행동 본성(行動本性)을 활용하여 간접적으로 소변이 밖으로 새어 나가는 것을 방지하고자 했던 것이다. 이처럼 넛지는 인간의 본성을 정확히 파악하여 직접적 접근을 피하고 간접적 접근을 통하여 목표를 달성한다는 측면에서 전략의 간접성을 잘 표현하고 있다.

한편, 오랑캐로 오랑캐를 무찌른다는 뜻의 이이제이(以夷制夷)라는

기 위하여) (남)을 팔꿈치로 쿡쿡 찌르다. 또는 (남)의 주의를 환기하다."라고 되어 있다. 이 책에서 저자들은 넛지를 "타인의 선택을 유도하는 부드러운 기술"이라고 설명하고 있다. '넛지'는 '은근히' 또는 '넌지시'라는 의미를 가지고 있으므로 전략이 갖는 '간접적' 속성을 그대로 가지고 있다. 소위 바로 대놓고 말하거나 지시하지 않고, 무언가를 암시하거나 목적은 감춰 두고 그에 영향을 미칠 어떤 것을 하게 만들어 그 목적을 달성한다는 의미에서 확실히 전략적이다. '넛지'는 기본적으로 추구하는 목표를 달성하기 위하여 간접적인 방법을 사용한다. 주어진 전략적 상황에서 인간이 어떤 행동을 할 것인가에 대한 연구를 통하여 의도자가 추구하는 목표가 무엇인지 알든, 모르든 상관없이 자신이 하고 싶은 행위를 함으로써 의도자의 목표를 달성한다는 측면에서 지극히 전략의 간접성을 충분히 함축하고 있다.

전략이 있다. 한 세력을 이용하여 다른 세력을 제어(制御)함을 이르는 말이다. 이는 중국의 당나라 역사에서 외교정책으로 많이 쓰인 전략으로 적(敵)과 적을 경쟁하게 하여 적을 약하게 만들어 자신과 적과의 경쟁에서 유리한 구도(構圖)를 만드는 전략이다. 자신이 직접 경쟁의 장(場)에 뛰어들지 않고 간접적으로 자신의 전략적 목표를 달성할 수 있는 방법인 것이다. 동양의 대전략가 손자는 그의 병법 제3편, "모공편(謀攻篇)"에서 "부전이굴인지병선지선자야(不戰而屈人之兵善之善者也), 고상병벌모(故上兵伐謨), 기차벌교(其次伐交), 기차벌병(其次伐兵), 기하공성(其下攻城)"이라고 했는데 이 말은 "적과 싸우지 않고도 적을 굴복시킬 수 있는 것이 가장 좋은 것이다"라는 뜻이며, 그러므로 "가장 좋은 병법은 적의 꾀를 치는 것이며, 그 다음은 적의 동맹(同盟)을 치는 것이며, 그다음은 적의 병력(兵力)을 치는 것이며, 가장 하책(下策)은 성(城)을 공격하는 것이다."라는 뜻이다. 이처럼 절대 우위(優位)의 적과 직접 싸우는 것보다는 적의 꾀를 공격하거나 적의 동맹을 치는 간접접근 방법이 좋은 것이다. 하지만 그보다 더 좋은 방법은 적들을 상호(相互) 견제(牽制)시키거나 싸우게 만들어 자신과 싸울 힘과 시간을 없애는 것이다. 이러한 이이제이(以夷制夷) 전략은 적대국(敵對國)과의 후유증(後遺症)마저 남지 않게 한다. 미인계(美人計) 전략도 수단 측면에서 보면 간접적이다. 미인계란 아름다운 여자를 이용하여 상대방 조직을 분열(分裂)시켜 승리하는 전략이다. 미인계라는 말이 처음 등장한 것은 강태공(姜太公)의 『육도(六韜)』라는 병법서인데, "상대방을 무너뜨리려 할 때 무기와 칼로만 하는 것이 아니라 먼저 상대방 신하(臣下)들을 포섭하여 군주(君主)의 눈과 귀를 막아 버리고 미인을 바쳐서 군주를 유혹한다."라고 기술(記述)되어 있다. 또한, 『군주론(君主論)』의 저자로 유명한 마키아벨리(Machiavelli)는 "여자가 끼어들어 나라가 망한 사례는 얼마든지 있다. 그러나 여자 자체(自體)가 문제가 되는 것은 아니다. 여자가 끼어듦으로써 생기는 불의(不意)의 사건에 의해 조직의 질서(秩序)가 깨지는 것이 가장 두려운 것이다."라고 말했다. 이러한 미인계는 적의 세력이 강하여 정면승부(正面勝負)가 어려울 때 쓴다. 전략이라는 것은 기본적으로 이소제대(以小制大)하고자 하는 상황에서 필요하다. 미인계 역시 현재의 무력 경쟁으로는 이길 수가 없으므로 미인을 이용하여 상대의 조직을 분열시켜 전투 현장에서 전투력이 제대로 구사될 수 없게 하고자 함이다.

(2) 은밀성

성공적인 전략 실행을 위한 기만에 있어 소극적인 간접성만으로는 부족하다. 더 직접적이고 적극적인 은밀성(隱密性)이 요구된다. 상대를 기만하려면 아무도 모르게 일을 추진해야 한다. 나의 의도(意圖)를 노출(露出)시키지 않으려면 당연히 상대가 알지 못하게 은밀(隱密)하게 계획(計劃)하고 행동(行動)해야 한다. 이것은 전략의 기만적 속성을 가장 현실적이고 직접적으로 보장(保障)하는 방안이다. 전략은 주위에서 아무도 모르게 조용히 진행되어야 한다. 전략적 행위(行爲)를 주변에서 알아채면 그것은 더 이상 전략이 될 수 없다. 마치 산그늘이 지는 것처럼 아주 조용히 아무도 모르게 진행되어야 한다. 상대가 눈치채지 못하게 은밀하게 하려면 변화의 속도를 조절해야 하는데, 사람은 자연의 변화 속도는 아주 편하게 느끼기 때문에 변하는 듯 아닌 듯한 자연의 변화 속도에 맞추는 것이 가장 좋다. 또한 천천히 느리게 변하는 것에 대해서는 인간의 적응성(適應性) 때문에 변화에 대한 반응이 없거나 무디게 일어난다. 이렇게 전략을 자연스럽게 운용(運用)하려면 충분한 시간이 필요하므로 '미리 계획하고 준비'하지 않으면 안 된다. 냄비에 개구리를 넣고 서서히 가열하여 온도를 아주 조금씩 올리면 개구리는 가만히 웅크린 채로 죽는다. 개구리는 서서히 더워지는 물의 온도를 알아채지 못한 것이다. 그러나 뜨거운 물에 개구리를 바로 집어넣으면 개구리는 바로 튀어나온다. 이처럼 사람도 급작스러운 변화에는 과격(過激)한 반응을 보이지만, 점진적(漸進的)으로 아주 천천히 상대가 알아차리지 못할 정도의 느린 속도로 변화를 추구하면 자신이 죽는 줄도 모르고 그것에 적응해 버린다.

20세기 말 우리가 '일본은 경제의 거품이 빠지고 침체(沈滯)에 빠져 있다'고 알고 있는 사이, 일본은 아주 조용히 21세기 미래를 준비하고 있었다. 그들은 경제가 침체되었다고 해서 야단법석(惹端法席)을 떨지도 않았고, 급격(急激)한 변화를 추구하고자 혁명(革命)을 하지도 않았다. 일본은 그들의 장기(長技)인 점진적 변화, 즉 가이젠(改善)을 추구하였다. 구체적으로 기업은 3종(고용, 설비, 부채)의 과잉(過剩)을 털어 냈고 금융(金融) 구조 조정과 고용(雇傭) 유연화(柔軟化), 경쟁 원리 도입 등의 과제들을 하나씩 해결하였다. 어려운 경제 여건하에서도 일본은 R&D 지출(支出)을 세계 최고 수준으로 유지하였다. 이를 시간을 두고 천천히 진행함으로써 부작용(副作用)을 없앴다. 요란하게 하지 않았기에 주변(周邊)으로부터 경계심(警戒心)을 불러일으키지 않았고, 전략적 목표를 세워 그에 적절한 목표 달성 방법을 채택(採擇)했다. 전략은 이렇게 은밀하게 구사하는 것이다. 하고 싶은 말을 다 하면 속이 후련하겠지만, 그 때문에 주변의 협조를 얻을 수 없거나 주변의 견제(牽制)가 있다면 전략 수행에 지대(至大)한 악영향을 미칠 수 있다. 전략은 언제나 조용히, 그리고 천천히 진행되어 그 결과가 나타났을 때 그 결과를 보고 주변이 놀라게 되는 그런 것이어야 한다. 마치 한 포기의 풀이 땅을 뚫고 나오기 위해서 엄동설한(嚴冬雪寒)의 그 차디찬 땅속에서 준비하는 한 알의 씨알처럼 전략은 그렇게 아무도 모르게 조용히 진행되어야 한다. 일을 도모할 때, 상대가 눈치채지 못하게 하거나 알았을 때는 이미 모든 사실이 기정사실화(旣定事實化)되어 더 이상 손을 쓸 수 없게 만드는 것이 전략이다.

이러한 은밀성의 극치(極致)를 보인 사건이 있었다. 2009년 미 연방법원은 20년 넘게 '착한 미국인'으로 살아온 치막(Chi Mak, 67세) 씨에게 스파이 혐의(嫌疑)로 24년 6개월의 실형(實刑)을 선고(宣告)하였다. 그는 1970년대 홍콩에서 중국 정부로부터 스파이(spy) 교육을 받은 후 미국에 가서 1985년 미국 시민권을 획득, 20여 년을 완벽하게 동면(冬眠)한 후 미국의 신뢰(信賴)를 얻고 스파이 활동을 개시(開始)한 것이다. 시민권을 얻은 뒤 LA 교외(郊外)의 미 해군과 관련된 업체에서 착실(着實)히 밤늦게까지 일하는 모범적인 귀화(歸化) 미국인 생활을 했다. 1996년에는 까다롭기로 유명한 미국의 신원(身元) 조회(照會)를 통과한 후, 미 해군의 가장 민감(敏感)한 기밀(機密)들에 접근할 수 있었다. 치막은 이때부터 부인 레베카와 함께 미 해군의 각종 기밀들을 복사해 중국 정부에 유출(流出)했다. FBI[10]는 2003년부터 그를 수사(搜査) 대상에 올려 추적(追跡)하다가 2005년 10월 출국하려는 그를 LA 공항에서 체포(逮捕)하였다. 여기서 주목(注目)하는 것은 중국의 장기 전략이다. 미 해군의 군사기밀을 빼 오기 위해 근 30년 이상을 인내(忍耐)하고 기다린다는 사실이다. 이는 만만디 정신[11] 기질의 중국 국민성이 잘 표현된 사례로 생각된다. 완벽하게 신

---

10) Federal Bureau of Investigation : 미국의 연방 수사국

11) 慢慢的(중국어)와 정신의 합성어로, 매사에 조급히 굴지 않고 천천히 하는 사고방식을 말한다.

임을 얻어 군사기밀(軍事機密)에 접근할 수 있는 상황이 될 때까지 기다리는 인내는 전략의 은밀성(隱密性)의 극치(極致)를 보여 주었다.

(3) 창의성

기만성을 보장하기 위한 마지막 방법은 전혀 새로운 방안을 만들어 내는 창의성(創意性)이다. 기만성을 달성하고자 하면 상대가 이미 알고 있는 방법으로는 불가능하다. 상대가 미처 생각하지도 못한 방법이어야 한다. 이것이 기만성의 하이라이트(highlight)다. 전략이라는 것은 기존의 경쟁 구도를 바꾸어야 하는 것이기 때문에 새로운 사고(思考)를 필요로 한다. 기존(旣存)의 방법으로는 이길 수 없으므로 세상에 없는 새로운 것을 만들어야 한다. 그러므로 전략은 창의적 사고(創意的思考) 없이는 성립(成立)되지 않는다. 불리한 상황을 유리한 상황으로 경쟁의 틀을 바꿔야 하는 것이기에 기존의 존재 방식(存在方式)으로는 불가능한 것이다. 창의력과 전략의 상관성(相關性)은 전략이 제일 먼저 태동한 군사 분야에서 살펴보는 것이 순서일 것이다. 전쟁사에서 자주 언급되는 '전승불복(戰勝不復)'의 원칙이라는 것이 있다. 전승불복이란 이미 한번 사용한 방법으로는 전쟁에서 이길 수 없다는 뜻이다. 즉, 승리하려면 창의적인 방법으로 싸워야 한다는 의미다. 전략이란 자신에게 '유리한 경쟁의 틀'을 만드는 것이라는 정의에 비춰 볼 때도 기존의 전략은 상대방도 알고 있는 전략이기 때문에 자신에게 유리한 새로운 형태의 경쟁의 틀을 만들 수 없다.

창의란 새로운 생각으로 시작하는데, 창의적(創意的) 또는 창조적(創造的)이라는 것은 복사(複寫), 벤치마킹(bench-marking), 발명(發明)의 순서로 창의 단계를 올라간다. 창의력 역시 상대적(相對的)이다. 복사(複寫)도 그 내용(內容)을 아무도 모르는 환경에서는 창의적 의미(意味)를 가지며, 그러한 복사 내용을 가지고 승리의 새로운 틀을 만들 수 있다. 미국에서 유행한 커피 전문점 스타벅스가 한국에 분점(分店)을 설치하는 것과 같은 것이다. 다음 단계인 벤치마킹은 원래의 환경과 새로운 환경의 차이를 가미(加味)하여 알맞게 변형(變形)시킨 것을 말한다. 스타벅스를 예로 들면, 커피의 맛을 한국적으로 한다든지 대학가(大學街)에는 학생들이 노트북을 가지고 와서 숙제도 할 수 있는 분위기를 만든다든지 하는 것이 벤치마킹이다. 마지막으로 발명이 있다. 기본 원리는 이미 있었더라도 전문가가 아니면 알 수 없는 새로운 사실을 만들어 내는 것을 말한다. 이러한 발명의 방법에는 개념의 차용(借用), 확장(擴張), 전환(轉換), 혼합(混合) 등이 있고 이러한 차원을 훌쩍 뛰어넘어 전혀 새로운 것을 알아내는 직관(直觀)이 있다. 알렉스 오스본은 그의 저서 『응용된 상상력』에서 창의적 아이디어를 만드는 방법으로 대용(代用)하기, 혼합(混合)하기, 변형(變形)하기, 확대(擴大)하거나 축소(縮小)하기, 다른 용도(用途)로 사용하기, 제거(除去)하기, 전환(轉換) 또는 재배치(再配置)하기 등 7가지를 제시하고 있는데 이는 위에서 설명한 개념 변환(變換)의 범주(範疇) 안에 있다. 발명은 파악(把握)된 개념을 자유자재(自由自在)로 변환시키면 가능하다. 요구되는 상황조건(狀況條件)에 가장 적절(適切)한 형태(形態)로 변형(變形)하면 된다. 다만 그 개념의 깊이가 어느 정도에 있느냐에 따라 발명한 형상(形象)의 결과물은 차이를 나타낼 것이다. 상대적으로 더 깊은 개념으로부터 유도(誘導)된 발명품일수록 기만 효과가 더 커서 더 나은 전략이 될 가능성이 높다.

그러면 개념의 차용(借用), 확장(擴張), 전환(轉換), 혼합(混合)은 어떻게 하는 것인가를 살펴보자. 개념을 차용하는 것은 다른 관념(觀念)의 세계로부터 개념을 가져오는 것을 말한다. 예를 들어 물리학(物理學)에서 개발한 이론을 사회학(社會學)에 적용하는 것과 같은 것이다.[12] 개념의 확장(擴張)은 동일한 관념의 세계나 영역에서 발견한 아이디어를 좀 더 넓게 적용하는 것을 말한다. 동물의 임상실험(臨床實驗) 결과를 사람에게 적용하는 것이라든지 모델링(modeling)을 통해서 얻은 결과를 실제에 적용하는 것이 대표적이다. 러시아 과학자 알츠슐러가 창시한 기법이 개념 확장의 전형(典型)이다. 그는 "세상만사의 근본 원리는 통한다."라고 주장하였다. 시베리아 강제 수용소에서 오랜 시간 공부해서 얻은 결론이다. 개념의 전환(轉換)은 발상(發想)의 전환이라고 부르기도 하는데, 기능의 변화를 통해서 새로움을 추구하는 방식이다. 속옷은 안에 입는 것이라는 고정관념을 깨고 이를 겉에 입고 나온 새로운 패션이나, 농산물의 수확(收穫)보다는 농사의 과정(過程)을 중시한 전원농업(田園農業), 통화료보다는 광고 수입에 초점을 맞춘 무료 통화 시스템 등이 대표적 사례다. 마지막으로 개념의 혼합(混合)을 통해서도 새로운 발명품을 만들어 낼 수 있다. 일반적으로 장점을 취해서 버무려 놓은 것인데, 가장 쉽게 볼 수 있는 대표적인 것이 퓨전(fusion) 요리다. 새로운 무기를 개발하기 위해서도 혼합 방법이 많이 사용된다. 유의할 점은 장점을 통합하면 서로 상충(相衝)되는 점이 있을 수 있다는 것이다.

　　지금까지 창의적 방법으로 열거한 것들은 기존에 있는 것을 활용

---

12)　핵분열(核分裂) 물질이 연쇄반응(連鎖反應)을 일으킬 수 있는 최소한의 질량을 임계질량(臨界質量)이라고 한다. 즉, 아무리 강력한 물질이라고 해도 최소한의 물리적 양은 되어야 자신을 포함한 주변 환경을 바꿀 수 있다는 이론이다. 이 물리학 이론을 사회학(社會學)에 도입한 사람이 미 캘리포니아 주립대 로저스 교수다. 변화를 추구하는 물질(物質)이나 인자(因子)가 임계질량(臨界質量)을 넘어서면 스스로 변화를 일으키는데, 분기점(分岐點)은 최저가 5%이지만 20%가 되면 스스로 변화를 추구한다는 것이다.

한 것이다. 그러나 이것만으로는 안 되고 전혀 새로운 방법이 필요한 경우가 있는데 이때 요구되는 방법이 직관(直觀)이다.[13] 직관의 사전적(辭典的) 의미는 "판단(判斷), 추리(推理), 경험(經驗) 따위의 간접 수단에 따르지 않고 대상을 직접 파악하는 일, 또는 그 작용"이라고 정의되고 있다. 그렇다면 직관은 인간 지식의 범주(範疇)를 벗어나는 그 무엇이라고 보아야 한다. 세상을 살다 보면 불가사의(不可思議)한 일들이 많다. 이집트의 피라미드 등 세계적 불가사의도 있고 우리의 고대 문화(文化)·문물(文物)을 보아도 불가사의한 것이 많다. 과학 문명의 절정(絶頂)이라고 말하는 오늘의 과학으로도 풀 수 없는 경주의 석굴암 축조 기술(築造技術)이라든지, 봉덕사 신종(神鐘)도 좋은 예다. 그러면 이러한 것들은 도대체 어떻게 이뤄졌을까? 많은 과학자들이 연구에 연구를 거듭하였지만 그 해답을 찾지 못했다. 다시 말해 그것은 인간의 능력을 초월(超越)한 일이라는 것이다. 그렇다면 이 직관은 어떻게 얻어지는 것일까? 직관은 우주 의지(宇宙意志)가 인간에게 전달된 것이라고 생각된다. 『뇌내혁명(腦內革命)』의 저자 하루야마 시게오에 의하면 인간 몸의 구성 성분(構成成分)은 지구의 구성 성분과 다르며 우주의 성분과 유사성(類似性)이 많다고 한다. 그래서 그는 인간의 DNA가 저 먼 우주에서 날아와 지구에 안착(安着), 오랜 세월을 두고 진화·발전하여 오늘의 형상(形狀)을 하고 있는 것이라고 주장하였다. 인간의 DNA는 부지불식간(不知不識間)에 우주 의지(宇宙意志)와 상호 교통(交通)하고 있으며, 일정한 조건[14]이 형성되면 우주 의지가 인간

---

13) 발명에 요구되는 직관은 협의의 직관으로서 전략적 직관에 해당한다.

14) 그 조건은 인간의 사리사욕의 범주가 아니고 우주의 의지와 같은 맥락에 지극히 간구하면 이뤄진다. 석굴암의 경우 축조를 맡은 장인(匠人)이 부처님의 위대함과 그 위대함을 중생에게 가르치기 위하여 부처님을 모실 편안한 장소를 만들고자 지극정성으로 몰입하여 기도한 결과 능력이 주어져서 장인(匠人)의 손발이 움직이는 대로 행한 결과 그러한 걸작이 나왔다고

의 DNA에 전달되어 인간에 의해 구현되는 것이라고 생각한다.

　　국가의 안위(安危)가 풍전등화(風前燈火)와 같은 상황에서 약자(弱者)가 강자(强者)를 반드시 이겨야 하는 절체절명(絶體絶命)의 위기 순간에 필요한 것이 전략이다. 이러한 상황에서 전략가는 국가의 운명(運命)과 국민의 생명을 고려할 때 정말 뼈를 깎는 고통을 감내(堪耐)하면서 승리하는 방법을 찾아내야 한다. 오로지 순수(純粹)하게 국가의 운명(運命)과 국민의 안위(安危)를 생각하면서 전략을 간구(懇求)한다면, 우주의 의지가 작용하여 직관(直觀)이 전략을 만들 수 있는 혜안(慧眼)을 제공해 줄 것이다. 전략은 어려운 여건에서 창의적인 새로운 방법론을 찾아내야 하는 과정이므로 각고(刻苦)의 노력과 깊은 사고(思考)가 필요하다. 이러한 고도의 어려운 과제를 해결하기 위해서는 인간의 능력을 초월한 직관의 힘이 필요하다.

한다. 이러한 현상은 인간 지식의 범주 안에서는 해석이 되지 않는다. 우주의 의지가 전달된 현상인 직관에 의해 이뤄진 것이다.

5.
전략의 기능과 역할

전략은 약자의 무기(武器)다. 강자가 약자를 이기는 것은 만고(萬古)의 진리(眞理)이므로 전략이란 약자에게 필요한 것이다. 강자는 힘으로 그냥 공격하면 되는데 왜 머리 아프게 전략을 구상하겠는가? 한편, 그렇다면 약자(弱者)는 어떻게 강자(强者)를 이길 수 있을까? 그것을 가능하게 하는 것이 전략이다. 비록 현재의 상황에서는 약자이지만 전략적 상황 판단을 거쳐 '약자에게 유리한 경쟁의 틀'로 바꾸어 경쟁하면 약자가 강자를 이길 수 있는 것이다. 다시 말해 현재는 약자이지만 미래 어떤 특정(特定)한 시점에는 강자가 되는 상황을 만드는 것, 바로 그것이 전략이다. 이러한 전략을 활용하여 유리한 경쟁의 틀을 만들어 놓으면 전장(戰場)에서 쉽게 이길 수 있다. 이런 것을 가능하게 하는 것은 '세상만사는 상대적이고, 음과 양으로 구성'되어 있다는 세상의 이치다. 현재의 불리한 점이 상황이 바뀌면 유리한 점이 될 수 있고 같은 상황에서도 생각을 달리하면 그러한 불리한 점이 오히려 유리한 점이 될 수 있기 때문이다.

영화 〈아라비아의 로렌스〉 덕분에 유명해진 영국군 장교 T. E. 로렌스(Lawrence)는 제1차 세계대전 당시 사우디 반도(半島)에서 오스만 제국(帝國) 군대를 몰아내기 위하여 사막의 유목민(遊牧民)인 베두인족으로 유격대(遊擊隊)를 조직하였다. 그는 메디나에 진(陣)을 친 막강(莫强)한 오스만 군대와의 전투에서 무모(無謀)한 정면 대결(正面對決)은 절대 하지 않았다. 그 대신에 오스만의 보급선(補給線)인 철도를 공략(攻略)하고, 사막을 가로질러 홍해(紅海)의 요충지(要衝地) 아카바(Aqaba)를 기습(奇襲)하는 등 신출귀몰(神出鬼沒)한 게릴라 작전을 구사해 오스만을 몰아냈다. 베두인족은 유목민이기 때문에 그 지역의 지형(地形)을 잘 알고 있지만 오스만에 비해 열세(劣勢)한 전력으로는 정규전(正規戰) 경쟁이 되지 않으므로 지역 주민의 도움을 받을 수 있는 게릴라전을 택한 것이다. 로렌스의 승리의 비결(秘訣)은 성경에 나오는 다윗(David)과 비슷하다. 다윗이 골리앗(Goliath)을 이긴 방법이야말로 진정으로 전략의 진수(眞髓)다. 목동(牧童)인 다윗은 자기 마을을 지키기 위하여 거인(巨人) 골리앗과 싸워야 했는데, 기존의 보편적인 싸움 방식대로 근접전(近接戰)을 시도했다면 다윗은 골리앗에게 한주먹감도 안 되는 상대였다. 이에 다윗은 머리를 썼다. 즉, 전략적 사고를 한 것이다. 접근하면 질 것이 뻔한 사실을 알고 그가 가장 잘할 수 있는 슬링(sling)[15]을 이용하여 골리앗으로부터 원거리에서 투석전(投石戰)을 결심했다. 목동 생활(牧童生活) 중에 재미로 시작하여 익힌 다윗의 슬링은 언제 어디서든지 원하는 표적(標的)을 정확하게 맞힐 수 있는 실력이었다. 다윗은 골리앗이 가까이 오기 전에 슬링으로 골리앗의 눈을 때려 앞을 보지 못하게 한 다음 결정타(決定打)를 날려 때려눕혔다. 이렇

---

15) 투석(投石)끈이라고 불리는 무기. 가운데에 돌을 감싸는 가죽 또는 천이 있고 그 끝에 끈이 있어 마치 안대 같은 모양을 하고 있다. 양쪽 끈을 나무에 묶어 돌을 던지는 무기로 사용한다. 활과 비슷한 시기인 중석기 시대(BC 12,000–BC 8,000)에 등장했다고 한다.

게 다윗이 자기가 잘하는 슬링을 활용한 것처럼 기존 경쟁의 틀에서 열세(劣勢)라고 판단되면 그 틀을 자신에게 유리하도록 바꾸면 된다.

거듭 말하지만 약자가 강자를 이긴 경우란 절대 없다. 그렇지만 상황을 면밀(綿密)히 분석해 보면 '강자와 약자의 구분은 상황(狀況)에 따른 상대적(相對的)인 문제(問題)'일 뿐이다. 약자란 것은 기존의 경쟁의 틀에서 약자로 평가되었을 뿐이지 언제나 약자인 것은 아니다. 그러므로 현재의 경쟁의 틀에서 약자라고 평가되었을지라도 전략적 상황을 평가하여 강자가 될 수 있는 경쟁의 틀로 바꾸면 강자가 되는 것이다. 그 바꾸는 방법이 바로 전략이다. 이는 역사적으로도 증명된다. 하버드 대학의 정치학자 이반 어렝귄-토프트가 지난 200년간 세계에서 벌어진 전쟁 중, 인구와 군사력에서 10배 이상 차이가 난 '다윗(약소국)과 골리앗(강대국)의 전쟁'을 분석(分析)한 결과, 골리앗의 승률(勝率)은 71.5%였다. 그러나 강자의 룰(rule)에 따르지 않은 싸움에서는 다윗이 63.6% 이겼다. 1951년 베트남 공산반군(共産叛軍)의 프랑스군 격퇴(擊退), 조지 워싱턴이 영국을 상대로 벌인 미국의 독립전쟁 등이 이에 속한다. 이처럼 약자도 머리를 써서 잘 대응(對應)하면 강자를 이길 수 있도록 기능(機能)과 역할(役割)을 하는 것이 전략이다. 이러한 기본적 기능과 역할 외에 전략의 출발점인 긍정성과, 궁극적 차원에서 가치를 증대시키는 기능과 역할이 있다.

1) 긍정성

일반적으로 전략이란 약자가 강자를 이기기 위한 것인데, 약자가 강자를 이기려면 무엇보다 중요한 것은 이길 수 있다는 긍정적(肯定的) 생각부터 가져야 한다는 것이다. 우리 속담에 "호랑이에게 물려 가도 정신만 차리면 산다."라는 말이 있다. 조종사 생환 훈련(生還訓鍊)에서도 절대 포기하지 말고 살아서 귀환(歸還)할 수 있다고 희망을 가질 것을 강조하고 있다.[16] 이 말들을 자세히 음미(吟味)해 보면, 살 수 있다는 긍정적 사고가 근저(根低)에 자리하고 있어야 살 수 있다는 뜻이다. 즉, 아무리 어려운 상황에서도 이길 수 있다는 생각을 가지고 최선을 다하면 해결 방법이 있다는 것을 강조한 것이다. 만약 '이길 수 없다.'라는 절망적(絶望的)인 생각을 하게 되면 전략은 딛고 설 기반(基盤) 자체가 없어져 버린다. 전략은 힘이 부족한 약자도 꾀를 쓰면 이길 수 있다는 생각을 할 수 있게 한다.

성공한 사람은 언제나 긍정적 사고를 바탕으로 나름의 역경(逆境)을 헤치고 나온 사람들이다. 역경을 헤치고 나와서 소기의 목적을 달성한 사람들은 누구나 '성공할 수 있다는 긍정적 사고'에서 출발하였다. 이처럼 전략은 긍정적인 생각을 밑바탕에 깔고 있으므로 전략적인 사람은 절대 포기하지도 않고 절망하지도 않는다. 아무리 어려운 상황에서도 가능성을 믿고 희망을 가슴에 품고 살아간다. 그러므로 전략은 긍정을 기반으로 출발한다. 그 기반을 딛고 승리의 방법을 구사하는 것이 전략이다.

---

16) "먹을 것이 없으면 3주를 살 수 있고, 마실 물이 없으면 3일을 살 수 있고, 공기가 없으면 3분을 살 수 있지만, 희망이 없다면 단 3초밖에 살 수 없다."라고 긍정적 사고를 강조하고 있다.

2) 가치 증대 기능

전략이 최초로 쓰이기 시작한 것은 전장에서 적과 싸워 승리하기 위해 고심(苦心)한 장수의 전쟁 수행 방법에서다. 이 경우에 승리라는 것은 경쟁자 간 필사적(必死的)으로 이겨야 하는 제로 섬 게임(zero-sum game)이다. 전쟁은 승리를 하더라도 엄청난 피해와 손실을 입게 된다. 그렇다면 승리는 왜 해야 하는가 하는 전쟁에 대한 근원적(根源的)인 문제가 생긴다. 인간의 욕구는 문명에 비례해서 상향하는 것이 일반적인 경향이다. 고대(古代) 전쟁의 양상은 인간의 기초적인 욕망 충족을 위한 제로 섬 게임 형태가 주를 이루었으며 사용된 전략은 오로지 상대를 이기는 방향에 초점이 맞춰졌다. 그러나 제2차 세계대전을 겪고 난 후 핵무기가 등장하자, 공멸(共滅)을 두려워한 나머지 전쟁에서 승리하려는 욕구보다 전쟁 자체를 억제하려는 전략이 대두하였다. 싸우다가 다 같이 죽는 것보다는 차라리 욕구 수준을 낮게 조정하는 억제 전략(抑制戰略)이 승전 전략(勝戰戰略)보다 상위(上位)의 자리를 차지하기 시작했다. 근래 넓어진 전략적 의미의 외연(外延)은 협상과 전쟁을 동일의 장에 놓고 논의하는 수준이 되었다.

경쟁의 양상은 인간의 지적 수준으로부터 영향을 크게 받는다. 대체로 지적 수준에 비례하여, 완력(腕力, muscle power)에 의한 경쟁인가, 두뇌(頭腦)에 의한 경쟁인가 하는 것이 결정된다. 전쟁은 완력에 의한 경쟁의 비율이 높고 협상은 두뇌에 의한 경쟁이 주를 이룬다. 전쟁에서는 인간의 생명까지도 포함한 경쟁이기 때문에 그 자체가 극한상황이 된다. 전쟁도 생존과 번영을 위한 수단인데, 전쟁을 통해서 오히려 많은 사람이 죽으니 전쟁 자체가 무의미(無意味)해진다. 인류 문명 발전에 따른 인간의 지적 향상은 그 이치(理致)를 조금씩 이해하기 시작하였다. 이제 전략은 인간의 생명을 빼앗고 세상을 파괴하는 수단이 아니라, 인간의 삶을 풍요롭고 아름답게 하는 수단으로 변모(變貌)하기 시작하였다. 따라서 이제는 인간이 공통으로 행복을 누릴 수 있는 목표를 찾아내고 그것을 이루는 방법을 전략으로 해결할 수 있다.

6.
전략적 사고의 필수 요소

1) 판을 키워서 보기

"전략은 경쟁의 틀을 바꾸는 것이다."라는 정의(定義)는 전략이 무엇인가에 대해 가장 보편적이고 단순(單純)하게 정의(definition)된 답이다. 기본적으로 어떤 것을 정의한다는 것은 그 고유(固有)의 색과 향을 가진 최소의 입자(粒子)를 말하는 것이다. 그래야만 그러한 유형(類型)의 속성(屬性)을 모두 대변(代辯)할 수 있기 때문이다. 그러므로 전략이 경쟁의 틀을 바꾸는 것이라는 결론은 모든 상황에서 전략의 존재 방식(存在方式)과 역할(役割)을 규명(糾明)해서 얻은 결론인 것이다. 즉, 약자가 강자를 이기기 위해서 또는 역경(逆境)에서 그것을 극복(克服)하고 소기의 목표를 달성하기 위해서는 사전에 '경쟁에 필요한 행위' 또는 '극복을 위한 행위'에 유리하고 편한 환경조건(環境條件)을 만드는 것을 의미한다.

우리는 시간과 공간의 3차원의 세계에서 살아가면서 불리한 여건에서 경쟁을 해야 하는 상황이 다반사(茶飯事)다. 그럴 때 꾀를 내어 이길 수 있는 방안(方案)을 찾는 것이 전략이다. 다른 말로 하면 현재 처해 있는 상황 또는 틀에서는 소기(所期)의 목적을 달성할 수 없으니 현재의 국면(局面)을 시간적·공간적으로 확대하여 방안을 찾으려고 한다. 비록 현재 상황에서는 불리하지만 확대된 국면에서 보면 그 어려움이 감소(減少)되고 해결의 실마리를 쉽게 찾을 수 있다. 그러므로 지금의 좁은 판에서 하던 생각을 큰 판으로 확대하면 경쟁력이 달라질 수 있다. 다른 말로 하면 경쟁의 바탕 또는 배경이 달라지는 것이다. 지금 처해 있는 상황의 판을 키워 놓고 보면 더 큰 새로운 목표(目標), 다양한 개념(概念), 다양한 수단(手段), 긴 시간적 맥락(脈絡)에서 가장 적정한 시간(時間), 그리고 다양하고 넓은 공간(空間)에서 상대보다 유리한 경쟁을 틀을 만들 수 있는 요소(要素)가 보인다. 그것들을 가지고 새로 판을 짜면 그것이 바로 유리한 경쟁의 틀이 되는 것이다.

전략이라는 것은 결국 상대와의 문제다. 상대가 지금의 판에 매달리고 있을 때 경험이 많은 사람이 시·공간적으로 판을 확대하면 더 융통성 있는 대안(對案)을 염출(念出)할 수 있다. 인생에 비유해 보면 아이는 경험이 부족하여 지금의 판밖에 생각하지 못한다. 공부하기보다는 놀고 싶고, 쓴 것보다는 단 것이 먹고 싶다. 그러나 인생에 대한 경험(經驗)과 지식(知識)이 많은 아버지는 '긴 시간적 판'에서 생각하여 '젊어서 열심히 공부해야 더 훌륭한 사람이 될 수 있고, 단 것을 멀리해야 건강을 해치지 않는다.'는 것을 안다. 따라서 아버지는 아들에 비하여 전략가인 것이다. 공간적 측면에서 판을 키운 사례는 인천 상륙작전(上陸作戰)을 예로 들 수 있다. 낙동강 전선(戰線)에만 집중(集中)하지 않고 한반도 전체를 하나의 판으로 놓고 보면 병참선(兵站線)이 길어진 북괴군의 허리를 자르는 것이 전략적 행동이라는 것이 자명(自明)해 보인다. 낙동강 전선(洛東江

戰線) 판에서 한반도 전체로 판을 키워서 생각한 것이다. 그 생각을 한 사람이 백전노장(百戰老將) 더글러스 맥아더 장군(將軍)이었다. 한편 우리가 살아가는 삶에서도 젊은 시절의 성공이란 재물(財物)을 많이 모으거나 높은 지위에 오르는 것으로 치부(置簿)하는 경향이 많다. 그러나 그 평가의 판을 퇴직 후 죽을 때까지, 또는 죽은 후까지 키우면 그 성공의 척도(尺度)는 달라진다. 그때가 되면 그 사람에 대한 평판(評判)이 성공의 척도(尺度)가 되는 것이므로 가난하더라도, 고위직까지 오르지 않았더라도 많은 사람들로 부터 존경(尊敬)받는 일을 했다면 그는 성공한 사람으로 자리매김된다. 따라서 인생 전략가는 인생을 살아 있는 현재의 판만 보지 않고 사후(死後)까지의 판으로 키워서 생각한다.

이처럼 전략은 현재의 판에 매몰되지 않고 판을 키워서 생각하면 된다. 그렇게 하면 지금의 어려운 상황을 타개(打開)할 방법이 분명히 보인다. 그런데 이렇게 판을 키우는 것이 결코 쉽지는 않다. 시간적·공간적으로 판을 키우려면 육안(肉眼)으로는 바로 지금 현재의 상황밖에 보이지 않기 때문에 심안(心眼)으로 보아야 한다. 우리 인간은 근 20만 년간 수렵 생활(狩獵生活)을 하면서 몸에 밴 원시인(原始人) 심리(心理)[17]가 아직도 크게 지배(支配)하고 있다. 즉, '지금 내 눈앞에 있는 것이 중요하다.'는 방식으로 진화되어 왔기 때문에 육안(肉眼)이 심안(心眼)을 지배하고 있다. 전략가의 기본 자질(資質)인 심안을 키우려면 직접적·간접적 경험이 많아야 한다.

---

17) 원시인 심리: (1) 감정이 우선이고 이성은 나중이다. (2) 지금 내 눈앞에 있는 것이 중요하다. (3) 남을 따라하는 것이 안전하다.

2) 상상력과 감정이입 능력

　상상력(想像力)은 우리가 세상을 다각적(多角的)으로 파악(把握)할 수 있도록 해 준다. 나와 타인의 삶이 어떻게 서로 다를 수 있는지를 고려하게 함으로써 역지사지(易地思之)가 가능하게 해 준다. 그리고 그뿐만 아니라 미래에 벌어질 일들을 예상(豫像)할 수 있게도 해 준다. 그것은 전략에서 반드시 요구되는 전략적 상황 판단을 가능하게 하는 절대적 수단이다. 상상력이 '생각에 깃드는 것'임에 비하여 감정이입(感情移入)은 '마음에 깃드는 것'이다. 따라서 감정이입은 타인이 어떻게 느끼고 있는지를 느낄 수 있도록 해 준다. 다시 말해 다른 사람의 감정으로 들어가서 그들의 내면(內面) 깊은 곳의 반응(反應)을 경험하게 하는 것이다. 이 역시 역지사지를 가능케 해 주는 중요한 수단이다.

　기원전(紀元前) 427년 미틸레네는 아테네의 통치(統治)에 반란(叛亂)을 일으켰다가 패배(敗北)한 지역이었다. 그런데 더욱 심각한 것은 미틸레네인들이 아테네의 최대 경쟁국인 스파르타와 몰래 결탁(結託)한 것처럼 보인 것이었다. 반란이 진압(鎭壓)된 후, 반란군을 모조리 척결(剔抉)하라는 지시가 내려졌다. "남자는 남김없이 사살(死殺)하고, 여자와 아이들은 모두 노예(奴隷)로 삼으라."라는 것이었다. 이러한 상황에서 이 명령에 대한 찬반론(贊反論)이 분분(紛紛)하였다. 클레이네투스의 아들 클레온은 강경파(强硬派)였고, 유클레투스의 아들 디오도투스는 온건파(穩健派)였다. 클레온은 반란 지역의 모든 사람을 가혹(苛酷)하게 처벌하여 향후 절대 반란과 같은 생각을 못 하게 철저하게 응징(應懲)해야 한다는 직접적 접근을 주장하였다. 이에 반해 디오도투스는 만약 클레온의 주장처럼 "장차 있을 다른 국가의 반란을 미연에 방지하기 위하여 미틸레네인들을 모두 극형(極刑)에 처한다."라고 한다면 이를 본 다른 국가들은 반란은 더욱 철저하게 준비하고, 공격을 당했을 때 절대 항복하지 않고 끝까지 버틸 것이라면서 자비(慈悲)를 베풀어야 한다고 주장하였다. 클레온은 모든 모반자(謀反者)들은 하나같이 격렬(激烈)하게 응전(應戰)할 것이라고 생각했지만, 디오도투스는 모반자들 사이에도 차이가 있다는 것을 알았다. 클레온은 모반자들은 반란자들이기 때문에 한 번에 없애 버려 화근(禍根)을 없애야 한다는 지극히 단순한 전술적(戰術的) 차원의 사고를 한 사람이고, 디오도투스는 모반자들 속에서도 다양한 생각을 가진 사람들이 있을 것이기 때문에 그들에게 삶의 기회를 주어 항복(降服)할 여건을 만듦으로써 저항(抵抗) 세력의 규모를 줄일 수 있다는 '전략적(戰略的) 상상'을 한 것이다. 사실 오직 죽음밖에 없다면 결사항전(決死抗戰)할 수밖에 없으며 그런 경우 저항(抵抗)은 상상할 수 없을 정도로 강해질 것이다. 그리고 어떤 조직이든지 그 구성원의 생각은 차이가 날 수밖에 없으며 인간은 극한상황(極限狀況)에서 자신의 생존 욕구(生存慾求)를 극대화(極大化)시키는 방향으로 움직인다는 사실을 알아야 한다. 그래서 "쥐도 도망갈 구멍을 보고 쫓으라."라는 속담(俗談)이 있다. 막다른 골목에 처하면 인간이든 동물이든 '이판사판(理判事判)'이 되는 것이다. 이처럼 한 주제(主題), 한 범주(範疇) 안에 속(屬)한 대상들 간의 다양한 차이를 식별해 낼 수 있는 상상력(想像力), 이것이 전략가가 반드시 가져야 할 필수(必須) 능력이다.

전략이 유리한 경쟁의 틀을 만드는 것이라는 관점(觀點)에 비춰 볼 때 상상력과 감정이입을 할 수 있는 능력은 전략 수립에 절대적으로 필요한 요소다. 상상력이 객관적 실체(實體)와 겉으로 드러난 것들을 그려 보는 능력이라면 감정이입으로 얻을 수 있는 것은 극히 내면적인 심리적 문제다. 이것은 전략 대상 객체의 감정을 파악하는 것이므로 이것은 경쟁의 대상이 어떻게 행동할 것인가를 예측할 수 있다는 측면에서 대단히 중요하다. 또한, 상상력이 전략환경을 판단하고 경쟁 상대를 피상적(皮相的)으로 파악하는 데 요구되는 능력이라고 한다면, 감정이입 능력은 경쟁 상대의 심리 상태를 파악하여 행위(行爲)를 예측할 수 있게 해 준다. 그러므로 상상력은 좀 더 과학적이고 객관성을 갖지만 감정이입은 주관적인 성격을 갖는다. 그리고 상상력은 직접 또는 간접 경험이 도움을 주지만 감정이입은 어느 정도 타고나야 하므로 훈련이 필요하다. 이렇듯 훌륭한 전략가가 되기 위해서는 풍부한 상상력과 감정이입 능력이 요구된다.

3) 창의적 아이디어

전략의 기본적 속성인 기만성(欺瞞性을) 달성하려면 상대가 이미 알고 있는 방법으로는 불가능하다. 전략이라는 것이 기존의 경쟁 구도를 바꾸어야 하는 것이기 때문에 새로운 사고(思考)를 필요로 한다. 기존의 방법으로는 이길 수 없으므로 이 세상에 없는 새로운 것을 만들어야 한다. 그러므로 전략은 창의적 사고(創意的思考)가 없이는 성립되지 않는다. 불리한 상황을 유리한 상황으로 경쟁의 틀을 바꿔야 하는 것이기에 기존(旣存)의 존재 방식(存在方式)으로는 불가능하다. 그러므로 기존의 시스템(system)을 뛰어넘는 새로운 방법론(方法論)이 요구되는 것이다. 창의력(創意力)과 전략(戰略)의 관련성(關聯性)은 전략이 제일 먼저 태동(胎動)한 군사 분야에서 생각해 보는 것이 순서일 것이다. '전승불복(戰勝不復)'의 원칙이 말해 주듯 전쟁에서 승리하려면 창의적인 방법으로 전략을 구사해야 한다. 전쟁은 손자(孫子)[18]가 말했듯이 국가존망지도(國家存亡之道)이다. 그러니 한 나라의 운명(運命)이 걸린 전쟁을 기획함에 있어 가용한 모든 수단을 동원(動員)할 것인바, 이미 한번 전장(戰場)에서 사용된 전략(戰略)은 기만성이 보장되지 않아 모두가 알고 있을 것이므로 더 이상 전략으로서의 가치(價値)를 가질 수 없다. 전략이란 자신에게 유리한 경쟁의 틀을 만드는 것이라는 정의에 비춰 볼 때도 기존의 전략은 상대방도 알고 있는 전략이기 때문에 자신에게 유리한 새로운 형태의 경쟁의 틀을 구상한다는 것은 불가능하다. 이처럼 전략은 창의적 아이디어를 필요로 하는데 그 창의를 가능하게 하는 가장 강력한 힘이 통찰력과 직관력이다.

(1) 통찰력

통찰(洞察)의 사전적 의미는 "전체를 환하게 봄, 또는 예리하게 꿰뚫어 봄"이라고 정의되어 있다. 영어로는 insight라고 쓰는데 단어를 찬찬히 뜯어보면 '속을 들어다본다'는 의미다. 따라서 통찰은 어떤 사물(事物)이나 사안(事案)의 전체에 대해 예리(銳利)하게 속을 꿰뚫어 본다는 뜻이 된다. 전략의 대상을 통찰할 능력이 없이 제대로 된 전략을 수립한다는 것은 불가능하다. 사안이 처한 상황을 통찰해야 하고, 사안에 관련된 제반 사실의 관계와 속성을 통찰해야 하며 그 사안이 진행되어 갈 미래를 통찰해야 한다. 통찰력이란 다른 각도에서 보면 사안의 원인과 결과에 대한 관계를 알고 있다는 것에 다름아니다. 어떤 일이 일어나면 그 결과

---

18) 중국 오나라의 병법가 손무를 높여서 부르는 말. 또한 그 병법서를 이르는 말이기도 하다.

가 어떻게 될 것인가를 예측할 수 있는 능력이 통찰력이라고 보아도 틀림이 없다. 전략 수립에서 가장 중요한 인과관계(因果關係)를 명확히 인식하는 것이므로 전략의 전체적 맥락에서 가장 중요한 요소가 바로 통찰력이다. 전략이란 "추구하는 목표를 가장 효율적으로 달성하는 방법론"이며 그 방법론은 "자신에게 유리한 경쟁의 틀로 바꾸는 것"이라는 정의에 비춰 볼 때, 통찰력은 상황을 분석하여 대안을 수립하는 과정에 있어서 가장 핵심적인 능력이다. 또한, 전략을 수립하려면 관련된 사안의 구조(構造)를 훤히 꿰뚫고 있어야 한다. 그 사안의 시작과 끝이 어떻게 될 것인지에 대하여 훤히 꿰뚫어 보는 통찰력이야말로 전략을 수립하는 데 필수 불가결(必須不可缺)의 요소라고 할 수 있다.

그러면 이런 통찰력은 어떻게 키울 수 있을까? 가장 좋은 방법은 직접 경험해 보는 것이다. 그런데 이런 복잡한 21세기 정보화 사회에서 모든 것을 직접 경험한다는 것은 가능하지 않다. 그러므로 간접 경험을 통해서 통찰력을 키울 수밖에 없다. 책을 읽거나 명상(冥想)을 통한 공부를 통해서 세상의 이치를 터득하고 우주 변화의 원리를 알아야 한다. 이런 공부는 동양학 접근 방법이 도움이 될 것이다. 왜냐하면 서양 학문은 개별 사상을 분석·종합하여 결론을 내리는 귀납법(歸納法)이 중심이기 때문에 사안의 본질을 파악하는 데 어려움이 있다. 이에 비해 동양학은 일반론적으로 사안의 본질부터 파악하여 개별 사안에 적용하는 연역법(演繹法)이 중심이다. 그러므로 동양 고전(古典)을 공부하면 우주(宇宙), 천문(天文), 지리(地理), 병법(兵法), 의학(醫學) 등 제반 사항에 대한 깊은 이해를 하게 된다. 귀납적 학문 방식을 중심으로 하는 서양에서는 고도(高度)의 전략가가 배출(輩出)되기가 어렵다. 서양의 전략이란 리델 하트(Liddell

Hart)[19] 이전에는 요즘 기준으로 보면 전술(戰術)이나 작전술(作戰術) 정도에 그칠 뿐이다. 직접 전장에서 현장의 대응조치를 전략이라는 이름으로 불러 온 것에 불과하다. 리델 하트는 아마 『손자병법(孫子兵法)』을 읽고 서양에는 없었던 간접전략이라는 개념을 이해한 듯하다. 제갈량(諸葛亮)이 적벽대전(赤壁大戰)에서 동남풍(東南風)을 이용한 것은 통찰력이 발휘된 아주 좋은 예다. 지어낸 이야기일 수도 있지만, 적어도 제갈량은 동남풍을 불게 만드는 역학적(易學的) 능력을 가지고 있었든지, 아니면 동남풍이 불 것이라는 자연현상의 변화를 알고 있었을 것이다. 그는 자연의 변화에 대한 통찰력을 이용하여 적의 수많은 함선(艦船)을 화공(火攻)으로 침몰시켰던 것이다. 또한, 전략가는 형이상학적(形而上學的)·형이하학적(形而下學的) 차원에서 상대적으로 높은 고지를 점령해야 한다. 상대적으로 높은 고지에 서서 상대보다 더 멀리 보고 일어날 미래의 일을 상정(上程)해야만 그에 맞는 전략적 대안(對案)을 제시(提示)할 수 있는 것이다. 요컨대, 통찰력을 가지면 일의 돌아가는 형편(形便)을 알게 되고, 그렇게 되면 무엇이 문제이고, 문제 해결을 위해서는 무엇이 최적(最適)인지 알게 된다. 역사적으로 위대한 전략가들의 통찰력이 어떻게 발휘되었고 그들은 통찰력을 어떻게 개발했는지를 그 시대적 상황에 입각(立脚)하여 분석해 본다면, 통찰력을 키우는 데 큰 도움이 될 것이다. 예를 들어, 더글러스 맥아더 장군이 인천 상륙작전을 계획할 때, 모든 참모들이 인천의 지리적 불리점을 들어 반대했을 때, "여러분들이 반대하는 그 이유가 내가 인천을 선택하는 이유다."라고 말하면서 인천 상륙작전을 감행(敢行)하여 반격(反擊)의 기회를 잡았다. 참모들에게는 '상륙작전

---

19) Sir Basil Henry Liddell Hart(1895-1970): 영국의 군인, 군사역사학자, 군사이론가. 간접접근 전략 개념으로 유명하다.

교범'에 있는 고려 사항에 따라 인천을 분석한 결과만이 머릿속에서 맴돌고 있을 때, 맥아더 장군은 북괴군 전체의 전투력 상황과 전선(戰線)의 배치(配置), 그리고 적장(敵將)의 생각을 꿰뚫어 보는 통찰력을 가졌던 것이다. 적의 옆구리를 찔러 적을 혼란에 빠지게 만들겠다는 생각과 제공권(制空權)과 제해권(制海權)이 UN군에 있다는 사실, 그리고 북괴군의 병참선(兵站線)이 길다는 전체적 사실을 한눈에 알아보고 전략적 판단을 내린 것이다. 맥아더 장군의 만주 폭격 주장도 장군으로서의 통찰력이라고 생각한다. 아무 생각이 없는 트루먼 대통령의 정치적 의도에 의해서 좌절(挫折)되었지만, 만일 맥아더 장군의 주장대로 만주를 폭격했더라면 중공군의 개입(介入)은 불가능했을 것이고 따라서 6.25 전쟁은 지루하게 3년 동안이나 지속(持續)되지 않았을 것이다. 그렇게 되었더라면 남북이 통일되어 반세기(半世紀)가 넘는 기간 동안 우리 민족이 겪고 있는 고통과 비용은 지불(支拂)하지 않아도 되었을 것이다. 당시의 상황으로는 중공(中共)은 미국에 필적(匹敵)할 수 없었으며 미국이 원하는 바대로 세계사가 움직였을 것이다. 이렇듯 한 집단의 지도자는 물론 국가의 지도자는 반드시 통찰력이 풍부한 사람이어야 한다. 그래야만 그 국민이 불행하지 않다.

길을 가 본 사람은 길을 가 보지 못한 사람보다 통찰력이 깊다. 길을 가 본 사람은 길이 어떻게 이어지고, 노면 상태는 어떤지 등에 대해서 잘 알고 있다. 길을 직접 가 보지 못한 경우라도 산 정상에 올라서서 전개(展開)된 길을 바라보면 길의 윤곽(輪廓)과 방향은 알 수 있다. 이러한 것은 직접 길을 가 본 것에 비해 세세(細細)한 것을 모를 수는 있지만 길의 전체적인 방향을 알고 길을 가는 계획을 세우는 데는 도움이 된다. 산 정상(頂上)에 서 있는 사람에 비해 산자락에 있는 사람은 산 너머 길이 어떻게 전개될지 알 수 없는 것이다. 그러므로 통찰력을 키우기 위해서 우리는 직접 길을 가든지, 아니면 산 정상에 오르든지, 그것도 어려우면 지도(地圖)를 구해서 열심히 지도를 읽고 연구해야 한다.

(2) 직관력

역사상 위대한 인물들은 불확실성(不確實性) 속에서 순간순간 번뜩이는 아이디어로 창조적 전략을 찾아냈다. 이러한 아이디어는 섬광(閃光)과도 같은 통찰력을 통해 생기는 데 이를 '직관(直觀)'이라고 부른다. 직관은 세 가지 유형이 있는데, 그것들은 평범(平凡)한 직관, 전문가적(專門家的) 직관, 전략적(戰略的) 직관으로 구분이 가능하다.

먼저, 평범한 직관은 우리가 흔히 말하는 '육감(六感)'과 같다. 육감이란 좋은 느낌이든 나쁜 느낌이든, 그 결과가 창조적이든, 그렇지 않든 상관없이 특별한 노력을 들이지 않고도 본능적이고 즉흥적(卽興的)으로 느끼는 감정이다. 남자에 비하여 여자의 육감 능력이 탁월(卓越)하다. 본능적 감각의 소지(所持)는 생존에 필요한 인자(因子)가 자연스럽게 축적(築積)되어 하나의 감으로서 전해지는 것이라고 보면 맞다. 이것은 선명(鮮明)하지 않고 다소 모호(模糊)한 느낌으로 나타난다. 그러므로 예민(銳敏)한 사람에게 더 잘 나타난다. 여기서 평범하다는 의미는 보통 사람들 모두가 가지는 직관이라는 뜻이다. 평범한 직관은 타고난 자질이다. 그래서 특별한 훈련이나 노력이 필요한 것이 아니다. 그리고 이 평범한 직관의 영향력은 개인의 영역에 한정된다.

이에 비해 전문가적 직관은 뭔가 익숙한 것을 인식할 때 깨닫는 순간적인 판단을 말하는데, 맬컴 글래드웰(Malcolm Gladwell)이 말하는 '블링

크(blink)'가 바로 이것이다. 또한, 전문가적 직관은 자신의 영역에 전문가가 됨으로써 부수적(附隨的)으로 따라오는 능력으로 해당 분야의 발전을 선도(先導)하거나 문제 발생 시 해결 방안을 제시할 수 있다. 사람은 자신이 하는 일에 능숙(能熟)해질수록 비슷한 문제들을 더 빨리 해결할 수 있는 패턴(pattern)을 인식하게 되는데, 우리가 훈련을 하는 것은 이러한 전문가적 직관을 배양(培養)하기 위해서다. 축구 선수는 이러한 전문가적 직관에 의해서 순간적 판단으로 골대를 향하여 볼을 차며, 야구 선수는 전문가적 직관으로 볼을 때려 낸다. 이처럼 전문가적 직관은 과거에 경험했던 정보들이 뇌(복내측 전전두 피질)에 저장되어 있다가 동일한 사건이 발생하면 그때 느끼는 몸의 내부 정보가 전달되어 그 정보를 근거로 의사결정을 하는 것이다. 동일한 경험이 반복적으로 일어나면 의사결정의 시간이 단축되어 조건반사적으로 행동화 수준에 이르게 된다. 위기의 순간에 전문가가 필요한 이유는 그 긴박(緊迫)한 순간에 섬광처럼 위기를 모면(謨免)할 지혜가 떠오르기 때문이다. 이를 전문가적 직관이라고 하는 이유는 전문가의 경지(境地)에 이르지 않으면 도달할 수 없는 영역이기 때문이다.

마지막으로 전략적 직관이란 오랫동안 고민(苦悶)하고 있던 문제에 대한 해결책이 한순간에 섬광처럼 떠오르는 것을 말한다. 이는 평범한 직관 같은 모호한 감정이 아니고 선명한 생각이다. 그것은 전문가적 직관처럼 빠르지 않고 서서히 일어난다. 섬광처럼 찾아온 깨달음이 오랜 시간 머릿속에 맴돌던 문제를 해결하게 한다. 이것은 익숙한 상황에서 일어나는 것이 아니고 새롭고 낯선 상황에서 작동한다. 혁신가(革新家)들의 혁신, 예술가들의 창조적 아이디어, 선구자(先驅者)들의 비전(vision), 과학자들의 과학적 발견 등이 바로 전략적 직관의 소산물(所産物)이다. 문제 해결을 위해 몰아(沒我) 상태에서 몰입(沒入)을 하면 이러한 경지에 도달할 수 있다. 그렇게 되면 우주의 주파수와 동조(同調)되어 우주의 지혜를 수신(受信)할 수 있게 되는 것이다. 다시 말해 대우주와 소우주(인간)가 동조 상태에 놓여 있는 상황이 된 것이다. 이러한 직관을 전략적이라고 하는 이유는 그 직관이 우주적 차원에 있어, 전략의 속성인 기획성과 기만성의 맥락을 내포(內包)하고 있기 때문이다. 전략적 직관은 사욕(私慾)의 단계를 뛰어넘어 몰입에 단계에 도달하여야 얻을 수 있다. 몰입의 단계에 들어가면 몰아의 상태가 되어서 우주 지혜의 문을 열고 들어간 상태가 된다. 그러니 공공의 이익을 추구하기 위해 노력하는 사람을 우주 지혜의 연락망과 연결해 준 것이라고 생각한다. 즉, 우주 의지가 추구하는 바가 진, 선, 미인바, 우리 인간이 우주 의지(宇宙意志)와 같은 진, 선, 미를 추구하기 위해 몰입을 하면 우주와 인간의 주파수 동조 현상(同調現象)이 일어나 우주 지혜의 장(場)에 들어가게 되는 것이다. 그러므로 전략적 직관은 우리 인류 발전의 새로운 패러다임(paradigm)을 변화시키는 모멘텀(momentum)을 제공하는 역할을 한다. 전문가적 직관은 전략의 실행적(實行的) 측면에서, 전략적 직관은 기획적(企劃的) 측면에서 유용하다.

4) 유연한 사고력

전략적 사고를 뒷받침하려면 유연(柔軟)한 사고(思考)를 견지(堅持)해야 한다. 유연한 사고와 창의력을 지닌 사람이란 빠른 판단력과 상황에 적절히 대응하며 행동하는 사람을 말한다. 아무리 적극적이고 자기개발에 열심인 사람이라도 주어진 상황을 기존의 자기 방식에만 얽매여 보수적으로만 받아들인다면 상황의 타개(打開)는 불가능할 수밖에 없다. 이러한 유연한 사고의 한 방법으로 흔히 쓰이는 것이 역발상(逆發想)이다. '역발상'은 거의 모든 모순(矛盾)상황의 극복에 관건(關鍵)이 되는 원리다. 역발상 한 가지만 제대로 하더라도 좋은 아이디어를 거의 무한(無限)하게 만들어 낼 수 있다. 역발상은 가장 관건이 되는 핵심 요소에 대해 기존 특성을 안 갖게 하거나 거꾸로 변환시키는 것이다. 구체적인 역발상 변환 사례는 "있다면 제거하고 없다면 만들어라. 크다면 줄이고 작다면 키워라. 무겁다면 가볍게 하고 가볍다면 무겁게 만들어라. 길다면 짧게 하고 짧다면 길게 만들어라. 가열했다면 냉각하고 냉각했다면 가열하라. …"처럼 무궁무진(無窮無盡)하다. 이처럼 유연한 사고를 견지하려면 고정관념에서 벗어나야 하는데 그 방법 중의 하나가 변화를 인식하고 받아들이는 것이다. 뿐만 아니라 전략적 상황 자체가 변화 속에서 승리하기 위한 경쟁의 틀을 유리하게 만드는 과정이므로 변화를 자연스럽게 받아들이는 태도는 전략을 기획하고 구사하는 데 중요한 요소다. 그리스의 유명한 철학자 아리스토텔레스는 "만물은 변한다."라고 했다. 세상에 변하지 않는 것은 아무것도 없다. 전략이란 이 변화하는 자연의 이치(理致)에서 어떠한 역할을 하는가? 변화도 자연적인 상태와 우리 인간이 인지하는 것과는 약간의 차이가 있다. 인간이 인지하는 변화는 원하지 않는 방향으로 변화한 것을 지칭하는 경우가 대부분이다. 우리가 원하는 방향으로 변했을 때에는 당연한 것으로서 '발전'이라고 흔히 부른다.

그런데 이렇게 변하는 것은 우리의 관심인 전략과는 어떤 연관이 있을까? 전략은 다르게 말하면 우리가 그 어떤 것을 우리가 원하는 방향과 시간으로 변화시키는 작용이다. 그런데 그 변화 방법이 문제다. 자연에 순응(順應)해서 변화시키면 부작용이 전혀 없지만 자연에 역행(逆行)

해서 변화시키면 반드시 그에 대한 부작용이 나타난다. 우리는 단지 원하는 시간의 변수에 따라 부작용의 정도를 선택할 수밖에 없다. 흔히들 마음이 변했다고 난리를 치고, 음식이 상했다고 소란(騷亂)을 떤다. 만일, 반대로 모든 것이 변하지 않는다고 가정해 보자. 어떤 일이 일어나겠는가? 음식이 변하지 않는다면, 모든 생물은 살 수가 없을 것이다. 우리가 먹은 음식은 입속에 들어가서 위(胃)와 장(腸)을 거치는 동안 소화(消化)되어 영양소(營養素)로 변하는 것이며 그 영양소는 다시 에너지로 변하여 우리를 유지(維持)시켜 주는 것이다. 이처럼 모든 것은 적절한 시간이 지나면 변해야 한다. 쌀이 효모(酵母) 작용으로 변하면 향기로운 술이 되지만 악성 곰팡이가 슬면 썩어서 악취가 난다. 변해야 하는데 변하지 않으면 그것이 오히려 큰 문제다. 지금 공해(公害)라고 난리를 치는 것들은 모두가 원하는 시기에 변하지 않고, 원하는 방향으로 변하지 않기 때문에 생긴 문제다. 근래 환경오염의 주범(主犯)은 변하지 않는 석유화학 물질이다. 그것들은 인간이 인위적(人爲的)으로 조작해 버렸으니 자연에 순응하지 못하여 변하지 않는 것이다. 또 나이가 들어 늙는 것을 막아 보려고 안달하지만, 그것도 늙는 속도를 조금 늦추고 싶은 것이지 전혀 늙지 않겠다는 사람은 없을 것이다. 만약 늙지 않아서 나이가 60세인데도 10세 정도의 아이 얼굴을 하고 있다면 정말 얼마나 민망(憫惘)하겠는가? 한편 사랑하는 사람이 변심(變心)했다고 아우성을 치지만, 그 마음마저도 주위 상황에 맞게 적절하게 변해야 한다. 언제나 처음 만난 당시(當時)와 같은 마음으로 아무 일도 하지 않으면서 좋다고 서로 바라보고만 있다면 어떻게 되겠는가? 처음 만났을 때와 같은 심정으로 평생을 살아간다는 것이 가능할까? 아마 남편이 결혼해서도 연애 시절처럼 선물만 펑펑 사다 나르면 그 아내는 돈을 헤프게 쓴다고 바가지가 이만저만이 아닐 것이다. 이렇듯 만약 변하지 않는 것이 하나라도 있다면 그것은 세상의 이치를 거역(拒逆)하는 것이다. 다만 변화의 속도가 조금씩 다를 뿐이다. 이렇게 보면 우리 인간의 활동 대부분은 그 변화의 속도를 조금 조절하는 것에 다름 아니라는 생각이 든다.

결론적으로 '전략이란 원하는 방향으로의 변화를 기도하는 것'이라고도 정의할 수 있다. 따라서 이 세상은 항상 변화한다는 것을 인식하고 그 변화의 방향성을 아는 것은 전략을 구사하는 데 긴요(緊要)하다. 전략이 필요한 상황은 약자의 입장에서 강자와 대적하거나 경쟁해야 하는 절박한 상황이다. 그 절박한 문제를 해결할 방법을 찾아야 하는데 그것은 현재의 고정관념에서 벗어나서 자유자재로 상상하는 유연한 사고 프레임(frame)이다. 즉, 관련되는 것들을 대체(代替), 모방(模倣), 종합(綜合), 융합(融合)해야 하는데 이때 고정관념에 사로잡힌 사고 프레임으로는 불가능하다. 전략이란 현재의 곤란한 위기상황에서 해결 방안을 찾는 것이므로 주변 환경을 가장 유리한 가용 수단으로 활용해야 한다. 이를 위한 창의적 아이디어를 구하는 것은 경직(硬直)되지 않고 자유자재로 변환이 가능한 유연한 사고를 필요로 한다. 한편 전략을 구사할 때는 이 변화를 알게 하는 것이 좋은 경우가 있고, 모르게 하는 것이 좋은 경우가 있다. 동일한 목표를 놓고 경쟁하는 관계에 있는 군사 전략과 같은 경우에는 상대에게는 변화를 모르게 하는 전략을 구사해야 하고, 동일한 목표를 공통으로 추구하는 관계에 있는 전략 상대에게는 변화를 잘 알게 해야 성공할 수 있다.

5) 지적 수준의 상대적 우위

전략은 간단히 말해서 머리싸움이다. 힘이 약해서 어쩔 수 없이 머리를 써서 꾀를 내는 것이 전략이다. 따라서 많이 아는 사람이 유리하다. 따라서 전략은 지적 수준(知的水準)의 상대적 차이에서 비롯된다. 상대적으로 지적 수준이 높은 사람이 해결해야 할 문제를 바라보는 범위가 더 넓고 크다. 그러므로 그런 사람은 상대적으로 전체적 맥락에서 사고를 하며, 시간적 맥락에서 미래에 어떤 일이 일어날 것인지를 알 수 있다. 전체성과 미래성에 익숙한 사람이 그렇지 못한 사람을 기만하는 것은 쉬운 일이다. 전체적 국면에서, 시간상으로 미래에 일어날 일에 대해 모르는 사람은 상대가 왜 지금 그런 일을 하는지 이해할 수가 없으니 기만을 당하는 것이다. 다시 말해 상대적으로 지적 수준이 높은 사람은 상대를 자기가 원하는 대로 끌고 갈 수 있으므로 전략을 자유자재(自由自在)로 구사(驅使)할 수가 있는 것이다. 예를 들어 전장에서 지형(地形)을 잘 아는 장수(將帥)는 그렇지 못한 장수(將帥)보다 전략을 구사(驅使)하기가 쉽다. 어떤 곳이 유리하고 어떤 곳이 불리한지를 알기 때문에 유리한 지형을 먼저 선점(先占)하여 유리한 경쟁의 틀을 만들 수 있는 것이다. 겨우 12척(隻)으로 330척(隻)의 왜군(倭軍)을 상대해서 대승(大勝)을 거둔 명량(鳴梁) 해전(海戰)에서 이순신 장군은 그 지역 정세(情勢)를 왜군(倭軍)보다 상대적으로 월등(越等)히 많이 알고 있었다. 또 다른 예로 의사는 흔히 환자를 볼 때마다 "어제보다 많이 좋아지셨습니다."라고 전략적으로 말하기를 좋아한다. 왜냐하면 의사는 환자보다 그 병에 대해 월등히 많이 알고 있고 심리적 플라시보 효과(placebo effect)도 알고 있으며, 환자의 상태가 호전되고 있다는 사실을 의사로부터 들었을 때 환자의 심리 상태가 어떠할지를 알기 때문에 그렇게 말한다. 이처럼 상대적으로 우월(優越)한 지적 수준이 전략의 구사(驅使)를 가능케 한다.

6) 인과관계 규명 능력

전략은 경쟁하는 상대나 불특정(不特定) 다수(多數)를 상대로 자신의 의도를 펼치는 과정이라고 볼 수 있다. 어떤 일을 도모할 때 일이 일어나는 원인(原因)과 결과(結果)를 아는 것은 그 문제를 합리적으로 풀어 갈 수 있다는 의미다. 인과관계(因果關係)를 논하기 위해서는 우연(偶然)과 필연(必然)의 문제를 거론(擧論)할 수밖에 없는데, 이 세상에 우연이란 없다고 보는 것이 맞다. 단지 우연이라고 주장할 경우에도 그 원인과 결과를 설명할 수가 없기 때문이다. 각기 일어나는 사안에 대해 원인과 결과를 설명할 수 있느냐 없느냐는 그에 관련된 지식이 결정한다. 관련 지식이 직접경험이면 더욱 좋고 간접경험이라도 있으면 그에 대한 원인과 결과를 이해하고 설명할 수 있어, 그에 따른 대비를 할 수 있는 것이다.

예를 들어 어린아이들이 모르는 것들을 어른들은 안다. 어른들은 직간접적인 학습을 통해서 사물이나 세상이 변하는 이치(理致)를 알고 있기 때문이다. 따라서 어른들은 아이를 상대로 우월한 전략을 수립할 수 있는 것이다. 아이들은 자신이 공부를 하지 않고 놀면 장래 훌륭한 사람이 될지, 안 될지를 모른다. 그러나 어른은 자신이 경험한 결과에 따라 인과관계(因果關係)를 잘 알고 있기 때문에 아이의 성장 과정을 보고 그 결과를 예측할 수 있는 것이다. 그래서 아이의 장래를 위해서 하나의 전략적 수단(手段)으로 야단을 치고, 싫다는 공부를 억지로 시킨다. 또한 바둑의 고수(高手)는 반상에 놓인 바둑돌의 상황에서 하수(下手)가 다음 수를 어디에 놓을지를 안다. 그렇게밖에 놓을 수 없다는 것을 알기 때문이다. 따라서 고수는 그것을 예상(豫想)하고 몇 수 앞을 보면서 포석(布石)을 하는 것이다. 그 포석이 앞으로 어떤 결과를 부를 것인지를 알고 있기 때문이다. 결과적으로 하수는 국면(局面)에서는 유리한 것 같지만, 전체 반상(盤上)을 놓고 보면 패(敗)하게 되는 것이다. 그리고 홍수(洪水)를 방지(防止)하려면 물이 흐르는 길을 알아야만 그에 대한 대책을 마련할 수가 있다. 비가 오면 빗물이 어느 곳으로 모이는지를 알고 그 가장 중요한 병목을 찾아서 막아 두면 되는 것이다.

이처럼 전략은 결과를 유도(誘導)하는 원인이 무엇인지 아는 것이 가장 중요하며 그 원인을 알기 위해서는 다방면의 직접적, 간접적 지식이 필요하다. 특히, 추구(追求)하는 목표를 명확히 간파(看破)하는 능력과 그 목표의 달성에 관련된 사안들을 정확히 아는 것이 필수다. 결국 인과관계(因果關係)가 목표하는 결과에 대하여 원인에 해당하는 전략을 구상할 수 있도록 해 준다. 인과관계(因果關係)는 전략을 성립시키는 공식이다.

7) 시스템에 대한 이해

동서고금(東西古今)을 막론하고 전쟁에서의 승패(勝敗)는 언제나 전투력을 발휘하는 시스템이 어떻게 유지되었는가의 결과로 나타났다. 승리한 측은 자신의 전투력 발휘 시스템을 온전히 유지하여 원하는 전투력이 투사되게 함과 동시에 상대의 전투력 발휘 시스템을 마비시켰다. 고대 전쟁사나 최근의 걸프전 그리고 코소보전에서 나타난 일관성(一貫性)

은 그 나름의 시스템에서 전략적 중심(重心) 역할을 하는 고리를 찾아내어 파괴(破壞), 절단(切斷) 또는 압박(壓迫)함으로써 적으로부터 항복(降服)을 받아 내는 과정이었다고 생각된다. 이러한 것은 전쟁이 아닌 다른 분야에서도 마찬가지다. 경쟁 상대를 이기기 위해서는 경쟁 상대의 시스템을 연구한 후 가장 급소(急所)가 되는 부분을 찾아내어 압박(壓迫)을 가하는 것이 전략이며, 이는 운동 경기에서도 마찬가지다. 개인 경기인 복싱에서는 상대 선수의 몸이 완전한 시스템이므로 상대의 주먹이 나오지 못하게 하는 결정적인 포인트(point)를 찾아 가격(加擊)하는 것이다. 만일 상대의 주먹을 계속 때린다면 이는 아주 어리석은 짓이 될 것이나, 그 대신 옆구리를 가격하여 숨을 쉬지 못하게 하는 것은 전략적 선택이라고 할 수 있다.

작전이 승리에만 골몰(汨沒)하는 데 비해 전략은 승리 후 복구까지를 포함해서 생각한다. 소위 토털 시스템 어프로치(total system approach)다. 시스템 이론이 발전하기 이전에도 시스템은 있었다. 다만 그 시스템을 시스템이라는 사고체계로 이해하지 못했을 뿐이다. 기본적으로 경쟁은 '두 개체 간에서 상대방에게 자신의 의지를 강요(强要)하여 요망 목표를 달성하는 것'이라고 할 때, 피아 간에 손실(損失)이 가장 적은 것이 가장 바람직하다. 경쟁이 끝나고 정상(正常)으로 돌아가기 위해서는 손실(損失)이나 손상(損傷)을 회복(回復)해야 하는데 경쟁 중 많은 손실이나 손상이 발생했다면 그것은 큰 부담(負擔)으로 남는 것이다. 그렇다면 어떻게 하는 것이 가장 좋은가? 답은 간단하다. 목표 달성을 위해 경쟁에 소요되는 파워 투사(投射) 시스템(power projection system)을 상정(上程)하고 그 시스템의 작동에 가장 중요한 요소(vital element)를 선정한 후, 목표 달성에 시스템이 어느 정도 마비(痲痺)되는 것이 가장 적절한가 하는 문제를 결정하고, 중요한 요소(군사적으로는 중심(重心)[20], center of gravity)를 압박할 것인가, 파괴할 것인가 하는 것을 결정하면 된다. 따라서 파워 투사 시스템의 중요한 요소 또는 핵심 요소를 압박함으로써 상대방에게 항복을 받아 낼 수 있다면 그 이상 좋은 방법은 없다. 호신술(護身術)이 가장 적절한 사례가 될 것이다. 호신술(護身術)이란 상대방의 급소를 압박하거나 비틀어서 상대가 전혀 힘을 쓰지 못하게 하는 기술이다. 그러니 호신술을 하는 사람은 상대방의 급소를 정확히 알고 있다는 것이다. 만약, 호신술 사범이 급소를 파악하고 있듯이 군 지휘관이 적의 중심(重心)을 파악하는 능력을 가지고 있다면, 그 지휘관은 진정으로 명지휘관이 될 것이다. 비유하자면, 신체는 하나의 완벽한 파워 투사 시스템이다. 신체 시스템에서 급소는 군사적 차원에서는 중심(重心)이다. 호신술은 급소를 일시적으로 압박, 시스템이 작동하지 못하게 하여 치한(癡漢)으로부터 자신을 방호하는 기술이다. 그런데 급소를 압박하거나 비틀어서 일시적으로 시스템을 마비(痲痹)시키는 것만으로는 목적을 달성하기 어려운 경우도 있다. 이때는

---

20) 작전 전략을 수립할 때 가장 중요하게 거론되는 것이 전략적 중심이다. 그것은 곧 전략적 표적으로 활용된다. 이러한 상황에서 전략적 중심은 하나일 수도 있고 그 이상일 수도 있다. 그렇다면 다수의 전략적 중심에서 우선적으로 타격해야 할 중심은 어느 것일까를 결정하는 것이 중요하다. 여기에 적용됨 직한 공식이 하나 있는데 그것은 다중회귀 분석(multi-regression) 방정식이라고 생각한다. 다중회귀 분석 방정식은 다음과 같은 형식으로 구성된다. "$Y = ax_1 + bx_2 + cx_3 \cdots$"

이때 a, b, c…는 가중치로서 Y에 영향력을 미치는 정도를 나타낸다. 만약 전쟁 승리의 목표를 Y로 가정하고 각 전략적 중심의 요소가 x1, x2, x3, …라고 가정할 때 a, b, c …는 각 전략적 중심이 전쟁 승리에 미치는 영향력의 정도를 나타낸다. 그러므로 a, b, c, …의 숫자, 즉 가중치가 높은 순위대로 타격을 가하는 것이 타당하다. 그런데 이러한 방정식으로 시스템을 구성할 때 반드시 유의해야 할 사항은 전략적 중심이라고 선정한 요소(FACTOR)가 각각 독립적으로 상관성이 없어야 한다는 점이다. 따라서 전략적 중심을 선택할 때는 각 요소가 독립적으로 서로 간의 상관관계가 없도록 하여야 한다. 그럼에도 불구하고 대개의 경우 전략적 중심을 나열하는데 그 급이 다른 경우가 없지 않다. 만일 위와 같은 방법으로 전략적 중심을 구성하여 시스템화한다면 전략적 공격을 하는 데 아주 유용할 것이다.

급소를 가격하여 영원히 시스템이 정상적으로 작동하지 못하게 해야 되는 경우이다. 이러한 것은 언제나 설정한 목표를 정점(頂點)으로 어떠한 시스템을 구성하느냐에 달려 있는 것이고 이 작업은 전략가의 몫이다.

위에서 예로 든 신체적 시스템은 심리적인 시스템까지 확장될 수 있다. 상대에게 진정으로 항복(降服)을 초월하여 승복(承服)을 받아 내려면 신체와 연관하여 상대의 심리적 시스템까지 포함한 시스템으로 상정(上程)하여 심리적, 신체적 급소를 압박할 것인가, 파괴할 것인가를 결정하여야 한다. 그 가격(加擊)의 정도(程度)는 언제나 목표에 달려 있는 것이다. 이렇게 볼 때, 최고의 전략은 시스템 마비이다. 전쟁에서 피아(彼我) 최소의 희생으로 전쟁의 목적을 달성하는 것은 모든 사람들의 관심사(關心事)다. 적의 전투력을 무력화(無力化)시키는 방법으로 가장 좋은 것은 적(敵)의 전력 투사 시스템을 마비시키는 것이다. 구체적으로 적의 전투력 투사 시스템의 핵심(核心) 노드(node)를 식별(識別)하여 파괴(破壞)하면 이는 마비될 것이다. 그런데 핵심 노드를 어느 정도로 파괴하면 좋을까 하는 것이 문제인데, 그에 대한 개략적(槪略的)인 답을 줄 수 있는 힌트(hint)가 영화 〈다이하드 4.0〉에 있다. 이 영화는 테러리스트(terrorist)는 모든 사이트(site)를 공격할 필요가 없고 중요한 허브(hub)만 잘 알고 공격할 경우 전체 네트워크(network)를 마비 상태로 만들 수 있다는 것을 보여준다. 즉, 인터넷의 구조를 잘 알고 있는 누군가가 중요한 노드 1%만 공격해도 전체 인터넷 기능의 절반(折半)이 마비되고 4% 정도를 공격하면 인터넷은 연결이 완전히 끊긴 조각으로 파편화(破片化)될 수 있다는 것이다. 이것이 시사(示唆)하는 바는 전쟁에서도 전력 투사 시스템의 핵심 노드인 중심(重心)을 4%만 파괴해도 적(敵)은 전투 단위(戰鬪單位)가 파편화(破片化)되어 전투력 투사가 불가능할 것이라는 결론에 이를 수 있다

는 것이다. 이러한 현상은 전투력이 첨단화(尖端化)하면 할수록 심화될
것이다.

8) 심리 연구 및 문화 이해

전략이란 기본적으로 힘(muscle power)이 모자라니까 머리로 꾀를 내
서 싸우는 방법론(方法論)이다. 여기서 싸움이란 외연(外延)이 크게 확대된
모든 형태의 경쟁을 말한다. 그 경쟁은 지극히 사소한 것으로부터 극단
적인 선택을 할 수밖에 없는 전쟁에까지 이른다. 따라서 전략을 '유리한
경쟁의 틀로 바꾸는 것'이라고 정의하였다. 이 정의에 따르면 모든 경쟁
관계에 있는 상황에서 적용되는 모든 전략이 설명 가능하다. 전략은 '머
리를 써서 꾀를 생각해 내는 것'이므로 전략의 주체는 사람이고, 더 구체
적으로는 사람의 두뇌(頭腦)다. 조직도 전략의 주체가 될 수 있지만 그 조
직을 움직이는 주체는 결국 사람이므로 주체를 사람으로 한정(限定)해도
무방하다. 결국 어떤 전략은 그 어떤 사람의 두뇌 작용이며, 그 두뇌 작
용에 상당한 영향을 미치는 것이 심리다. 명석(明晳)함이나 지식 또는 지
혜(智慧)도 결국은 그 사람의 심리를 바탕으로 작용하므로 심리는 아주
중요하다. 전쟁에서 성공하는 전략들은 전통적이든 비전통적이든 시대
를 초월한 심리학에 기반한다.[21] 그럼에도 불구하고 전략가들이 심리학
을 공부하는 경우는 흔하지 않다. 기껏해야 전략에 관한 사례연구(事例研
究)를 읽고 분석(分析)하는 수준이 대부분이다. 물론 그 방법이 완전히 틀

---

21) 로버트 그린(안진환 · 이수경 역), 『전쟁의 기술』(서울: 웅진하우스, 2007), p. 19.

렸다는 것은 아니다. 사례연구는 전략을 이해하는 데는 아주 좋은 한 가지 방법이다. "전승불복(戰勝不復)"이라는 경구(警句)가 있지만 앞선 사례를 활용하여 새로운 상황으로 벤치마킹하면 좋은 전략을 만들 수 있다. 그러나 진정으로 창의적인 전략을 구사(驅使)하려고 한다면 경쟁 상대의 수장(首長) 또는 경쟁 상대의 집단이 갖는 심리를 파악하는 것이 중요하다. 왜냐하면 심리란 사고(思考)와 행동 방식(行動方式)의 배경으로서 작용하기에 그것을 안다면 사고와 행동 방식을 예측할 수 있기 때문이다. 이러한 심리가 집단화하여 일정한 패턴(pattern)으로 나타나면 그 집단의 문화라는 이름으로 명명(命名)된다. 미국이 이라크전(戰)에서 고전(苦戰)한 이유는 이라크 사람들의 심리를 잘 몰랐기 때문이다. 그들의 사고 방식과 행동 양식(行動樣式)을 이해하지 못하여 평전작전(平定作戰)이 성공적이지 못했던 것이다. 또한, 심리를 더 적극적으로 말하면 사람의 마음을 움직이는 기제(機制, mechanism)다. 그러므로 경쟁 상대의 심리를 적극적으로 공부하는 것은 아주 중요하다. 예를 들어 '후광효과(後光效果)'에 크게 매몰(埋沒)된 사람이라면 이를 이용할 전략을 구사할 수 있고, 고정관념이 강한 사람과 세상의 변화에 적극 적응하려는 융통성 있는 사람은 경쟁 상대로서 판이(判異)한 전략적 대상이다. 그러므로 전략가는 경쟁 상대의 심리를 파악하기 위하여 사람의 심리를 깊게 연구하는 것이 좋다.

또한, 전략적 판단이나 전략 수립에는 문화 역시 중요하다. 왜냐하면 문화에 따라 동일한 사건(事件, event)에 대하여 인식(認識)하고 해석(解析)하는 방법이 다르며, 그에 기초한 행동의 결과는 전혀 다른 결과를 초래하기 때문이다. 특히 전략적인 사안(事案)에 영향을 미치는 것은 전략의 대상에 포함된 사람들의 사고방식으로부터 가장 큰 영향을 받는다. 합리적(合理的) 사고방식을 가진 집단에서는 전략적 행위에 대한 결과가 쉽게 예견된다. 그러나 합정적(合情的) 사고방식 속에서 살아가는 집단에서는 전략적 행위의 결과에 대한 예측이 정말 어렵다. 그래서 우리나라의 공무원들이 불쌍하다는 생각을 가끔 한다. 정책을 입안(立案)하여 실행해 보면 그 결과는 전혀 다른 방향으로 나타나는 경우가 많다. 그러므로 자신(自信) 있게 정책을 입안하여 실행하기가 힘이 드는 것이다. 우리의 문화는 너무 정서적(情緒的) 경향이 높다. 합리성과 합법성(合法性)보다는 누가 피해자인가에 더 중점(重點)을 둔다. 흔히 잘못을 저질렀을 경우 책임을 회피(回避)하기 위해 자살(自殺)을 택하는 경우가 있는데, 자살을 하고 나면 그 자살자의 잘잘못은 덮어 두고 거론(擧論)하지 않는다. 그러나 합리적 사고의 서양 문화는 끝까지 자신의 결백(潔白)을 밝히려고 노력한다. 만약 잘못이 없으면서도 자살을 하면 그 잘못을 인정하는 결과가 된다. 우리 사회에 나타나는 현상들을 보면 자신의 처지(處地)를 약자로 과장(誇張)하여 동정심(同情心)을 유발(誘發)하려는 경향이 많으며 실제 그런 효과를 보고 있는 것도 사실이다. 그래서 우리나라에서 전략을 수립할 경우에는 동정심(同情心)을 유발(誘發)하는 전략이 필요할 것이라는 생각마저 든다. 미국이 이라크전에서 고전했던 것도 기독교 문화가 이슬람 문화를 이해하지 못한 데서 비롯된 것이다. 이렇듯 해외 원정군(遠征軍)이 전쟁의 승리를 위해서 전략을 수립할 경우에는 문화적 요인을 가장 크게 고려해야 한다. 전쟁의 최종 단계인 평정 단계(平定段階)의 실패는 전쟁 종결을 어렵게 만들 뿐만 아니라 전쟁 전체를 실패하게 할 수도 있다. 그러므로 문화는 전략 수립에 아주 중요한 요소다.

7.
전략 수립 방법

'유리한 경쟁의 틀을 만드는 것'이라는 전략의 개념을 이해했다고
해서 전략을 수립(樹立)할 수 있는 것은 아니다. 유리한 경쟁의 틀을 만
드는 방법을 알아야 한다. 전략은 목표, 개념, 수단으로 구성되어 있으
므로 이 구성 요소를 경쟁에 유리하도록 변경하면 가능하다. 이에 부가
하여 전략은 인간이 구사하는 것으로 인간이 살아가는 시 · 공간에 존재
하므로, 시 · 공간을 유리하도록 바꿔도 가능하다. 따라서 경쟁의 목표
를 유리(有利)하게 바꾸면 전략 목표가 되고, 경쟁하는 개념을 유리하게
바꾸면 전략 개념이 되며, 경쟁의 수단을 유리하게 바꾸면 전략 수단이
된다. 그리고 경쟁할 시간을 유리하게 바꾸면 전략적 시간이 되고 경쟁
할 장소를 유리하게 바꾸면 전략적 장소가 된다. 요컨대 자신의 장점(長
點) 발휘(發揮)가 용이(容易)한 반면 상대방의 장점 발휘가 곤란하도록 목
표, 개념, 수단, 시간, 공간을 변경하면 유리한 경쟁의 틀을 만들 수 있
다. 이 다섯 가지 요소 중에서 하나 이상을 유리하게 바꾸면 전략이 될
수 있는데 더 많은 요소를 바꾸면 더 나은 전략이 될 수 있다. 한 가지보

다 두 가지를 바꾸면 전략의 효과는 2배가 되고 세 가지를 바꾸면 4배, 네 가지를 바꾸면 8배가 되며 다섯 가지 모두를 바꾸면 16배의 효과를 얻을 수 있다. 그리고 바꾸는 순서는 공간, 시간, 수단, 개념, 목표 순이 좋은데, 그것이 현실적으로 변경이 용이한 순서이기 때문이다. 즉, 시간과 장소는 인간이 살아가면서 항상 접하는 요소이기 때문에 전략의 구성 요소보다 바꾸는 것이 쉬운데, 무형적 요소인 시간보다는 유형적 요소인 공간이 더 쉽다. 누구나 공평하게 누릴 수 있는 시간보다는 선택에 의해서 상대적 우위를 차지할 수 있는 공간을 변경하기가 쉬운 것이다. 그리고 다음은 전략의 구성 요소 중에서 비교적 가시적(可視的)인 수단의 변경이 더 용이하다. 상대가 가지지 못한 수단을 찾거나 만들면 되기 때문이다. 개념은 주어진 시·공간에서 수단을 가지고 어떻게 경쟁할 것인가의 문제이므로 상대가 눈치채지 못할 개념 자체를 만드는 것도 어렵지만, 그 개념을 운용하기 위해서는 유관 조직의 구성원들이 이해하고 행동할 수 있도록 교육하고 훈련을 해야 한다. 따라서 경쟁의 방법인 개념은 수단보다 변경이 어렵다. 목표는 전략의 출발점이자 근본 방향이므로 마지막으로 변경을 고려하는 것이 좋다.

이를 부연(敷衍) 설명하면 다음과 같다. 먼저 공간적 요소를 변경해 보자. 상황을 수직적으로 또는 수평적으로 확대해 보면 문제 해결 방향이 보이는데 가시적이거나 비가시적인 상황에서 동일하다. 쉬운 말로 하면 경쟁의 장소를 바꿔 보는 것이다. 보통 두 사람이 맨손으로 싸운다면 높은 곳에 있는 사람이 유리하다. 따라서 고대 전투는 서로 높은 곳을 차지하려고 애썼다. 6.25 전쟁에서도 피아 간에 서로 고지를 점령하려고 숱한 공방전(攻防戰)을 벌였다. 전장에서 행해지는 모든 기동은 이처럼 유리한 공간을 차지하려는 노력의 일환(一環)이다. 기업 간 경쟁에서도 마찬가지다. 상대와의 경쟁에서 불리하면 그 업무 영역을 변경시켜서 유리한 상황을 만들어 경쟁하는 것이다. 예를 들어 일본의 모 기업은 전자제품 생산의 영역에서는 경쟁이 되지 않아 전자제품 수리(修理) 영역(領域)을 개척(開拓)하여 세계 1위의 경쟁력을 가진 기업으로 발전하였다.

　　이와 같이 공간적으로 확대하여서도 해결이 되지 않을 경우, 시간적으로 확대하면 경쟁의 틀을 바꿀 수 있다. 사안이 관련되는 최대의 시점까지 미래로 확대하여 그 문제를 생각해 보면 답이 보인다. 시간적 요소를 변경해서 유리한 경쟁의 틀을 만드는 것은 자연의 변화를 이용하여 때를 기다리는 방법이다. 바로 지금 이 시간에는 도저히 경쟁할 수 없는 불리한 여건이라면 자신의 장점이 발휘될 수 있는 그때까지 기다리는 것이다. 세상의 이치에 따르면 지금 상황에서는 불리한 것도 시간이 지나면 오히려 약점에서 장점으로 변할 수도 있다. 예를 들어 앞을 못 보는 장님은 빛이 있는 낮에는 정상인과의 경쟁에서 불리하지만 시간이 지나서 밤이 되면 정상인보다 유리해진다. 장님에게 빛은 있으나마나 한 것이지만 정상인에게는 절대적 조건이다. 그러므로 빛이 없는 상황에서는 감각으로 살아온 장님이 정상인과의 경쟁에 절대적으로 유리해지는 것이다. 또 지독히도 추운 러시아의 겨울은 일상생활에는 심히 불편하지만 침략군을 격퇴하는 데는 이만한 수단이 없다. 나폴레옹이나 히틀러가 모스크바를 침공했을 때, 러시아는 겨울까지 기다려 동장군(冬將軍)으로 하여금 이 적들을 물리치게 만들었다. 러시아는 여름에 침공(侵攻)한 적들에게 공간(空間)을 내어주면서 시간(時間)을 벌어 겨울이 오기를 기다렸다. 겨울이 되자 우세(優勢)했던 적들은 추위를 견디지 못해 스스로 물러났다. 러시아는 겨울의 추위를 이용하여 유리한 경쟁의 틀을 만든 것이다. 추위에 단련된 러시아인들에게 여름 장비로 무장한 원정군(遠征軍)과의 최선의 대결은 맹추위의 겨울까지 기다려 유리한 경쟁의 틀을 만드는 방법이었던 것이다. 강태공이 자신의 역량을 펼칠 상황이 되지 않으니 미끼도 없는 낚싯대를 드리우고 앉아서 자신의 능력이 인정받을 때까지 기다린 것 역시 시간적 요소를 변경시켜 유리한 경쟁의 틀을 만들기 위한 노력이었다.

공간적, 시간적 요소를 변경해도 유리한 경쟁의 틀을 만들 수 없는 상황이라면 그다음은 수단적 요소의 변경을 고려해 보아야 한다. 상대가 갖지 못하는 수단으로 경쟁하겠다는 것이다. 다윗은 골리앗과의 싸움에서 새로운 수단인 슬링으로 싸워 이겼다. 이처럼 상대보다 우위의 수단을 비밀리에 준비하는 것은 수단적 요소를 변경하여 유리한 경쟁의 틀을 만들려는 노력이다.

다음 단계는 아무리 따져 봐도 자신에게 마땅한 수단이 없을 경우, 현재 가지고 있는 수단을 사용하는 방법인 개념적 요소를 변경시켜 보는 것이다. 다시 말해 수단적 요소의 변경으로도 유리한 경쟁의 틀을 만들 수 없을 때에는 경쟁하는 방법의 변화, 즉 개념의 변화를 시도해야 한다. 무기체계 변화가 별로 없었던 고대부터 중세까지 많이 사용된 방법이다. 우리가 흔히 전사에서 교훈으로 삼는 대부분의 전쟁은 이렇게 개념적 요소를 변경하여 승리한 경우이다. 마라톤 전투나 칸나에 전투가 대표적인 사례인데, 기존의 정면대결(正面對決) 개념을 포위기동(包圍機動)의 개념으로 변경하여 유리한 경쟁의 틀을 만들어 승리한 것이다.

마지막으로 위의 네 가지를 모두 변경해도 유리한 경쟁의 틀을 만드는 것이 불가할 때에는 목표 요소 변경을 고려해야 한다. 이것은 최후의 수단으로서 전략 목표 자체를 변경하여 완전히 다른 판을 만들어 유리한 경쟁의 틀을 만드는 것이다. 전략 목표를 변경하는 것은 가장 큰 변화를 초래하는 것이므로 중대한 결단이 필요하다. 이것은 전체 국면 또는 패러다임(paradigm)을 완전히 변경하는 것을 의미한다. 선정된 전략 목표로서는 원하는 것을 달성할 수 없을 경우에는 더 상위의 목표 또는 궁극적 목표를 재분석하고, 그 목표의 구현에 적합한 전략적 목표를 재설정(在設定)함으로써 유리한 경쟁의 틀을 만들 수 있다. 이상의 방법에 대한 이해를 돕기 위하여 사례를 들어 설명하고자 한다.

1) 공간 요소 변경

(1) 살수대첩

살수대첩(薩水大捷)은 제1차 임유관 전투[22]에 이어 612년에 벌어진 제2차 고구려와 수나라 간의 전쟁으로, 고구려의 승리로 끝난 살수(청천강)에서의 전투이다. 제2차 고(高)·수(隋) 전쟁은 고구려가 전략 요충지(要衝地)인 요서(遼西) 지방을 선제공격(先制攻擊)한 것을 계기로 시작되었다. 수양제(隋煬帝)는 고구려가 돌궐과 내통(內通)하여 수나라에 대항하는 것을 알고 612년 1월 113만 대군(大軍)을 이끌고 고구려를 침공하였다. 육군은 요하에서 출발하여 요동성(遼東城)으로, 수군은 산동에서 출발하여 대동강을 거슬러 평양(平壤)성으로 향하였다. 그해 4월 요하를 건넌 별대(別隊)는 양제의 지휘하에 고구려의 요새인 요동성을 포위 공격하

---

22) 고구려와 수나라 간의 제1차 전투이다. 임유관(현재 중국의 산해관)을 중심으로 강이식 장군이 수나라군 30만 병력을 물리쳤다고 한다.

였다. 그러나 고구려의 성군(城軍)이 강하게 저항하자 조급해진 수양제는 다시 별동대 305,000명을 압록강 서쪽에 집결시켜, 단숨에 평양성을 공격하려 하였다.

이때 고구려 장수 을지문덕(乙支文德)은 거짓으로 항복하여 적진(敵陣)에 들어가 적의 허실(虛實)을 보았는데, 적장(敵將) 우중문(于仲文)은 을지문덕을 사로잡고자 하였으나 유사룡(劉士龍)의 말을 듣고 돌려보냈다. 돌아온 을지문덕이 청야작전(淸野作戰)으로 대응하자, 우중문(于仲文)과 우문술(宇文述)은 을지문덕을 돌려보낸 것을 후회하고 압록강을 건너 쳐들어왔다. 그러자 을지문덕은 하루에 적과 일곱 번을 싸웠지만 계속 거짓으로 패퇴(敗退)하였다. 적장들은 을지문덕의 유도작전(誘導作戰)을 눈치채지 못하고 살수(薩水)를 건너 평양성 북쪽 30여 리 지점까지 추격하였다. 이때 을지문덕은 우중문에게 자신의 의지를 드러내는 시(詩)[23]를 한 수 써서 보냈다. 그때서야 수나라군은 비로소 꼬임에 빠진 것을 알아차렸다. 장거리 진격(進擊)으로 인한 피로(疲勞)와 군량(軍糧) 부족으로 수나라군이 후퇴하자 을지문덕이 지휘하는 고구려군은 반격하여 추격을 시작하였다. 살수(薩水)에 도착한 수나라군은 수심이 얕은 것을 보고 강을 건너기 시작했다. 수나라군이 반쯤 건넜을 때 고구려군은 물을 막아 두었던 둑을 터뜨렸다. 계획된 고구려군의 수공(水攻)에 수나라군은 물에 휩쓸려 떠내려갔고 뒤를 이은 고구려의 기병(騎兵) 공격으로 수나라 장수 신세웅(辛世雄) 등 수많은 사상자(死傷者)를 냈다. 출병(出兵)한 별동대(別動隊) 305,000명 중에 생존자는 2,700명에 불과했다고 전한다.

수양제는 고구려군을 격멸하고자 대군을 이끌고 직접 전투 위주 경

---

23) "여수장우중문시(與隨將于仲文詩), 神策究天文(신책구천문), 妙算窮地理(묘산궁지리), 戰勝功既高(전승 공기고), 知足願云止(지족원운지)."

쟁의 틀로 계속 공격하였다. 이에 대하여 을지문덕 장군은 열세(劣勢)인 고구려 병력으로 대규모의 수양제군과 직접 대적하는 것은 승산이 없다는 것을 분명히 인식하고 고구려군에게는 유리하고 수나라군에게는 불리한 패러다임을 찾아 골몰하였다. 그 결과 병참 문제에서 그 답을 찾았다. 교통 인프라(infrastructure)가 열악(劣惡)한 당시에 많은 군사력을 유지하기 위해서는 병참선 유지가 가장 중요한 사항이었다. 따라서 수나라의 병참선을 신장(伸長)시키기 위하여 거짓으로 패한 척하며 적을 깊숙이 유도해서 끌어들이는 한편, 수나라군이 사용 가능한 모든 병참 물자를 불태워 버리는 청야전술(淸野戰術)을 구사하였다. 그 결과 수나라 군은 '고구려군과 전투하는 경쟁의 틀'에 부가하여 신장된 병참선을 유지하기 위하여 '자연환경과의 경쟁의 틀'에서도 싸워야 하는 이중의 경쟁의 틀 속에 놓였다. 을지문덕 장군은 수나라와의 전쟁에서 '경쟁의 공간을 변경'함으로써 고구려에게 유리한 경쟁의 틀을 만든 것이다. 수나라군은 신장된 병참선을 유지할 수가 없어서 부득이 철군(撤軍)을 선택하지 않을 수 없었다. 을지문덕 장군은 나아가 철군하는 수나라군을 살수 도하(渡河) 시에 궤멸(潰滅)시키겠다는 작전 전략으로 수공을 택하여 승리하는 대첩을 이룩하였다. 패퇴하는 적을 살수에서 궤멸시키기 위해서 작전 공간을 변경함으로써 유리한 경쟁의 틀을 다시 한 번 더 만든 것이다.

(2) 명량대첩

명량대첩(鳴梁大捷)은 1597년 9월 16일 전라남도 진도군 명량 수로에서 토도가 지휘하는 왜군(倭軍) 함선 330척을 맞아 이순신 장군이 단 12척의 함선으로 대승을 거둔 전투다. 원균이 지휘하던 조선 수군이 칠

천량 해전에서 와해되자, 조정(朝廷)은 도원수(都元帥) 권율 휘하에서 백의종군(白依從軍)하던 이순신을 7월 22일 다시 수군통제사(水軍統制使)에 복직시켰다. 이순신은 장흥 회령포에서 9척의 함선과 120여 명의 수군을 수습(收拾)하고, 진도 동북쪽 벽파진에서 함선 3척을 더 수습하여 모두 12척의 함선을 거느렸다. 토도가 지휘하는 왜 수군은 왜선 330척으로 9월 7일 해남 반도의 어란포에 진출해 있었다. 이들은 진도와 화원 반도 사이의 명량 수로를 통과하여 서해안으로 진출하여 북상하는 육군을 호응(呼應)하기로 되어 있었다. 명량 수로는 폭이 좁고 조수(潮水)의 간만(干滿) 시 유속(流速)이 매우 빠른 곳이었다. 왜 수군이 어란포에 이르렀다는 보고를 받은 이순신 장군은 9월 15일에 진영(陣營)을 명량 서쪽의 전라좌수영(左水營)으로 옮기고, 간만 시에 조류(潮流)가 역류(逆流)하는 현상을 이용하여 이곳에서 왜 수군을 격파하기로 하였다. 그리고 수중(水中)에는 쇠사슬을 쳐 놓아 조류(潮流) 역류(逆流) 시 배가 함께 엉키도록 하였다.

드디어 9월 16일, 왜 함선 130여 척이 명량 수로로 진입하였다. 이에 이순신 장군은 휘하(揮下)의 모든 함선 12척을 이끌고 명량 수로 서쪽 출구를 봉쇄(封鎖)하였다. 밀물을 타고 명량 수로 동쪽 입구로 진입한 왜군 함대가 일렬종대로 수로를 통과하여 선두가 서쪽 출구에 도달하였을 무렵, 밀물이 썰물로 바뀌어 조수가 역류하기 시작하였다. 이때, 이순신 장군은 피란선(避亂船) 1백여 척을 배후(背後)에 전개(展開)시켜 주력(主力) 함대가 있는 것처럼 위장(僞裝)한 가운데, 12척의 함선 등으로 왜군 함대의 선두(先頭)를 공격하였다. 지자포(地字砲), 현자포(玄字砲) 등으로 왜군 함선을 격파하면서, 화살로 선상(船上)의 적병(敵兵)을 사살(死殺)하였다. 왜군 함대는 역류하기 시작한 조수의 급류에 휩쓸려 그들 함선끼리 부딪치고, 조선군 함선으로부터 화포 공격을 받아 혼란에 빠졌다. 이 와

중(渦中)에서 조선군 함선은 단 한 척의 피해도 없이 31척의 왜군 함선을 격침(擊沈)시키고, 적장 토도에게 중상(重傷)을 입혔다. 또한 이순신 장군은 평소와 같이 척후병(斥候兵)을 전방으로 보내 왜군의 움직임을 철저히 파악하고 그들이 서해안으로 진출하리라는 판단을 하고 있었다.

단 12척으로 330척과 대적한다는 것은 상식적으로 불가능하다. 그러나 이순신 장군은 오로지 나라를 구해야 한다는 긍정적 신념으로 유리한 전장을 만들기 위해 고심(苦心)한 결과, 일렬종대로 진출할 수밖에 없는 좁은 명량 수로를 결정적 장소로 택하였다. 동시에 명량 수로의 빠른 조수(潮水)를 이용하기 위하여 공격 개시 시간까지 조절함으로써 많은 왜선이 전투력을 제대로 발휘할 수 없게 만들었다. 또한 왜군의 장기인 근접전을 피하고 화포와 화살로 공격하는 원거리 전투를 계획하였으며, 당시의 함포는 명중률이 떨어지기 때문에 이를 보완하기 위하여 표적(적함)을 크게 만들고자 쇠사슬을 바다 밑에 설치하였다. 정리하면, 이순신 장군은 세계 해전사(海戰史)에 빛나는 전략가답게 '정면 대결 경쟁의 틀'을 회피하고 약 30:1의 열세를 우세한 상황으로 만들기 위해 지리적으로 유리한 명량 수로를 선택하였고, 조수의 급속한 역류를 이용하기 위한 시간을 적절히 활용하였으며, 화력전 위주의 전투를 실시함으로써 '이순신 장군에게 유리한 경쟁의 틀'로 만들어 대승을 거두었다. 그는 12척으로 330척을 이기기 위해 열린 공간이 아닌 좁은 공간에서 조수가 빠르게 흐르는 명량을 결전의 장소로 택하여 유리한 경쟁의 틀을 만든 것이다.

2) 시간 요소 변경

(1) 나폴레옹의 러시아 원정

　1810년 유럽 대륙은 악천후(惡天候)에 의한 농산물 부족과 산업의 피폐(疲弊) 등으로 경제위기에 직면하게 되었는데, 나폴레옹은 그 근본 원인을 대륙 봉쇄에 불응(不應)하고 영국과 밀무역(密貿易)을 자행(恣行)하는 러시아에서 찾으려고 했다. 러시아의 알렉산더도 유럽과 아시아에 대제국(大帝國)을 건설하고자 하는 야망(野望)을 가지고 있던 터라 양국의 일전(一戰)은 불가피하였다. 이윽고 나폴레옹은 450,000명의 대군을 이끌고 원정길에 나섰다. 그는 1812년 5월에 진격(進擊)을 개시하여 6월 24일에 니멘 강에 도착하였다. 나폴레옹은 순조롭게 공격하여 사흘 후에는 비르나에 도착하였는데, 러시아군은 나폴레옹과의 결전(決戰)을 회피하고 서서히 후퇴를 실시하여 장기전으로 대항하고자 결심하여 그 3일 전에 이미 비르나에서 철수해 버렸다. 비르나 지방은 건조하고 일기가 불순한지라 때마침 폭서(暴暑)와 호우(豪雨)가 엄습(掩襲)하자 주민들이 떠나버려 황무지(荒蕪地)가 되어 버렸다. 식량 현지 조달(現地調達) 원칙하에 전투하는 나폴레옹군은 규정상(規定上) 2주일분밖에 휴대하지 못한 관계로 식량이 부족하여 큰 고통을 겪게 되었다. 뿐만 아니라 폭서(暴暑)로 인한 일사병(日射病) 환자가 속출(續出)하고 군마(軍馬)가 병들어 죽는 등 심각한 피해가 나타났다. 나폴레옹은 러시아군의 주력이 비테브스크에서 결전을 시도할 것이라는 포로의 진술(陳述)을 믿고 뮤라를 총사령관으로 하는 공격을 감행(敢行)했으나, 이미 러시아군은 스몰렌스크를 향해 질서 정연히 후퇴하고 있었다.

러시아군의 후퇴 작전과 초토화(焦土化) 작전으로 보급 문제에 어려움을 겪은 나폴레옹군은 비테브스크에서 현지 조달을 실시하여 10일분의 식량을 준비하였다. 그동안 발생한 자연적 손실과 신장된 병참선 유지를 위해 후방에 남겨 둔 병력 등을 제외하면 나폴레옹의 주력은 최초 출발할 당시와 비교해 절반 수준인 230,000명으로 감소되었다.

한편 스몰렌스크는 9-12세기경 건설된 도시로서 러시아인의 애착(愛着)이 매우 강한 도시다. 그러므로 러시아군은 이 도시를 나폴레옹에게 박탈(剝奪)당하지 않으려고 일대 결전을 결심하였다. 나폴레옹은 스몰렌스크를 포위하고 포격(砲擊)을 가하는 동시에 모스크바로의 후방 퇴로를 차단하기 위해 노력을 집중했다. 8월 4일 러시아군의 주력이 스몰렌스크에 도착하자 나폴레옹은 스몰렌스크에서 이들을 모두 격멸시킬 것을 계획하고 8월 5일 결전을 하기로 하였다. 그런데 러시아 제1 서군(西軍)의 바크레이 장군은 만약 스몰렌스크에서 패배하게 되면 모스크바가 위험해질 것을 예상하여 결전을 회피하고 모스크바 방면으로 후퇴하였다. 전선이 모스크바로 가까워짐에 따라 러시아군은 지휘 통일(指揮統一)을 위하여 쿠투소프 장군을 전군 총사령관으로 임명하여 그동안 각개로 분할되었던 지휘권을 하나로 통일하였다. 결국 브로디노에서 쿠투소프 휘하의 120,000명과 나폴레옹 휘하의 134,000명이 결전하여 쿠투소프군이 44,000명, 나폴레옹군이 50,000명의 사상자를 기록하고 러시아군의 후퇴로 끝났다. 나폴레옹은 무모한 정면공격만 반복함으로써 오히려 더 많은 피해를 입었다.

쿠투소프는 프랑스군과 직접 전투가 불리하다는 것을 알고 다시 특유의 회피전술(回避戰術)로 맞섰다. 모스크바에 도착하자 그는 고민에 빠졌다. 러시아인의 정신적 지주(支柱)인 모스크바를 프랑스군에 내어주느냐, 아니면 전군을 모스크바 방어에 투입하여 군을 잃느냐 하는 문제였다. 많은 논쟁의 결과 러시아군은 모스크바 포기를 결정했다. 9월 14일 러시아군이 모스크바에서 완전히 퇴각(退却)하자 그날 밤 나폴레옹은 불과 90,000명을 이끌고 모스크바에 입성(入城)하였다. 텅 빈 모스크바에 입성한 나폴레옹은 환희(歡喜)와 동시에 허탈감(虛脫感)에 빠졌다. 이때 전(全) 시내에 발생한 화재는 9월 17일까지 계속되어 모스크바의 7할이 불타고 많은 부상자와 피해가 발생하였다. 그렇게 모스크바를 점령한 후에 나폴레옹은 러시아의 강화(講和) 제의만을 기다리고 있었다. 그러나 쿠투소프는 나폴레옹을 모스크바에 계속 묶어 둠으로써 식량 부족 문제가 심각한 지경에 이르게 유도하였다. 나폴레옹군의 병사들은 굶주림을 면(免)하기 위하여 심지어 모스크바 시내에 돌아다니는 고양이까지 전부 잡아먹어 버리는 등 그 심각성이 더해만 갔다. 9월 말이 되자 서리가 내리기 시작했고 동장군(冬將軍)이 서서히 닥쳐오자 나폴레옹은 러시아와의 강화(講和)를 포기하고 더 늦기 전에 러시아를 빠져나가기 위해 철수(撤收)를 서둘렀다.

나폴레옹은 군의 사기를 고려하여 병참선을 차단하기 위해 나라강(Nara River)[24] 방향에 포진(布陳)하고 있는 쿠투소프군을 격멸한다는 명목(名目)으로 기동을 시작했다. 그리고 크렘린 폭파를 시도했으나 갑자기 내린 비로 폭약이 젖어서 일부만 폭파되었다. 이러한 상황에서 쿠투소프는 코사크 기병대를 급파(急派)하여 나폴레옹군의 배후를 공격하게 하고 주력은 나폴레옹군 본대를 공격하는 등, 끈질긴 추격전을 시도하였다. 그리고 나폴레옹이 스몰렌스크에 도착하였을 때 기대했던 것과는

---

24) 러시아 모스크바 주와 칼루가 주를 흐르는 강으로 오카 강의 왼쪽 지류이다.

달리 스몰렌스크는 완전히 황무지로 변하여 식량 조달에 실패했다. 이때 후방에서는 쿠투소프군이, 북방에서는 비트켄스타인군이, 남방에서는 치차코프군이 나폴레옹을 압박해 오고 있었다. 나폴레옹은 또다시 퇴각하기 시작하였으나 날씨는 점점 추워지고 식량은 거의 바닥이 났으며 피로가 누적(累積)되어 나폴레옹군은 5만 명으로 줄어들었다.

1812년 11월 12일 베레지나에서 나폴레옹은 러시아군이 삼면(三面)에서 포위망을 좁혀 오자 전군(全軍)의 군기(軍旗)를 모두 불태우고 베레지나 강 도하(渡河)를 위해 거추장스러운 물건은 전부 파기(破棄)하였다. 유일한 퇴로인 보리소프 다리를 두고 양군은 쟁탈전을 벌이다가 나폴레옹은 양동작전(陽動作戰)을 실시하여, 20km 상류(上流)로 올라가서 가교(架橋)를 설치, 도하를 시도하였다. 그러나 러시아의 코사크 기병에게 공격을 받아 영하 25도의 혹독(酷毒)한 추위 속에서 부상병들은 서서히 얼어 죽어 갔으며 강 건너편으로 무사히 건너간 병력은 불과 수천 명에 불과하였다. 결국 1812년 12월 8일 나폴레옹은 뮤라에게 잔여(殘餘)병의 지휘를 맡기고 파리로 귀국하였다. 쿠토소프는 계속해서 뮤라를 추격하여 슬랩스 강에 이르렀다. 무사히 슬랩스 강을 건넌 프랑스군은 1,600명에 불과했다. 450,000명의 대군이 불과 1,600명만 남은 것이다.

나폴레옹은 러시아 전역(戰役)에서는 자신의 특기인 우회기동(迂廻機動)과 중앙 집중돌파(集中突破), 분리된 적 부대에 대한 각개격파(各個擊破), 병참선 차단을 통한 단기결전(單期決戰)을 구현할 경쟁의 장을 마련하지 못하였다. 이에 비하여 러시아는 방대(厖大)한 국토를 이용하여 적을 유인하는 전략을 구사하였고, 추운 날씨를 이용하여 적을 지치고 피로하게 만들었으며, 나폴레옹군의 식량 현지 조달 방식이 불가능하도록 국토를 초토화(焦土化)하는 전략을 구사하였다. 결과적으로 러시아군은 장소적 특성과 시간적 특성을 이용하여 적인 나폴레옹군의 장점이 전혀 발휘될 수 없는 전장을 만들었다. 즉, 러시아는 결전을 피하고 지속적으로 나폴레옹이 추위와 피로, 식량 조달과 싸우게 만들어 스스로 무너지게 함으로써 자신에게 유리한 경쟁의 틀을 만든 것이다.

(2) 고 정주영 회장의 중동 진출

고 정주영 회장의 중동(中東) 건설에 대한 긍정적 사고(思考)는 왜 그가 사업에서 성공했는지를 단적(端的)으로 보여 준다. 1975년 어느 날 박정희 대통령은 현대건설 정주영 회장을 불렀다. 당시 오일(oil) 달러($)가 넘쳐 나는 중동 국가에서 건설 공사를 할 의향(意向)이 있는지를 타진(打診)하기 위해서였다. 이미 다른 사람들은 중동에서는 날씨가 너무 더워서 일을 할 수 없고, 건설 공사에 절대적으로 필요한 물이 귀해서 건설 공사는 불가능하다고 답한 후였다. 대통령으로부터 임무를 받고 중동을 다녀온 정주영 회장은 박 대통령에게 다음과 같이 보고하였다.

"중동은 이 세상에서 건설 공사를 하기에 제일 좋은 지역입니다."
그러자 박 대통령이 물었다.
"왜요?"
정 회장이 대답했다.
"1년 열두 달 비가 오지 않으니 1년 내내 공사를 할 수 있고요."
"또요?"
"건설에 필요한 모래, 자갈이 현장에 있으니 자재 조달이 쉽고요."
"물은?"

"그거야 어디서든 실어 오면 되고요."

"섭씨 50도나 되는 더위는?"

"낮에는 자고 밤에 시원해지면 그때 일하면 됩니다."

중동 건설에 대해 보통 사람들은 '안 되는 이유'를 찾고 있었는데, 정주영 회장은 이처럼 '되는 이유'를 찾고 있었던 것이다. 보통 사람들은 고정관념에 사로잡혀 건설 공사에서 골재(骨材)는 가져오는 것이고 물은 현지에서 구하는 것이라는 사고의 틀을 벗어나지 못한 반면, 정 회장은 중동에서는 지천(至賤)에 깔린 골재는 현장에서 조달(調達)하고 대신 물을 어디서든지 가져오면 된다고 생각했다. 그리고 비가 오지 않아 건조하고 덥다는 생각만 하고 있는 보통 사람과 달리 정 회장은 비가 오지 않으니 건설 공사를 쉬지 않고 할 수 있어서 좋다는 식으로 생각했다. 보통 사람들이 낮에는 일하고 밤에는 자야 한다는 고정관념에 얽매여 있을 때 그는 더운 낮에는 자고 시원한 밤에 일하면 된다는 적극적이고 긍정적인 생각을 한 것이다. 이처럼 정 회장은 모든 것을 된다는 긍정적 사고에서 출발하여 '남들이 안 된다고 하는 이유를 오히려 더 잘되는 이유로 바꾸어서' 전략을 짰다. 게다가 남들이 다 싫어하니 공사 단가(單價)는 올라갈 것이고 상대적으로 더 많은 돈을 벌 수 있다고 생각하였다.

정주영 회장은 긍정적 사고로 '기존 사고의 틀을 뒤집으면 새로운 경쟁의 틀을 만들 수 있다'는 사례를 보여 주었다. 특히 낮에만 일한다는 보통 사람들의 고정관념을 뛰어넘어 시원한 밤에 일을 하면 된다고 생각하고, 공사의 시간을 낮에서 밤으로 변경함으로써 유리한 경쟁의 틀을 만든 것이다. 이것은 시간적 요소를 멋지게 변경한 사례다.

3) 수단 요소 변경

(1) 태평양 전쟁 시 말레이 전역

　　말레이(Malay)[25]는 전략자원(戰略資源)의 보고(寶庫)이며 일본에게는 인도네시아로의 중요한 접근로이다. 반도의 남단(南端)에 위치한 싱가포르는 영국 극동 세력(極東勢力)의 아성(牙城)으로 퍼시벌 중장이 지휘하는 80,000명의 병력이 주둔(駐屯)하고 있었으며 항공기 158기와 전함 1척, 순양함 1척을 보유하고 있었다. 퍼시벌 장군은 일본군이 바다로 공격할 경우 싱가포르에서 능히 저지(沮止)하리라 믿고 있었기에 정글(jungle) 전투 등 육로(陸路)에서의 특수전(特殊戰)에 대해서는 전혀 대비(對備)하지 않았다. 이에 반(反)해 일본군은 12월 8일 야마시다 중장의 제25군(4개 사단)과 제2함대 및 400여 대의 항공기를 투입(投入)하여 말레이 반도 북부로부터 공격을 개시하였다. 일본군은 3일 만에 제공권(制空權)을 장악(掌握)하고 지상군은 파죽지세(破竹之勢)로 영국군을 격파해 나갔다. 1942년 12월 10일 이후 영국군은 제대로 저항(抵抗)도 못 하고 후퇴만을 거듭하였다. 이듬해 1월 초 영국군은 슬림 강으로 후퇴하여 쿠알라룸프르 선(線)에서 방어를 시도(試圖)했으나 1월 6일 야간(夜間)에 일본군 1개 전차 중대가 영국 진지를 돌파(突破)하여 20마일 후방의 도로와 교량(橋梁)을 점령(占領)해 버리자, 영국군 11사단은 후방을 차단(遮斷)당하여 와해(瓦解)되었다. 1월 말에는 조호르 선을 포기하고 싱가포르로 철수하였다. 일본군은 약 1,000km의 말레이 반도(半島)를 불과 5일 만에 장악하였다. 싱가포르

---

25)　동남아시아의 말레이 반도와 그 주변의 싱가포르 섬을 비롯한 여러 섬들을 통틀어 이르는 이름

공격에 들어간 일본군은 2월 8일, 포병과 항공기로 싱가포르를 공격하였으며 말레이 반도와 싱가포르 사이의 조호르 수로는 단정(短艇)을 이용하여 도하하였다. 일본군의 3만 명보다 더 많은 병력을 보유한 영국군은 훈련 부족과 사기(士氣) 저하(低下)로 인해 일본군에게 압도(壓倒)당하였다. 결국 2월 15일 싱가포르가 함락(陷落)되었으며 퍼시벌 장군은 일본군 사령관 야마시다 장군에게 무조건 항복(降服)하였다.

이 전역(戰役)은 훈련이 되지 않은 영국군이 잘 훈련된 일본군에게 당한 전쟁의 역사다. 일본군은 말레이 반도의 정글에 경장비(輕裝備)와 수일분(數日分)의 식량을 휴대한 소집단 부대로 침투하고, 우회전술을 통해 예정 집결지에 도착한 후에는 영국군의 배후를 공격하고, 성공 후에는 새로운 목표를 설정하여 동일 패턴(pattern)의 반복(反復) 작전을 전개하였다. 동시에 전차로 정글을 돌파하고 속도를 높이기 위하여 소로(小路)에 적합한 자전거 부대를 편성하여 공격하였다. 일본군은 영국군의 고식적(姑息的)인 진지전(陣地戰) 전투 방식 경쟁의 틀을 과감(果敢)히 거부(拒否)하고 자전거 부대를 이용한 정글에서의 속도전으로 새로운 경쟁의 틀을 만들어 영국군을 대파(大破)한 것이다. 이 전투는 일본군이 경쟁의 요소 중 기동 수단의 변화를 통해서 영국군이 예상하지 못한 유리한 경쟁의 틀을 만든 대표적 사례이다. 특히 정글전에서 속도를 높이기 위해 고안(考案)한 자전거 부대는 탁월한 창의적 작품이다.

(2) 룰라 대통령의 리우 올림픽 유치

2009년 10월 1일 덴마크 수도 코펜하겐에서는 IOC 위원장이 2016년 하계 올림픽 개최지로 브라질의 '리우데자네이루'를 선정(選定),

발표하였다. 당시 코펜하겐에는 미국의 오바마 대통령, 일본의 하토야마 총리, 스페인의 후안 카를로스 총리가 각각 시카고, 도쿄, 마드리드에 올림픽을 유치하기 위해 열심히 뛰고 있었다. 이 쟁쟁(錚錚)한 나라의 국가 지도자를 제치고 당당히 브라질의 룰라(Lula) 대통령이 승리한 것이다. 그러면 어떻게 해서 가장 열세(劣勢)였던 리우데자네이루가 2016년 하계 올림픽 개최지로 선정된 것일까? 역사적으로 지금까지 올림픽 개최지는 IOC 관계 실무자들이 현지를 실사(實査)한 결과로 평가하여 선정하고 있었다. 그런데 시카고, 도쿄, 마드리드, 리우데자네이루의 4개 후보지(候補地) 실사(實査) 결과, 리우는 최하위로 평가받았을 뿐만 아니라 2014년 월드컵 개최지로 이미 선정된 점 역시 약점으로 작용하고 있었다. 이러한 상황에서 룰라 대통령은 '기존(既存)의 실사 결과로 경쟁하는 틀' 안에서는 결코 승리할 수 없다는 것을 알고 경쟁의 틀을 바꾸기로 결심하였다. 즉, 올림픽이 남미에서 한 번도 개최되지 못한 점을 '셀링 포인트(selling point)'로 선정하고 명분(名分)을 주 수단으로 하는 경쟁의 틀로 바꾸어 버린 것이다. 이에 따라 지금까지 근대 올림픽은 유럽에서 30회, 북미에서 12회, 아시아에서 5회, 오세아니아에서 2회, 중미에서 1회 개최되었을 뿐, 남미에서는 단 한 차례도 개최되지 않았다는 점을 강조하고 나섰다. 룰라 대통령은 "올림픽은 모든 사람과 모든 대륙을 위한 것이어야 한다. 후보지로 경쟁하고 있는 미국은 이미 4회 개최하였고 일본과 스페인도 이미 각각 1회씩 개최한 바 있다."라고 말하면서 대륙별(大陸別) 순환 개최(循環開催) 명분을 강력하게 호소(呼訴)하고 다녔다. 이러한 노력의 결과 2009년 8월 베를린에서 열린 IOC 집행위원회에서는 남미 최초 올림픽 개최 여론이 형성되었고 스포츠의 탈(脫)선진국 주장이 확산되었다. 동병상련(同病相憐)의 아프리카를 직접 방문하여 "남미에서 개최되고 나면 다음 차례는 아프리카"라고 설득하면서 아프리카 대표들의 적극적 지원을 얻어 냈다.

결론적으로 룰라 대통령은 기존 경쟁의 틀인 올림픽 개최의 최적지를 평가하는 현지 실사 평가와 국제정치적 역학관계(力學關係)에 의해 결정되는 시스템으로는 절대 이길 수 없다는 사실을 명백(明白)히 인식하고, 자신이 이길 수 있는 경쟁의 틀을 만들기 위하여 '올림픽은 모든 사람들을 위한 것'이라는 명분을 이용하여 남미에서 역사상 한 번도 올림픽이 개최된 바가 없다는 사실과 연결시켜 공감(共感)을 얻을 수 있는 새로운 경쟁의 틀을 만든 것이다. 그로 인해 기존의 경쟁의 틀에서는 가장 열세였던 리우데자네이루가 룰라가 만든 새로운 경쟁의 틀에서는 가장 우세한 후보지가 되었다. 이처럼 룰라 대통령은 다른 나라가 기존 경쟁의 틀에서 치열(熾烈)하게 경쟁하고 있을 때 이 판을 엎어 버리고 새로운 경쟁의 틀을 만들고자 했다. 즉, 올림픽의 목표를 재해석(再解析)하여 명분을 축적(築積)하였다. 이 명분을 근거로 선진국과 후진국 간의 경쟁 구도로 전환하여, 개최지의 실사 결과 점수로 경쟁하는 틀에서 올림픽을 개최하는 명분 경쟁으로 틀을 바꾸어 동류의식(同類意識)을 가진 국가들의 적극적인 지원으로 승리하게 되었다.

4) 개념 요소 변경

(1) 마라톤 전투

마라톤 전투는 3차에 걸친 페르시아 전쟁(BC 492-479)[26] 중 제2차 페르시아 침입 시 그리스군이 마라톤 평원에서 내습(來襲)한 페르시아 군을 격파(擊破)한 전투로서, 고대 전투에서 주로 수적 우세에 의해 승패가 결정된 것과는 달리 전술이 여하히 수적 우세를 제압(制壓)할 수 있는가를 보여 준 최초의 사례다. 그리스의 밀티아데스는 전통적으로 정면이 강한 페르시아군과 대적하여 전사상 최초로 계획적인 양익포위(兩翼包圍)를 적용하였는데, 그는 수적 열세(페르시아 3-4만 명, 그리스 1만 명)를 극복하기 위하여 아테네군의 양익(兩翼)은 통상의 폭인 8오(伍)를 유지하고 중앙부는 4오(伍)를 유지하되 좌우로 길게 신장(伸長) 배치하였다. 그리스군 선제공격(先制攻擊)으로 시작한 전투에서, 그리스군에서는 종전(從前)의 전진 대형과는 달리 중앙이 천천히 나아갔다. 이에 최정예(最精銳)로 구성된 페르시아군은 그리스군을 돌파할 목적으로 그리스군의 중앙을 향하여 빠른 속도로 진격하였다. 이때 그리스군의 중앙이 페르시아군을 고착(固着)하는 동시에, 증강(增强)된 양익은 속도를 높여 전진함으로써 페르시아군을 자연스럽게 포위하여 공격하였다. 이 전투에서 그리스군은 전사(戰史)에 빛나는 대승(大勝)을 거두었다. 페르시아군은 사상자가 6,400명이나 발

---

26) 기원전 8-6세기에 걸쳐 적극적으로 해외 식민지 확보를 위해 전력을 경주한 그리스는 동방의 강자였던 페르시아와의 격돌을 피할 수 없었다. 서남아시아를 통일한 페르시아의 다리우스 1세가 소아시아 서안의 그리스 식민지에 대하여 압력을 가하자 이오니아의 제 도시가 반페르시아 운동을 전개하게 되었고, 이에 부응하여 아테네는 동일 민족이라는 명목하에 20척의 전선을 지원하게 되었다. 이로써 시작된 것이 페르시아 전쟁이다.

생한 반면 그리스군은 불과 1,900명의 사상자밖에 발생하지 않았다.

　마라톤 전투 이전 대부분의 전투는 전투력의 투사(投射)가 정면으로만 작용하는 시스템으로, 힘에 의한 정면 충격(衝擊)으로 승패를 결정지었다. 그러나 그리스의 밀티아데스는 병력이 3-4배로 우세한 페르시아군을 맞아 기존의 정면 접전 방식(接戰方式)으로는 이길 수 없다는 사실을 간파(看破)하고 열세한 병력으로도 이길 수 있는 방안을 필요로 하였다. 따라서 정면 전투 방식의 기존 경쟁의 틀로는 절대 이길 수 없으므로, 페르시아군의 전투력 투사(投射)가 제한(制限)되게 하여 그리스군의 전투력 투사 능력이 상대적으로 우세해지는 경쟁의 틀로 바꾸어야 할 필요성이 요구되었다. 따라서 밀티아데스는 전방으로만 전투력이 투사되도록 조직되고 훈련된 페르시아군이 측방과 후방으로부터의 공격에 대해서는 전투력을 제대로 발휘하지 못하도록 전혀 새로운 전술적 접근 방법인 포위 전술을 구사하였다. 당시 페르시아군은 병력 면에서나 기동성 면에서도 그리스군보다 우세하였다. 그러나 밀티아데스는 그 이전까지는 그 누구도 상상하지 못했던 양익포위를 구상하여 병력의 수적 경쟁의 틀을 전투력 투사 경쟁의 틀로 바꾼 것이다. 밀티아데스의 승리는 당시의 전략적 상황을 예리(銳利)한 통찰력으로 분석하여 전혀 새로운 작전 개념으로 경쟁의 틀을 바꾼 결과였다. 그리스군은 정면 대결 상호 돌파의 전술적 운용 개념을 과감히 탈피하고, 이전까지 전혀 사용된 바 없는 전술로 적을 포위하여 측 · 후방을 공격함으로써 페르시아군의 전투력 발휘를 크게 제한하였다. 이처럼 마라톤 전투는 개념 요소의 변화를 통하여 유리한 경쟁의 틀을 만든 모범적(模範的) 사례다.

(2) 칸나에 전투

칸나에(Cannae) 전투는 BC 216년 카르타고[27]와 로마가 이탈리아 칸나에 지역에서 싸운 전투로서 인류 역사상 가장 완벽한 포위 섬멸전(纖滅戰)의 전형(典型)으로 기록되고 있다. BC 8세기경, 카르타고는 시칠리아 섬의 일부와 이베리아 반도, 북아프리카 서반부(西半部) 일대에 많은 식민지를 통할(統轄)하고 있었다. 그런데 시칠리아 섬에서 로마인과 카르타고 식민지인 간의 불화(不和)가 원인이 되어 두 나라는 전쟁에 돌입하게 되었다. 이즈음 한니발의 아버지 하밀카르 바스카스는 이베리아 반도 정복을 목전(目前)에 두고 사망하였고, 그 뒤를 이은 매부(妹夫) 하스드르발도 피살(被殺)되자 한니발은 26세의 나이에 이베리아 반도의 카르타고군 총사령관이 되었다. 한니발은 부친의 뜻을 받들어 이베리아 반도를 완전 정복하고 드디어 알프스를 넘어 로마를 향해 진격하였다. 한니발은 트레비아 전투와 트레시메네 호 전투에서도 대승을 거두고 아드리아 해안 일대에서 1개월간 휴식을 취한 후, 카르타고군의 기병 기동이 유리한 장소로 로마군을 끌어내기 위해 칸나에 부근으로 야간에 행군하여 로마군의 보급창(補給廠)과 남부 아플리아 지방의 곡창 지대(穀倉地帶)를 점령하였다. 한편, 로마군 지휘관 바로는 한니발의 계획에 말려들어 한니발이 원했던 아우피더스 강 북안 제방(提防)에서 카르타고군과 대치하였다. 당시 로마는 새 집정관으로 파비안 전술[28]의 창시자인 퀸티우스 파비우스(Quintius Fabius)를 세웠다. 파비우스가 원정군이 원하는 속전속

---

27) BC 8세기경 포에니인이 북아프리카 튀니지 만의 곶 지역에 건설한 식민지다.

28) 지연전술

결(速戰速決) 전략을 와해(瓦解)시키기 위하여 지연전술(遲延戰術)을 구사하려고 하자, 로마인들은 파비우스의 전략적 사고(思考)를 이해하지 못하고 그를 비겁자라고 비난하면서 새로운 집정관으로 아밀리우스 파울루스(Amilius Paulius)와 테렌티우스 바로(Terentius Varro)를 세웠다. 그런데 두 사람의 성격은 대조적이어서 신중론자(愼重論者)인 파울루스와 야심(野心)에 차고 성격이 급한 바로는 군의 지휘를 하루씩 교대로 하는 이상한 지휘 형태를 택하였다.

이러한 와중(渦中)에 로마의 바로가 칸나에에서 카르타고의 한니발을 만나게 되자, 수적 우세로 제압하기 위하여 전 전열(戰列)을 두텁게 배치하였다. 총병력 15개 군단을 3개 전열(戰列)로 정렬하였으며 로마인으로 된 정예 기병(精銳騎兵) 2,400명을 우익(右翼)에, 연합군 기병 4,800명을 좌익(左翼)에 배치하고 경보병(輕步兵)으로 정면을 엄호토록 하였다. 이에 비하여 한니발은 로마 기병 2,400명과 맞설 수 있도록 좌익에 스페인인과 고올인으로 구성된 중기병(重騎兵) 8,000명을 집중시켰다. 로마군의 좌익 4,800명과 대치(對峙)하는 한니발의 우익은 2,000명의 누미디아 기병이 담당케 하였다. 로마군이 집결하자 한니발은 양익(兩翼) 포위를 하고자 보병의 중앙을 약화시키고 양 측면을 강화하였다. 전투가 개시되어 경보병(輕步兵)끼리 전초전(前哨戰)이 시작되자, 이를 신호로 삼아 그의 약화된 중앙군이 돌출부(突出部)를 형성할 때까지 전진하였다. 그러나 이때 강화(强化)된 양익군은 조금도 움직이지 않고 제자리를 지켰다. 한니발의 좌익 기병은 로마군 기병을 완전히 분쇄(粉碎)하고 로마군의 측면(側面)과 배후(背後)를 우회(迂廻)한 다음, 누미디아 기병을 방어하려고 열중(熱中)하는 로마군 좌익 기병의 배후에 대하여 불의(不意)의 습격(襲擊)을 가하여 완전히 격파(擊破)하였다. 이어서 한니발의 중앙 돌출부는 미리 준비된 전투 계획에 의거하여 치열한 로마군의 공격 정면에서 서서히 후퇴하였다. 카르타고군이 후퇴하자 바로는 목전(目前)의 승리가 임박(臨迫)한 줄로 착각하여 그의 제2, 3열뿐만 아니라 경보병(輕步兵)까지 합한 전 병력을 이미 혼란을 이루고 있는 제1선에 투입하여 이를 증강하도록 명령하였다. 이에 카르타고군의 중앙은 로마군의 의욕을 적당히 자극하면서 후퇴를 계속하여 마침내 수적으로 우세한 로마군을 자신들이 마련한 자루 속으로 서서히 끌어들였다. 로마군의 중앙이 과도(過度)하게 밀집되어 혼란 상태가 극심(極甚)해지자, 카르타고군의 중앙은 후퇴를 멈추고 양익의 아프리카 정예 보병과 우회 기동한 배후의 기병이 함께 총공격하여 로마군을 완전히 섬멸(殲滅)하였다. 로마군은 개전 시 두 배가 넘는 병력이었지만 카르타고군이 추격할 필요도 없을 정도로 궤멸(潰滅)되어 44,000명의 전사자를 낸 반면, 한니발 측의 전사자는 6,700명에 불과하였다.

칸나에 전투는 지휘관의 전략적 혜안(慧眼)이 얼마나 중요한가를 보여 주는 극치(極致)다. 한니발은 그가 원하는 장소에서의 전투로 주도권(主導權)을 잡은 다음, 포위 섬멸하고자 하는 전술모형을 그대로 시행함으로써 완전한 승리를 거두었다. 주도권은 지휘관의 사고체계를 질서정연(秩序整然)하게 작동하도록 보장하고, 그 결과는 지휘관의 의도대로 전투 진행을 가능하게 하였다. 한니발은 열세한 병력이 우세한 로마군과 기존의 전투 대형으로 싸워서는 승리가 불가능하다는 것을 알았다. 기존의 전투 방식은 편성된 제대가 전면으로 전진하여 나타나는 압박형(壓迫形) 충격력으로 상대 전투력을 파괴하는 것이었다. 이러한 방식에서는 상대적으로 병력이 우세한 군이 승리하는 것이 자명(自明)하다. 상대적으로 병력이 열세한 한니발에게 이러한 전투 방식은 분명 불리한 경쟁의 틀이었다. 따라서 한니발은 로마의 바로군이 우세한 병력으로 만들어 내는 충격력이 발휘될 수 없는 경쟁의 틀을 만들 필요가 있었다. 그것이 한니발이 구사하고자 했던 전략이었다. 이를 위해 한니발은 적장(敵將)인 바로의 우직(愚直)함과 급한 성격을 이용하고, 로마군의 측면과 배면을 공격하여 혼란에 빠뜨려 상대적 우세를 달성할 수 있는 포위작전을 구상하였다. 같은 포위작전이지만 마라톤 전투보다 발전한 것은 배면(背面) 공격을 포함하여 전 방향(全 方向) 공격으로 섬멸하고자 한 점이다. 한니발은 병력을 상대적으로 우세하도록 양익에 배치하여 적을 견제케 하고 중앙은 열세하게 편성하여 로마군이 후퇴케 함으로써 적을 유인하였다. 로마군은 카르타고군의 중앙으로 밀고 들어와 한니발이 예상한 대로 자루 속에 갇혀 버렸다. 자루 속에 갇혀 측방과 후방으로부터 공격을 받은 로마군은 혼란(混亂)에 빠져 전투력 발휘가 불가능하였다. 이처럼 한니발은 열세한 병력으로 우세한 로마군을 맞아, 경쟁의 개념 요소를 변경하여 유리한 경쟁의 틀을 만들었다. 즉, '정면 대결 경쟁의 틀'에서 측방과 후방을 동시에 공격하는 '다방면 대결 경쟁의 틀'로 바꾼 것이다.

(3) 드라마 〈자이언트〉[29]의 이강모

드라마 〈자이언트〉에 나오는 주인공 이강모는 아버지의 원수(怨讐)인 조필연에게 복수(復讐)하기 위하여 어떻게 해서라도 성공하려고 한다. 그는 아버지의 원수인 조필연과 경쟁 업체인 '만보건설'의 과거 회장인 황태섭에게 복수하는 길은 오직 성공하는 것이라는 생각에 어려움을 참

---

29) SBS 드라마(60부작, 2010년) 1970년대 도시의 태동기를 배경으로 세 남매의 성장과 사랑을 그린 드라마다.

고 '한강건설'을 만들었다. 한편 만보건설의 조민우는 국회의원인 아버지에게 도움을 청해 한강건설의 모든 자금줄을 차단(遮斷)하고 골재(骨材)마저 매점매석(買占賣惜)하여 가격을 두 배로 올려 놓았다. 이처럼 조민우는 이강모를 망하게 하려고 갖은 수단을 다 쓴다. 돌산을 개발하여 아파트를 짓고 있던 한강건설은 자금줄이 차단되자 어려움에 봉착(逢着)하게 된다. 따라서 하청업체(下請業體)들은 공사를 더 이상 할 수 없다며 철수하겠다고 한다. 이때 이강모는 시간을 벌기 위해 그들에게 1주일간 휴가를 가라고 한다. 고민에 고민을 거듭하고 있는데, 어느 날 이강모의 애인 황정연이 유압식(油壓式) 브레이커(breaker)를 보냈다. 그 당시 유압식 브레이커를 개발한 사장은 판로(販路)가 없어서 생산을 중단하고 있었다. 황정연은 돌을 깨는 데 유압식 브레이커가 있으면 도움이 될 것이라는 생각을 하고 그것을 설명서와 함께 한강건설로 보낸 것이다. 설명서를 읽고 난 이강모의 머리에 번쩍이는 섬광(閃光)이 지나갔다. 브레이커를 들고 나가 바위를 뚫어 보니, 대형 브레이커가 있으면 이 바위를 잘게 쪼갤 수 있다는 생각을 하게 된다. 그리고 골재라는 것은 결국 바위가 쪼개져 만들어진 것이라는 생각까지 미쳤다. 유압 브레이커를 이용하여 치워 버려야 하는 바위를 잘게 부수어 그 값비싼, 그리고 조민우의 방해로 돈이 있어도 구할 수 없는 골재를 만들기로 한 것이다. 그래서 브레이커 제조사(製造社) 사장을 만나 생산하는 모든 대형 유압식 브레이커를 사들이기로 하였다.

여기서 가장 중요한 것은 사장 이강모의 전략적 사고다. 모든 사람들이 골재를 강에서 퍼 오는 것으로만 생각하고 있을 때, 이강모는 바위를 깨서 만들면 된다는 생각을 한 것이다. 보통의 골재는 자연이 깨 주어서 강바닥에 깔려 있는 것을 사람이 퍼다 쓰는 것이다. 이강모의 생각은 그 깨는 과정을 사람이 하면 된다는 것이었다. 그리고 돌산에 아파트를 지으려면 그 바위들을 깨어서 어디엔가 버려야 하는데, 그 수송비와 돌을 버리는 장소를 구하는 것도 쉽지 않다. 그런데 브레이커를 이용해 바위를 자갈로 잘게 깨면 조민우가 두 배로 값을 올려 놓은 골재가 되는 것이다. 부지 확보는 부수적으로 떨어지는 부산물이 되었다. 이것이 전략의 기초인 발상의 전환이다. 과거 경쟁의 틀에서는 아파트를 지을 부지를 만들기 위해 그 돌산의 바위를 깨어 내다 버려야 했지만, 이강모가 깨달은 것은 돌산의 바위를 잘게 깨서 골재로 쓴다는 것으로, 전혀 새로운 블루오션에서의 경쟁의 틀을 만든 것이다. '골재는 강에서 실어 오는 것, 그리고 바위는 깨서 내다 버려야 하는 것'이라는 고정관념(固定觀念)을 깨고 그 바위를 강에 있는 자갈 크기로 깨기만 하면 된다는 사실을 깨달았기 때문이다. 강에 있는 자갈도 산으로부터 바위가 굴러서 강으로 오는 동안 깨어져 만들어졌다는 인과관계(因果關係)를 보통 사람들은 쉽게 알아차리지 못한다. 그러나 이강모는 '골재는 강에서 실어 오는 것'이라는 고정관념을 깨고 '골재는 바위를 인위적(人爲的)으로 깨어 만들 수도 있다'는 사실을 기반(基盤)으로, '강에서 골재를 실어 오는 경쟁의 틀'을 '골재를 만드는 경쟁의 틀'로 바꾼 것이다. 이것은 경쟁의 요소 중에서 개념의 전환(轉換)을 통해 전혀 새로운 경쟁의 틀을 만든 성공적 사례이다.

5) 목표 요소 변경

(1) 나폴레옹의 툴롱 항 탈환작전

　　나폴레옹은 24살 때인 1793년 프랑스 남부 해안의 군사적 요충지(要衝地) 툴롱에 소재한 포병대의 부사령관으로 부임(赴任)하였다. 당시 사령관에게 부임 신고를 하자 사령관은 포병대가 필요하지 않다고 말하면서 "우리는 칼과 총검으로 영국군이 점령하고 있는 툴롱을 탈환(奪還)할 걸세! 자네가 내 입장이라면 말일세 … 자네라면 어떻게 하겠나?"하고 물었다. 나폴레옹은 지도를 들여다보다가 손가락으로 지도를 짚으면서 "레퀴에트 요새(要塞)가 점령되면 영국군은 툴롱을 포기할 것입니다."라고 말했다. 사령관은 주위 사람들과 함께 폭소(爆笑)를 터트리면서 조소(嘲笑)했다. 나폴레옹은 왜 툴롱을 탈환하기 위하여 다른 사람과 달리 레퀴에트를 점령하겠다고 했는가? 툴롱 탈환을 위하여 당시까지 사용되던 기존의 전투 방법으로는 영국군을 몰아낼 수 없다는 사실을 알고 새로운 경쟁의 틀을 만들어야 한다고 생각했기 때문이다. 따라서 나폴레옹은 툴롱 항을 감제(瞰制)할 수 있는 레퀴에트를 점령하면 툴롱 항의 영국군은 배후가 노출되어 툴롱 항에서 지탱(支撐)할 수 없다는 사실을 정확히 간파(看破)하고, 보병을 이용한 공격작전 대신에 이동 가능한 화포를 이용한 포병전투로 유리한 전투의 장으로 바꾸겠다는 전략을 구상한 것이다. 여기에 나폴레옹의 군사적 천재성(天才性), 즉 통찰력이 작용하였다.

　　나폴레옹은 등고선(等高線) 지도와 경량포(輕量砲), 미국의 독립전쟁, 잔 다르크에 대한 기억을 종합하여 하나의 새로운 전략으로 구상하였다. 이 네 가지 요소가 전략 수립에 어떠한 역할을 했는지 살펴보자. 우선 등고선 지도다. 등고선 지도는 나폴레옹이 사용하기 대략 100년 전에 만들어졌다. 그러나 나폴레옹 이전에는 전투에서 이 등고선 지도를 사용한 장교가 거의 없었다. 이 등고선 지도를 들여다보니 레퀴에트는 작은 요새(要塞)로서 툴롱 항구가 내려다보이는 절벽 위에 있었다. 둘째, 경량포다. 이것 역시 나폴레옹의 발명품이 아니었다. 경량포는 당시에서 대략 10년 전에 만들어졌다. 이 경량포(輕量砲)는 과거에 성(城)을 방어할 때 사용되었던 대포와 달리, 가축이나 사람이 아무 데서나 굴릴 수 있도록 가벼웠다. 심지어 절벽 위에서도 문제가 없었다. 포병 장교로 임관한 나폴레옹은 이와 같은 대포에 대하여 전문가였다. 셋째, 미국의 독립전쟁이다. 1776년 보스턴 포위공격(包圍攻擊) 당시, 헨리 녹스가 항구가 내려다보이는 도체스터 하이트 언덕으로 대포를 끌고 올라가자, 시내의 영국군들은 자국 해군들로부터 고립(孤立)될까 봐 두려워 배를 타고 멀리 도망갔다. 1781년 요크타운 전투 때도 똑같은 일이 일어났다. 프랑스 해군은 시내의 영국군을 바다에 있는 영국 해군으로부터 고립시켰다. 그 결과 영국군은 조지 워싱턴에게 항복하고 전쟁은 종결되었다. 전승불복(戰勝不復)이라 하지만 시대적으로나 장소적으로 이질적(異質的)인 상황이므로 이 전략이 잘 적용되었다. 넷째, 1429년 오를레앙 포위공격이었다. 당시 잔 다르크는 주 요새 자체를 놓고 싸우는 대신 도시 주위의 작은 요새들을 차지하는 간접적인 방법으로 오를레앙 요새를 구했다.

나폴레옹은 이 네 가지 요소를 조합하여 툴롱 항을 탈환하기 위하여, 직접 공격하지 않고 레퀴에트를 공격하여 점령함으로써 영국군이 스스로 바다로 철수(撤收)하게 만들었다. 군사적으로 말하면 레퀴에트는 중요한 지형지물로서 전술적 목표가 되는 것이다. 그런데 여기서 중요한 것은 네 가지 요소가 어떻게 재조합되었는가 하는 점이다. 이는 나폴레옹의 두뇌(頭腦) 속에 저장(貯藏)된 요소들이 툴롱 항 탈환을 요구받는 시점에서 재조합되어 나타난 것이다. 그것은 직접경험의 요소일 수도 있고 독서를 통한 간접경험일 수도 있다. 그러므로 천재적 통찰력도 이미 경험한 요소들의 재조합의 결과라는 것이 통설이다. 나폴레옹은 사령관이 말하는 보병 전투로는 영국군을 툴롱 항에서 몰아낼 수 없다는 상황을 간파하고, 레퀴에트라는 감제고지(瞰制高地)를 지형적 유리점으로 판단하고 이를 이용하여 유리한 경쟁의 틀로 바꾼 것이다. 다시 말해 나폴레옹은 툴롱 항구를 목표로 공격 계획을 수립해서는 너무나 힘든 전투가 될 것이라는 것을 예견하고, 툴롱 항을 지형적으로 통제할 뿐만 아니라 영국군에게 퇴로 차단의 위협을 가할 수 있는 감제고지인 레퀴에트를 목표로 설정한 것이다. 근대 전투 교리는 당연히 도시를 공격할 때 주변의 감제고지를 목표로 선정하여 작전을 펼치는 것으로 가르치고 있지만, 나폴레옹 당시에는 이러한 사고 자체가 없었다.

이렇듯 전략에서 목표의 설정은 대단히 중요하다. 목표를 재설정하게 되면 작전에 필요한 제반 여건은 목표를 중심으로 재편성된다. 이러한 차원에서 유리한 경쟁의 틀을 만들기 위하여 목표를 변경하는 것은 정확한 판단과 천재적 군사적 식견(識見)을 요구한다.

(2) 힐러리 클린턴

클린턴 전 미국 대통령이 북한에 억류(抑留)되어 있던 미국 기자 두 명을 대동(帶同)하고 전용기에 올랐다. 두 기자는 미국 커런트 TV 소속 한국계 유나 리와 중국계 로라 링이었으며 2009년 3월 17일 두만강 지역에서 취재 중 북한군에 체포되었었다. 이 문제는 미국과 북한 간의 관계가 대량살상무기(大量殺傷武器) 문제로 경색(梗塞)되어 있는 상태에서 중요한 현안이었다. 그런데 이 문제를 클린턴 전 대통령이 단 1박 2일간의 평양 방문으로 매듭지은 것이다.

이러한 외교적 행보(行步)에서 특히 관심이 가는 인물은 힐러리 클린턴이다. 그는 미국의 영부인으로서, 또 상원의원으로서, 그리고 당시 민주당 대통령 후보 경선에서 가장 강력한 후보로서 역할을 성공적으로 마치고 경쟁자였던 오바마 정부의 국무장관으로 참여하고 있었다. 당시 그는 아프리카를 방문하면서 남편을 평양에 보내 미국의 현안(縣案)을 깔끔하게 처리하였다. 힐러리 클린턴은 영부인 시절 남편이 백악관 인턴 '르윈스키'와 부적절(不適切)한 관계에 처했을 때 그는 자신은 "남편을 믿는다."라고 단호(斷乎)히 선언함으로써 대통령직이 위협받을 만큼 심각한 사안을 개인적인 일로 처리하였다.

이때 힐러리 클린턴은 일반적으로 몰입(沒入)하기 쉬운 '애정 경쟁의 틀'을 과감히 거부하고 자신의 '꿈 실현 경쟁의 틀'을 만들어 거기에 몰입한 것이다. '애정 경쟁의 틀' 속에서라면 자신의 남편이 다른 젊은 여자와의 부적절한 관계에 있었다는 사실 때문에 사생결단(死生決斷)하고 클린턴 전 대통령과 1:1로 극한(極恨)적인 경쟁을 했을 것이다. 그러나 힐러리 클린턴은 그러한 틀을 과감히 거부하고 자신의 꿈을 실현할 수 있는 '거대한 꿈의 경쟁의 틀'을 만들어 그 틀에서 이기는 경쟁을 시작한 것이다. 따라서 그는 자신의 남편이 스캔들(scandal)에서 빠른 시간 내에 벗어나 대통령직을 계속하는 것이 유리하다고 판단하였고, 성공적으로 대통령직을 수행하고 퇴임해야 자신이 미국의 대통령에 도전할 수 있다고 판단하였음 직하다. 그 결과 당시 외교 문제로 백악관 보좌관들과의 경쟁에서 어려움에 처해 있었던 힐러리 클린턴 국무장관은 자신의 남편을 평양에 보내 자신의 소관 업무(所管業務)를 성공적으로 완수하게 한 것이다. 만약 영부인이었던 당시, 르윈스키 스캔들을 확대하였다면 클린턴 전 대통령이 평양을 방문한다는 것은 생각하기 힘들었을 것이다. 큰 꿈을 이루기 위해서 개인적이고 사소한 경쟁의 틀을 과감히 박차고 더 큰 정치적 경쟁의 틀을 만들어 경쟁한 힐러리 클린턴 국무장관은 세계적 여장부(女丈夫)이면서 대전략가임이 틀림없다. 힐러리 클린턴은 사사로운 애정 관련 목표를 과감히 버리고 자신의 큰 꿈을 이루기 위한 원대한 정치적 목표로 설정한 경쟁의 틀로 바꾸어 앞을 향해 힘차게 나아갔다.[30)]

---

30) 그러나 힐러리 클린턴은 2016년 공화당 트럼프 대통령 후보와의 경쟁에서 자신이 국무장관 시절 공적 업무에 개인 이메일을 사용한 문제를 집중 공격받아 패하였다.

8.
전략의 유형과 전략 유사개념 비교

1) 장기 전략과 단기 전략

전략을 분류하는 기준은 시간적 분류, 제대별(梯隊別) 분류, 영역적(領域的) 분류, 목적별 분류 등 여러 가지가 있으나 그중에 시간적 분류가 중요한 의미를 가진다. 따라서 시간적 분류를 살펴보면 장기 전략과 단기 전략으로 구분할 수 있다. 장기냐 단기냐 하는 문제는 전략을 구사하는 유기체(有機體)의 전략적 사고 맥락에서 상대성이다. 물론 장기 전략과 단기 전략 사이에 중기 전략을 고려하는 유기체도 있지만 그것은 양 전략의 중간적 성격을 갖는다.

(1) 장기 전략

장기 전략은 전략을 구사하는 유기체의 관점에서 미래 발전 방향인 비전(vision)을 제시하고 그것을 구체화하여 목표를 수립하고, 목표 구현 개념과 수단 확보 방안을 기획한 것이다. 장기 전략은 그 목표 연도에 해당하는 미래 상황의 판단으로부터 시작된다. 미래 상황 판단이 구상(構想)되면 이를 바탕으로 비전과 목표를 설정하는데 이것들은 개략적(槪略的)인 가능성을 근거로 하는 희망적 목표(wishful objective) 성격이 강하다. 이 목표를 구현하기 위한 개념을 구상하고 마지막으로 개념 구현에 필요한 수단을 선정한다. 이 장기 전략의 특징은 희망적 목표 구현을 위해 소요되는 수단을 어떻게 확보할 것인가에 중점(重點)이 주어진다는 점이다. 그 수단들은 현존(現存)하는 것보다는 새로 개발하거나 도입(導入)해야 하는 것들이기 때문에 많은 연구와 치밀한 확보 계획이 필요하며, 과학기술과 경제 발전, 정치, 사회, 문화의 변화에 크게 영향을 받는다. 따라서 상당히 유동적(流動的)인 것으로서 기획적 성격을 갖는다. 이처럼 장기 전략은 미래 예측의 어려움 때문에 주기적(週期的)으로 개선해야 한다. 장기 전략에서 가장 어려운 부분은 장기 전략 목표 연도의 미래 상황이 어떠할 것인가를 예측하는 것이다. 과거 인류 문명의 발전 속도가 더딜 때에는 별 문제가 되지 않았지만 오늘날과 같이 과학기술과 경제 발전의 속도가 가속적(加速的)으로 변하는 시대에는 매우 어려운 과제이다. 우리나라에서 장기 전략을 제대로 수립하고 있는 기관으로는 국방부가 있는데 전략의 대상 기간을 3년 후부터 18년까지로 하고 있으며 3년 주기로 개선(改善)하고 있다.

(2) 단기 전략

장기 전략에 반대되는 개념으로 장기 전략이 전략 수단 확보에 중점을 두는 데 반하여 단기 전략은 이미 확보된 수단을 운용하는 개념(槪

念)에 방점(傍點)이 두어진다. 단기 전략은 가시적(可視的) 미래에 대한 상황 판단이므로 비교적 용이(容易)하고, 부여되는 임무가 분명하므로 전략 목표를 수립하는 것이 까다롭지 않다. 그리고 이렇게 수립된 목표는 현실적 목표로서, 이미 확보된 수단으로 어떻게 달성할 수 있는가에 대한 전략 개념에 모든 노력이 집중된다. 경쟁의 대상과 유사(類似)한 환경에서 오직 피아 간의 경쟁의 방법에 관심이 집중된다. 따라서 운용 개념인 전략 개념은 실행적(實行的) 차원의 기만성을 확보하기 위한 간접성(間接性), 은밀성(隱密性), 창의성(創意性)이 크게 요구된다.

2) 내부 지향 전략과 외부 지향 전략

내부 지향(內部指向) 전략과 외부 지향(外部指向)으로 구분하는 것도 전략을 구분하는 한 방법이다. 이러한 논의가 필요한 것은 전략의 적용 범위가 확대됨에 따라 생긴 결과다. 전략의 개념이 등장한 초창기에는 당연히 외부와 경쟁관계에 있는 당사자 간에 서로 이기려고 하는 방법으로 필요한 것이 전략이었다. 그러나 전략이 '목표를 달성하는 유용한 방법론'으로 인식되기 시작함에 따라 내부 조직의 효율화(效率化)를 위한 리더십 분야에서도 전략이 원용(援用)되고 있다. 그러므로 어떤 유기체가 생존하고 발전하려면 내부의 역량을 키워서 외부의 경쟁자와의 경쟁에서 승리하기 위한 전략을 구상하고 실행해야 한다.

내부 지향(內部指向)의 전략은 전략의 주체(主體)와 객체(客體)가 동일한 목표를 지향하고 있으므로 내부 구성원이 동일한 목표를 지향하도록 역량을 모으는 것이 필수다. 이러한 것은 결국 리더십으로 귀결된다. 홀륭한 리더십을 위한 연구 결과는 여러 가지가 있지만 가장 좋은 것은 구성원 모두가 마음에서 우러나오는 충성심으로 목표를 달성하고자 노력하는 것인데, 채찍과 당근도 때에 따라 적절히 사용해야 하겠지만, 결국 사람의 마음을 움직이는 것이 최상이다. 일반적으로 사람이 자발적으로 노력하게 만들려면 스스로 느끼는 감동(感動)이 있어야 한다. 이에 비하여 외부 지향(外部指向) 전략은 상대와의 경쟁에서 이겨야 하므로 지향하는 목표는 지극(至極)히 배타적이다. 오직 '뺏느냐? 뺏기느냐?'의 문제다. 이러한 사례 중에서 가장 극단적인 형태인 전쟁에서 승리를 대신할 가치는 없기 때문에, 전쟁은 수단과 방법을 가리지 않고 오직 승리만이 미덕(美德)으로 수용(受容)된다. 적(敵)과의 관계에서 이기는 방법은 미처 적이 생각하지 못한 방법으로 경쟁하는 것이다. 전쟁은 현재 열세(劣勢)하다고 싸우지 않아도 되는 것이 아니다. 정치적 차원에서 필요하다고 결정이 나면 전략의 우세(優勢), 열세(劣勢)와 상관없이 싸워서 이겨야 한다. 상대와 싸워서 이기기 위해서는 상대가 미처 생각하지 못하고 자신의 장점이 최대한 발휘되는 장소, 시간, 수단, 개념, 목표로 싸워야 한다. 기존의 것을 전부 벗어던지고 사고의 전환을 통해 새로운 패러다임을 만들어야 한다. 그것이 전략이며 전사(戰史)는 이러한 사실을 웅변(雄辯)으로 증명하고 있다. 그러므로 하나의 조직을 이끄는 책임자는 내부 지향(內部指向) 전략과 외부 지향(外部指向) 전략을 능수능란(能手能爛)하게 구사할 수 있어야 한다.

3) 의도된 전략과 창발된 전략

조직에는 보통 두 가지 전략이 있다. 하나는 '의도(意圖)된 전략'이고 또 다른 하나는 '창발(創發)된 전략'이다. 의도된 전략이란 실행에 앞서서 미리 무엇을 할 것인가를 잘 조사하여 선정한 전략을 말하고, 창발된 전략이란 미리 책정(策定)하는 것이 아니라 업무를 수행하는 과정에서 많은 성과를 내는 활동이나 좋아 보이는 방향이 사후적(事後的)으로 발견되어 채택된 전략을 말한다. 의도된 전략이 사전적(事前的)으로 계획된 전략이라면 창발된 전략은 사후적(事後的)으로 생겨난 전략이다. 다만 이 분류는 의도적 분류일 뿐이며 실제로는 두 가지 전략이 동시에 작용되어야 한다. 어떤 조직이든지 처음에 시작할 때에는 전략 상황 판단을 근거로 의도된 전략을 수립할 것이고, 그 의도된 전략을 수행하는 과정에서 발생하는 새로운 상황에 즉각적이고 효율적으로 대응하는 것이 창발된 전략일 것이다. 이러한 창발된 전략이 필요한 것은 인간이 갖는 기본적 약점(弱點)에 기인한다. 아무리 훌륭한 통찰력을 가진 지도자라 할지라도 이 세상 우주 만사(宇宙萬事)의 모든 일을 정확히 꿰뚫어 볼 수는 없는 법이다. 그러니 일을 진행하는 과정에서 새로운, 혹은 미처 예상치 못한 일이 일어날 때 그에 대한 대응 전략이 필요할 것인바, 그것이 바로 창발된 전략이다. 의도된 전략이 조미니(Jomini)[31]적 전략에 가깝다면 창발된 전략은 클라우제비츠(Clausewitz)[32]적 전략에 가깝다. 이 두 가지 전략은 어느 하나를

---

31) Baron de Jomini Henri(1779-1869): 프랑스의 장군, 군사평론가로 전략과 전술 및 병참의 구분을 처음 체계화하였다. 나폴레옹의 참모를 역임하였으며 전략의 기획성에 관심을 집중하였다.

32) Karl Clausewitz(1780-1831): 독일의 군인이며 군사평론가. 프로이센 육군의 건설 공로자. 나폴레옹 전쟁에 참가하였으며 프로이센 사관학교장을 역임하였다. 그의 『전쟁론』(Von

선택하는 선택지(選擇肢)가 아니라 상호 보완적 관계에 있을 때 좋은 결과를 얻을 수 있으며, 이는 인간의 한계를 극복하는 좋은 방법이다. 여기서 가장 중요한 것은 변화된 상황을 신속히 감지(感知)하여 그에 적절한 창발된 전략을 지속적으로 수립(樹立), 시행(施行)하는 것이다.

4) 전략가의 파이와 전술가의 파이

어느 조직이건 간에 전략적 사고(思考)를 하는 자가 있느냐 없느냐의 문제는 그 조직의 생존과 번영에 크게 영향을 미치는데, 전략적 사고는 가장 먼저 미래의 환경이 어떻게 될 것인가에 대한 관심으로부터 출발한다. 미래의 환경이 설정(設定)되면 그 환경에 맞는 파이 확대 전략을 만들고 그 전략을 추진한다. 그래서 당장은 어렵더라도 모든 구성원이 미래에 더 큰 파이를 나눠 가질 수 있는 방안을 만들어 내고 이를 실천하는 것이다. 물론 구체적 실천은 전술가의 몫이지만 대체적으로 거시적(巨視的) 차원의 업무 추진은 전략가의 몫이다. 이처럼 전략가(戰略家)는 미래를 생각하고 전체의 이익을 생각하지만, 전술가(戰術家)는 미래보다는 현재에 관심을 집중한다. 그러므로 전략가에 비해 전술가는 지금 가지고 있는 파이(pie)를 어떻게 나누는가에 대한 집착이 강하며, 이것만을 고민하는 것이다. 전술가에게는 미래를 보는 눈이 없다. 그러니 당장 있는 파이를 나누는 것이 가장 중요한 관심 사항이다. 미래에 누가 굶어 죽을지 하는 문제에는 관심이 없거나 아니면 거기까지 생각이 미치지

Kriege)은 군사학과 정치학에서 고전으로 인정받고 있다.

못한다고 볼 수 있다.

우리나라는 경제 발전 전략의 하나로 얼마간의 절차적 문제가 있더라도 파이를 키우는 데 전력 질주해 왔다고 보는 것이 맞다. 그렇게 파이를 키워 놓으니 민주주의가 요구되었고 결국은 민주주의가 꽃을 피우고 있다. 파이가 커지지 않았다면 민주주의는 생겨날 여지가 없었던 것이다. 사람의 입을 통제하면 민주주의는 절대 발아(發芽)하지 못한다. 북한이 그렇지 않은가? 인간은 생존 욕구가 채워진 다음에 상위(上位) 욕구를 요구한다는 것이 매슬로우(Maslow)의 욕구 단계 이론이다.

선진국의 부자들은 그들의 파이를 키워서 나누는 방법도 잘 안다. 부자가 재산을 꽉 움켜쥐고 자기 것이라고 고집을 부리면 필경(畢竟) 혁명이 일어나, 모든 것은 하향 평준화된 다음 다시 시작해야 한다. 이러한 전략적 사고를 가진 미국의 유명한 부자 록펠러, 카네기 그리고 최근의 빌 게이츠는 그들의 재산을 가치 있게 사회로 환원(還元)하였다. 그들은 미국의 발전은 물론 인류의 발전을 위해서 거금(巨金)을 쾌척(快擲)하였다. 이러한 행동은 부자(富者)에 대한 사회적 존경심과 정당성(正當性)을 획득하였고, 이러한 미국의 문화는 자본주의 발전에 더 큰 가치를 부여하게 만들었다. 혼자 잘살겠다고 움켜쥐고 있다가 사회 전체가 망하는 것을 택하는 것보다, 사회적 환원을 통하여 모두가 승리하는 윈윈(win-win) 전략의 전형을 보여 준다. 이렇게 하는 것은 사회의 보편적(普遍的) 가치를 이해하고 높이 평가하는 안목(眼目)과 세상의 이치를 아는 전략적 혜안(慧眼)이 있어야 가능하다. 그러한 전략가는 파이를 키워서 그것을 배분하는 것에 있어서도 전체 사회적 차원에서 모두가 승리하는 방법을 택한다.

5) 군사 전략과 경영 전략

전략의 근원(根源)인 군사 전략과 20세기 산업사회 이후 발전한 경영 전략 간의 차이를 정확하게 식별하는 것은 쉽지 않지만 중요하다. 양자(兩者)가 모두 전략의 기본적 속성을 지니고 있지만 가장 차이가 나는 것은 기만성(欺瞞性)에 있다. 군사 전략은 기만성 추구에서 그 수단과 방법에 제한을 두지 않는 부정적 기만이 주종(主種)을 이룬다. 그러나 경영 전략은 주로 내부 지향 전략으로 긍정적 기만성 위주다. 경영 전략이 사회적으로 바람직하지 못하면 고객(顧客)이나 사회로부터 저항(抵抗)을 불러와 결과적으로 손해를 보게 된다. 이러한 차이를 만드는 것은 결국 군사 전략과 경영 전략이 추구하는 가치의 차이에서 발생한다. 분할(分割)이 불가한 절대적 가치를 추구하는 국가 간의 전쟁 상황에서는 전략상 기만에 동원되는 모든 수단과 방법이 용인된다. 왜냐하면 국가는 1648년 베스트팔렌 조약에 의거, 완전한 독립성을 인정받고 있기 때문이다. 즉, 국가는 주권(主權) 영역 내에서 폭력 독점할 권리와 영역 외부로부터의 위협에 대한 완전한 자위권(自衛權)을 가진다. 그러므로 한 나라의 독립성이 훼손(毁損)되는 것에 대해서는 모든 수단과 방법을 동원하여 그 독립성을 지켜야 하는 당위성(當爲性)이 인정된다. 따라서 전쟁에서 추구하는 가치는 오직 승리뿐이며 그것은 절대 분할할 수도 없고 공유(共有)할 수도 없는 절대적 가치이다. 오직 승리만이 국가와 국민의 생존을 보장할 수 있기 때문이다. 물론 전쟁 중에도 인륜(人倫)을 저버리는 무리한 수단과 방법을 규제(規制)하기 위한 전쟁 법 또는 제네바 협약이 있기는 하지만, 그것들은 국제법으로서 국가의 독립적인 생존의 가치와 교환되기는 힘들다.

그러나 경영 전략은 다르다. 경영이 추구하는 가치는 분할이 가능하고 공생도 가능하며, 사정(事情)이 여의치 않아서 지금 당장 그 가치를 얻지 못하면 다음 기회에 얻어도 무방하다. 전쟁 상황을 제외한 경우의 모든 전략은 아마 이 범주에 속할 것이다. 군사 전략 중에서도 작전 전략이 아닌 양병(養兵) 전략은 경영 전략의 범주에 가깝다. 경영 전략은 대개 외부 정합성(外部 整合性)과 내부 정합성(內部 整合性)을 극대화하여 유기체의 생존을 넘어 번영을 추구하는 것이다. 외부 정합성은 기업과 고객의 관계에서 오는 것이고 내부 정합성은 기업 내부의 기능과 활동 간의 유기적 관계에서 나오는 것이다. 이러한 정합성이 문제가 되는 것은 외부 환경 변화 때문이다. 즉, 환경의 변화는 끊임없이 외부 정합성을 흔드는데, 이를 알아채지 못해 대응이 늦거나 잘못되면 외부 정합성이 깨진다. 그리고 이러한 환경에 대응하는 과정에서 내부적으로 유기적 협력이 이뤄지지 않으면 내부 정합성마저 깨진다. 경영에서 전략은 경쟁 업체와 상대적 우월적 지위를 확보하려고 하는 것이 일반적인 형태이다. 그러므로 국가 간의 전쟁과는 달리 경쟁 업체와 가치를 공유할 수도 있고 분할할 수도 있는 것이다. 그 가치 쟁탈 과정이 정당하여 고객이나 사회가 수용 가능해야 수명이 오래갈 수 있다. 독식(獨食)하겠다고 부당한 방법으로 경쟁 업체를 고사(枯死)시키면 그 행위가 부메랑(boomerang)이 되어 스스로 침몰(浸沒)할 수도 있다. 이것은 전략이 될 수 없다. 군사 전략을 구사하는 과정에서는 심판자가 없으나 경영 전략에서는 고객이나 사회가 엄격한 심판자 노릇을 하고 있다. 심판자는 그 전략이 올바른지 그른지에 대한 시시비비(是是非非)를 가리고 그에 응당한 처벌을 내린다. 그러므로 심판자가 있는 것과 없는 것에 따라 사용되는 기만의 방법이 달라질 수밖에 없다. 이것이 군사 전략과 경영 전략의 차이를 보여 주는 에센스(essence)다.

6) 전략, 책략, 모략, 술책, 술수

전략과 유사한 용어를 정확히 이해하는 것은 전략을 이해하고 활용하는 데 큰 도움이 될 것이다. 위 용어들을 한자(漢字) 자전(字典)에서 찾아보면 '전(戰)' 자를 제외하고는 모두가 '꾀'를 의미한다. '謀' 자의 훈은 '꾀 모', '略' 자의 훈도 '꾀 략', '策' 자의 훈도 '꾀 책', '術' 자의 훈 역시도 '꾀 술'이다. 따라서 사람들이 일을 도모(圖謀)하는 데 '꾀'가 얼마나 중요한지 알 만하다. 이 단어들을 관련 서적이나 사전에서 찾아보면 전략(戰略)이란 전쟁이나 경쟁의 상태에서 유리한 경쟁의 틀을 만들기 위하여 쓰는 꾀이고, 책략(策略)은 어떤 일을 처리하는 꾀와 방법이며, 모략(謀略)은 다른 사람을 해치려는 목적을 가지고 뜻한 바를 이루기 위하여 쓰는 거짓된 꾀다. 술책(術策)은 어떤 꾀나 계획을 몰래 꾸미거나 저지르는 행위로 모략과 같은 의미를 가지고 있다. 마지막으로 술수(術數)는 무엇을 그럴듯하게 꾸미는 방법으로 실질적으로는 술책과 같은 의미로 사용된다. 이렇게 한자 자전과 우리말 사전을 찾아서 비교해 보아도 그리 분명하게 의미가 와닿지는 않아 뭔가 좀 부족하다는 느낌이 든다. 이럴 경우 각 어휘(語彙)들을 그 시대적 배경에서 사용된 맥락(脈絡)을 따져서 이해하는 것이 바람직하다. 전략과 책략은 기획성, 기만성을 속성으로 하고 있다. 이에 비하여 모략, 술책, 술수는 기획성은 약하고 기만성의 비중이 크다. 또 하나 이들을 구별할 수 있는 것은 대의명분(大義名分)의 존재 여부이다. 전략과 책략은 공공의 이익을 위한 대의명분이 있음에 비하여 모략과 술책, 술수는 오로지 개인의 이익을 위하여 사사로이 나쁜 방법으로 꾀를 부리는 행위로 대의명분이 없다. 즉, 전략이란 대의명분이 뚜렷하여 일하는 것 자체에 대해 자긍심(自肯心)을 가질 수 있는 사안(事案)이지만, 모략은 개인의 사사로운 이익을 위한, 그리고 상대방을 함정(陷穽)에 빠뜨리는, 대의명분이 없는 일을 도모할 때 쓰이는 것이다. 전략이 이러한 대의명분을 갖는 연유(緣由)는 전략이 생겨난 배경과 관련이 있다. 외침 시 장수(將帥)는 나라를 구하기 위해 적과 싸워 이기기 위하여 전략을 구사한다. 이처럼 나라를 구하기 위한 전략이기에 대의명분을 갖는 것이다. 그러므로 기만을 대의(大義)를 위해 쓰면 전략이지만, 소의(小義)를 위해 쓰면 모략이다. 전략이나 책략은 세상의 이치를 터득한 고견(高見)으로, 전체적인 관점에서 미래를 기획하는 것으로서 그 기만성은 지식과 지혜의 우월적(優越的) 차이로부터 비롯된다. 일반적인 사람들은 관점이 좁아서 현재 바로 여기에만 관심이 집중되어 전체적, 미래적 관점으로 세상을 보지 못하지만, 전략가나 책략가는 통찰력(洞察力)으로 그것을 봄으로써 전략적 기만을 달성한다. 이에 비하여 모략이나 술책, 술수는 경쟁 상대에게 거짓을 행함으로써 기만을 달성하는 것이다. 오늘날에는 전략과 모략을 제외한 단어들은 별로 쓰이지는 않지만, 오래전에 쓰인 책에서 종종 등장하므로 그 의미와 차이를 분명히 알아두면 도움이 될 것이다.

7) 전략, 전술, 전기

전략(戰略), 전술(戰術), 전기(戰技)라는 용어를 자주 사용하면서도 그 차이를 제대로 이해하는 사람은 흔하지 않다. 전략과 전술 간에, 또는 전술과 전기 간에 공유(共有) 영역이 있는 것은 사실이지만 차이는 분명하다. 전략이란 유리한 경쟁의 틀을 만드는 것이므로 싸움이나 경쟁 전에 미리 '이길 수 있는 틀'을 만들어 두는 것이다. 쉽게 말하면 유리한 상황을 만드는 계획이나 활동이 전략이다. 이는 대규모 부대에서 주로 사용하며 상대적 상급 부대에서 하급 부대의 작전을 유리하게 만들어 주기 위하여 활용된다. 한편 전술은 전략이 만들어 놓은 경쟁의 틀에서 자신이 가진 전투의 수단을 활용하는 방법으로서 영어로는 'art(술)'[33]에 해당한다. 동일한 전투력이라고 하더라도 그것을 사용하는 지휘관에 따라서 방법이나 결과가 달라질 수 있다. 이는 중간 제대급의 부대에서 주로 사용되며 전투 현장에서 상대를 이기기 위한 현장 중심 활동이다. 적의 기만을 위한 양공작전(陽攻作戰)이나 양동작전(陽動作戰) 등의 활동 등이 전략과 유사(類似)한 모습을 보이지만 이것은 전술적 범주(範疇)에 속한다. 따라서 여기서 사용되는 기만은 전술적 기만에 해당한다. 비록 전략이 기만성을 중요한 속성으로 하고 있지만 기획성이 부족하면 전략이라고 할 수 없다. 또한 전기(戰技)는 전술을 구사하는 과정에서 사용되는 무기나 병력을 사용하는 기술을 말한다. 영어로는 'science(과학)'에 해당한다. 최하급 제대나 개인의 활동이 주로 이에 해당한다. 무기를 사용하는 방법이나 전투 대형, 공격 방법 등이 여기에 속한다. 이것은 누가 운용하더라도 거의 동일한 과정과 결과를 얻을 수 있는 분야다. 물론 전투

---

33) 'art'는 실행하는 사람에 따라 그 결과가 조금씩 다르게 나타나는 것을 말하며 실행자가 동일하더라도 시·공간의 환경 차이에 의해서도 다른 결과가 나타난다. 이에 비하여 'science'란 인과관계가 정확하게 규명되어 있는 것으로서 누가 실행하더라도 동일한 결과가 나오는 것을 말한다. science가 기계적이라면 art는 인간적이다. 피아노 악보를 보고 로봇이 연주하면 science가 되고 사람이 연주하면 art 가 된다.

대형이나 공격 방법에서 조금씩 차이가 나는 'art(술)'적인 성격이 있기는 하지만 그 차이는 미미(微微)하다.

9.
전략 관련 참고

1) '전략적'이라는 말의 의미

　전략적(戰略的)이라는 말을 우리는 주변에서 흔히 듣고 쓴다. 그런데 그 정확한 의미를 알고 쓰는 사람은 많지 않다. '-的'의 사전적(辭典的) 의미는 "한자어(漢字語) 뒤에 붙어 그러한 성질(性質), 경향(傾向), 상태(狀態)에 있음을 나타내는 말"로 정의(定義) 되어 있다. 따라서 '전략적'이라고 하면 '전략의 성질, 전략의 경향, 전략의 상태'에 있음을 나타내는 말이다. 무엇이 전략적이라고 하려면 적어도 전략의 속성(屬性)인 기획성과 기만성 중에서 하나 이상 가져야 가능하다. 기획성이란 미래성과 전체성으로 구성되는데, 시간적으로 미래적이어야 하고 공간적으로는 전체성을 가져야 한다는 의미다. 이에 따르면 전략이란 시간상으로 지금 당장 현재의 일보다 미래에 관한 것을 도모(圖謀)하는 것이고, 공간적으로는 국지적(局地的)이 아니고 전체적(全體的) 관점에서 가장 이로운 대안(對案)을 만드는 것을 말한다. 그리고 기만성이란 경쟁하는 상대가 나의 의도(意圖)를 모르게 하여 일을 도모하는 데 필요한 것이다. 경쟁관계에서 나의 의도를 상대가 알아 버리면 그 일을 방해(妨害)하려 할 것이기에 때문에 기만이 필요하다. 이에 부가하여 '전략적'이라는 말의 의미는 기존의 틀을 벗어나 새로운 사고방식하에서 만들어 낸 창의적 결과물(結果物), 고위(高位) 수준의 업무 또는 고차원(高次元)의 업무, 총론적(總論的) 맥락(脈絡), 그리고 꾀가 가미(加味)되어 상대를 속일 수 있는 내용 등을 나타내고 싶을 때, 명사 앞에 붙어서 위 내용의 '하나 또는 그 이상'의 의미를 내포하고자 형용사(形容詞) 형태로 사용된 것이다. 예를 들어 '전략적 관계'라는 말은 여러 가지 의미를 담고 있지만 그 핵심은 양 개체(個體)가 서로 협력을 하는 데 있어서 뜻을 같이하는 부분 또는 같은 이해관계를 가지는 부분이 있다는 것으로, 집합의 개념으로 보면 부분 집합에 해당한다. 각 개체가 추구하는 기본 목적은 다르지만 한시적(限時的)으로 같이함으로써 양 개체가 공통적으로 얻는 이익이 분명히 있을 때 전략적 관계가 성립한다. 또한, 전략적 협력관계라는 것은 원론적(原論的) 차원에서 또는 총론적(總論的) 차원에서 협력은 하되 구체적인 각론적(各論的) 차원에서의 협력관계는 아직 거론(擧論)할 단계가 아니라는 의미라고 본다. 그러므로 현재 마음을 터놓고 협력할 단계는 아니지만 어느 일정 부분(一定部分)은 서로가 협력하는 것이 좋은 상황에서 쓰이는 용어다. 후진타오 중국 주석(主席)이 일본을 방문하여 중국과 일본이 전략적 협력관계를 맺겠다고 선언(宣言)한 적이 있다. 그 의미는 지금 상황으로 중국과 일본이 완전하게 협력할 상황은 아니지만 일정 부분 서로가 협력함으로써 양국(兩國)이 이익을 얻을 부분이 있다는 것을 표명(表明)한 것이다.

다른 차원에서 전략적이라는 용어는 전술적이라는 용어보다 상대적으로 고차원적이라는 의미에서 차원이 높다는 뜻으로 이해될 수도 있다. 그러나 양 개체 간의 관계를 설명하는 협력이나 동맹을 표현할 때 쓰는 전략적이라는 수식어는 완전하지는 않지만 부분적으로 협력을 해야 할 필요성이 있을 때 사용되는 것으로 이해하는 것이 옳다. 그러니까 이해(利害)가 달라지면 언제라도 갈라설 가능성을 내포(內包)하고 있는 것이고 서로가 의심(疑心)을 하고 있는 상태라는 의미도 된다. 그러면 전략동맹(戰略同盟)과 전략적 동맹(戰略的同盟)은 어떤 차이가 있을까? 단순히 전략동맹이라고 하면 전략을 동맹한다는 의미로 받아들여지는 반면, 전략적 동맹이라고 하면 그 동맹이 위에 열거한 네 가지 의미로 해석되는 성질의 동맹이라고 할 수 있다. 그러므로 전략적 동맹은 단순한 동맹이 아닌 속마음을 다 드러내어 완벽하게 협력하는 동맹이 아니라는 차원의 의미를 가진다. 총론적(總論的) 의미(意味)에서는 같은 생각을 가지고 협력하지만 각론(各論)의 차원에서는 다를 수도 있다는 뉘앙스(nuance)가 느껴진다. 그리고 한시적(限時的)으로 어떤 조건이 충족될 때에만 동맹의 메커니즘(mechanism)이 작용한다는 뉘앙스가 있다. 전략적 동반자(同伴者)라고 할 경우도 마찬가지다. 그냥 전략동반자(戰略同伴者)라고 하면 전략 문제를 동반자 관계에서 처리하겠다는 의미인 데 비하여, 전략적 동반자라고 하면 서로 추구하는 궁극적 목적은 다르지만 한시적으로 총론적 차원에서 협력하겠다는 의미로 해석되며 어딘가 모르게 서로 다른 꿍꿍이속이 있는 것 같은 뉘앙스가 풍긴다. 이러한 사례로 근래에 인도와 중국이 전략적 관계를 형성하고 있고 중국을 견제하기 위해서 미국과 인도가 전략적 관계를 형성하고 있는가 하면 과거 대소견제(對蘇牽制)를 위해 미국과 중국 간에 전략적 관계를 형성한 적이 있었다. 이렇듯 전략적 관계란 한시적으로 얻을 수 있는 부분을 같이함으로써 발생할 때 만들어지는 관계를 말한다.

2) 전략의 명칭

전략을 논하다 보면 무슨 전략, 무슨 전략이라고 하는데 그것이 그 때그때 중구난방(衆口難防)으로 이름 지어져 돌아다니는 것을 보면 조금 혼란스럽다. 그래서 전략에 대한 조예(造詣)가 깊지 않은 사람은 그것을 체계적으로 이해하기가 쉽지 않다. 이것을 일목요연(一目瞭然)하게 정리하려면 전략을 만드는 다섯 가지 구성 요소로 구분하면 가능하다. 전략은 '유리한 경쟁의 틀을 만드는 것'이라고 정의하고 그 구체적 방법은 목표, 개념, 수단, 시간, 공간의 요소를 하나 또는 그 이상을 변경해서 만들면 된다. 그러므로 여기저기서 눈에 띄는 여러 가지 전략의 명칭은 이 다섯 가지 요소 중의 하나에 해당한다. 먼저, 목표에 주목하여 전략의 명칭을 붙이는 경우다. 추구하는 목표를 강조하여 전략을 이름 지은 것이다. 통일이라는 목표를 달성하기 위해서는 통일 전략을 수립하고 대학에 진학하기 위해서는 입시 전략을 만든다. 추구하는 목표를 수식어로 사용함으로써 무엇을 하고자 하는지 의도가 분명하게 보인다. 이것이 '무엇(what) 전략'이다. 다음은 개념을 강조하여 전략의 명칭을 붙이는 경우다. 사실 이것은 전략의 본령(本領)에 해당한다. 경쟁에서 승리하기 위하여 어떻게 할 것인가에 대한 방법론을 부각(浮刻)시켜 명칭을 부여한다. 전쟁이나 기타 경쟁의 현장에서 발휘(發揮)되는 전략들이 이에 해당한다. 공세 전략(攻勢戰略), 수세 전략(守勢戰略), 전수 전략(專守戰略), 포위 전략(包圍戰略) 등 전투력의 운영 방법에 대한 전략이다. 때로는 그 전략의 특징을 잘 표현할 수 있는 비유적 대상을 선정하여 명명(命名)하는 경우도 있는데, 고슴도치 전략과 같은 것이다. 이것은 '어떻게'라는 방법론을 분명하게 드러내고 있는 '어떻게(how) 전략'이다. 이어서 수단을 강조하여 전략의 명칭을 부여한 경우다. 특정 수단을 전략으로 사용하는 전략으로 주로 수단을 수식어로 선택한다. 핵 전략(核戰略), 비대칭 전략, 미사일 전략 등이 있다. 이것은 무엇으로 경쟁해서 이길 것인가 하는 '수단(means) 전략'이다. 그리고 시간적 요소를 부각(浮刻)하여 전략의 명칭을 부여하기도 한다. 특정 시간이 전략의 중요 포인트(point)로 작동하는 전략으로 지연 전략(遲延戰略), 미래 전략, 동시통합 전략(同時統合戰略), wait&see 전략 등이 이에 해당한다. 이것은 '언제(when) 전략'이라고 할 수 있다. 마지막으로 공간적 요소를 부각하여 이름을 지은 경우다. 전략을 구사할 공간을 수식어로 채택한 것으로서 동북아 전략, 대륙 전략, 해양 전략 등 장소와 같은 공간적 요소를 부각시켜 이름을 부여한 것이다. 이것은 '어디서(where) 전략'이다. 그 외에 보안(保安)을 목적으로 암호를 부여하는 경우도 있으나 그것 역시 내용은 위 다섯 가지 분류 중의 하나다. 전략을 수식하는 용어는 단지 그 전략의 특징을 나타내기 위하여 선택한 것이다.

3) 전략의 고독한 결단

전략가는 고독(孤獨)한 결정을 내려야 하는데, 그 결정이 보통 사람의 시각(視覺)에서는 이해되지 않는 경우가 대부분이다. 전략가는 '궁극적으로 큰 가치'를 생각하기에 보통 사람보다 상대적으로 큰 틀에서 생각하고 결정한다. 지금 당장은 손해(損害)일 것 같지만 나중에 보면 이익이 되고, 지금의 기준으로 보면 우유부단(優柔不斷)하고 답답한 대응이지만 나중에 보면 그것이 옳은 것이라는 것으로 판정(判定)이 나는 그런

결정을 해야 한다. 그러므로 전략가의 사고(思考) 수준을 이해하지 못하는 보통 사람은 전략가의 행태(行態)를 비난하거나 원망(怨望)하기 십상이다. 그렇지만 전략가는 그런 비난과 원망을 그대로 감수해야 한다. 때가 되면 그 비난과 원망이 잘못으로 판정 날 것을 알고 있기 때문이다. 그런데 사람이라면 누구나 그런 비난과 원망에 대해 해명하고 싶은 유혹을 받는다. 오해(誤解)를 받을 때, 그것을 당장 해명(解明)하고 싶은 것이 보통 사람들의 마음이다. 그러나 그 유혹을 못 이겨 속마음을 이야기해 버리면 그것은 더 이상 전략이 될 수 없고, 애초의 전략적 시도(試圖)는 물거품이 되어 버린다. 전략이란 원래 기만성을 기본적 속성으로 하고 있고 그 기만성은 간접성, 은밀성, 창의성이 담보(擔保)하도록 되어 있다. 기만을 통해 자신의 의도를 달성하려는 전략적 행위를 유혹에 못 이겨 발설(發說)해 버리면 그 계획은 더 이상 전략이 될 수 없다. 자식을 훌륭하게 성장케 하고자 일부러 자식을 고생하게 만드는 아버지는 그것을 이해하지 못하는 아들에게 아버지의 속마음을 털어놓지 못한다. 그렇게 되면 아들은 그 고생을 하지 않으려 할 것이기 때문이다.

옛날에 큰 과수원을 하는 사람이 있었는데, 그에게는 아들이 하나 있었다. 그런데 그 아들은 아버지만 믿고 과수원에서 일할 생각은 않고 매일 게으름을 피우면서 노는 일에만 골몰하였다. 그런 아들을 두고 눈을 감으려니 걱정이 이만저만이 아니었던 아버지는 다음과 같이 유언장을 썼다. "과수원에 큰 금덩어리를 하나 묻어 놓았으니 내가 죽거든 찾아서 쓰라." 아들은 아버지가 죽자마자 그 금덩어리를 찾으려고 온 과수원을 파 뒤집었다. 그러나 아무리 파도 금덩어리는커녕 실반지 하나 나오지 않았다. 그런데 그해 가을에 과수원에는 과일이 주렁주렁 열려 대풍(大豊)을 맞았다. 그때서야 아들은 아버지가 왜 금덩어리를 묻었다는 거짓말을 유언으로 남겼는지 이유를 알았다. 아들에게 '과수원을 열심히 가꾸면 큰 수확을 얻는다.'는 교훈을 주려는 전략적 유언이었던 것이다.

이와 같이, 특히 국가적 대사나 큰 조직에서 전략가는 최측근(最側近)까지 기만해야 성공할 수 있다. 심복(心服)이라고 해서 전략적 복심(腹心)을 털어놓으면 그 순간부터 그 전략은 용도(用途) 폐기(廢棄)된다. 성공한 역사가 되는 것은 자신의 측근을 어떻게 기만(欺瞞)했느냐에 달려 있고, 실패한 역사는 그 전략을 알아 버린 측근의 배신(背信)에 기인(起因)한다. 그러므로 전략가는 언제나 외로운 결정을 내려야 한다. 보통 사람과 차원이 다른 생각을 하는 전략가는 항상 외롭고 고독하다. 그리고 전략가는 큰일일수록 그 전략적 복심(腹心)을 이해하지 못하는 사람들로부터 오해(誤解)와 비난(非難), 원망(怨望)을 더 크게 받는다. 그럴 때 자기 확신(確信)을 믿고 굳건하게 버틸 수 있는 정신적 역량을 키워야 한다. 그러기 위해서는 자기 수양(修養)과 세상의 이치를 꿰뚫어 보는 혜안이 필요하다. 하지만 큰일을 할 좋은 조직에는 말하지 않아도 복심을 이해하고 염화시중(拈華示衆)의 미소를 지어 줄 수 있는 사람이 많다. 이 역시 전략가는 보통 사람들을 끌고 가는 리더의 자리에서 항상 외로운 전략적 결단(決斷)을 해야 함을 알기 때문이다.

4) 전략과 미래 예측

전략은 언제나 미래를 상정(上程)한다. 따라서 지금 관심을 가지는 문제와 관련이 있는 사안들이 미래에 어떻게 될 것인가 하는 물음에 대한 답을 찾아야 전략적 대안을 수립할 수 있다. 그러므로 언제나 상황

분석, 그것도 미래 목표 시점의 상황을 예측하여 분석하는 것이 중요하다. 그런데 미래를 미리 상정한다는 것이 그리 용이(容易)하지 않다. 미래를 예측한다는 것이 얼마나 어려운 것인가를 웅변적(雄辯的)으로 대변(代辯)해 주는 사례가 있다. 20세기 초 세계 석학(碩學)들이 모인 로마클럽에서 예측한 내용들이 겨우 30%만 실제와 맞았다는 것이다. 하물며 보통 사람들이 미래를 예측한다는 것은 정말 녹록(碌碌)한 일이 아니다. 인류가 생존하기 시작한 이래로 미래를 예측하고자 하는 욕구는 지대(至大)하였고 다양한 예측 방법이 활용되었지만, 신뢰할 만한 방법은 별로 제시된 것이 없다. 점성술(占星術)이나 직관에 의해 미래를 예측하기도 하지만, 그것은 인정되는 과학적 방법이 아니기에 쉽게 받아들여지지 않는다. 지금까지는 상대적으로 신뢰를 받고 있는 방법인 '과거를 분석하여 미래를 예측하는 방식'이 과학적이라는 평가를 받고 있다. 따라서 그렇게 신통한 방법은 아니지만, 과거의 역사적 사실을 면밀히 분석하여 그 트렌드(trend)[34]를 정확히 찾아내는 것이 필요하다. 그리고 그 트렌드를 미래의 세계에 과학적인 방법으로 투사하여 미래의 전략적 상황을 예측한다.

그런데 말은 쉽지만, 실제 상황에서는 이 과정과 절차가 그리 쉽지 않다. 현재를 살면서 아무도 경험하지 않은 미래의 상황을 예측한다는 것은 정말 어려운 일이다. 이러한 작업은 무한한 상상력을 바탕으로 가능한데, 아마 소설가나 만화가들이 전략에 관한 공부를 한 후 미래 예측과 상황 판단의 업무를 하면 훌륭한 결과를 얻어 내지 않을까 하는 생

---

34) 미래의 트렌드 분석에는 회귀분석이 주로 사용된다. 오늘날에는 컴퓨터와 스마트폰의 발전으로 대량으로 수집된 데이터를 분석하는 빅데이터의 활용에 따라 미래 트렌드 예측의 정확도가 점점 높아질 것으로 예상된다.

각을 하곤 한다. 실무적 경험에서 보면 미래 목표 시점을 정해 두고 전략에 관련된 상황을 분석하다가 어느새 자신도 모르게 현재로 되돌아와 버리곤 하였다. 이러한 것들은 경험이 부족한 실무자에게만 국한된 문제만도 아니다. 많은 경험과 식견을 갖춘 상급자에게서도 흔히 일어나는 현상이다. 이렇듯 미래에 있을 세계를 미리 그려 본다는 것은 쉬운 일이 아니지만 숙명적으로 전략가가 해야 할 일이다. 발전 속도, 기회비용(機會費用), 가격의 변동, 수혜자(受惠者)의 가치관 변화 등등 제반 사항을 깊이 있게 따져야 한다. 이러한 미래 상황 판단을 기초로 전략 수립을 위한 기획 가정(假定)을 설정하는데, 그 가정(假定)을 통해서 전략 목표를 설정하고 목표를 구현할 수 있는 개념을 설정하고 가용 수단을 선정한다.

이러한 과정에서 반드시 검증(檢證)해야 하는 부분이 있다. 일단 수립된 전략이 미래에 어떤 영향력을 미칠 것인가에 대해 철저히 분석해야 한다. 이것은 정말 그리 만만치 않은 일이다. 미래에 대한 문제는 사람마다 지식이 천차만별(千差萬別)이기 때문에 쉽게 공감대(共感帶)를 얻어 내기가 어렵다. 여기에 적절한 사례가 하나 있는데, 2002년 동두천에서 있었던 여중생(女中生) 사망사건에 대한 당시 주한(駐韓) 미국 대사(大使) 허버드 씨와 당시 미 2사단장 러셀 아너레이 장군의 증언(證言)을 살펴보자. 허버드 대사는 그의 회고록에서 "2002년 미군 장갑차(裝甲車)에 의한 여중생 사망사건을 가슴 아프게 생각한다. 비극적인 사고가 발생한 직후 조지 부시 대통령의 사과를 강력하게 밀어붙이지 못한 것이 가장 후회된다."라고 하였다. 또한 같은 시기에 미 2사단장이었던 러셀 아너레이 장군도 미국의 대응에 문제가 있었다고 술회(述懷)했다. 지금 재난(災難) 전문가로 활동 중인 그는 『생존』이라는 책에서 "여중생 사망 사건 발생 후, 2사단의 입장 발표를 공보 담당(公報擔當) 소령에게 맡겼는데 이 장교는 사죄(謝罪)하는 태도가 아니라 해명(解明)하는 자세를 보였다. 이는 결국 한국인들에게 잘못된 메시지(message)를 주게 됐고 전국적인 시위(示威)로 연결되었다. 그때서야 내 실수를 깨달았지만 너무 늦었다."라고 말했다. 당시 미 대사나 2사단장은 미국인의 관점에서 이 문제를 취급하였다. 여중생 사망사고는 하나의 교통사고일 따름이고, 따라서 '그에 대한 보상(補償)을 하면 된다.'라는 생각을 하였던 것 같다. 그리고 미 대통령도 '지금껏 도와준 한국인데, 그만한 일에 무슨 문제가 있겠나?' 하는 생각을 하였음에 틀림없다. 그 이전까지 한미관계에서 미국은 시혜적(施惠的) 입장에 있었고 한국은 수혜적(受惠的) 입장에 있었기에 그러한 것이 문제가 된 적이 별로 없었다. 문제의 핵심은 그 대책(對策)이 몰고 올 파장(波長)을 분석했어야만 했다는 것이다. 미국이 세계의 유일 강대국이라는 사실은 내면으로는 시기와 질투의 대상이라는 점을 간과(看過)하였고, 미국인들의 사고방식과 달리 한국인은 감성적이라는 것을 생각하지 못했다. 더구나 2002년의 상황은 민주화의 상징인 김대중 정권 시기였으며, 민족주의가 기승(氣勝)을 떨치던 시절이었던 점을 반드시 유념(留念)했어야 했다. 이처럼 미래의 상황 판단을 어떻게 하느냐가 전략의 성패를 좌우한다.

5) 미래 전략의 트렌드

지금까지 전략이 암묵적(暗黙的)으로 다루어 온 기본은 '경쟁관계의 양방(兩方)이 서로 동일한 가치를 서로 차지하겠다고 경쟁하는 틀'에서 그 가치를 차지하는 방법론이었다. 전쟁은 말할 것도 없고 회사나 개인도 같은 성향(性向)을 띠어 왔다. 그러나 미래에는 달라질 것이라는 조짐(兆朕)이 눈에 들어온다. 미래에는 기존 가치를 나누는 데 치중(置重)하기보다는 '가치의 크기를 키우기 위해 상호 협력하고 그렇게 하여 더 커진 가치의 파이를 우호적(友好的) 관계에서 나누는 방향'으로 전략이 발전할 것이라는 것이다. 전자(前者)는 한정된 가치를 서로 차지하려는 경쟁적 차원의 경쟁의 틀이지만, 후자(後者)는 가치를 나누기 전에 그 가치 자체를 키우는 데 노력을 집중하는 경쟁의 틀이다. 전자는 이기주의(利己主義)를 바탕으로 한 무한(無限) 경쟁의 철학에서 태동(胎動)된 것이고, 후자는 이타주의(利他主義)를 바탕으로 한 상생 화합의 철학을 기반(基盤)으로 한다. 일본의 성공한 기업들은 사원(社員)의 행복이 목표인 경우도 있고, 사회에 봉사하는 것을 기업의 중요한 가치로 하는 경우도 있다. 이러한 현상은 더 큰 가치를 얻기 위하여 경쟁보다는 상생 화합이 더 좋다는 사회적 인식이 생성(生成)된 결과라고 생각된다. 그러므로 미래의 전략은 사회적 트렌드의 변화를 읽고 무한 경쟁의 틀에서 상생 화합하는 틀로 변화될 것이다. 요컨대, 미래 전략의 관심은 가치 쟁탈의 상호 경쟁보다는 추구하는 가치의 파이를 키우기 위해 어떻게 상생 화합할 것인가에 모아질 것이다.

6) 조미니와 클라우제비츠

조미니(Jomini)와 클라우제비츠(Clausewitz)는 근대 전략 사상가로서 한 시대를 풍미(風靡)한 사람들이다. 조미니는 스위스 태생(胎生)으로 나폴레옹의 참모로 활동한 사람인 반면, 클라우제비츠는 프러시아 사람으로 나폴레옹과 싸운 사람이다. 이들이 가진 공통점이라면 두 사람 모두 나폴레옹을 연구하여 전략서를 저술(著述)했다는 것이다. 그러나 두 사람이 처한 환경에 따라 결과는 정반대로 나타난다. 조미니는 불어로 나폴레옹 전쟁을 분석한 글을 대체로 쉬운 용어로 쓴 반면, 클라우제비츠는 독일의 관념적(觀念的) 철학을 바탕으로 한 어려운 독일어로 전략론을 썼다. 이는 클라우제비츠가 죽고 난 후 부인이 유고(遺稿)를 모아 책으로 발간한 것으로 엄밀하게 말하면 퇴고(推敲)도 하지 않은 초안(初案)이라서 어려울 수도 있다. 따라서 독일 장교들조차도 클라우제비츠보다는 조미니의 저술을 더 많이 읽는다고 한다.

두 전략가의 차이는 두드러지는데, 클라우제비츠는 우리에게 전략적 직관(直觀)을 알려 준 데 반해 조미니는 우리에게 전략적 기획(企劃)을 알려 주었다. 조미니의 전략적 기획에서는 목표 지점을 먼저 선택한 다음 거기에 도달하기 위해 계획을 세운다. 이에 반하여 클라우제비츠의 전략적 직관에서는 머릿속에서 전체적인 그림이 합쳐지고 그 그림의 일부(一部)인 결정적 지점을 알게 된다. 먼저 목표 지점을 정하고 시작하지 않는다는 점이다. 여기서 재미있는 사실은 나폴레옹은 전략적 직관, 즉 통찰력으로 전쟁을 지휘하였고 그 결과 많은 전투에서 승리하였다는 것이다. 나폴레옹은 이겨야 할 전투 목표를 정하지 않고 이리저리 이동하다가 이길 수 있는 상황이 되면 전투를 했다. 그는 결코 이길 수 없는 상황에서는 전투를 하지 않았다. 아이러니컬(ironical)하게도 나폴레옹의 참모인 조미니는 '전략적 직관'을 중시하지 않고 오히려 '전략적 기획'에 매달린 반면, 적(敵)이었던 클라우제비츠는 나폴레옹이 즐겨 사용한 전략적 직관을 가장 중시하였다는 것이다. 여기서 말하는 전략적 직관은 보통 사람들이 터득하기 어려운 상황이기 때문에 클라우제비츠에 대한 이해가 어려운 것이다. 조미니의 전략적 기획은 지휘관의 천재성이 필요 없는 것이기에 보편적으로 쉽게 전파된 반면, 클라우제비츠의 직관에 대한 것은 너무나 어려운 것이기에 논란의 중심에 서 있다고 생각된다. 이 전략적 직관은 많은 경험과 공부를 통해서 가능한 것이다.

오늘날에는 전략이 다양한 방면으로 발전하였는데, 어쩌면 기업적 측면에서의 전략은 조미니에 가깝고 전쟁에 관한 전략은 클라우제비츠에 가깝다고 보면 될 것 같다. 그렇지만 그 차이란 불확실성의 차이에 관한 문제일 뿐 본질적(本質的)으로 더 파고들어 가면 한 방향으로 수렴(收斂)할 것이다. 해결해야 할 사안에 불확실성이 없다면 조미니의 기획적 전략이 더 유리할 것이고 불확실성이 크다면 순간순간의 상황에 기민(機敏)하게 대응하는 클라우제비츠의 직관적 전략이 더 쓸모가 있을 것이다. 결국 두 전략가의 차이점은 정확한 정보의 양에 따른 차이일 뿐이다. 그런데 인간의 능력 한계를 생각하면 클라우제비츠의 직관을 기르는 것에 노력을 집중해야 할 것이다. 전쟁 상황에서 가장 어려운 것은 앞으로 전개될 상황이 어떤 것일까 하는 것이기 때문이다. 사실 너무나 많은 변수가 상황을 좌우하기 때문에 전쟁에 대한 상황은 불확실성의 연속이고 클라우제비츠의 비유로는 안개다. 군에서 정보를 중시하는 것은 이 불확실성을 걷어 내는 작업에 다름 아니다. 전장에서 벌어질 상황을 미리 예측하여 정확히 안다면 전쟁은 이미 이긴 것이나 다름없다. 그러므로 정보가 중요하다. 특히 현대전에서는 더욱 그렇다. 이순신 장군도 임진왜란 당시 적의 동태(動態)를 파악하기 위하여 부단(不斷)히 애를 썼으며, 왜군(倭軍)의 움직임을 파악하기 위하여 지속적으로 척후(斥候)를 보내고 있었다. 아무리 훌륭한 계획도 현장에서 맞을 확률이 30%

미만이라는 말이 있다. 이것은 인간의 원초적(原初的) 능력의 한계를 의미한다. 따라서 가능한 한 전장 상황에 대한 정확한 정보를 획득하도록 노력해야 하고 그 나머지 부분은 직관에 의존해야 한다. 이러한 직관은 각 개인의 노력에 의해 얻어진 소중한 자산이다. 결론적으로 불확실성에 대한 통제가 가능하다면 조미니의 생각을 따르는 것이 좋고, 불확실성에 대한 통제가 불가능하다면 클라우제비츠를 따르는 것이 좋을 것이다.

5장

위기관리 전략의
이론과 실제

1.
위기관리 전략

1) 위기관리 전략의 의의

위기관리 전략이란 위기를 사전(事前) 예방하고 대비하는 과정이나 위기 발생 시 대응하고 복구하는 과정에 전략적 사고를 바탕으로 관리함을 말한다. 전략이란 유리한 경쟁의 틀을 만드는 것이라는 정의를 바탕으로 위기관리 전 과정을 통해 위기관리 주체가 유리한 경쟁의 틀을 만들 수 있도록 전략적 사고를 하는 것이다. 이를 위해서 전략적 속성인 기획성(企劃性)과 기만성(欺瞞性)을 적용해서 사전 계획하고 실행하는 것을 의미한다. 기획적 속성을 세분하면 미래성(未來性)과 전체성(全體性)인데, 위기관리 전 과정을 준비하고 실행하는 과정에서 시간적으로는 미래성을 고려하고 공간적으로는 전체성(全體性)을 고려해서 준비하고 실행하면 효과성(效果性)과 효율성(效率性)을 극대화할 수 있다. 또한 기만적 속성역시 위기관리 전 과정에서 적용해야 할 필수 요소다. 위기를 조장하는 상대가 있는 경우에는 기만성이 더 큰 기능을 하게 된다. 특히, 상대를 설득(說得)하거나, 이해(理解)시키거나 또는 제압(制壓)해야 하는 과정은 기만성을 크게 필요로 한다. 인질(人質) 사건이나 파업(罷業), 태업(怠業), 시위(示威) 등으로 인한 위기 발생 시, 그리고 특히 국가 간에 발생하는 위기에서는 기만성이 절대적 역할과 기능을 한다. 요컨대, 위기관리 전략이란 아무 생각 없이 매뉴얼(manual) 절차(節次)에 따라 준비하고 대응(對應)했던 것을 전략적 관점에서 준비하고 대응, 복구하는 것을 말한다.

2) 위기관리와 전략의 관계

어떤 유기체가 위기에 봉착(逢着)했을 때 어떻게 하면 위기 이전 상태로 환원(還元)하느냐 또는 더 나은 상태로 만드느냐의 문제가 위기관리다. 위기관리를 절차적 문제를 뛰어넘어 근본적으로 생각해 보면 그것은 전략과 맞닿아 있다. 위기를 어떤 '유기체(有機體)의 핵심적(核心的) 가치(價値)가 위험에 처한 상태'로 정의하고 보면 이는 곧 유기체가 아주 불리한 여건에 처해 있는 상황을 말한다. 이 불리한 상황을 호전(好轉)시키는 것이 위기관리라고 본다면 이는 전략과 맥을 같이한다. 전략이 불리한 경쟁의 틀을 유리한 경쟁의 틀로 바꾸는 것이므로 위기관리는 바로 전략과 같은 맥락(脈絡)에 놓여 있는 것이다. 위기관리가 상황을 호전시키는 과정(過程)이라면 전략은 그 상황을 호전시키는 방법론(方法論)이다. 그러므로 훌륭한 위기관리는 전략적 사고를 바탕으로 그 어려운 상황을 호전시켜 나가는 것이라고 할 수도 있다. 그리고 위기관리는 위기를 만든 상대와의 경쟁에서 유리한 조건을 만드는 것이며, 그것이 위기 조장자(助長者)가 있는 위협(威脅)의 문제이건, 그것이 없는 위험(危險)의 문제이건 그 정도의 차이일 뿐, 지켜야 할 유기체의 핵심적 가치를 훼손(毁損)하려고 드는 상대와의 경쟁에서 유리한 여건을 만들어야 하는 것이다. 이렇게 보아도 위기관리는 전략과 같은 맥락이다. 인간사(人間事)의 모든 곳에 위기가 상존(常存)하고 있고 그 양태(樣態)는 제각각이다. 그리고 전략도 인간사 모든 곳에 편재(遍在)하고 있으며 위기를 해결하는 좋은 방책(方策)이다. 그러므로 위기가 있는 곳에 반드시 전략이 필요하다.

좀 더 구체적으로 설명하면, 위기관리는 약자(弱者)의 가치 구현(價値具現) 체계에 위기가 발생했을 때 그것을 극복(克服)하기 위한 조치다. 따라서 약자의 입장에 처한 위기관리의 주체는 그 상황을 극복하고, 나아가 더 좋은 상태로 발전시키기 위해 전략이 필요하다. 그렇지 않다면 가장 게으른 두뇌가 전략을 짜내려고 머리를 쓰려 하지 않을 것이다. 따라서 위기관리와 전략은 같은 내용을 서로 다른 측면에서 바라본 이름이라고 보아도 무방하다. 그러므로 위기관리와 전략은 동전의 양면(兩面)이다. 전략이 경쟁하는 양쪽 주체의 입장에서 그들이 유리한 경쟁의 틀을 만들기 위한 방법이라면, 위기관리는 경쟁하는 주체가 추구하는 가치체계(價値體系)에 가해진 위험을 관리하여 원하는 상태로 만들기 위한 노력이다. 따라서 위기를 해결하는 전(全) 과정이 위기관리라면 그 위기관리를 어떠한 방법으로 해결할 것인가 하는 문제는 전략인 것이다.

최초의 전략은 국가위기관리 방법이었다. 전략이 인류사에서 그 유용성을 발휘한 것은 다른 나라와의 전쟁으로부터 비롯된다. 전략(戰略)의 어원(語源)이 말해 주듯이 싸움을 하는 꾀가 전략이다. 꾀란 손발을 쓰는 힘이 아니고 머리를 쓴다는 것을 말한다. 힘이 충분하면 굳이 머리를 쓸 이유가 없다. 사람의 머리는 너무나 영특(英特)하고 게을러서 불필요한 일은 하지 않으려고 한다. 힘으로 상대를 제압할 수 있는데 굳이 머리를 쓸 필요가 없는 것이다. 따라서 싸움을 할 때 꾀가 필요하다는 이야기는 불리한 상황이라는 것이다. 어떠한 형태의 싸움이든지 싸움의 현장에서는 물리적 충돌로 나타난다. 그러므로 전략이란 물리적 힘이 열세인 경쟁의 틀을 머리를 써서 꾀를 내어 유리한 경쟁의 틀로 만들어야 하는 것이다. 따라서 고대 전쟁에서는 물리적 경쟁력이 불리한 나라에 전략이 크게 요구되었을 것이다. 이처럼 전략이 요구되는 상황을 관리 차원에서 살펴보면 그게 바로 위기다. 예를 들어, 어떤 나라가 침공(侵攻)을 받으면 그것이 바로 전쟁이고 '국가 생존의 위기' 상황이 된다. 국가라는 유기체의 핵심적 가치는 국가의 생존이므로 그 생존이 위험에 처한 것이다. 이때 다른 나라의 침략을 저지하고 나라를 지키기 위한 활동은 국가위기관리이고 그 위기관리 과정에서 적용되는 방법론은 전쟁에서 승리하는 방법론인 전략이다. 부연하여 설명하면, 다른 나라의 침략을 받았다는 것은 곧 나라가 위기에 처한 상황이고 그 구체적 형상(形象)은 전쟁이므로 전쟁을 이겨야 위기를 극복하는 것이 된다. 따라서 전략은 위기관리의 핵심적 방법론이 되는 것이다. 그러므로 전략의 전통적, 협의적(狹意的) 개념은 국가 생존의 위기관리 전략과 동일하다.

그럼에도 불구하고 지금까지 전략과 위기관리는 전혀 관련이 없는 분야처럼 취급되어 왔다. 그 이유는 두 가지로 분석되는데 첫 번째는 두 개념들이 너무나 큰 시차(時差)를 가지고 연구되기 시작했다는 것이다. 전략이란 고대 국가에서부터 시작된 아주 오래된 개념이지만, 위기관리는 20세기 후반인 1961년 미·소 간의 쿠바 사태를 계기(契機)로 국제정치학자들 사이에서 연구되기 시작한 것이다. 두 번째는 전략이나 위기관리의 개념을 협의적 관점에서만 생각했기 때문이다. 전략은 전쟁이 일어난 후 그 전쟁을 어떻게 이길 것인가에 대한 방법론 차원에서 연구되었고 위기관리는 전쟁이 일어나기 전의 상황을 관리하는 데 국한(局限)하였다. 즉, 위기관리는 전쟁 임박(戰爭臨迫) 상황에서 전쟁 발발(戰爭勃發) 방지를 위한 관리임에 비하여 전략은 위기관리의 실패로 전쟁이 발생한 상황에서 그 전쟁에서 승리하기 위한 방법론으로 개념이 한정되었던 것이다. 즉, 전쟁이 국가의 존망(存亡)에 대한 위기관리라는 광의(廣意)의 개념으로까지 발전하지 못한 결과다. 따라서 전략과 위기관리의 개념을 보편적 개념으로 확대하면 전략은 위기관리의 한 방법론이라고 할 수 있다.

3) 위기관리 단계별 전략

위기를 관리하는 방법은 예방(豫防), 대비(對備), 대응(對應), 복구(復舊)의 4단계가 표준이다. 따라서 각 단계별로 위기를 어떻게 관리하는가 하는 방법론이 위기관리 전략이다. 위기관리의 4단계는 각각의 특징을 가지고 있기 때문에 각 단계별로 적절한 전략을 수립하는 것이 위기관리의 효율성을 담보(擔保)할 수 있다. 예방과 대비는 예방적 위기관리이고 대응과 복구는 대응적 위기관리이므로, 전자는 기획적(企劃的) 성격이 강하고 후자는 집행적(執行的) 성격이 강하다. 특히, 예방적 위기관리는 전략적으로 관리되어야 한다. 만물(萬物)은 변한다. 처음에는 천천히 변하다가 그 변화가 축적(築積)되어 임계점(臨界點)에 이르게 되면 갑자기 순식간에 폭발적으로 변하는데 그것이 사고다. 그런데 일반적으로 인간은 아주 느린 부정적(否定的) 변화에 대하여 심각한 위험을 느끼지 못한다. 그것은 인간이 근본적으로 낙관적(樂觀的) 사고(思考) 경향성(傾向性)을 보이며, 그 변화에 적응하기 때문이다. 따라서 예방적 위기관리에 대한 투자에 강한 거부감(拒否感)을 보인다. 이런 상황이 전략의 역할을 요구한다. 지금 당장의 미세(微細)한 부정적 변화에 대하여 미래적이고 전체적인 차원에서 분석 · 평가하여 미연(未然)에 위기 발생 요인을 차단 · 제거하는 계획을 수립 · 시행할 필요가 있다. 리더는 불필요한 낭비라고 반대하는 보통 사람들의 반대를 무마(撫摩)하고 그들을 긍정적 방향으로 동참시켜야 한다. 이때 전략의 기만성이 요구되며 이 기만성은 간접성, 은밀성, 창의성을 내포(內包)해야 한다. 물론 대응적 관리 과정 역시 미래적이고 전체적인 차원에서 대응하고 복구해야 하며, 그 과정에서 반대하는 여론이나 관련 당사자들의 부당한 요구 사항에 대하여 간접성과 은밀성, 창의성을 발휘하여 궁극적 효율성을 획득할 수 있도록 관리하여야 한다. 요컨대 위기관리 전략은 전체적으로 전략의 기획적 속성과 기만적 속성을 적용하여 위기관리 시스템을 구성하고 관리하는 동시에 각단계별로도 전략의 양 속성이 깊이 새겨지도록 해야 한다.

(1) 예방 단계

예방 단계 전략이란 위기 예방 전략으로 위기 발생을 미연에 방지하기 위한 전략이다. 위기의 징후(徵候)를 파악하여 그 징후가 더 이상 나쁜 방향으로 발전하지 않도록 차단(遮斷)하는 것이 핵심이다. 그렇게 하려면 세상의 변화 추이(推移)를 파악하는 능력이 있어야 한다. 더 쉽게 말하면 미래 예측을 잘해야 한다. 따라서 전략의 기획적 속성을 잘 활용해야 한다. 즉, 좀 더 크게, 좀 더 멀리 보는 시각을 가지고 변화를 감지(感知)하고 관심 대상의 수명주기(壽命週期, life cycle)를 읽어야 한다. 춘하추동(春夏秋冬)의 변화와 같이 모든 것은 수명주기를 가진다. 이 철학적 사실을 체득(體得)하고 이에 대한 대비를 하는 것이 예방적 위기관리 전략이다. 리더는 이렇게 파악한 미래 변화의 추이에 대하여 과감(果敢)한 결단을 해야 한다. 전략의 기획성이 크게 적용되는 단계이므로 주위 환경 변화의 조짐(兆朕)을 인식하는 능력이 중요하다. 미래 위기를 위한 대비 비용(對備費用)에 대한 이해가 필요하며 예방으로부터 얻는 미래적 가치를 인식할 수 있는 전략적 사고가 필요하다.

우리가 어려움을 겪고 있는 많은 문제는 우리가 미래의 가치를 따지는 데 소홀(疏忽)한 것으로부터 비롯된다. 미래는 당장 눈앞에 보이지 않기에 그 가치를 잘 가늠하지 못한다. 지금 조금만 투자하면 미래에 큰 이익을 내거나 큰 손실을 예방할 수 있는데 그렇게 하지 않는다. 미래 가치를 따져 보는 능력이 없거나 그렇게 하지 않아서 생기는 문제다. 모든 일에서 현재에만 시선을 맞추고 당장 눈앞에 보이는 가치에만 집중한다. 이와 같은 맥락에서, 사고(事故)나 재난(災難)의 사전 예방을 위한 투자에 소극적(消極的)이다. 그 결과 재난이 반복적으로 발생하고, 미래에 발생할 가치에 대해서 전혀 산정(算定)하지 못하는 동시에 산정하려고도 하지 않는다. 상급자나 여론이 그 미래의 가치를 평가하려고 하지 않으니 모든 계층의 사람들이 당장 내 임기 중에 빛이 나는 것에만 투자한다. 아예 내 다음 대(代)에 빛을 볼 사업은 있던 것도 없애 버린다. 이것은 전략의 기획성에 해당하는 문제다. 좀 더 멀리 보고 좀 더 크게 보는 기획적 속성인 미래성과 전체성을 고려하여 예방 계획을 수립하여야 한다. 그리고 예방의 미래적 가치를 잘 인식하지 못하는 대중들의 참여를 유도하기 위하여 간접성과 은밀성, 창의성을 활용한 기만성을 발휘하여야 한다.

(2) 대비 단계

위기를 미연에 방지하기 위한 적극적 활동에도 불구하고 세상의 변화에 완벽하게 대비할 수는 없다. 그러므로 위기의 징후가 나타나면 그에 대비하는 전략이 필요하다. 대비 단계에서는 이미 준비된 수단으로 어떻게 대비할 것인가에 대한 전략의 개념에 방점(傍點)이 두어진다. 어떻게 유기체의 핵심적 가치를 보존하고 어떻게 하면 핵심적 가치에 미치는 악영향을 최소화할 것인가에 대한 방법론을 준비해야 한다. 위기 발생에 대비한 준비 단계로서 소프트웨어(soft ware)와 하드웨어(hard ware)를 준비해야 한다. 소프트웨어 분야에는 대응 전략(對應戰略)과 대응 계획(對應計劃) 준비, 법령과 제도, 교육과 훈련, 대언론(對言論) 정책 등이 있고 하드웨어 분야에는 상황실, 구조장비, 예산 확보, 현장팀 구성 등이 있다. 이러한 제반(諸般) 대비 계획을 준비하는 과정 역시 전략적 속성을 적용하여 대비하는 것이 옳다. 즉, 기획성 측면에서 다가올 위기상황을 미래적이고 전체적인 관점에서 대비할 준비를 하는 것이 바람직하다. 다가올 위기상황을 상정하여 CLD(Causal Loop Diagram)를 작성하여 핵심적 가치에 이르는 경로(經路)를 차단하는 대비를 하는 방안을 강구하는 것도 하나의 좋은 방법이다. 재난이 위기로 발전하는 단계가 쉽게 예상되는 유형의 위기는 CLD가 특히 효과적이다.

(3) 대응 단계

예방적 위기관리를 했더라도 불가피(不可避)하게 위기가 발생할 수 있으며, 리더의 무능력(無能力)으로 예방적 위기관리의 노력도 없이 위기에 노출(露出)되는 경우도 있다. 어떠한 상황이든 위기가 발생하면 유기체의 핵심적 가치가 위험에 놓인 상태가 된다. 이 상태에서 위기관리 전략은 이에 대한 대응 전략(對應戰略)을 구사하는 것이다. 즉, 위기가 발생한 상황에 대한 위기관리 전략이다. 이와 같은 대응적 위기관리는 작전 전략과 같은 개념으로 위기관리 전략의 본령(本領)이다. 그리고 대응 전략은 위기의 성격에 따라 위협에 대한 전략과 위험에 대한 전략이 각각 필요하다. 위기에 대응하는 모든 행동은 미래적이고 전체적인 관점에서 처리해야 하고 특히, 위기 조장자가 있는 위협적 위기에서는 상대와의 줄다리기가 전개(展開)되므로 간접성과 은밀성 그리고 창의성이 요구되는 기만성의 적용이 크게 요구된다. 아무리 계획을 완벽하게 작성했더라도 실제 상황에서는 다른 경우가 많으므로 상황에 적시적(適時的)으로 대응하여 계획을 수정하고 그 수정된 계획하에 대응해야 한다. 실제 대응에서도 정확한 정보 수집 및 신속한 보고와 전파, 준비된 대응 전략 및 계획의 실시, 홍보 계획 실행, 적극적 구조(救助) 및 구호(救護) 활동과 임시 복구 등의 활동이 전체적 맥락에서 전략적으로 추진되어야 한다. 대응 단계는 다른 어떤 단계보다 전략의 기만성 중에서 창의성이 크게 요구된다.

(4) 복구 단계

마지막 단계인 복구 단계는 위기로 인한 기존 시스템의 피해를 원상복구(原狀復舊)하거나 더 나은 방법으로 복구하기 위한 전략이 필요하다. 한번 발생한 위기의 재발(在發)을 방지하기 위한 전략과, 위기로 인한 핵심적 가치의 손실에 대한 복구 전략을 수립하여야 한다. 대응 단계에서 임시로 복구한 시설물은 항구(恒久) 복구로 전환하고 대응 단계에서 약속한 사항들의 철저한 이행(移行)으로 신뢰를 회복할 필요가 있으며, 재발 방지 시스템의 구축(構築), 후일(後日)을 위한 백서(白書) 발간 등의 업무를 시행해야 한다. 복구 단계에서 전략은 기획성(企劃性)이 큰 비중(比重)을 차지한다. 복구의 범위와 예산 사용에 있어서 미래적이고 전체적인 차원의 위기 재발 방지가 필요하며, 위기 발생 시 효율적인 관리가 가능하도록 전략적 차원의 복구가 요망된다. 그렇다고 해서 기만성이 전적으로 배제(排除)되는 것은 아니다. 복구 계획을 수립하는 과정에서 반대자들이 있을 수 있다. 이러한 반대자들을 설득하고 이해시키는 과정에서 긍정적 기만성을 발휘할 필요가 있다.

4) 위기관리 전략의 성공 요소

(1) 고도의 극한상황 리더십

위기와 같은 긴박한 상황에서 위기관리에 참여하는 구성원은 위험한 상황에서 책무(責務)를 수행해야 하므로 리더의 지휘·통솔력이 아주 중요하다. 리더는 상황에 대한 정확한 인식을 하고 그 인식을 바탕으로 긴박한 상황에서 올바른 판단을 해야 하며 그 판단을 이용하여 그에 적합한 조치를 하여야 한다. 위기란 예상치 않은 상황에서 유기체의 핵심적 가치가 위험에 처한 상황이므로 대체로 극한적(極限的)인 상황이다. 이러한 위험한 상황과 관련되는 심리 가운데는 익숙하지 않거나 준비되지 않은 사람을 사로잡는 어두운 감정인 공포(恐怖), 불안(不安), 분노(憤怒) 등이 있다. 심지어 경험이 많은 전문가들도 극한 환경에 내재(內在)된 냉혹(冷酷)한 현실과 치명적(致命的)인 결과에 격앙(激昂)된 반응을 보이기도 한다.[1] 이처럼 위험한 상황에서 리더십을 발휘한다는 것은 때때로 리더와 구성원들이 자신들의 삶을 더 이상 지속하지 못할 수도 있다[2]는 점을 받아들여야 한다는 것을 의미한다. 따라서 모든 리더들은 죽음에 대응하는 법을 배울 필요가 있으며, 가장 비참한 상황에 직면해서도 계속해서 구성원들에게 리더십을 발휘해야 한다는 것을 배울 필요가 있다.

리더에게 '죽음이라는 끔찍한 상황'에 직면(直面)하는 것은 엄청난 책임인 동시에 기회이기도 하다. 긴박한 상황에서 유기체의 핵심적 가치를 지키거나 피해를 최소화해야 하는 위기관리는 효율성보다는 효과성에 중점이 두어진다. 동시에 사태의 전개가 급속한 경우가 대다수이므로 마치 군사작전과 유사한 경우가 허다(許多)하다. 이런 상황에서의 지휘통솔은 임무 지향적 리더십이 요구된다. 그러므로 온화한 리더십보다는 강력한 커맨더십(commandership)이 더 바람직하다. 리더십이란 조직원들에게 동기(動機)를 부여하여 조직 목표에 자발적으로 따라오게 하는 것이지만 커맨더십은 조직원들의 의사와 상관없이 강제적으로 조직의 목표에 따르도록 하는 것이다. 따라서 커맨더십은 커맨더 중심의 사고방식이다. 커맨더십은 조직원의 절대적 가치까지 조직을 위해 희생할 것을 강요한다. 그러므로 자발적 동기 부여에 의한 참여가 상대적으로 제한된다. 그 대표적 조직이 군(軍)이다. 군은 국가가 위난(危難)에 처했을 때 인간의 절대적 가치인 생명까지 요구하는 조직이다. 국가에 대한 충성이라는 미덕(美德)으로 절대적 가치의 희생(犧牲)을 강요하고 그렇

---

1)   Thomas A. Kolditz, *In Extreme Leadership* (Sanfrancisco, John Wiley & Sons. Inc., 2007), p. 105.
2)   Ibid. p. 135.

게 되도록 훈련한다. 자의(自意)로 군인을 직업으로 택한 자가 아닌 의무복무자에게 국가에 대한 헌신과 충성이라는 가치를 요구하여 자신의 절대 가치인 생명을 요구할 때 자발적으로 참여하기를 기대하는 것은 쉽지 않다. 그러나 이러한 조직에서 절대적 임무가 주어지면 조직원의 안위(安危)보다는 목표 달성이 더 우선이다. 따라서 원하지 않는 일이라도 조직이 필요로 하면 명령으로 임무를 수행하게 만들어야 한다. 그러므로 커맨더십은 평시에 강인(强忍)하고도 반복적인 훈련을 시켜 명령이 주어지면 조건반사적(條件反射的)으로 무의식적(無意識的) 상황에서 행동하도록 준비되고 유지(維持)되어야 한다. 이러한 상황에서는 내가 왜 이 일을 하는지 숙고(熟考)할 시간적 여유가 없다. 다만 상황이 주어지면 훈련한 대로 행동하는 것이다. 이렇게 만드는 것이 커맨더십이다. 따라서 커맨더십은 커맨더의 위엄(威嚴)과 권위(權威)가 주요한 요소로 작용하며 강력한 법률로써 뒷받침된다. 또한, 커맨더십은 권위와 위엄을 포함하여 명령의 정당성(正當性)이 담보(擔保)되어야 하고, 긴박한 상황이므로 커맨더는 빠른 시간 내에 올바른 판단을 내릴 수 있는 준비가 되어 있어야 한다. 그러므로 위기 시에는 리더십보다 커맨더십이 발휘되는 것이 바람직하다. 위기관리의 성공을 보장받기 위해서는 급박(急迫)하고 위험한 상황하에서 구성원들을 필사즉생의 마음가짐으로 지휘할 수 있는 커맨더십의 발휘 정도가 위기관리 전략 성공의 중요한 요소다.

(2) 위기관리 시스템의 효율성

① 관련 법령 및 제도

효과적인 위기관리 시스템을 유지 및 운영하기 위해서는 위기관리 관련 법령을 체계적으로 제정(制定)하고 그에 따른 제도를 완비(完備)해야 한다. 위기관리 주체는 예하(隷下) 기관의 위기관리 활동을 통제하여 그 효율성을 극대화할 수 있도록 위기관리 기본법을 제정하는 것이 바람직하다. 이러한 맥락에서 국가는 위기관리 기본법을 제정하여야 한다. 왜냐하면 국가는 위기관리에 관한 한 최상위(最上位) 위기관리 주체 기관이기 때문이다. 국가위기관리 기본법이 제정되면 이를 근거로 하급 제대 및 위기관리 주체는 그에 합당한 위기관리 법과 규정을 제정하여야 한다. 그리고 국가위기관리 기본법은 위기관리 목적을 한 방향으로 통일시키고 관련 법들의 중복(重復) 해결 및 공백(空白) 부분을 보충할 수 있는 강제성을 법률로 제정하여야 한다. 또한, 위기관리 기본법은 포괄안보 시대에 걸맞게 전통적 안보와 비전통적 안보 사안을 동시에 아우를 수 있어야 하며, 국가위기관리 시스템이 통합적(統合的)이고 협력적(協力的)이며 영속성(永續性)을 유지할 수 있는 제도적 틀을 만들 수 있는 법이 되어야 한다. 개략적(概略的)으로 포함 내용을 고려해 보면 첫째, 국가위기관리를 총괄(總括)할 국가안전보장회의(國家安全保障會議)가 역동적(力動的)으로 가동(可動)될 수 있도록, 관련 조직을 구성할 수 있는 내용이 포함되어야 한다. 둘째, 국가위기관리 목표를 제시할 '국가안보전략서(國家安保戰略書)' 작성을 강제하는 조항이 필요하며, 마지막으로 국가위기관리 시스템이 영속적으로 발전 운영될 수 있도록 R&D 및 훈련 체계를 규정하는 것이 바람직하다. 통상 법 제정(法制定) 기관의 상위 기관은 훈련에 참여하지 않는 한국의 행정문화(行政文化)를 고려하여 국가위기관리 기본법은 국가 최상위 기관에서 헌법적(憲法的) 위상(位相)에 버금가는 법률로 제정되어야 할 것이다.

② 매뉴얼

매뉴얼은 통상 기본 매뉴얼과 실무 부서의 실무 매뉴얼, 그리고 현장에서 재난을 관리하는 현장 매뉴얼로 구분된다. 기본 매뉴얼은 위기관리에 대한 최상의 매뉴얼로서 선언적(宣言的)이고 개략적(槪略的)으로 작성되기 때문에 그것을 관리하는 부서나 조직은 그를 다시 세분화(細分化)해서 발전시켜야 한다.

국내외를 막론하고 현존(現存)하는 매뉴얼은 모두 개념적 차원과 현장 행동 차원의 업무들이 혼재(混在)하고 있어 실제 업무 수행이나 발전에 한계를 보여 주고 있다. 이를 획기적(劃期的)으로 개선하려면 최고난도(最高難度) 위기관리 업무를 수행하는 군 업무 수행체계를 위기의 성격에 맞게 벤치마킹하는 것이 바람직하다. 먼저 군 교범체계(教範體係)를 벤치마킹하여 재난교리(災難敎理)를 연구하여 정립(定立)하고 이를 바탕으로 임무와 상황을 고려, 현장에서 적용 가능한 재난대응 계획(災難對應計劃)을 수립하는 방안을 검토해 볼 수 있다. 이 재난대응 계획을 기본으로 각 부서는 재난관리 단계별로 행동해야 할 매뉴얼을 만들고 이를 조직 구성원 개개인이 행동할 임무표로 만들어서 숙달시킨다면 현장 적응성(適應性)이 높아질 것이다. 이러한 과정을 거친 재난대응 계획은 시·공간별로 차별화되어 작성되어야 한다. 즉, 동일한 재난에 대한 매뉴얼도 지역적으로, 계절별로 또는 주야간의 차이에 따라 다르게 작성되어야 할 것이다. 또한, 현장 지휘에 대한 매뉴얼 역시 너무 개괄적(槪括的)이어서 지휘체계 확립에 도움이 되지 못하고 있다. 이를 해결하기 위해서는 현장지휘체계 확립을 위한 시스템을 먼저 구성하고 각각 구성원의 임무표가 명확하게 작성되어야 하며, 이러한 일련의 매뉴얼은 시시각각(時時刻刻)으로 상황에 따라 수정되는 역동성(力動性)을 가져야 한다.

③ 제도적 시스템

위기관리의 생명은 신속(迅速)하고 정확한 보고를 바탕으로 가장 신속하게 대응하는 데 있다. 이를 위해서는 상황이 신속하게 보고되도록 제도적 시스템이 준비되는 동시에 위기에 대응하여 적절한 조치를 취하는 지휘소의 기능이 구비되어야 한다. 이를 위해서는 첫째, 상시(常時) 가동(可動)되는 상황실이 유지되고, 상황이 유관 기관(有關機關) 간에 종횡(縱橫)으로 신속하게 전파·보고되는 체계를 확립하여야 한다. 특히, 포괄 안보 상황하에서 국가위기관리는 정치적 위기관리 시스템과 행정적 위기관리 시스템이 기능적으로는 분권화(分權化)하면서 전체적으로는 통합되는 위기관리 시스템으로 운용되어야 한다. 위기관리에서 가장 중요한 조직이 상황실(狀況室)이다. 상황실은 위기상황에 대한 정보를 신속 정확하게 취합(聚合)하여 그에 합당한 지휘를 하는 곳이다. 그러므로 상황실은 언제나 일사불란(一絲不亂)하게 작동하는 시스템으로 유지되어야 한다. 상황실이 제 기능을 발휘하기 위해서는 먼저 위기관리 정보가 신속 정확하게 유통(流通)되는 시스템을 구축(構築)해야 한다. 상황의 보고 및 전파 매뉴얼을 발전시키고 상하 인접 기관 상황실과 유기적(有機的)으로 정보가 흐를 수 있도록 준비되어야 한다. 유관(有關) 상황실과는 정기(定期) 또는 수시(隨時)로 상황 보고 및 상황 전파 훈련이 제도화되어야 하고, 위기 관련 정보를 수집하여 종합하고 이를 분석·평가하여 위기를 관리하는 지휘 본부의 판단과 결심을 보좌할 수 있는 기구로 정비되어야 한다. 동시에 필요시 자원의 즉각 투입을 보장하기 위하여 평시부터 자원관리(資源管理) 시스템이 구비되어야 한다. 상황실은 우발적(偶發的)이고 긴박(緊迫)한 위기를 관리하는 부서이므로 기민(機敏)하고 명철(明哲)한 판단력을 보유하고 사명감과 책임감이 겸비(兼備)된 최정예(最精銳) 자원으로 보직(補職)하고, 적정 기간(適定期間) 근무 후에는 차후(次後) 보직 우대 또는 진급 보장 등의 강력한 인센티브를 부여하여 우수한 인재가 몰려 들게 만들어야 한다. 또한 기민하고 유기적으로 작동되어야 하므로 위기관리 필수 요원 이외에는 방문을 삼가는 등 상황 처리 요원이 본연(本然)의 임무 수행에 몰입(沒入)할 수 있는 근무 여건이 제도적으로 마련되어야 한다.

(3) 현장 대응력

① 우수 자원 보직

위기는 사고로부터 출발하므로 그 사고 현장의 초동(初動) 조치가 중요하다. 급박한 현장에서 조직적으로 업무를 처리하려면 현장 근무자는 사명감(使命感)과 책임감(責任感)이 충만(充滿)하고 전문가적 직관(直觀)으로 무장(武裝)된 우수 자원으로 보직해야 한다. 위기관리 정보의 신속 정확한 유통, 상황의 보고 및 전파 매뉴얼 발전, 위기 관련 정보의 수집과 종합 및 분석 평가, 위기관리 지휘 본부의 판단과 결심을 보좌할 우수 자원이 필요하다. 동시에 우발적이고 긴박한 위기를 관리해야 하므로 기민하고 명철한 판단력을 보유하고 사명감과 책임감이 겸비된 최정예 자원이 보직되어야 하지만, 현실은 그렇지 못하다. 위기관리 업무는 휴일을 포함하여 항상 긴장해야 하는 격무(激務)이지만 그에 따르는 적절한 보상이 없기 때문에 기피(忌避) 부서가 되어 있다. 이런 연유(緣由)로 위기관리에 대한 교육과 훈련을 받아 본 적도 없는 인원이 상당수 현장에 보직되는 경우가 허다하다. 위기관리 부서에서 적정 기간 근무 후에는 차후 보직 우대 또는 진급 보장 등의 강력한 인센티브를 부여하여 우수한 인재가 몰려들게 만들어야 한다. 중요하고 힘든 부서에 우수한 인재(人材)를 보직하고 그에 합당한 인센티브를 제공하는 것이야말로 인사의 극치(極致)다. 현장에 우수 자원을 보직해야 하는 이유는 세월호 참사(2014. 4. 16.)가 잘 보여 준다. 당시 사고 현장에는 현장 지휘소(指揮所)가 아예 없었다고 보는 것이 옳다. 현장을 지휘해야 할 선장은 뺑소니쳤고, 선장이 사라진 현장은 해경서장(海警署長)이 지휘를 맡아야 하는데, 지휘를 하는 둥 마는 둥 하였다. 만약 우수 자원이 현장에서 관리를 했더라면 위기로 발전하지 않고 단순 해양 교통사고로 처리되었을 것이다.

② 업무 인수인계 철저

현장에서 근무하는 위기관리 담당자 보직 이동 시(移動時)에는 전·후임자 업무 인수인계(引受引繼)를 철저히 해야 한다. 대개의 위기는 그 속성상 예기치 못한 상태에서 발생하고 또한 전개 속도가 빨라서 조건 반사적으로 대응해야 한다. 뿐만 아니라 다양한 위기상황은 그 자체적 속성상 관리에 전문성이 요구되므로 전임자의 위기관리 노하우(know-how)를 인수(引受)받는 것이 지극히 효율적이다. 비록 매뉴얼이 준비되어 있지만 전임자의 경험과 관리 요령을 인계받는 것만 못하다. 따라서 업무 인수인계는 내규(內規)로 정하여 상급자(上級者)의 감독하에 의무적으로 실시되도록 제도화되어야 한다. 인수인계에 대한 제도는 군 지휘관 인수인계 제도를 벤치마킹하는 것이 바람직할 것이다. 군 지휘관은 전·후임 교대(交代) 시에 상급자에게 전임자가 대면보고(對面報告)를 하고 그 내용을 후임자에게 인계하는데, 단위부대(單位部隊) 지휘관 이상은 전임자 임기 종료 3개월 전에 감찰 조사를 통해서 문제점을 파악하여, 시정(是正) 가능한 것은 전임자가 시정 조치하고 시간이 많이 소요되는 것은 후임자에게 인계하여 업무의 계속성(繼續性)을 유지하도록 제도화하고 있다.

③ 고도의 교육훈련 수준 유지

위기관리 현장은 언제나 급박하게 돌아간다. 심사숙고(深思熟考)해서 행동하는 것이 아니라 상황에 따라 조건반사적으로 조치하여야 한다. 이런 수준이 되려면 먼저 각종 법규(法規)나 매뉴얼에 대한 심도(深度) 깊은 이해를 한 후에 반복 훈련[3]으로 숙달(熟達)하여야 한다. 위기관리에 요구되는 교육과 훈련의 대상은 현장 대응 요원(要員)과 의사결정 기구의 요원으로 구분된다. 위기의 발생은 최초 사고로부터 시작되는데 사고 현장에서의 조치 여하(如何)에 따라서 위기로의 발전 여부(與否)가 결정된다. 현장에서 사고에 대비하기 위해서는 사고 당사자적(當事者的) 유기체가 위기에 대응할 수 있는 교육과 훈련이 되어 있어야 하며, 당사자적

---

[3] 교육과 훈련을 분명하게 구분하는 것이 용이하지는 않지만 상식선에서 정의하면 교육이란 머리에 기억시키는 것을 말하고 훈련은 근육에 기억시키는 것을 말한다. 다시 말해 교육은 머리가 대상이고 훈련은 근육이 대상이다. 교육은 가만히 앉아서 머리로 내용을 이해시키는 것이 목적이고 훈련은 몸이 요구하는 행동을 할 수 있도록 근육에 동작을 기억시키는 것이다. 또한, 교육은 머리로 이해하여 판단하는 데 기여하는 것임에 비해 훈련은 상황에 조건반사적으로 반응케 하고자 실시한다. 세상의 이치를 이해하는 철학이나 과학은 심도 깊은 교육이 필요하고 그림 그리기나 악기 연주, 운동 경기 등은 조건반사적 행위가 요구되므로 반복적 훈련이 필요하다. 이처럼 교육과 훈련은 뇌의 작동 면에서도 차이를 나타낸다. 교육은 뇌의 사고 작용을 크게 요구하지만 훈련은 뇌의 사고 작용을 작게 반복적으로 요구한다. 따라서 영특하지만 게으른 뇌는 사고 작용이 단순하게 반복되는 것들은 그냥 통과시켜 버린다. 따라서 반복적인 훈련은 조건반사적으로 반응하게 만든다. 긴박한 상황에서 적절한 대처가 요구되는 위기관리는 조건반사적 대응을 요구한다. 그런데 아는 것과 할 수 있는 것은 별개다. 아는 것은 머리의 문제이고 할 수 있는 것은 몸의 문제이기 때문이다. 자전거에 대해 안다고 해서 자전거를 탈 수 있는 것이 아니고 수영에 대하여 안다고 해서 수영을 할 수 있는 것이 아닌 것은 이 때문이다. 물론 교육이라고 해서 훈련을 전혀 안 하는 것이 아니고, 훈련이라고 해서 교육을 전혀 안 하는 것이 아니다. 양자는 상호 보완적이다. 교육은 기억할 내용을 반복해서 뇌에 저장하는 것이고 훈련은 근육에 필요한 행동을 기억시키는 것이다.

유기체가 조직인 경우에는 리더가 상황에 잘 대처할 수 있도록 교육과 훈련이 되어 있어야 한다. 위기 현장은 거의 극한상황이다. 따라서 극한 상황에서의 리더십이 요구된다. 이러한 상황은 극적이며 드라마처럼 감정의 변화가 강렬(强烈)하다.[4] 경험이 많은 전문가들도 그 속에 내재된 냉혹(冷酷)한 현실과 치명적(致命的)인 결과에 격앙(激昂)된 반응을 보이기도 한다. 또한 현장에서의 사고나 위기관리가 부적절하여 상위 기관의 관점에서 위기로 발전하는 경우에 대비하여 상위 기관의 의사결정과 지휘를 위한 교육과 훈련도 되어 있어야 한다. 따라서 모든 위기관리 주체에는 위기관리 연습·훈련 제도 정착이 반드시 필요하다.

위기와 같이 갑작스럽게 예기치 못한 일들이 벌어지면 사람은 누구나 당황(唐慌)한다.[5] 당황스러운 상황은 위기관리, 특히 사고 현장에서 발생하는 위기상황에서 적절한 조치를 취하는 문제에 크게 영향을 미친다. 세월호 사고 현장에서 위기관리 책임자가 침착(沈着)하게 사고관리를 했더라면 국가적 위기상황이 되지 않았을 것이고 많은 사람들에게 고통을 주지도 않았을 것이며 사회적 갈등도 생기지 않았을 것이다. 버드스트라이크(bird-strike)[6] 때문에 허드슨 강에 불시착을 시도하여 승객을 모두 무사히 구한 셀렌버그 3세의 현명한 직관적 판단이 이것을 증명한다. 위

---

4) Thomas A. Kolditz, *In Extreme Leadership* (Sanfrancisco, John Wiley & Sons. Inc., 2007), p. 105.

5) 당황(唐慌)은 당황할 당(唐), 어리둥절할 황(慌)으로 만들어진 단어다. 이 말의 사전적 의미는 "놀라거나 다급하여 어찌할 바를 모름"이다. 어이없는 상황이 당사자의 감정에 영향을 미쳐 행동을 하기 직전의 상황이다. 그리고 당황한 감정에서 한발 더 나아가 '태도'가 되어 가고 있는 상태다. 또한, 당황은 황당한 상황이 아닌 경우에도 발생한다. 당사자의 상식이나 기대 또는 의지 그리고 익숙한 것에서 벗어나 예기치 않은 상황이 발생했을 때 발생하는 심리적 상황으로, 안정적 태도를 유지할 정서적 여유가 사라진 경우다. 즉, 쉽게 말해서 어찌할 바를 모르는 심리적 공황 상태다.

6) 조류가 비행기에 부딪히거나 엔진 속에 빨려 들어가 항공 사고를 일으키는 현상을 말한다.

에서 설명한 바와 같이 당황스러운 상황이 되면 사고체계(思考體系)에 교란(攪亂)이 발생하여 올바른 판단을 내리기 힘들다. 예를 들어 운전을 하다가 가벼운 접촉사고라도 나면 갑자기 멍해지면서 때로는 집 전화번호마저 생각이 나지 않는다. 이보다 더 사소한 골프를 하면서도, 공이 OB(Out of Bounds)가 나거나 해저드(hazard)나 벙커(bunker)에 빠지면 당황(唐慌)스러워하면서 마음의 안정을 잃어 그다음 샷(shot)에 영향을 미친다. 이렇게 당황스러운 일에 침착하게 대응하려면 어떠한 경우에도 심리적 안정을 유지할 수 있어야 한다. 그러기 위해서는 사람들의 타고난 성정(性情)에 따라 차이가 있기는 하지만 마음의 근육을 단련시켜 습관화[7]하면 된다. 가장 좋은 방법은 직접 경험을 많이 해 보는 것이다.

그런데 그런 일들을 여러 번 직접적으로 경험하는 것은 좋은 일이 아니다. 차선(次善)이 훈련이다. 실제와 같은 상황을 만들어 반복적으로 훈련하면 된다. 훈련을 하는 것은 당황스러운 상황이 일어나지 않도록 하며 그러한 상황이 발생하면 그에 침착하게 대응하도록 하기 위함이다. 당황하지 않으면 아무리 힘든 일이라도 침착하게 대처할 수 있고 그 위기상황을 잘 극복할 수 있다. 이를 위하여 모든 위기관리 주체에는 위기관리 연습·훈련 제도 정착(定着)이 필요하다. 위기관리 연습이나 훈련을 잘 하기 위해서는 해당 유기체의 최고 권력기관에서 연습·훈련을 계획하고 통제하는 것이 바람직하다. 연습·훈련은 성가시고 귀찮은 일이기 때문에 최고 의사결정권자의 관심(關心)과 참여(參與)가 가장 중요하다. 이러한 여건하에서 실전(實戰)과 같은 연습·훈련 시나리오를 준비하고 그 시나리오대로 전 구성원이 직접 참여하는 것이 바람직하다. 이러

---

7) 이반 이스쿠이에르두, 김영선 역, 『망각의 기술』(서울: 도서출판 푸른 숲, 2017), p. 55.

한 연습·훈련 제도를 정착시키기 위해서는 특히, 사후(事後) 강평(講評)과 보완(補完) 작업이 반드시 뒤따라야 하며 연습 훈련에 대한 공과(功過)를 평가하여 포상(褒賞)하는 것도 좋다. 특히, 현장에서는 매뉴얼에 따라 실질적인 훈련을 부단히 실시하여 조건반사적 반응이 가능해야 하며 유사시(有事時) 눈빛만으로도 상호 의사소통이 가능한 수준이 되어야 한다.

(4) 감동적 홍보 역량

위기가 발생하면 가장 먼저 접하는 것이 언론이다. 언론에 대한 전략이 실패하면 바로 위기관리의 실패로 연결된다. 일반적으로 위기에 직접 관련된 당사자를 제외한 불특정(不特定) 다수는 언론을 통해서 발생된 위기와 그 전개 과정(展開過程)을 안다. 따라서 가장 빠르게 대언론(對言論) 전략을 구사해야 하므로, 평소 위기 발생 시 가동할 홍보팀을 구성하여 기민(機敏)하게 움직여야 한다. 언론 대응이 늦거나 미진(未盡)하면 기자들의 추측 보도에 의해 사태를 더욱 심각하게 만들 수 있다. 왜냐하면 언론의 속성은 '특종 경쟁'이며 그것이 기자의 생존과 직결되는 문제이기 때문이다.

또한, 홍보는 피해자 중심의 전략이 되어야 한다. 이러한 전략의 모범적 사례가 있는데, 미국의 대형 마트 타깃(Target)에서 1억 명이 넘는 '고객 신용 정보 유출' 사건이 일어났을 때 홍보팀의 보도 자료 초안을 본 스타인하펠 대표가 "변호사가 기업의 입장만을 보호했다."라면서 불만을 제기하여 직원들은 보도 자료를 다시 썼다. 스타인하펠은 위기 대응에서 "고객을 위해서 옳은 조치를 취한다."라는 원칙을 지킨 것이다. 경주 마우나 오션 리조트 지붕 붕괴 사건 때 코오롱 이웅렬 회장이 보여

준 신속한 피해자 중심의 조치 역시 피해자들을 감동시켜 코오롱의 입장에서 단순 건물 붕괴 사고로 종결(終結)지을 수 있게 하였다. 감동이란 사람의 마음을 움직이는 것으로 이처럼 기대 이상의 조치를 함으로써 얻을 수 있는 것이다. 그것은 금전적 보상 이전에 진정(眞情)으로 사죄(謝罪)하고 피해자의 입장에서 배려(配慮)하는 마음이 깔려 있어야 가능하다. 최고 책임자의 책임지는 자세가 피해 당사자와 관련자들을 감동시킬 수 있으며 그것이 최상(最上)의 길이다.

홍보 전략은 미래적이고 전체적인 입장에서 가장 빠르고 가장 효율적인 대안이 되도록 전략을 수립하는 것이며 전술적 차원에서 낮은 자세가 전략적 차원에서 더 많은 것을 얻을 수 있다는 것을 이해하는 것이 중요하다. 이러한 전략의 기본은 '필사즉생(必死卽生)'의 전략이다. 즉, 죽기를 각오하고 낮은 자세로 최선을 다한 성의(誠意)를 보이면 이해 당사자들을 감동시켜 위기에 이르지 않게 하거나 위기상황을 조기(早期)에 종식(終熄)시킬 수 있다.

(5) 상설 컨설턴트

예기치 않은 갑작스럽게 닥친 위기는 그 진행 속도마저 긴박하게 돌아간다. 그런데 그 위기를 극복하는 일은 웬만큼 준비되거나 훈련이 되지 않으면 성공하기가 어렵다. 이러한 상황에서 관련 유기체의 의사결정권자는 당황하여 올바른 판단과 의사결정이 쉽지 않다. 뇌과학자들의 연구 결과에 의하면 자신의 일을 결정하는 상황에서는 정서적 정보를 주로 처리하는 편도체가 활동하고, 타인을 위한 일을 결정하는 상황에서는 배내측 전전두피질이 활동한다고 한다. 그리고 자신의 일에는 직관적이고 정서적인 뇌가 작동하고 타인의 일에는 좀 더 분석적이고 체계적인 뇌가 작동한다고 한다.[8] 따라서 우리의 뇌는 타인의 일을 객관적으로 분석하여 체계적인 사고가 가능하게 한다는 결론에 이를 수 있다. 바로 이러한 점이 컨설턴트(consultant)의 필요성을 제기한다. 위기에 처한 당사자가 자신의 핵심적 가치가 위험에 처하여 당황하여 어찌할 바를 모르는 상황에서, 객관적(客觀的) 입장에 서 있는 컨설턴트는 이성적(理性的) 판단으로 조언(助言)하고 위기관리의 로드 맵(road map)을 제시할 수 있다. 이것은 장기나 바둑에서 대국자(對局者)보다 곁에서 보는 하수(下手)가 더 정확한 수(手)를 읽어 훈수(訓手)하는 것과 같다. 일반적으로 자신의 이해관계가 걸린 당사자는 욕심(慾心) 때문에 합리적 판단이 어렵다. 그러나 컨설턴트는 위기 당사자에게 닥친 위기를 한발 떨어져 볼 수 있으므로 냉정(冷靜)한 머리로 합리적 계산이 가능하다. 따라서 고위(高位) 의사결정자일수록 위기관리 컨설턴트를 활용하는 것이 바람직하다. 그러나 지금 많은 유형의 컨설턴트 에이전트(agent)들이 있음에도, 대체로 경영일반(經營一般)에 대한 것들뿐이다. 경영관리의 범위에 위기관리 분야가 포함되기는 하지만 이는 위기관리에 대한 전문성(專門性)을 담보하지 못한다. 동시에 국가나 지방자치 단체 등 국민들의 안전에 가장 영향력을 크게 미치는 유기체(有機體)는 어떠한 컨설턴트도 운영하지 않는 것이 현실이다.

컨설턴트의 장점은 제3자의 입장에서 문제를 객관적으로 관조(觀照)하고 합리적인 판단을 할 수 있다는 것이다. 따라서 컨설턴트를 사전(事前)에 배비(配備)해 두면 효율적인 위기관리가 가능해진다. 즉, 컨설턴트

---

8) 김학진, 『이타주의자의 은밀한 뇌구조』(경기 고양: 도서출판 갈매나무, 2017), pp. 201-202.

를 이용하여 평소에 위기관리 시스템을 구축하여 교육과 훈련을 주기적으로 반복 실시하고, 위기 발생 시에는 의사결정권자 측근(側近)에서 냉정한 조언을 한다면 성공적 위기관리를 보장할 수 있다.

5) 위기관리 전략 수립 절차

(1) 위기상황 판단

모든 전략은 상황 판단(狀況判斷)을 기초로 수립(樹立)된다. 상황에 대한 정확한 판단 없이는 어떠한 전략도 수립할 수 없다. 상황 판단은 정보 수집(蒐集)으로부터 시작되며 수집된 정보는 정확한 분석 과정을 거친다. 이 분석이 상황에 대한 판단을 가능하게 하는데 그것은 지금 전개되고 있는 상황의 발전 방향이 결정한다. 이것은 미래 예측[9]의 문제와 깊은 관련이 있다. 따라서 비록 미래를 예측하는 것이 아주 어려운 문제이지만 가용한 방법을 총동원하여 가장 가능성이 높은 값을 찾아야 한다. 위기관리에서 미래 예측의 문제는 상황이 예방적(豫防的) 위기관리 단계냐, 대응적(對應的) 위기관리 단계냐에 따라 다르다. 위기 발생을 미연(未然)에 방지하기 위한 예방적 위기관리는 장기적 미래 예측이 필요하다. 따라서 이는 위기관리 대상의 라이프사이클(life cycle)과 이를 둘러싸고 있는 주변의 환경 변화를 예측하는 문제에 집중된다. 이에 비하여 위기가 발생한 후 위기에 대응하기 위한 대응적 위기관리에서는 단기적 미래

---

9) 부록 4 참조.

예측이 더 요구된다. 이러한 예측은 경험과 통계에 의한 방법이 주로 활용된다. 어떠한 경우이든 미래 예측의 정확도를 향상시키기 위해 최선의 노력을 다해야 한다. 또한, 위기가 발생하면 많은 첩보(諜報)와 정보(情報)가 횡행(橫行)한다. 그중에서 올바른 정보를 선별하여 분석하여야 하며 그 분석에는 사고 원인과 앞으로의 이 위기의 전개 방향이 포함되어야 한다. 특히 이러한 상황이 위협(危脅)상황인지, 위험(危險)상황인지를 식별(識別)할 필요가 있으며, 이와 같은 상황 판단은 대개(大槪) 기존의 조직을 활용하지만 특수 전문 분야이거나 기존의 조직 역량이 부족할 경우에는 소관(所管) 분야 전문가들의 도움을 받는 것이 좋다.

(2) 위기 정의

위기를 효과적으로 관리하려면 그에 대한 정확한 인식과 정의(定義)가 요구된다. 즉, 위기로부터 영향을 받는 국면(局面)을 한정(限定)해야 한다. 그렇게 해야만 위기를 관리해야 할 유기체를 결정할 수 있고 그 유기체의 핵심적 가치를 식별할 수 있다. 위기가 발생하면 그에 따른 각기 다른 이해관계자(利害關係者)가 있다. 가장 핵심적인 당사자는 위기로 인해 핵심적(核心的) 가치가 가장 심각(深刻)하게 위험에 처한 유기체이다. 세상의 모든 일이 그렇듯이 위기가 발생하면 적대적(敵對的) 관련자, 우호적(友好的) 관련자 그리고 중립적(中立的) 관련자가 있다. 이 모든 관련자에 대한 차별화(差別化)된 각각의 대응이 요구된다. 그리고 위기가 영향을 미칠 유기체와 유기체의 핵심적 가치를 기반(基盤)으로 위기가 미치는 영향(影響)을 분석 평가한다. 또한 핵심적 가치 식별에서 각별히 유념(留念)해야 할 사항은 가치의 하이어라키(hierarchy) 구성이다.

요컨대 위기관리는 정확한 정보를 기반으로 올바른 상황 판단을 하여 위기를 정확하게 정의하는 것으로부터 시작된다. 즉, 상황 판단을 근거로 위기를 정의해야 한다. 누구에게(어떤 유기체에게) 무엇이(핵심 가치) 위험에 처한 상황인지를 명확하게 식별해야 한다. 같은 상황이라도 개별(個別) 유기체의 입장과 이해관계에 따라 위기의 성격과 위기의 심각성(深刻性)이 상이(相異)하다. 위기에 대한 정의는 위기관리 목표를 설정하는 결정적 근거가 된다. 위기에 대한 정의가 올바르지 못하거나 모호(模糊)할 경우 위기관리 목표 역시 올바르지 못하거나 모호(模糊)해진다. 그러므로 위기에 대한 올바른 정의(定義)는 위기관리의 성공 여부를 결정한다.

(3) 위기관리 목표 설정

위기관리 목표는 위기의 정의를 기반으로 위기상황을 관리하기 위하여 설정(設定)한다. 어떤 유기체에 어떠한 핵심적 가치가 위협을 받고 있거나 위험에 처한 것이라는 위기가 정의되면 이 위기를 관리하기 위한 목표를 설정하여야 한다. 위기관리 목표는 정의된 유기체가 처한 상황을 고려하여 위기를 제거(除去)하거나 완화(緩和)하기 위한 목표다. 즉, 위기에 대해 소극적(消極的)인 원상회복(原狀回復)을 목표로 할 것인지 적극적(積極的)인 전화위복(轉禍爲福)을 목표로 할 것인지를 결정한다. 만약 목표가 분명하게 설정되지 않으면 위기관리를 위한 각종 노력을 결집(結集)할 수가 없다. 군사작전에서 공격작전의 원칙에 '목표의 원칙'이 가장 먼저 언급되는 이유이기도 하다. 이렇듯 위기관리 목표의 주안점(主眼點)은 유기체의 핵심적 가치에 미치고 있는 위협·위험을 제거하는 것이며 부차적으로 원상복구 또는 전화위복을 시킬 것인가를 포함한다. 이러한 목표는 미래적이고 전체적인 관점에서 올바르게 설정하여야 한다.

(4) 대안 설정 및 비교 검토

위기관리 목표가 설정되면 그 목표를 구현하기 위한 개념을 수립하고 그 개념에 걸맞은 가용한 여러 대안(對案)을 설정한다. 이렇게 설정된 가능한 수 개의 대안을 비교 요소(比較要素)에 의해 상호 비교 분석(比較分析)한 후 최선의 대안(對案)을 선택·결정한다. 대안은 주어진 상황에서 가용한 수단으로 목표를 구현할 수 있는 방법을 수립하는 것으로, 대안 간에는 상호(相互) 배타성(排他性)의 원칙이 적용되어야 한다. 아무리 현명한 목표를 설정하였다고 하더라도 대안이 부실(不實)하면 소기(所期)의 목적을 달성할 수 없다. 또한 대안을 분석하여 평가하는 과정은 전문가들이 모여서 가장 객관적이고 합리적인 토론 과정을 거쳐 결론에 도달하여야 한다. 여기서 주목할 것은 대안 선정 시 그 장단점은 평가 기준을 명확하게 선정하여 상세하고 정확하게 분석하여야 한다는 점이다. 아무리 좋은 대안일지라도 그 대안을 구현할 수단이 없다면 의미가 없으므로 대안 설정 시 가용 수단에 대한 철저한 검토는 필수적(必須的)이다.

(5) 위기관리 전략 기술

위 4단계의 과정을 일목요연(一目瞭然)하게 정리하여 관련자들의 위기관리 지침(指針)이 되게 기술(記述)하면 된다. 그 내용은 위기의 정의(定義)를 포함한 위기상황 판단(狀況判斷), 위기관리 목표(目標), 위기관리 개념(槪念), 위기관리 수단(手段)이 포함되어야 한다.

6) 위기관리 대응 계획 수립 및 시행

성공적인 위기관리를 위해서는 대응 계획(對應計劃)이 반드시 필요하고 그 계획에 따라 엄격하게 시행되어야 하며 교훈 도출을 위해서 사후 검토(事後檢討)를 반드시 해야 한다. 그런데 아직도 위기관리에 대한 매뉴얼만 있을 뿐 위기관리 대응 계획을 작성한 사례는 없다. 매뉴얼은 군의 시각에서 보면 군사교범(軍事敎範)에 해당되는 것으로 일반적인 준칙(準則)이나 행동 방침을 정해 놓은 것이지 특정 시간과 장소에서 구체적으로 행동할 계획은 아니다. 위기관리 현장에서 관련 조직이나 종사자(從使者)들의 역할을 세세(細世)하게 규정하려면 특정 시간과 장소에서 발생할 특정(特定) 위기에 대한 위기관리 계획을 최대한 치밀(緻密)하게 작성하는 것이 요망된다.

(1) 위기관리 대응 계획 작성

위기관리 대응 계획은 위기관리 전략을 바탕으로 구체적인 실행 계획(實行計劃)을 작성한 것이다. 즉, 군사교범에 해당하는 위기관리 매뉴얼과 위기 발생 지역의 상황 그리고 위기에 처한 유기체의 입장을 고려하여 구체적 행동 계획을 작성한 것이다. 이러한 대응 계획은 위기를 관리해야 하는 모든 유기체별, 위기관리 대상별로 작성해야 한다. 그러나 현존(現存)하는 위기관리 매뉴얼은 원론적(原論的) 수준의 표준(標準) 매뉴얼을 정점(頂點)으로 부처별, 제대별 실행(實行) 매뉴얼을 작성하는 시스템으로 되어 있는데, 그것은 어떤 특정 시간, 특정 지역이나 시설 또는 대상별(對象別)로 구체적인 행동을 할 수 있는 계획이 결여(缺如)되어 있다.

즉 군사작전 계획[10]과 같은 것이 없다는 뜻이다. 전통적 안보 개념 차원의 위기관리는 포괄적 안보 개념 차원에서는 전쟁 발발(勃發)의 위기에 해당한다. 군에서 작성하는 작전 계획은 전쟁 발발의 위기관리가 실패하여 전쟁이 발발한 경우 국가 존망의 위기를 관리하기 위한 위기관리 대응 계획이다. 그러므로 위기관리 대응 계획은 최고 정밀도(精密度)를 가지는 군사작전 계획 작성 절차를 벤치마킹(bench-marking)해서 작성하면 좋은 결과를 얻을 수 있을 것이다. "아무리 잘 작성된 작전 계획도 30% 이상 맞은 적이 없다."라는 것이 전쟁사(戰爭史)가 주는 교훈(敎訓)인데, 하물며 위기관리를 하면서 위기관리 대응 계획 자체도 작성하지 않고 일반론적인 지침 수준의 위기관리 매뉴얼만으로 긴박하게 돌아가는 위기상황에 적절하게 대응하는 것은 기대하기 어려울 것이다.

위기관리 대응 계획은 군사작전 계획과 같이 위기관리 대상물별로 상황을 적용하여 구체적 행동이 가능한 행동 계획으로 작성되어야 한다. 그 계획은 적어도 상황(狀況), 임무(任務), 운영 개념(運營槪念), 보급 지원(補給支援), 지휘(指揮) 및 통신(通信)에 대한 계획을 작성하고 필요할 경우 구체적 세부 계획을 부록(附錄)으로 첨부(添附)하여야 한다. 또한, 선정된 최선의 대안을 실행할 계획과 예산이 포함된 행동 계획, 특히, 홍보를 포함한 대언론(對言論) 전략이 반드시 포함되어야 한다. 그리고 대안(對案)은 구체적으로 실행 가능한 방안을 육하원칙(六何原則)에 의하여 작성하여야 한다. 이렇게 심혈(心血)을 기울여 작성한 계획일지라도 상황 변화에 따른 지속적인 수정이 필요하다. 이를 위해서 주기적(週期的)으로 상황을 고려하여 점검(點檢)하고 보완(補完)하는 작업을 해야 한다. 이

---

10) 전쟁이나 전투는 국가 존망에 대한 위기관리에 해당되므로 군 작전 계획은 광의로 보면 국가 존망 위기관리 집행 계획에 해당한다.

에 부가하여 원만(圓滿)한 위기관리를 위해서는 대응 계획만으로는 부족하고 위기관리 주체의 각 조직별로 행동 계획과 업무를 세분화해서 작성한 가칭(假稱) '위기관리 세부 시행규칙(細部施行規則)'을 만들어야 하고, 그 시행규칙을 기반으로 각 조직의 구성원은 개인별로 위기 시 행동해야 할 임무 표(Mission Card)를 만들어야 한다. 임무 표가 정확하게 잘 만들어지면 개인은 위기 시 당황하지 않고 자신의 역할(役割)을 바르게 수행할 수 있으므로 성공적인 위기관리가 가능하다. 이 임무 표는 매뉴얼로부터 시작하여 위기관리 집행 계획을 세부적으로 발전시킨 최종(最終) 산물(産物)이다. 따라서 임무 표는 위기관리 현장에서 그 진가(眞價)를 발휘할 것임을 확신한다. 그리고 임무 표를 반복적으로 숙달(熟達)하면 이것은 임무 교대 시 인계 · 인수의 중요한 수단으로 활용될 수 있다.

(2) 대응 계획 시행

위기가 발생하면 위기관리 대응 계획에 의거(依據)하여 위기에 대응해야 하는데 그 과정에서 가장 중요한 분야가 지휘통제(指揮統制) 문제다. 위기관리 상황은 신속(迅速)하고 정확(正確)하게 상황실로 보고되어야 하고 보고된 상황은 가급적 빠르게 분석 평가되어 이미 작성된 대응 계획에 수정 반영되어야 한다. 예를 들어 세월호 참사는 단순 해상 교통사고였음에도 불구하고 당시 상황 보고와 보고된 정보에 대한 분석 · 평가 능력 부족으로 잘못된 보고와 언론 보도로 인해 재난으로 비화(飛火)되었고, 마침내는 정부의 재난관리 능력에 대한 위기로 변이(變移)되었다. 더구나 이 과정에서마저 적절한 위기관리가 되지 못하여 정치적 위기로까지 변질(變質)되어 오랜 기간 전 국민들이 혼란을 겪었다. 이러한 위기상황에 대한 대응 조치는 '지휘 통일의 원칙'이 완벽하게 적용되어야 하며 가용 자원의 최적(最適) 사용에 대해서도 지휘통제(指揮統制)가 되어야 한다. 위기관리 진행 상황은 지속적으로 모니터링(Monitering)되어 반영(反映)되어야 한다. 이러한 활동은 유능한 상황실 운영으로 가능하다. 따라서 위기관리 상황실은 유연(柔軟)하고 생동감(生動感) 있게 작동되어야 한다. 이러한 과정에서 발생하는 우발(偶發) 상황에 대한 조치는 시의적절(時宜適切)하여야 하며 위기 확대를 차단하는 중요한 요소 중의 하나다.

(3) 연동 계획 발전 및 시행

모든 계획은 필연적(必然的)으로 실행 과정에서 수정이 필요하다. 왜냐하면 상황은 항상 변하기 때문에 최초 계획이 그대로 실행되기란 쉽지 않기 때문이다. 따라서 위기관리 대응 계획은 최초 작성된 것에 너무 집착(執着)하면 안 된다. 상황의 진전(進展)과 전개(展開)에 따라 지속적으로 수정·보완되어 현실성 있는 계획으로 발전되어야 한다. 따라서 상황 변화에 따라 대응 계획은 유연(柔軟)하게 변환(變換)되어야 하고 그에 따른 실행이 즉각적으로 뒤따라야 하며 지속적으로 피드백(feedback) 될 수 있는 시스템이 작동되어야 한다.

(4) 사후 검토

위기관리 상황 종료와 함께 반드시 거쳐야 할 중요한 과업(課業)이 사후 검토다. 위기 종료 상황이 되면 힘든 과정이 끝난 해방감(解放感)으로 마무리에 대한 관심이 떨어지기 쉽다. 위기관리가 성공하였을 경우에는 성공한 대로, 미흡(未洽)한 상황이면 미흡한 대로 장차(將次) 위기 발생에 대비한 철저(徹低)한 사후 검토가 요망된다. 위기관리 전략 수립으로부터 시작하여 대응 계획과 그 시행에 대한 전반적인 내용 및 절차에 대하여 분석·검토하여 교훈을 도출하고 발전 방안을 제시하는 것이 바람직하다. 이에 대해 토론회 또는 보고회의를 거쳐 참가자들의 허심탄회(虛心坦懷)한 의견이 자유스럽게 개진(開陳)되게 하여야 하며, 위기관리 과정에서 있었던 불미(不美)스러운 부분이 감춰지는 일이 없도록 해야 한다. 이러한 사후 검토 내용은 백서(白書) 형태로 발간되어 많은 사람들이 참고(參考)할 수 있도록 하는 것이 좋다.

2.
우리나라 국가위기관리 전략

1) 우리나라 위기 발생 요인

한반도의 안보상황을 종합적으로 평가하면 한국은 국가위기와 관련된 모든 안보 요인(安保要因)을 포괄(包括)하고 있다. 즉, 위기 중에서 가장 강도가 높은 전쟁으로부터 전염병, 사이버 위협에까지 이르는 다양(多樣)한 모습이 나타날 개연성(蓋然性)을 내포(內包)하고 있다.

한반도는 냉전(冷戰)의 잔재(殘滓)가 아직도 남아 있는 상황에서 '대남 적화야욕(對南赤化野慾)'을 고수(固守)하고 있는 북한이 현존(現存) 위협으로 상존(尙存)하고 있으며, 기회가 되면 언제라도 전면전(全面戰)을 도발(挑發)할 태세(態勢)를 갖추고 있다. 전면전 이전이라도 유리한 전략적 여건을 조성(造成)하기 위한 국지 도발(局地挑發), 침투(浸透), 테러(terror) 가능성이 항재(恒在)하고 있다. 과거 수많은 도발은 말할 것도 없고 2000년 이후의 사건만 열거(列擧)해도 2010년 3월 26일 일어난 천안함 폭침(暴沈) 사건과 동년 11월 23일 발생한 연평도 포격 사건(砲擊事件)은 대표적인 사례다. 그리고 위기를 조장(助長)하기 위한 무력시위(武力示威), 금강산 관광객 피살(被殺) 사건, 개성공단 억류(抑留) 사건, 계속되는 핵실험(核實驗)과 미사일 발사(發射) 등도 국가가 관리해야 할 중요한 위기관리의 대상(對象)이다. 북한발(北韓發) 위기상황은 관리 여하에 따라 언제나 전면전으로 비화할 수 있는 트리거(trigger)이다. 한편 한반도를 둘러싸고 있는 주변국은 세계 초강대국(超强大國)들로서 이들과의 사소한 이해 충돌마저도 상대적으로 국력이 열세(劣勢)한 한국에게는 현재적·잠재적 위기상황이다. 일본의 독도에 대한 야욕(野慾), 중국의 동북 공정(工程)과 공해상(公海上)에서의 무력시위 등은 잠재적 국가위기관리 이슈(issue)들이다.

또한, 한반도의 지리적 특성은 온대(溫帶) 몬순(monsoon) 지역으로서 4계절이 뚜렷한 관계로 다양한 형태의 재난이 발생한다. 봄에는 가뭄과 대형(大形) 산불이 발생하고 중국으로부터 오는 황사(黃沙) 역시 심각하다. 여름의 폭우(暴雨)를 동반(同伴)한 태풍은 한국이 매년 겪는 연례행사 같은 재난이며 해일(海溢), 우박(雨雹), 낙뢰(落雷) 등도 지역적으로 빈번(頻繁)하게 발생한다. 가을에는 비교적 조용한 편이지만 초가을까지는 태풍이 내습(來襲)할 가능성이 상당하다. 겨울에는 한파(寒波)와 폭설(暴雪)이 발생하며, 강도는 높지 않지만 한반도 전체에 지진(地震)도 연중 지속적으로 발생하고 있다. 앞으로 예상되는 기후변화로 자연재난의 강도가 더욱 심해질 것이라는 것을 예상할 수 있다.

산업화의 성공으로 인한 급속한 도시화(都市化)는 단순 사고도 대형 재난으로 발전할 가능성에 노출시키고 있다. 따라서 자연재난(自然災難)은 말할 것도 없고 인적재난(人的災難)도 관리가 부적절하였을 경우에는 대형 재난이 될 가능성이 높다. 특히 규모의 경제에서 대규모 사업장에서 발생하는 노사 갈등(勞使葛藤)은 시위(示威), 파업(罷業), 태업(怠業) 등의 형태로 나타나 국가기반체계를 마비시킬 가능성을 항상 내포하고 있다. 수출을 위주로 한 한국의 경제성장은 필연적(必然的)으로 세계화를 빠른 속도로 진행시켰으며 국가 간의 의존성(依存性)의 증대와 많은 인적·물적 자원의 유통은 인플루엔자 A와 같은 전염병이나 조류독감(鳥類毒感), 구제역(口蹄疫) 등의 가축 질병의 급속한 전파 가능성을 높여, 이로부터 오는 위기 또한 심각하다. 뿐만 아니라 IT 분야에서 세계 첨단(尖端)을 달리고 있는 한국은 해킹(hacking), DDOS 등 사이버(cyber) 공격에 크게 취약(脆弱)한 상황이다. 세계화는 국가 간의 상호 의존성이 증가함에 따라 국제 금융거래의 부조화(不調和) 같은 경제적 문제는 곧바로 국가적 위기로 나타난다. 1997년 한국의 IMF 사태와 2008년 미국의 월 가(Wall Street)에서 촉발(觸發)된 리먼 브러더스 사태는 국제 금융위기의 좋은 사례다.

〈표 5-1〉 위기 요인 스펙트럼

적 공격	자연재난	인적재난	사회적 재난	질병	금융위기	사이버 공격
• 전면전 • 국지 도발 • 침투 • 테러 • 위협 – 핵무기 개발 – 미사일 발사 – 무력시위 – 영토 분쟁 – 역사 침탈 • 국가 정체성 도전 – 영토 분쟁 – 역사 침탈 – 쿠테타 – 무장봉기	• 풍수해 – 폭우 – 폭설 – 해일 – 태풍 • 지진 • 가뭄 • 낙뢰 • 황사	• 화재(산불) • 폭발 • 건물 붕괴 • 화학물질 유출 사고 • 대규모 환경오염 • 인질 사건	• 시위 • 파업 • 태업	• 전염병 • 가축 질병	• 환율 조작 • 기축통화 위기 • IMF 사태	• 해킹 • DDOS

마지막으로 한국 사회는 물리적으로는 21세기 지식·정보화 사회에 진입하였지만 의식적으로는 아직도 농경문화 수준이다. 안보 불감증(安保不感症), '대충대충', '설마', '빨리빨리' 의식으로 인한 안전 규정 미준수 등의 행태(行態, behavior)는 재난의 발생과 확대 가능성을 촉진(促進)하는 보이지 않는 위험 요소다. 결론적으로 한국은 〈표 5-1〉과 같이 모든 위기의 스펙트럼(spectrum)이 존재하는 '포괄안보 상황 표본의 장'이라 할 수 있다.

2) 위기관리 시스템 발전 저해 요인

(1) 전통적 위기에 대한 관리

국가위기관리 시스템의 발전을 저해(沮害)하는 요인은 여러 가지 측면에서 도출(導出)해 볼 수 있는바, 우선 정치·군사적 요인, 사회·심리적 요인 그리고 행정문화적 요인으로 구분하여 살펴보고자 한다.

① 정치·군사적 요인

한국에서는 위기를 인식함에 있어서 다양한 문제에 관심을 갖는 정치 권력자들의 정치적 게임의 결과, 정책결정자들 간의 타협(妥協)·연합(聯合)·경쟁(競爭)을 통한 흥정에 의해 나타난 결과로 인식함으로써 위기를 심각하게 생각하지 않는 경향이 있다.[11] 특히 군사정부 시절에 안

---

11) 정찬권(2010), p. 176.

보를 정치적으로 이용함으로써 국민들로 하여금 안보 불신(安保不信) 풍조(風潮)와 막연한 거부감을 갖게 만들어 이것이 결과적으로 안보 관련 조직과 기능이 축소되거나 악화되는 결과를 초래했다. 군사적인 면에서는 한·미 연합방위체제의 영향으로 한국의 위기관리 시스템이 발전할 기회를 박탈(剝奪)당하였으며, 전통적 안보위기관리에서 가장 큰 비중을 차지하고 있는 한·미 연합방위체제에 의존한 바가 크다. 따라서 한국의 안보 문제는 양국 간의 국력과 군사력의 절대적인 차이로 인해 미국의 군사 제도와 운영체제 위주로 운영되어 왔다. 그 결과 한국 고유의 군사 제도와 조직, 군사전략과 교리, 운영체제 등을 발전시키는 데 한계(限界)를 노정(露程)하였다. 특히 장기간 작전 지휘·통제권이 UN군 사령관 또는 한미연합 사령관이 행사하게 되어 있었던 관계로 위기 발생 시 한국의 독자적(獨自的)인 관리가 불가능하였으며, 이는 위기관리 시스템 발전에 소극적인 태도를 견지(堅持)한 원인이 되기도 하였다. 또한 위기관리에서 가장 중요한 것이 사전(事前) 정보 수집 능력인데, 한국은 북한 및 주변국에 대한 정보 수집 능력의 상대적 열세로 독자적인 위기관리는 사실상 불가능하였다. 6.25 전쟁 이후 오랜 기간 동안 미국 의존형(依存形) 위기관리가 지속됨에 따라 위정자(爲政者)들과 안보 관련 종사자들이 타성(惰性)에 젖어 한국의 위기관리체제의 발전 필요성을 자각(自覺)하지 못한 점도 있다. 한편으로는 미국의 너무나 큰 위기관리 능력에 압도(壓倒)되어 독자적인 위기관리 시스템을 발전시킨다는 생각조차도 하지 못한 감(感)마저 없지 않았다. 그 결과 한국은 위기관리에 필요한 인적·물적 인프라(infrastructure) 구축에 소극적으로 대처(對處)하였으며 이로 인하여 한국의 독자적인 위기관리체계가 발전할 수 있는 기회를 유보(留保)하였다.

② 사회 · 심리적 요인

정치 · 군사적 요인이 위정자(爲政者)나 위기관리 업무 관련 종사자들과 관련이 있는 것이라면 사회 · 심리적 요인은 국민들의 인식(認識)에 영향을 미쳐서 한국의 국가위기관리 발전을 저해하였다. 민주화는 시민사회의 성장을 촉진시켰으며 이는 종전(從前)의 대북관(對北觀)을 전면적으로 바꾸어 놓았다. 이로 인해 대북 정책과 관련한 제반 문제들이 국내 정치화하기 시작하였고 시민사회 균열(龜裂)의 한 요인이 되어 남남 갈등(南南葛藤)으로 발전하였다.[12] 국가위기관리는 비용과 노력은 많이 들지만 당장의 효과가 눈에 보이지 않기 때문에 일반 국민들의 시각(視角)으로는 그 중요성을 인식하기가 쉽지 않다. 국민 일반에 확산된 대북 안보 의식의 해이(解弛)는 국가위기관리 시스템 발전에 저항(抵抗) 요소로 작용하고 있으며, 이는 현실적으로 1년에 한 번 실시하는 을지연습(乙支練習)에서 소극적 입장을 보이는 것으로도 알 수 있다.

③ 행정문화적 요인

엘리슨은 관료정치(官僚政治) 모델에서 정책결정 단위로서 정부 내의 관료(官僚) 개개인 혹은 관료 집단에 초점을 맞추고, 정부 행위를 이들 간의 협상(協商) 게임(game)의 결과라고 주장하였다.[13] 그리고 비대(肥大)해진 현대 국가에서 각종 정책 결정에 대한 관료들의 역할을 지적하고 이에 따라 그들 간의 상호작용(相互作用)을 분석하고 있다. 중요한 정부 정책에 참여하는 인사들은 대개 정부 각 부처의 장(長)을 겸하고 있

---

12) 정찬권(2010), p. 177.

13) Graham T. Allison and Morton H. Halperin, "Bureaucratic Politics: A Paradigm and Some Poicy Implication," *World Politics,* Vol. XXIX Supplement (Spring 1972), pp. 40-79.

기 때문에 그 부처의 입장에서 벗어나지 못한다. 그들은 자신들의 시각에서 정보를 수집하고 분석하며, 그들 부처의 임무에 비추어 성격이 규정된 문제에 대하여 그 부처가 만든 대안(對案)을 가지고 국가 정책 결정에 참여한다. 이것이 결코 나쁜 것은 아니다. 왜냐하면 각 부처의 전문적인 입장에서 문제에 접근한 결과를 종합적으로 결집(結集)하여 국가 정책으로 결정할 수 있기 때문이다. 그러나 각 부처의 주장이 너무 지나쳐 부처 이기주의(利己主義)로 나타난다는 것이 문제다. 이러한 현상이 국가위기관리 시스템상에서는 법적·제도적 차원에서 많이 나타난다. 실례로 각 부처 관료들의 이해관계로 인한 첨예(尖銳)한 갈등 유발로 법과 제도, 조직과 기능이 분산되어 있고, 민방위(民防衛), 전시 대비(戰時對備), 재난(災難), 핵심기반체계(核心基盤體系), 테러(terror) 등에 대한 훈련도 부처별로 각각 독립적으로 실시하고 있다. 그 결과 국가위기관리 시스템을 통합적(統合的) 구조와 협력적(協力的) 구조로 발전시키는 데 큰 장애물로 작용하고 있다.

(2) 비전통적 위기에 대한 관리

비전통적 위기관리 영역에서 국가위기관리 시스템 발전을 저해(沮害)하는 요인으로는 전통적 위기관리 영역의 문제점에 부가하여 다음과 같은 사항들이 있다. 그것은 대개 사회·심리적 요인과 행정문화적 요인에서 찾을 수 있다.

① 사회·심리적 요인

한국 국민들의 의식(意識)에서 안전에 대한 불감증(不感症)과 망각 의식(忘却意識)이 비전통적 위기관리 영역의 국가위기관리 시스템 발전을 저해하고 있다. 먼저, '설마 의식'이 팽배(澎湃)해 있다. '설마 사고는 나지 않겠지'라는 생각의 집단적 사고체계는 예방적 차원의 관리 기능에 부정적으로 작용하고 있다. 즉, 사고가 날지 안 날지도 모르는 분야에 노력을 투입하는 것에 대해 거부감을 갖는 것이다.[14] 이러한 정서는 이 영역에서 국가위기관리 시스템 발전에 투자하기를 꺼리는 결과를 가져온다. 다음은 망각 의식(忘却意識)이다. 아무리 큰 사고가 발생하여 엄청난 결과를 초래(招來)했더라도 불과 2-3개월만 지나면 전부 잊어버린다. 이러한 요인은 위기에 대응하여 사전에 준비하고 계획하는 여러 가지 노력에 걸림돌이 되어, 결과적으로 위기관리 시스템 발전 정책은 우선순위에서 후순위(後順位)를 차지하게 되었다.

② 행정문화적 요인

먼저, 재난이 갖는 본질적인 속성에도 그 원인이 있다고 할 수 있다. 첫째, 재난이 발생한 직후에는 재난관리에 대한 인식과 대비 의식(對備意識)에 대한 문제 제기(提起)가 높아지다가, 시간이 흐름에 따라 그 중요성에 대한 인식이 망각(忘却)되면서 대비의 소홀(疏忽)로 재난 발생의 악순환(惡循環)이 계속된다. 둘째, 피해 지역 및 피해 대상이 일부에 국한(局限)되어 있기 때문에 위기관리 정책에 대한 전 국가적(全國家的) 지지(支持)를 도출해 내기 어려우므로 우선순위에서 밀리는 결과를 초래한다. 셋째, 재난 발생 예측의 불확실성에서 오는 제약(制約) 요인이다. 이는 재난 자체에 대한 방재 의식(防災意識)을 약화시키는 결과가 되어 재난

---

14) 이종열 외, "국가위기관리 통합적 체계구축에 관한 연구", 『한국사회와 행정연구』 15권 제2호(서울: 서울행정학회, 2004), p. 360.

관리를 어렵게 하는 요인으로 작용한다. 다음은 재정적 요인이다. 재난 관리에 투자되는 각종 경비는 짧은 시간에 그 효과가 나타나는 것이 아니고, 장기적인 계획에 맞춰 설계하고 건설하는 경우가 많아서 우선순위에서 밀려나게 된다. 설령 사전 대비(事前對備) 투자의 노력으로 재난 발생이 방지 또는 예방되더라도, 그것이 사전 대비의 결과라는 것이 국민에게 쉽게 보이지 않기 때문에 다른 업무에 비하여 예산을 확보하기 어렵다.[15)]

3) 우리나라 위기관리 시스템 발전 전략

국가가 위기에 처한 상황에서 이 위기를 효율적으로 극복하고 오히려 기회로 반전시킬 수 있는 국가위기관리 시스템을 유지·발전시키는 것은 국가의 중요한 임무 중의 하나다. 이를 구축(構築)하기 위한 발전 전략은 미래 안보상황과 추세(趨勢)를 감안(勘案)하여 장기적이어야 하며, 동시에 국가적 차원에서 모든 위협(危脅)과 위험(危險)으로부터 국민의 안전을 보장할 수 있는 전체적 관점에서 기획되어야 한다. 또한, 이러한 위기관리에 참가하는 관계자는 물론 전 국민이 기꺼이 동참할 수 있는 각종 제도와 인센티브를 제공함에 있어 간접성(間接性)과 은밀성(隱密性), 그리고 실행 방법의 창의성(創意性)을 발휘하는 것이 바람직하다.

오늘날의 시대적 상황을 적용한 포괄적 안보 개념에 비춰서 한국의 위기 요인을 분석한 결과 한국은 포괄적 안보상황의 표본(標本)으로 밝혀

---

15) 채경석(2004), p. 57.

졌다. 그리고 이론적으로 고찰(考察)하여 얻어 낸 국가위기관리 시스템의 요건(要件)과 외국의 시스템을 분석한 결과를 참조(參照)하여 한국의 시스템을 진단(診斷)한 결과를 통해 볼 때, 한국의 국가위기관리 시스템은 통합적(統合的)·협력적(協力的)·영속적(永續的) 구조가 보장되는 형태여야 한다. 또한, 국가위기 발생 시 긴박(緊迫)한 상황에 신속(迅速)하고 적정(適正)한 대응(對應)을 하기 위해서는 효율성(效率性)을 확보해야 한다. 그렇게 하려면 한국의 행정문화의 특징을 고려하여 정치적·행정적으로 분업(分業)하여 관리하는 국가위기관리 시스템을 구축(構築)하고 상황 보고 및 지휘 체계와 자원관리 통합 시스템(system)을 구축하는 것이 필요하다. 협력적 구조에 대한 요구에는 국가위기관리 시스템의 운영적 차원의 이슈로서 매뉴얼을 정비하고 과학적 의사결정 체계를 보장하는 인과지도(因果地圖)를 위기관리에 활용하는 것이 유익하다. 영속적(永續的) 구조의 문제에는 통합적(統合的) 구조와 협력적(協力的) 구조가 지속될 수 있도록 강력한 법적·제도적 장치가 필요하다. 또한 부가적(附加的)으로 현장 대응력을 강화하는 전략이 요구된다.

(1) 통합적·협력적 구조의 위기관리 시스템 구축

국가에 적합한 국가위기관리 시스템을 구축하기 위해서는 그 나라의 안보적 상황의 특성과 효율성, 제도, 경험, 문화 등을 종합적으로 고려해야 한다. 이를 위하여 한국의 위기관리 조직의 태생적(胎生的) 특성을 감안(勘案)하고 정치문화와 행정문화의 특성인 위기 인식과 사회문화적 요소도 고려해야 한다. 이를 토대(土臺)로 현실성(現實性)과 효과성(效果性) 그리고 실현성(實現性)을 종합적으로 고려하여 시스템을 구축하여야 한다. 이러한 맥락(脈絡)에서 한국의 국가위기관리 시스템은 앞 장에서 분석·검토한 결과를 종합해 볼 때, 정치적·행정적 기능으로 분화되어 작동하면서 동시에 전체적으로는 통합되는 위기관리 시스템이 바람직하다. 즉, 전시와 평시를 통합하고, 전통적 안보와 비전통적 안보를 통합하며, 다양한 상황 보고 체계를 일원화(一元化)함과 동시에 발전된 IT 역량(力量)을 이용하여 자원관리 체계를 통합하여야 한다. 이를 위하여 기구(機構)는 통합(統合)하고 업무(業務)는 분권화(分權化)하는 것이 효율적이다. 한국은 대통령 중심제(中心制)이면서도 행정부를 통할(統轄)·조정(調整)하는 국무총리가 있는 내각제적(內閣制的) 요소가 가미된 정부형태이므로, 이 특징적인 정치 제도를 활용하여 정치적(政治的) 판단(判斷)이 필요한 위기와 행정적(行政的) 조치(措置)만으로 관리가 가능한 위기를 분화(分化)해서 관리하는 방안이 바람직하다고 본다. 이러한 시스템은 모든 유형의 안보상황이 혼재(混在)한 여건에서 동시다발적(同時多發的)으로 발생하는 국가 차원의 위기를 효율적으로 관리하는 훌륭한 모델(model)이 될 것이다.

① 정치적 위기관리 시스템

전쟁(戰爭)과 같은 전통적 안보 차원의 위기가 발생하면 당연히 대통령을 정점(頂點)으로 위기가 관리되어야 한다. 국가안전보장회의(國家安全保障會議)의 자문(諮問)을 받아 위기관리에 관한 의사결정을 하며 그 결과는 국가 통수기구(國家統帥機構)를 통하여 행동화된다. 그러나 우리나라는 정권이 바뀔 때마다 조직 개편이 빈번(頻繁)하게 이뤄지고 있어 위기관리 시스템의 일관성(一貫性)이 유지되지 못했다. 그러므로 국가위기관리 업무를 위해서는 대통령을 직접 보좌할 수 있는 전문 조직을 구성하는 것이 옳다. 따라서 국가안전보장회의는 미국과 같은 체제로 운영하는 것이 최선이다. 국가안전보장회의를 책임지고 관리·운영하는 안보보좌관(安保補佐官)은 특별 참모로서 현행 안보 문제에 대하여 대통령을 근거리에서 보좌하면서, 안보 문제와 관련하여 대통령과 언제든지 허심탄회(虛心坦懷)하게 대화를 나눌 수 있도록 제도화(制度化)되어야 한다. 또한 국가안전보장회의의 원활한 가동(稼動)을 보장하는 지원조직이 반드시 필요하다. 국가안전보장회의 사무처는 시대적 상황에 따라 그 존재가 부침(浮沈)했지만, 그 명칭이 무엇이든 그런 역할을 하는 조직이 필요하다.

이러한 사무처는 적어도 다음과 같은 기능을 가져야 한다. 첫째, 국가의 모든 위기 관련 상황을 실시간으로 관리할 수 있는 규모의 상황실 조직을 가져야 한다. 구체적으로, 상황(狀況)을 신속(迅速)·정확(正確)하게 보고받고, 보고받은 상황을 국가 차원에서 분석(分析)할 능력(能力)이 있어야 하며, 상황을 체계적으로 관리하고 필요시 대통령의 지휘소(指揮所) 기능(機能)을 수행할 수 있는 역량을 갖추어야 한다. 둘째, 상황실에서 분석한 결과에 대하여 대안(對案)을 제시(提示)하고 결정된 대안(對案)을 실행(實行)할 수 있는 조직이 필요하다. 일반적으로 이 대안을 토대(土臺)로 안전보장회의 참석자들이 토의를 할 수 있어야 한다. 그리고 그 대안이 실행됨에 따라 진전(進展)되는 관리를 할 수 있도록 해야 한다. 셋째, 위기관리 소요 자원(所要資源)을 준비(準備)하고 관리(管理)하는 조직이 필요하다. 구체적으로 발생 가능한 위기별로 소요되는 자원을 산출하고 국가의 대응 역량을 산출하며, 나아가 자원을 국가적 차원에서 가장 최적(最適)의 상태로 조정(調整)·통제(統制)할 수 있어야 한다. 넷째, 미래를 예측하고 예상되는 국가위기관리 과제를 염출(念出)하는 조직이 필요하다. 구체적으로 미래 트렌드(trend)와 가능성이 큰 위협과 위험, 그리고 민심의 파악 등 국가위기관리에 대하여 미리 준비할 수 있도록 하는 연구기능(研究機能)의 조직이 있어야 한다. 마지막으로 안전보장회의 회의를 준비하는 등의 행정 지원(行政支援)조직이 필요하다. 이를 위해서 한국에서 현실적으로 가장 가능성이 있는 방법은 국가비상기획위원회 창설 당시의 의도(意圖)대로 비상대비 업무(非常對備業務)를 산하기구화(傘下機構化)하는 것이다. 한국의 행정문화에서 각부(各部)와 지방정부(地方政府)를 통제(統制)하는 가장 효율적인 방법은 대통령이 직접 업무를 관할(管轄)하는 것이다. 안전보장회의 사무처 기능에 국가의 전쟁기획(戰爭企劃)부터 위기상황관리(危機狀況管理), 자원관리(資源管理) 등을 포함하여 편성하는 것이 좋을 것으로 생각되며, 이를 도식화(圖式化)하면 〈그림 5-1〉과 같다.

비록 국가안전보장회의 시스템이 아무리 훌륭하다고 해도, 이를 지

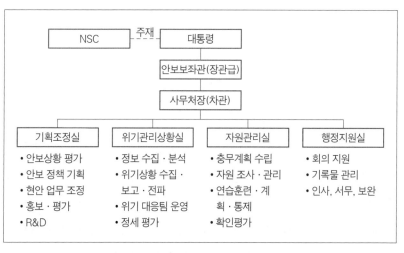

〈그림 5-1〉 국가안전보장회의 체계 구성(안)

출처: 대통령실 국가위기상황센터(2009), p. 122에서 발췌 · 수정

원하는 하부(下部) 시스템이 부실(不實)하면 제대로 기능할 수가 없다. 하부 시스템에서 가장 중요한 것이 상황 보고(狀況報告) 시스템이다. 그러므로 상황에 대한 신속·정확한 보고가 보장되는 시스템을 구축해야 한다. 그러므로 안보와 관련된 모든 부처 및 기관은 상시 상황실(常時狀況室)을 유지(維持)하여야 한다. 물론 안보의 핵심 부서인 국방부는 합참 군사상황실을 운영하고 있지만, 국방부도 군사상황을 국방 전략 차원(國防戰略次元)에서 분석·평가하고 대응할 위기관리 상황실을 별도로 운영하는 것이 바람직하다. 외교부, 통일부, 경찰을 지휘하고 있는 행정안전부도 치안과 관련한 상황실을 운영해야 한다. 즉, 국방부, 외교부, 통일부, 행정안전부, 국정원은 상시 정치적 위기에 관련한 위기 상황실을 운영하면서 위기 발생 시 즉각 청와대 국가위기관리 상황실로 보고하는 시스템이 구축되어야 하며, 이 상황이 안보보좌관의 지휘하에서 국가 차원의 위기평가와 관리 방안이 제시되어 즉각 대통령에게 보고되고 조치되어야 한다. 그리고 대통령(大統領)은 국무총리(國務總理)로부터 행정적 위기관리 업무에 대해서도 보고받고, 필요시 지침을 줄 수 있는 채널(channel)을 준비하여야 한다.

2 행정적 위기관리 시스템

정치적 판단이 필요치 않은 재난과 같은 행정적(行政的) 차원의 위기 발생 시는 국무총리(國務總理)가 정점이 되어 위기를 관리하는 것이 바람직하며 정치적 위기관리 시스템과 같은 맥락에서 구축하면 될 것이다. 이때 총리의 위기관리에 대한 지휘 권한(指揮權限)은 대통령으로부터 위임(委任)받은 상태이다. 그러므로 위기관리에 대한 중요한 사항은 대통령에게 보고(報告)하고 지침(指針)을 수명(受命)하여야 한다. 또한, 비록 행정적 차원의 위기로 시작되었더라도 규모가 확대되었거나 정치적 사안으로 발전한 경우에는 즉각 보고하여 정치적 차원의 위기관리 시스템으로 이관(移管)되어야 한다.

　재난에 의한 국가적 위기 발생 시에는 재난 및 안전관리 기본법에 의거 운영되는 '중앙안전관리위원회(中央安全管理委員會)'가 '정치적 위기관리 시스템'에서 운영되는 국가안전보장회의(國家安全保障會議)와 유사한 기능을 수행하고 있다.[16] 그러나 중앙안전관리위원회는 구성원이 너무 많을 뿐만 아니라 안전관리에 대한 정책(政策)을 심의(審議)하고 의결(議決)하는 기관이어서, 위기관리 업무를 수행하기에는 기동성(機動性)이 떨어진다. 그러므로 대통령의 자문기관인 국가안전보장회의와 유사한 국무총리의 자문기관으로 가칭 '국가안전관리회의(國家安全管理委員會)'를 구성하여 국무총리의 의사결정에 도움을 주도록 하는 안(案)도 고려해 볼 만하다.[17]

　다음은 중앙재난위기 종합상황실(中央災難危機綜合狀況室)을 발전시켜야 한다. 행정적 차원의 위기관리 소관 업무 부처와 지방자치단체도 정치적 위기관리 관리부서와 마찬가지로 상시상황실(常時狀況室)을 운영해야 한다. 비록 예고 없이 닥치는 재난에 의한 위기지만 풍수해(風水害)나 지진(地震), 화재(火災) 등의 재난은 즉각적인 대응을 필요로 하기 때문에 상시상황실을 반드시 운영하고 그에 대한 대응조치를 항상 준비하고 있어야 한다. 현재 상당수(相當數)의 지방자치단체는 상황실 운영을 소방본부에 일임(一任)하고 있는데, 소방본부의 차원과 종합행정을 하는 지방자

---

16)　법률 제8856호 제9조.

17)　발생한 재난위기 유관 부처의 장을 대상으로 구성, 전문적인 토의가 가능하도록 안전보장회의 구성 인원과 유사하면 좋을 것이다. 재난 유형별로 사전에 지정해 둘 수 있다.

치단체의 차원이 다르므로 해당 지방자치단체장의 의도(意圖)로 위기를 관리할 상황실이 반드시 필요하다. 그리고 상황의 긴박성을 고려할 때 상황이 발생한 장소에서 중앙재난위기종합상황실까지 보고하는 시간을 단축(短縮)하고 정확성을 기하기 위하여 각급 기관(各級機關)이 동시에 보고받는 '동시 보고(同時報告) 시스템'으로 정비(整備)되어야 한다. 재난을 사전에 예방하고 적극적으로 대처하려면 평시부터 상황실을 운영하여야 하지만 대다수의 지방자치단체장들이 상황실 설치를 인건비 때문에 기피(忌避)하고 있다.[18] 그러나 정부 부처와 광역시 · 도(廣域市 · 道)는 비상계획관(非常計劃官)을 활용하면 이 문제를 쉽게 해결할 수 있다. 현재 몇몇 정부 부처에서는 이미 비상계획관을 안전 관리관으로 임명하여 전 · 평시 업무를 동시에 부여함으로써 소기의 목적을 달성하고 있다. 여타(餘他) 광역시 · 도에서도 비상계획관을 임용(任用)하여 운영한다면 통합방위작전(統合防衛作戰)에 대비하여 시 · 도지사의 군사보좌관(軍事補佐官)으로도 활용할 수 있을 것이다. 뿐만 아니라 평시에는 비상계획관을 상황실장으로 활용하고, 비상시에는 기획관리실장을 상황실장, 비상계획관을 부실장으로 활용한다면 상황 보고 시스템이 원활(圓滑)하게 운영될 것이다.[19]

③ 통합적 상황관리 및 지휘 시스템

국가위기관리의 효율성(效率性)을 제고(提高)하기 위하여 '정치적 위

---

18) 행정안전부, "부처 및 시 · 도 종합상황실 편제 표준(안) 내부검토보고서"(2008), p. 5.

19) 행정안전부, 『비상대비 관련 법령집』(서울: 행정안전부, 2009), p. 10, "비상대비 자원관리법" 제12조 제2항, 2013년 7월 1일부로 17개 광역시 · 도 중 서울, 경기는 국장급, 인천, 강원은 서기관급, 나머지는 계장급으로 운영하고 있는데, 국장급(예비역 대령)으로 임용하는 것이 바람직하다.

기관리 시스템'과 '행정적 위기관리 시스템'을 전 국가 차원에서 통합하도록 구조화(構造化)하여야 한다. 이렇게 함으로써 포괄안보상황하에서 시·공간적으로 동시다발(同時多發)로 일어나는 국가위기를 질서 정연(秩序整然)하게 효율적으로 관리할 수 있을 것이다. 국가위기관리의 생명은 신속하고 정확한 보고를 바탕으로 가장 신속하게 대응하는 데 있다. 이를 위해서는 상황이 신속하게 보고되도록 제도적 시스템이 준비되는 동시에, 위기에 대응하여 적절한 조치를 취하는 지휘소의 기능이 구비(具備)되어야 한다. 이를 위해서는 첫째, 상시 가동(稼動)되는 상황실이 유지되고 상황이 유관 기관 간에 종횡(縱橫)으로 신속하게 보고되는 체계를 확립하여야 한다. 특히, 포괄안보상황하에서 정치적 위기관리 시스템과 행정적 위기관리 시스템이 기능적으로는 분권화하면서 전체적으로는 통합되는 국가위기관리 시스템으로 운용되기 위해서는 포괄안보상황 보고 종합 시스템이 구축되어야 한다. 정치적(政治的) 위기관리 시스템에는 주로 전통적 안보 영역 소관 업무 부서인 국방부(國防部), 통일부(統一部), 외교부(外交部), 행안부(行安部) 및 국정원(國情院) 상황실이 국가안전보장회의 안보종합상황실과 상시(常時) 보고체계를 유지하고, 행정적(行政的) 위기관리 시스템에서는 소방 조직과 해양경찰 조직 및 전 재난 부처 상황실과 지방자치단체 상황실이 중앙재난위기 종합상황실과 보고체계를 유지하도록 해야 한다. 그리고 지방자치단체는 중앙재난위기 종합상황실과 소관 재난부처 상황실에 동시에 보고하는 시스템을 유지하는 것이 바람직하다. 현재 한국의 행정기관은 상황실을 위기 발생 사후 처리(事後處理) 업무만을 관장(管掌)하는 기관으로 인식하고 있는데 이것은 옳지 못한 생각이다. 위기 발생 초기에 신속하게 대응하여 위기의 악영향(惡影響)을 최소화하도록 상황실이 운영되어야 함이 마땅하다.

둘째, 현재 다양한 기관별로 운영되고 있는 상황 보고 통신 시스템을 일원화하고 유사시 통신 장애(障礙)를 고려하여 예비 시스템을 준비하는 것이 좋을 것이다.[20] 또한, 위기관리 지휘를 위하여 위기에 대응할 수 있는 가용 자원(可用資源)의 파악이 필요하다. 이를 위해서 상황실에는 국가적 차원에서 즉각 또는 장차 동원할 수 있는 능력을 실시간으로 파악할 수 있도록 비상자원관리(非常資源管理) 시스템이 유지되는 것이 좋다. 한국의 IT 수준을 고려하면 그리 어렵지 않은 과제라고 본다. 셋째, 상황근무자에게 강력한 인센티브(incentive)를 부여하고 지속적인 교육과 훈련을 보장해야 한다.[21] 상황근무를 자원(自願)하는 분위기를 조성하고 장기 보직이 가능하게 하여 전문성을 유지토록 할 필요가 있다. 아무리 매뉴얼이 잘 준비되어 있어도 항상 예기치 않은 상황은 발생하는 법이며, 모든 것을 매뉴얼화할 수도 없고, 만일 매뉴얼화한다고 해도 그것을 모두 숙지(熟知)하는 데는 한계가 있다. 그러므로 상황근무자의 역량이 국가위기관리의 마지막 보루(堡壘)다.

(2) 협력적 구조 촉진을 위한 운영체계 발전

위기관리 시스템이 아무리 훌륭하게 만들어져 있다고 해도 그 시스템을 운영하는 능력과 운영 방법이 미숙(未熟)하면 소기의 성과를 달성할 수가 없다. 그러므로 효율적인 위기관리를 위한 매뉴얼이 체계적으로

---

20) 행정안전부, "위기상황실 운영검토(안) 내부보고문서"(2008), p. 10.

21) 주야간 연속 근무를 함으로써 정신적으로 긴장하고 육체적으로 피곤한 근무 여건이므로 승진과 보수 면에서 특별한 대우를 할 필요가 있다. 결과적으로 열정을 가진 자가 상황실에 근무하게 되고, 이 근무자들이 승진하여 고위직에 오르는 경우가 많으면 상황실에 대한 이해도가 높아져 자연스럽게 위기관리 역량이 확대될 것이다.

준비되어야 하며, 위기 발생 시 위기관리 관계관들이 대응 방안에 대하여 공감한 상태에서 효과적으로 위기를 관리하기 위한 수단을 발전시켜야 한다.

① 위기관리 매뉴얼 발전 방향

노무현 정부는 최초로 국가안전보장회의 산하(傘下)에 막강(莫强)한 사무처를 편제(編制)하여 국가위기관리를 총괄(總括)하기 위한 조치 중의 하나로 국가위기관리 매뉴얼을 작성하였다.[22] 매뉴얼은 〈표 5-2〉에서 보는 바와 같이 청와대 국가안보회의(NSC)에서 관리하는 표준 매뉴얼과 정부 부처와 기관이 관리하는 실무 매뉴얼, 그리고 기초자치단체와 같이 현장에서 재난을 관리하기 위한 현장 매뉴얼로 구분되어 있다.[23]

표준 매뉴얼은 위기관리에 대한 최상의 매뉴얼로서 선언적(宣言的)

〈표 5-2〉 위기관리 매뉴얼 수립 현황(2004-2007)

구분	수량(개)	비고
유형별 위기관리 표준 매뉴얼	33	NSC 위기관리센터 주관 수립
유형별 위기대응 실무 매뉴얼	278	유형별 주관 기관 / 유관 기관별 수립
현장 조치 행동 매뉴얼	2,339	17개 유형별 관련 기관 / 현장 투입 기관별 수립 (1,271개 기관 참여)
총계	2,650	

출처: 행안부 내부문서 "위기관리 매뉴얼 정비계획"에서 발췌

---

22) 행정안전부, "위기관리 매뉴얼 정비계획 내부보고문서"(2009. 10.). 12개 전통안보 관련 매뉴얼과 21개의 비전통안보 관련 매뉴얼로 구성

23) 2008년 5월 청와대는 33개의 매뉴얼 중에서 21개의 재난 관련 매뉴얼을 당시의 행안부 재난안전실로 관리 이관하였다.

이고 개략적(概略的)으로 작성되었기 때문에 그것을 관리하는 부서나 조직은 그를 다시 세분화해서 발전시켜야 한다. 이를 위하여 군사교범체계를 벤치마킹하여 먼저 재난교리를 연구하고, 이를 바탕으로 임무와 상황을 고려, 현장에서 적용 가능한 재난대응계획(災難對應計劃)을 수립하는 방안을 검토해 볼 수 있다. 이 재난대응계획을 기본으로 각 부서가 재난관리 단계별로 행동해야 할 매뉴얼을 만들고 이를 조직 구성원 개개인이 행동할 임무표로 만들어서 숙달시킨다면 현장 적응성이 높아질 것이다. 이러한 과정을 거친 재난대응계획은 시·공간별로 차별화되어 작성되어야 할 것이다. 즉, 동일한 재난에 대한 매뉴얼도 지역적으로, 계절별로 또는 주·야간의 차이에 따라 다르게 작성되어야 한다. 또한, 현재의 현장 지휘에 대한 매뉴얼은 너무 개괄적(概括的)이어서 지휘체계 확립에 도움이 되지 못하고 있다. 이를 해결하기 위해서는 현장 지휘체계 확립을 위한 시스템을 먼저 구성하고 각 구성원의 임무카드가 명확하게 작성되어야 하며, 이러한 일련의 매뉴얼은 상황에 따라 수정되어야 한다. 이러한 많은 문제점에도 불구하고 최초로 국가위기관리 매뉴얼이 작성되어 관리되고 있다는 사실만으로도 포괄안보 시대를 대비하여 대단한 발전이라고 평가할 수 있다. 그러나 더 나은 발전을 위하여 개선해야 할 점을 고려해 보면, 첫째, 표준 매뉴얼을 세분화(細分化)해서 발전시켜야 한다. 예를 들어 2009년 인플루엔자A 관리 시에 기본 매뉴얼에 기재된 9쪽 분량의 내용으로는 임무 수행이 불가할 것으로 판단되어 근 1개월에 걸쳐 세부 행동 매뉴얼을 80쪽의 분량으로 작성하였다. 이를 이용하여 실제 중앙재난안전대책본부를 효율적으로 운용할 수 있었다. 둘째, 위기관리 매뉴얼상에 비가시적(非可視的) 현상도 고려하여야 한다. 유형별 위기관리 매뉴얼에 눈에 보이지 않는 비가시적 파급영향(波及影響)과 타 부처 영역의 현상도 종합적으로 반영하여 필요한 조치 내용을 기술(記述)할 필요가 있다. 셋째, 위기상황을 구체적으로 발전시켜야 한다. 유형별 피해 원인을 개조식(個條式) 대신 시나리오(scenario) 형태로 작성하고 그 시나리오의 종류도 다양화하여 상황별 맞춤식 위기관리가 가능하도록 할 필요가 있다. 넷째, 신종(新種) 리스크(risk) 요인에 대한 국가위기관리 대처 준비가 필요하다. 국가가 관리할 리스크 요인의 개념과 범위를 재설정(在設定)하여 신종 리스크 요인들도 국가위기관리의 영역에 포함시켜 체계적으로 관리할 필요가 있다. 마지막으로 복합적(複合的) 형태의 매뉴얼 체계로 개편하는 것이 바람직하다. 중앙행정기관에서 관리하는 표준 매뉴얼과 실무 매뉴얼은 재난 유형과 기관 중심(機關中心)의 현 매뉴얼 체계를 유지하고, 현장에서 직접적으로 재난에 대응하는 기초자치단체 및 일선(一線) 공공기관이 작성하는 현장 조치 행동 매뉴얼은 기능 중심(機能中心)의 매뉴얼 체계로 개편하는 것이 타당하다.

② 인과지도(CLD)를 활용한 의사결정 시스템 정립

위기를 관리함에 있어 상황 보고 시간 지연(遲延)과 부정확함도 문제지만 발생한 위기를 관리하는 목표가 막연(漠然)한 것도 큰 문제다. 목표가 분명하면 관리도 명쾌(明快)하지만 애매(曖昧)한 목표는 그렇지 못할 것은 자명(自明)한 일이다. 그런데 한국 정부는 앞 장에서 평가한 바와 같이 직접적으로 위기를 관리한 경험이 별로 많지 않고 전문가도 부족한 상황이어서 명확한 위기관리 목표 설정에 미숙(未熟)하다. 그러므로 위기관리 목표를 분명하게 설정하고 이에 연관(聯關)되는 요인(要因)들을 분석하여 그 관계를 정확히 파악할 수 있다면, 위기 발전(危機發展)의 차단(遮斷) 지점을 쉽게 찾아서 그에 응당(應當)한 조치가 가능할 것이며, 동시에 위기관리 업무 관계자들이 발생한 위기의 관리에 대한 공감대(共感帶)를 형성할 수 있다면 그 위기에 대한 관리의 효율성을 제고할 수 있을 것이다. 이러한 과제(課題)를 해결해 줄 수 있는 것이 인과지도(因果地圖, CLD)이다. 인과지도는 전략적 요소를 담고 있는데, 발생한 사고(事故)가 트리거(trigger)로 작용하여 그 파급(波及) 영향이 앞으로 어떻게 전개될 것인가를 파악(把握)하는 것은 전략의 기획성(企劃性)인 미래성(未來性)과 전체성(全體性)의 관점이다. 위기를 관리함에 있어 미래의 상황이 어떻게 전개될 것인가를 아는 것은 항행(航行)에서 나침반(羅針盤)을 가지고 있는 것과 같다. 그리고 그 전개 상황을 전체적인 관점에서 파악하는 것이 가능하다면 전략적(戰略的)으로 관리가 가능해지는 것이다. 그러므로 인과지도는 위기를 전략적으로 관리하게 하는 아주 훌륭한 수단이다. 포괄안보상황하에서 위기의 요인은 복잡 다양하고 그 규모가 크기 때문에, 국가위기관리는 사전(事前) 예방 조치(豫防措置)를 통해 위기 발생의 확률(確率)을 최소화하는 한편, 위기가 실제로 발생하면 확산 경로(擴散徑路)를 신속히 차단(遮斷)하고 피해를 최소화하는 것이 중요하다.[24] 이를 위해서는 국가위기관리를 '시스템적 차원'에서 접근하는 것이 좋은 방안(方案)이 될 것이다. 이러한 맥락(脈絡)에서 숙고(熟考)해 보면, 국가위기관리의 목표는 국가가 추구(追求)하는 '핵심 가치(核心價値)'를 최소의 비용으로 보존(保存)하는 것이 될 것이다. 이러한 목표를 성취(成就)하려면 위기를 인지(認知)하기 위한 현황 파악(現況把握)에서부터 오판(誤判) 최소화(最小化)를 위한 객관적 정보 수집 및 분석이 요망된다. 여기에는 신속하고 정확한

---

24) 방태섭, "시스템 관점의 위기관리 프로세스", 삼성경제연구소 연구보고서 제699호(서울: 삼성경제연구소, 2009). 상기 보고서를 읽고 이를 한국의 국가위기관리에 적용하고자 저자는 한국위기관리연구소에 의뢰하여 연구하게 하였으며 연구 과정에 참여하였다.

정보가 유통(流通)될 수 있는 체계(體系) 확립(確立)이 필수(必須)다. 만약 위기 발생 요인을 잘못 식별하거나 위기 전개 양상(展開樣相)을 제대로 파악하지 못하면 위기관리의 효율성(效率性)이 저하(低下)될 것임은 분명하다. 표면(表面)에 드러난 위기 요인에만 대처(對處)하는 단견적(短見的) 처방(處方)은 위기 요인을 축적(蓄積)시켜 향후(向後) 더 큰 위기를 초래(招來)할 우려(憂慮)가 있고, 전체가 아닌 부분만 보고 위기 확산 경로를 예측하면 위기 전개 양상을 오판할 우려마저 있다. 그러므로 포괄안보상황하에서 위기관리는 시스템적 사고(思考)와 분석을 적용해 위기상황에 관련된 다양(多樣)한 요인들을 전체적 관점에서 파악하고, 이들 요인의 복잡한 연관관계(聯關關係)를 고려해 대응 방안(對應方案)을 마련하는 것이 바람직하다.[25] 예를 들어, 북한발 위협으로 인해 발생할 수 있는 국가위기에 체계적인 위기관리 접근법(接近法)을 활용한다면 대단히 효과적인 대응이 가능하다. 글로벌 금융위기의 충격(衝擊)으로 불황(不況)이 본격화되고 있는 상황에서 한반도의 정세 불안(情勢不安)은 경제위기와 맞물려 복합위기로 진행될 가능성이 높다. 그러므로 북한발 위협이 분명한 전통적 안보 문제라고 할지라도 이것이 경제 전반에 미칠 부정적 영향까지 고려한 상황 판단이 반드시 필요하다. 이를 위해 위기관리를 시스템 관점에서 접근하면 위기관리 프로세스(process)를 다음과 같이 '현황 파악 → 위기관리 지표 설정 → 위기 전개 과정 분석 → 대응 방안 도출'의 4단계로 구성(構成)할 수 있다.[26]

---

25) 시스템적 사고는 사건이 원인과 결과를 단선적으로 파악하는 것이 아니라 시스템 전체의 다양한 사건들과의 연관관계 속에서 상호 피드백을 고려한 연결 고리 관계로 파악한다.

26) 방태섭(2009), p. 3.

(3) 영속적 구조 보장을 위한 법과 제도 정비

국가위기관리 시스템을 구축(構築)하기 위한 법령(法令)과 제도는 기존(旣存)의 국가위기 관련 법령을 통할(統轄)할 수 있는 최상위 기본법(基本法)의 제정과 국가위기관리의 최종 목표를 제시(提示)할 수단인 국가안보전략서(國家安保戰略書)의 작성, 그리고 이러한 국가위기관리 시스템을 운영하는 구성원(構成員)들의 역량을 향상시키기 위한 훈련 제도의 정착(定着)으로 요약된다.

① 국가위기관리 기본법 제정

국가위기관리 시스템 진단(診斷)에서 적시(摘示)한 바와 같이 한국의 위기 관련 법령은 국가적 위기를 경험할 때마다 그에 대한 대책으로 제정(制定)된 것이 대부분이다. 그러므로 법의 제정 목적과 법의 적용 범위가 중복(重複)되고 또는 공백(空白)이 발생하는 등의 문제점을 내포(內包)하고 있다. 이러한 문제점을 한 방향으로 통일시키고 관련 법들의 중복을 해결하고 공백 부분을 보충할 수 있는 강제성(强制性)을 가진 기관의 법률로 제정되어야 한다. 포괄안보 시대에 걸맞게 전통적(傳統的) 안보와 비전통적(非傳統的) 안보 사안(事案)을 동시에 아우를 수 있어야 하며, 국가위기관리 시스템이 통합적(統合的)이고 협력적(協力的)이며 영속성(永續性)을 유지할 수 있는 제도적 틀을 만들 수 있는 법이 되어야 한다. 개략적(槪略的)으로 포함 내용을 고려해 보면 첫째, 국가위기관리를 총괄할 국가안전보장회의가 역동적(力動的)으로 가동(稼動)될 수 있도록 관련 조직을 구성할 수 있는 내용이 포함되어야 한다. 예를 들어 사무처 신설, 위기관리의 유형, 상황실 설치 및 운영 등이 될 수 있다. 둘째, 국가위기관리 목표를 제시할 '국가안보 전략서'를 작성하도록 하는 강제 조항(强制條項)이 필요하며, 마지막으로 국가위기관리 시스템이 영속적(永續的)으로 발전 운영될 수 있도록 연구개발(研究開發) 및 훈련 체계(訓練體系)를 규정(規定)하는 것이 바람직하다. 통상 법 제정 기관의 상위 기관은 훈련에 참여하지 않는 한국의 행정문화를 고려하여, 국가위기관리 기본법은 국가 최상위 기관(最上位機關)에서 헌법적 위상(位相)에 버금가는 법률로 제정되어야 할 것으로 생각한다.

② 국가안보전략서 발전

국가위기관리 기본법에 의거(依據)하여 작성될 국가안보전략서는 분야별(分野別)로는 모든 안보적 상황을 고려하고, 시간적(時間的)으로는 전시(戰時)와 평시(平時)를 동시에 고려하여야 한다. 국가안보에서 가장 중요한 군사 분야는 군이 군사력을 어떻게 운영할 것인가에 대한 군사전략서가 합동참모본부(合同參謀本部)에서 3년 주기(週期)로 작성되고[27] 있고, 전시에 군사적 활동을 지원하기 위한 충무계획(忠武計劃)과 비전통적 안보 분야인 재난 및 안전과 관련한 국가안전관리 기본계획(國家安全管理基本計劃)이 안전 관련 부서에 의해서 작성되고 있다. 앞의 두 문서(文書)는 말할 것도 없고 국가안전관리 기본계획도 포괄안보상황하에서는 안보의 영역이므로 국가안보전략에 수렴(收斂)되어야 할 것으로 본다. 그러므로 군사전략서, 충무계획 그리고 국가안전관리 기본계획에 분명한 목표를 제시하고 구속(拘束)할 수 있는 국가안보 전략서(國家安保戰略書)를 작성하여 〈그림 5-2〉와 같은 체계(體系)로 발전시키는 것이 바람직하다. 특

---

27) 평시 군사력의 건설 방안과 전시 군사력 사용 방안을 담고 있다.

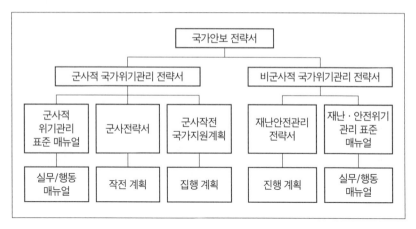

<그림 5-2> 안보 관련 문서 체계도

히, 전시작전통제권(戰時作戰統制權)의 한국군 이양(移讓)에 사전 대비하는 차원에서도 수준 높은 국가안보전략서를 작성하여 한국적 상황에 적합한 국가위기관리 목표를 정립(定立)함이 마땅하다. 포괄안보 시대의 국가위기관리는 스펙트럼(spectrum)이 다양(多樣)하기 때문에 군사적 차원의 국가위기관리는 전쟁 이전 단계에서 전쟁 억제(戰爭抑制)에 목표를 두고 관리하는 위기관리와, 전쟁 억제 실패 시 발발한 전쟁에서도 국가 생존을 목표로 하는 위기관리 차원에서 고려한다. 따라서 군사적 국가위기관리 전략서에는 군사적 위기 발생 시 적용할 군사적 위기관리 표준 매뉴얼, 전쟁에 대비한 군사적(軍事的) 활동계획(活動計劃)인 군사전략서 그리고 이러한 군사작전을 지원할 군사작전 국가지원계획(軍事作戰國家支援計劃)을 준비할 것을 제안한다.[28] 동시에 기존의 국가안전관리 기본계획은 비군사적(非軍事的) 국가위기관리 전략서로 변경하여 재난 예방 및 발생 시 대

---

28) 비상대비계획을 지칭하며 충무계획은 이 계획의 별칭이다.

응할 계획인 재난안전관리 전략서와 재난안전 위기관리 매뉴얼을 준비하는 것이 좋다.

③ 국가위기관리 연습 · 훈련 제도 정착

우리나라에서 국가위기(國家危機) 발생에 대비한 연습(練習) · 훈련(訓練)은 군사적 위기관리 연습 · 훈련으로 매년(每年) 8월에 행정안전부가 주관(主管)하는 을지연습과, 10월에 실시하는 충무훈련[29], 합참 및 연합사가 주관하는 프리덤 가디언(Feedom Guardian)[30] 훈련, 키 리졸브 훈련과 독수리 훈련, 한국 합참이 실시하는 통합방위 훈련[31]이 있다. 재난에 대비한 훈련으로는 매년 5월에 소방방재청이 주관이 되어 실시하는 재난안전 한국훈련(災難安全韓國訓練)이 있다. 특히, 을지연습은 전국적으로 정부기관과 주요 민간기관이 참여하는 대규모 훈련으로서 그 역사는 1968년까지 거슬러 올라간다.[32] 그러나 상기(上記) 언급한 모든 훈련들이 형식적(形式的)이라는 비판을 받고 있다. 그 주 이유는 위기관리에서 가장 중요한 역할을 해야 하는 의사결정권자(意思決定權者)들이 훈련에 참여(參與)하지 않거나 소홀(疏忽)히 한다는 것이다. 이러한 것은 한국 사회의 부정적(否定的)인 행정문화(行政文化)와 깊은 관련이 있다. 이러한 측면에서 한

---

29) 1982년 국방부에서 전시대비 종합훈련이라는 명칭으로 최초 실시, 1992년 '충무훈련'으로 개칭, 1993년 비기위로 이관, 2008년 행안부로 이관, 실제 동원훈련으로 매년 3개 광역지방자치단체가 실시한다. 1개 지방자치단체는 을지연습 기간에 실시한다. 지방자치단체장은 임기 내에 1회 하게 된다.

30) 2007년까지는 '포커스 렌즈'라는 명칭으로 군사연습을 실시하다가 2008년부터 현재의 훈련명을 사용하였다.

31) 적의 침투, 도발이나 그 위협에 대응하기 위하여 후방 지역에서 실시하는 대간첩 작전 연습

32) 태극연습(1968) → 을지연습(1969) → 을지/포커스렌즈(1976) → 을지/프리덤가디언(2008)

국이 국가위기관리 연습이나 훈련을 잘하기 위해서는 국가 최고(最高) 권력기관(權力機關)에서 연습 · 훈련을 계획하고 통제(統制)하는 제도를 정착(定着)시켜야 한다.[33] 한국과 같은 대통령 중심제 국가에서는 앞에서 이미 제안(提案)한 바와 같이 국가안전보장회의 사무처 내에 연습 · 훈련 담당 부서를 두어 국가위기관리 연습 · 훈련을 지휘 통제하는 것이 좋을 것이다. 이렇게 함으로써 기존의 연습 · 훈련의 중복(重複)되거나 미흡(未洽)한 부분을 조정 통제하고, 중요한 국가위기관리 연습 · 훈련에는 대통령이 반드시 참여함으로써 위기 발생 시 발휘할 수 있는 소기(所期)의 역량을 보장할 수 있도록 해야 한다. 이에 부가하여 위기관리 훈련 관련자는 물론 전 국민들이 즐거운 마음으로 동참(同參)할 수 있는 인센티브를 전략의 기만성(欺瞞性)인 간접성(間接性), 은밀성(隱密性), 창의성(創意性)을 적용하여 운영하는 것이 바람직하다. 동시에 전 국민들에게 전략적 사고(戰略的思考)의 문화를 견지(堅持)토록 하여 사전 예방(豫防)이 가장 값싼 것이고, 훈련(訓練)이 갑자기 닥치는 사고에서 자신의 생명과 나라를 구할 수 있다는 신념(信念)을 갖도록 해야 한다.

(4) 현장 대응력 강화

① 재난대응군 창설

재난 발생 시 재난관리가 적절하지 못할 경우 국가적 위기로 변전(變轉)된다. 이러한 사태를 방지하기 위한 방안 중 하나로 재난대응군(災難對應軍)을 창설하여 운영하는 것이 바람직하다. 현재 우리나라의

---

33) 국가안전보장회의 사무처에서 관장하는 것이 현실적이다. 3공화국에서는 국가안전보장회의 산하 기구가 직접 실시하였다.

재난관리 핵심 기관(核心機關)은 실제 현장에서 활동하는 소방청(消防廳)과 그 예하 기관이다. 소방의 업무체계(業務體系)는 지방 분권적 방식으로 조직·운영되고 있어서 국가적 차원의 신속한 위기 대응에는 미흡하다. 특히 소방은 화재 대응 위주로 교육훈련이 되어 있어 화재 이외의 대규모 재난에는 대응에 한계(限界)가 있다.[34] 이러한 문제점을 재난대응군(災難對應軍)이 해결할 수 있다. 물론 현재도 대규모 재난 발생 시 군이 참여하지만, 그것은 어디까지나 대민지원(對民支援) 차원의 선의적(善意的) 활동이다. 따라서 지원(支援)의 법적 강제성도 없고 그에 따라 재난관리에서 군이 주도적 역할을 할 수가 없다. 따라서 재난관리 지원 과정(支援過程)에서 발생하는 사고(事故)나 기타 갈등(葛藤)을 해결할 법률적 규정이 없다. 만약 군이 재난 현장에 출동(出動)할 법적 근거가 마련된다면 매우 효율적일 것이다. 군은 특성상(特性上) 극한적(極限的) 상황에서의 임무 수행 능력이 탁월(卓越)할 뿐만 아니라 즉응성(卽應性)과 자체 생존 역량 차원에서 어떤 조직이나 기관보다 월등(越等)하다. 2008년 중국 쓰촨성 지진 발생 시 소방방재청 해외구조(海外救助)팀이 출동했으나, 자체 생존을 위한 보급 문제 때문에 구조 활동에 참여하지 못하고 인근 학교에서 며칠간 대기하다가 귀국한 경우가 있다. 만약 자체 군수 보급 기능을 완비하고 있는 재난대응군이 출동하였다면 소정(所定)의 임무를 충분히 완수하였을 것이다.

현재 재난대응군을 운영하고 있는 대표적인 나라는 프랑스, 독일, 영국인데 그중에서 프랑스가 역사도 오래되고 가장 모범적(模範的)으로

---

34) 구미 불산 누출사고 시(2012. 9. 27.) 소방의 부적절한 대응으로 피해를 확산하였다.

운영하고 있다.[35] 프랑스 재난대응군은 1968년 드골 대통령이 국가 방어 및 시민 안전 차원에서 군 출신의 안전상비군(安全常備軍)으로 창설하였다. 20년이 지난 1988년에는 3개 대대로 발전하였으며 상비군으로 재조직(再組織)되고, 육군 출신의 장군이 상비군 총대장으로 보직되어 내무부 시민안전총국(市民安全總局)의 부국장(副局長) 지위를 맡고 있다. 1990년에는 육군참모부가 대응군의 조직에 대해서도 내무부와 국방부가 맡도록 이관(移管)하였으며 2009년에는 직업적 경력 관리(經歷管理)는 국방부가, 총괄 지휘 및 명령, 훈련 등은 내무부가 지휘권을 갖도록 하고 있다. 우리나라가 재난대응군을 창설한다면 프랑스 재난대응군을 벤치마킹할 만하다. 규모 면(規模面)에서도 1,500명 정도로 적절하고 교육훈련과 조직 관리 면에서 오랜 경험을 가지고 발전시켜 왔기 때문이다.

우리나라의 재난대응군 창설은 몇 가지 법률만 제정(制定)하면 가능하다. 우리에게는 재난과 같은 극한 상황에서 임무를 훌륭하게 수행할 수 있는 특수전부대(特殊戰部隊)가 있다. 아는 바와 같이 특수전부대는 땅과 하늘과 바다에서 주어진 임무를 완벽(完璧)하게 수행할 수 있도록 고도(高度)로 훈련된 정예 자원(精銳資源)이다. 이들에게 재난과 재난관리에 대한 교육만 시키고 법적 관계만 규정(規定)하면 당장이라도 재난대응군으로서 활동이 가능하다. 만약 재난대응군이 창설되어 활동한다면 국민의 대군 신뢰도(對軍信賴度)가 현격(懸隔)하게 상승(上昇)하여 국방 및 군사 업무 수행(遂行)에서 국민의 전폭적(全幅的) 지지(支持)를 받을 가능성이 높아진다. 또한 재난대응군에 복무(服務)한 경험자는 전역 후(轉役後) 소방이나 재난 관련 기관에 취업(就業)이 용이할 것이고, 동시에 국민들의 재난

---

35) 부록 3. 프랑스 재난대응군 참조.

에 관한 안전의식(安全意識) 제고(提高)에도 크게 기여할 것이다. 특히, 포괄안보시대에 재난대응군은 그 역할의 정당성(正當性)을 부여받을 수 있다. 동시에 재난대응군이 국제 구조(國際救助) 활동을 전개할 경우 동북아의 지정학적(地政學的) 상황을 고려할 때 한·중·일 동북아 3국 간의 협력의 견인차(牽引車) 역할을 할 수 있을 것이다. 지금 현재의 동북아(東北亞)의 지정학적 차원에서 군 간(軍間) 교류협력(交流協力)은 립 서비스(lip-service) 차원을 제외하고는 어렵다. 이러한 상황에서 한·중·일이 각각 재난대응군을 창설(創設)하여 재난 발생 시 상호 국제 구조 활동을 전개한다면 상호 간 이해(理解)와 협력(協力)의 장(場)을 넓힐 수 있을 것이다. 재난대응군은 비록 군인의 신분(身分)이지만 상대를 해(害)할 수 있는 총기(銃器)를 휴대(携帶)하지 않고 구조장비(救助裝備)를 손에 들고 달려가는 것이므로 상호신뢰(相互信賴)의 초석(礎石)을 놓을 수 있다. 이렇게 국제 구조 활동을 통해서 쌓인 신뢰는 외교관계를 거쳐 국방 및 군사 업무까지 협력을 발전시킬 수 있을 것이다. 따라서 조속(早速)한 시간 내에 재난대응군을 창설, 운영하는 것이 바람직하다.

② 국가 동원 업무 체계 발전

1.21 사태(事態)를 계기(契機)로 정부는 국가안전보장회의 소속 국가비상기획위원회를 설치하여 북한의 대남도발(對南挑發)에 적극 대응하기 위한 준비를 하였다.[36] 이러한 비상기획위원회는 동원(動員) 체제, 민방위(民防衛), 전시 법령(戰時法令) 등에 관한 조사(調査) 및 연구의 임무를 부

---

36) 행정안전부, "NSC 및 비상기획위원회 조직 및 기능 변천"(내부문서, 2009), "비상기획위원회 규정"(대통령령 제3818호, 1969. 3. 24.). 민방위개선위원회(1964), 국가동원체제 연구위원회(1966)가 비상기획위원회로 발전.

여받았으며, 비상기획위원장(非常企劃委員長)은 국가안전보장회의 상근위원(常勤委員) 중에서 임명하여 국가안전보장회의 사무국을 보강(補强)하는 조치를 통해 사실상 국가안전보장회의 산하(傘下) 조직으로서 기능했다. 특히, 주목(注目)할 만한 것은 비상기획위원회가 전시 대비(戰時對備) 각종 연습 및 국가 종합상황실을 운영하였다는 것이다. 비상기획위원회는 3부 25명으로 구성되었는데 1부는 전시 대비(戰時對備) 정부 기능 조정 및 민방위(民防衛)와 전시에 적용할 법령 정비를, 2부는 국가 자원 동원에 관련되는 기획·통제 및 조정 업무를, 그리고 3부는 전시 대비(戰時對備) 각종 연습 및 국가 종합상황실 운영 및 관리 업무를 담당토록 하였다.

이어서 1973년에는 국가보위(國家保衛)에 관한 특별조치법(特別措置法)을 근거로 자원 운영(資源運營) 등에 관한 대통령령(大統領令)을 제정하여 동원 관련 법적 근거를 마련하였고, 1974년 8월 충무계획 기본지침(忠武計劃基本指針)을 대통령훈령(제38호)으로 작성하였다.[37] 이는 국가위기 시 국가의 자원을 효과적으로 운영할 수 있는 제도적 장치를 마련한 것으로서 한미연합작전 체제하에서 한국이 독자적으로 관리할 수 있는 나름의 국가위기관리에 대한 준비로 평가된다. 1979년에는 국가안전보장회의 사무국(事務局)을 축소(縮小)하는 대신에 비상기획위원회(非常企劃委員會)를 확대(擴大)하였다. 비상기획위원회는 비상기획실, 동원기획실, 연습기획실로 확대하여 종전(從前)의 3부, 48명에서 3실, 64명으로 증편(增編)하였다. 비상기획실(非常企劃室)은 비상대비계획 수립·조정, 전시 법령 조정, 정부 기능 유지, 계엄, 전시 이동 및 주민 통제, 민방공 및 방호 등의

---

37) 행정안전부(2009). 충무계획 기본지침은 1983. 10. 7. 비상대비업무 지침(제43호), 1986. 1. 비상대비업무 종합지침(제43호)으로 명칭이 변경되었고 1999. 12. 국가전시지도 지침(제83호)에 통합되었다.

업무를, 동원기획실(動員企劃室)은 동원계획 수립, 중앙동원위원회 운영, 각종 동원 등의 업무를 관장케 하고 연습기획실(練習企劃室)은 연습의 계획 · 평가 · 사후 처리, 전시 대비 교육, 확인 · 평가 등의 업무를 수행토록 하였다. 비상기획위원장은 국가안전보장회의 상근위원[38] 중에서 임명케 함으로써 통합적 구조를 강화하는 동시에 양 기관 상호 간에 협력적 구조를 구축하였다. 또한 대통령 중심제에서 청와대에 설치된 국가안전보장회의 사무처와 비상기획위원회는 행정 각부 통제력이 지대(至大)하여 부처 간 협력이 아주 원활(圓滑)하였다. 특히 비상기획위원회로 하여금 전시 지휘를 위한 훈련(을지연습)을 계획하고 통제케 하여 위기관리 시스템의 영속성을 보장하였다.[39]

　　1979년 10.26 사태(事態)로 5공화국이 시작되고 국가안전보장회의 사무국을 행정실(1실, 67명)로 개편(改編)하여 국가안전보장회의 의사 업무(議事業務)만을 수행하게 하였다. 이때까지만 해도 행정실장을 비상기획위원장이 지휘하게 하여 국가위기관리 전반에 대하여 강력한 통제력을 가졌다고 평가된다. 1984년 '국가보위에 관한 특별조치법' 폐지에 따른 대체 입법(代替立法)으로 '비상대비자원관리법'을 제정하면서 비상기획위원회를 국가안전보장회의 소속에서 국무총리 소속 기관으로 변경하였다.[40] 대통령 중심제에서 소속 기관이 청와대에서 국무총리실로 변경되었다는 사실은 한국의 정치문화(政治文化)의 속성상(屬性上) 국가위기관리에 대한 강력한 리더십 발휘가 크게 제한(制限)받게 되는 계기(契機)가 된다. 특히 국가안전보장회의 내에 국가위기관리 관련 상황실이 없

---

38)　실제 상근위원은 1명이므로 NSC와 비기위는 긴밀하게 연결되었다.

39)　박정희 대통령은 B-1 벙커에서 숙식하면서 훈련을 지도하였다.

40)　국가비상기획위원회, 『국가비상기획위원회 약사』(서울: 국가비상기획위원회, 2007).

어졌고, 비상기획위원회는 사상 최대 규모의 조직으로서 종전의 3실, 78명에서 4실 107명으로 확대 개편되었다.[41] 행정실(行政室)은 국가안전보장회의 행정지원, 인사·예산·서무 업무 등을, 기획통제실(企劃統制室)은 비상대비 업무 담당자 추천, 교육 및 비상대비 훈련 등의 업무를, 동원기획실(動員企劃室)은 비상대비계획 수립·조정, 각종 동원 등의 업무를, 조사연구실(調査研究室)은 정책 연구, 국가안전보장회의 의안의 정리·배부 및 의사지원 업무 등을 수행하게 하였다. 위기관리 시스템의 중요한 축(軸)인 비상기획위원회가 외형적으로 확대 개편된 것은 바람직한 것처럼 보이나 국가안전보장회의 사무처가 부실(不實)해지고 비상기획위원회가 국무총리 산하 기관이 됨에 따라 통합적, 협력적, 영속적 국가위기관리 시스템을 유지하는 데는 한계를 노정하였다. 1998년 비상기획위원회를 축소(縮小)하고 국가안전보장회의 회의지원 기능을 사무처에 이관(移管)하면서 비상기획위원회 조직은 조사연구실을 폐지하고, 행정실과 기획운영실 및 자원동원실(4실, 107명 → 3실, 84명)로 축소되었다. 이로써 비상기획위원회는 국가위기관리에서 한발 물러나 오직 비상대비자원을 관리하는 업무만 전담(專擔)하게 되었다.[42]

2008년 이명박 정부는 전시동원 자원관리(戰時動員資源管理) 등 비상대비 업무의 효율화를 위해 관리 기관(管理機關)의 단순화, 자원의 실질적인 관리에 중점을 두고 개선하였다. 비상기획위원회를 폐지(廢止)하고 동 위원회가 수행하여 온 전시동원 자원의 관리와 비상대비 업무를 지방자치단체에 대한 행정 권한(行政權限)이 제도적으로 확보된 행정안전부

---

41) 행정안전부(2009).
42) 행정안전부(2009).

로 이관하여 통합 수행토록 하였다.[43] 그러나 행정안전부 재난안전실 예하 비상기획관실이 소수 인적 구성(人的構成)으로 편성됨에 따라 업무 수행에 다소 무리(無理)가 따랐다.[44] 또한, 국가비상기획 업무 수행 조직이 행정안전부 참모 조직(參謀組織)으로 편성되어, 지방자치단체 통제는 용이하나 수평적 구조인 각 부처의 통제는 쉽지 않았다. 또한, 행정안전부 장관의 업무 영역이 너무 광범위하여 비상대비 업무에 할애(割愛)할 시간이 물리적으로 부족한 관계로 국가비상대비 업무의 발전을 기대하기는 사실상 어려운 실정(實情)이었다.[45]

비상기획 업무는 2014년 4월 세월호 사고로 국민안전처가 총리실 산하 조직으로 편제(編制)됨에 따라 국민안전처로 이관(移管)되었다가, 문재인 정부가 국민안전처를 폐지하고 행정자치부를 행정안전부로 개편(改編)함에 따라 다시 행정안전부로 이관되었다. 이처럼 국가비상기획 업무는 국가위기관리의 관점보다는 정치적 판단에 의하여 그 변화가 극심(極甚)하였다. 전쟁 발발의 위기는 국가안보실을 정점(頂點)으로 관련 기관이 관리하겠지만, 국가 생존의 위기를 관리하는 전쟁(戰爭)을 대비한 국가비상기획 업무는 영속성(永續性)을 견지(堅持)하는 것이 요구된다. 이를 위하여 국가동원 업무가 이스라엘처럼 국방부에 편제(編制)되는 것이 바람직하겠지만 우리나라의 과거 불행했던 정치사(政治史) 때문에 국민들의 수용(受容)이 어려울 것이다. 따라서 동원 업무의 대부분이 지방

---

43) 법률 제10339호 "정부조직법" 제29조.

44) 비상기획위원회 86명이 행안부 재난안전실 비상대비기획관실 39명으로 축소.

45) 구 행정자치부 기능에 정보통신부 정부 관련 업무와 비상기획위원회가 통합되어 실질적으로 5개 부처의 기능이 통합된 상황이다. 행정안전부 장관은 물리적으로 소관 업무를 상세하게 파악하기도 어려운 실정이다. 따라서 항상 긴장하여 대기해야 하는 전·평시 위기관리 업무를 책임져야 하는 장관으로서는 너무 과중한 업무로 판단된다.

자치단체가 집행하는 업무인바, 지방자치단체에 대한 통제 권한(統制權限)이 있는 과거 내무부 기능을 가진 행정안전부에 편제(編制)되어 업무를 지속적으로 발전시키는 것이 온당(穩當)하다고 본다.

부록

1.
위기관리 사례 분석

1) 국가위기관리

(1) 쿠바 미사일 위기

① 사건 개요

1962년 10월 22일부터 11월 2일까지 12일 동안 소련의 중거리 핵미사일을 쿠바에 배치하려는 시도를 둘러싸고 미국과 소련이 핵전쟁까지 갈 뻔했던 국제적 위기

② 위기관리 조치 경과

① 미국은 1962년 10월 14일 중거리 탄도미사일의 발사대가 쿠바에 건설 중임을 공중 촬영으로 확인

② 22일 미국 대통령 J. F. 케네디는 텔레비전 전국 방영을 통하여 처음으로 "소련은 서반구에 대하여 핵공격을 가할 수 있는 기지

를 쿠바에 건설 중"이라고 공표

③ 이어서 케네디는 쿠바에 대하여 해상봉쇄조치를 취하고 소련의 흐루쇼프 서기장에게 UN 합의 감시하에 공격용 무기를 철거할 것을 요구

④ 소련은 26일 미국이 쿠바를 침공하지 않는다는 것을 약속한다면 미사일을 철거하겠다는 뜻을 미국에 전달하고 27일 쿠바의 소련 미사일기지와 터키의 미국 미사일기지의 상호 철수를 제안

⑤ 이에 대하여 미국은 27일의 제안을 무시하고, 26일의 제안을 수락할 것을 요구

⑥ 28일 흐루쇼프는 미사일의 철거를 명령하고 쿠바로 향하던 소련 선박의 방향을 소련으로 돌림으로써 11월 2일 위기 종결

3 위기관리 결과

① 소련이 쿠바로부터의 폭격기 철거에 동의한 11월 2일 미국은 해상봉쇄를 풀었으며, 12월 7일 소련은 공격용 무기를 쿠바로부터 철거하였음을 미국에 통고

② 이 사건을 계기로 1963년 미·소 간에 핫라인(hotline, 긴급통신연락선)이 개설되었고, 핵전쟁 회피라는 공통의 과제하에서 '부분적 핵실험금지조약(모스크바조약)'이 체결

4 위기관리에 대한 분석 및 평가

쿠바 미사일 위기는 전통적 위기의 전형으로 국가 간 전쟁 발발의 위기다. 케네디 대통령은 소련이 핵공격 미사일 기지를 쿠바에 건설하는 것은 미국의 핵심적 가치인 미국의 생존에 심대한 위협이라고 정의

한바, 이는 전략의 기획적 측면에서 상황을 판단한 결과로서 매우 적절하였다. 위기관리 전략 목표를 "소련의 핵과 미사일 쿠바 기지 반입 저지"로 설정하고 '쿠바 해상봉쇄'와 '협상을 통한 소련의 포기'를 대안으로 선정하여 흐루쇼프 소련 공산당 서기장과 밀고 당기는 긴장감 높은 협상을 전개하였다. 협상 과정에서 상대 흐루쇼프와 미국 국민들에게 전략의 기획성과 기만성을 탁월하게 구사하였다. 정확한 상황 판단, 참모들 건의의 적극적 수용과 동시에 군에 대한 철저한 문민 통제, 핵전쟁 방지를 위한 인내, 상대의 의도를 읽는 능력, 미국은 물론이고 전 세계 자유진영의 지도자로서의 면목을 유감없이 보여 주었다. 그 결과 케네디는 역사에 길이 남는 리더로 자리매김하였다.

⑤ 도출된 교훈

1962년 10월 22일부터 11월 2일의 11일간 구소련의 핵탄도미사일을 쿠바에 배치하려는 음모를 둘러싸고 미국이 소련 정부를 상대로 강력한 기본봉쇄방침을 변경하지 않고 일관성 있게 추구하여 소련의 시도를 좌절시킨 매우 값진 위기관리의 전형을 보여 주었다. 위기관리에서 전략적 판단을 바탕으로 용기와 인내가 위기를 해소할 수 있음을 현시하였으며, 리더의 역량이 위기관리의 성패를 좌우함을 알 수 있다.

(2) 8.18 도끼 만행 사건

① 사건 개요

북한군 경비병 30여 명이 1976년 8월 18일 오전 10시 45분 판문점 공동경비구역 내 사천교(일명 '돌아오지 않는 다리') 근방에서 미루나무 가지치

기 작업을 하던 UN사 경비병(미군 장병) 2명을 도끼 및 흉기로 타격 살해한 군사도발사건

② 위기관리 조치 경과

① 사건 발생 직후 일본에서 휴가를 즐기던 UN군 사령관인 스틸웰(Richard G. Stilwell) 대장은 급거 귀대하여 대책회의를 주재

② 군사정전위원회에서 북한 측에 제시할 항의문과 UN군사령관이 김일성에게 보내는 서한 작성

③ 미루나무 제거를 위한 준비 지시 및 상세한 상황을 미 백악관에 보고

④ 19일 미국은 북한군의 행위를 비난하며 이 사건 이후 벌어지는 어떠한 사태에 대해서도 북한이 책임져야 할 것이라고 성명을 발표하고, 즉시 박정희 대통령을 찾아 이 사건에 대한 박정희 대통령의 입장 표명 청취

⑤ 박정희 대통령은 스틸웰 장군에게 UN군 장교 두 명의 사망에 대한 유감을 표했고, 한국군도 부상을 당했음을 강조하며 한국군 특전사의 작전[1] 참여를 요구. 스틸웰 장군은 박정희 대통령의

---

1) 도끼 만행 사건 보고를 받은 박정희 대통령은 크게 분노하였다. 박 대통령은 미군이 곧바로 응징하지 않고 "북괴가 다시 도발할 경우"라는 전제를 내세우자 불만을 갖고 노재현 합참의 장과 유재흥 합참작전본부장에게 비밀리에 보복작전을 명령하였고, 그들은 제1공수특전여단장 박희도 준장에게 명령을 하달하였다. 이에 박희도 준장은 김종헌 소령을 대장으로 한 64인의 특수부대(task force)를 결성하여 1사단 수색대와 함께 사천교 입구에서 경계근무를 담당하였다. 카투사병으로 위장하고 북한군을 자극하여 도발을 유도하는 것이었다. 그들의 임무는 "Ⓐ 북괴군 초소를 클레이모어로 폭파한다. Ⓑ 북괴군이 보이는 즉시 선제사격 사살하라. Ⓒ 북괴가 사격을 할 경우 미국의 다음 작전단계인 전쟁으로 이끌고 갈 수 있을 정도의 강경대응을 취하라."라는 것이었다. 박정희 대통령은 1공수특전여단장에게 50만 원의 거사자금을 주었고 1공수특전여단장은 64명의 대원(보복조)을 차출하여 그들의 유서와 손톱

단호한 의지를 수용

⑥ 스틸웰 장군은 백악관 국가안보회의(NSC)에 사건을 보고하고, "미루나무를 완전히 잘라 버리되 전쟁은 안 된다."라는 입장을 표명

⑦ 19일 경비장교 회의와 군사정전위 본회의를 동시 개최하는 것으로 합의했으나 결국 협상은 결렬

⑧ 백악관은 즉시 스틸웰 장군의 작전에 대한 검토 계획에 들어갔고, 스틸웰 장군은 데프콘 3(Defense Readiness Condition 3)를 발동[2]

⑨ 19일 주한미군의 전투태세 강화, 오키나와의 미군 전투기를 한국으로 재배치, 미 본토의 전폭기 한국으로 이동 등 군사조치를 단행[3]

⑩ 북한 역시 1일 17시를 기해 최고 사령관 김일성의 명의로 전 군대와 로농적위대, 붉은청년근위대 등 북한의 모든 정규군과 예비군 병력에 대해 전투태세에 돌입하도록 명령을 하달하는 등 북한 전역을 비상체제로 돌입게 하고, 평양방송을 통해 미국을 비난하는 등 선전공세를 강화

⑪ UN군 사령관 스틸웰 장군은 '폴 버니언(Paul Bunyan) 작전'[4]을 명령, 실시

을 받았다고 한다.

2) 한국전쟁 이후 최초로 발령한 데프콘 3. 작전 중에는 데프콘 2로 레벨 업.

3) 작전에는 함재기 65대, 미드웨이 항공모함전단, 순양함 5척 서해 대기, 핵무기 탑재가 가능한 F-111 전폭기 20대(대구비행장), 괌의 B-52 폭격기 3대, 군산비행장의 F-4 전투기 24대, 한국공군 F-5, 오키나와에 주둔 중인 미 해병대 1,800명도 포함하여 미군 12,000명을 증파 요청하였다. 그리고 미 육군 정예 병력으로 813명 규모의 태스크포스 비에라(Task Force Viera)를 편성하는 등 주한연합군 전력이 총동원 대기하였다.

4) 판문점 도끼 만행 사건으로 인해 전개된 미루나무 제거 작전.

③ 위기관리 결과

미루나무 절단 후 1978년 9월부터 판문점 JSA는 UN군과 북한군이 분할 경비토록 하였다. 한국 정부의 즉각적이고 강경한 대응과 보복조치는 북의 김일성 집단의 사과를 이끌어 내게 된바, 미루나무 제거 작전 종결 후, 불안감을 느낀 북한은 긴급수석회의를 요청하고 김일성의 유감 성명[5]을 전달했다. 그리고 북한군과 UN 군사령부는 판문점 군사정전위 446차 비서장 회의에서 판문점 공동경비를 군사분계선에 따라 분할 경비할 것에 합의하여 이에 따라 군사분계선 남쪽에 있던 북한 초소 4개가 철거되었고, 북한군이 사용하던 돌아오지 않는 다리는 지금까지 통행이 차단되고 있다. 한국전쟁 후 유일하게 남북한이 공존하던 판문점에는 회의장 건물 구역에 너비 50cm. 높이 5cm의 시멘트 포장 경계선이 만들어졌고 그 밖의 부분은 가로세로 10cm, 높이 1m의 시멘트 기둥이 10m 간격으로 세워져 다시 휴전선이 만들어졌다.

④ 위기관리에 대한 분석 및 평가

박정희 대통령이 북한의 도끼 만행 사건을 대한민국의 국가 위신을 추락시킨 중대한 사건으로서 국가 핵심 가치인 주권을 심각하게 훼손시킨 사건으로 규정하고, '재발 방지 및 국가 위신 제고'를 위기관리 전략 목표로 설정한 것은 전략의 기획성이 발휘된 것이다. 목표 구현을 위한 전략의 개념은 위기의 원인이었던 미루나무를 제거하기로 하고 '폴버니언(Paul Bunyan) 작전'을 한미 합동으로 긴밀하게 협력하여 성공적으로 완수하였다. 박정희 대통령이 미국의 소극적 태도에 불만을 가지고

---

5) 북한의 유감 성명은 한국전쟁 이후 처음 있는 일이었다.

적극적인 대응 및 보복태세를 취한 위기관리는 한국 역사상 전무후무하다. 박정희 대통령이 이번 기회(최강 미군 전력이 한반도에 있을 때)를 북한 공산당을 제거하고 대한민국을 통일시킬 수 있는 절호의 기회로 보고, 미국과 사전 조율도 없이 북의 도발을 유도해 내기 위해 공수부대(현재의 특전사)가 북한 초소를 파괴시키도록 비밀작전을 지시한 것은 전략의 기만성을 활용한 것으로 평가된다. 만일 이 사건에서도 미국의 평시 시각처럼 "전쟁은 안 된다"라든가, "다시 또 도발하면" 운운하는 미온적인 자세로 한국 정부 역시 대처했더라면 과거보다 더 큰 도발행위를 지속할 가능성이 컸다. 따라서 박정희 대통령이 전쟁 불사의 결심으로 즉각적인 대응전략을 전개한 것은 1962년 10월 쿠바 핵미사일 사건 당시 케네디 대통령의 위기관리에 버금가는 위기관리 전략으로 평가된다. 사태를 정확히 분석하여 위기를 정의하였으며 전쟁의 가능성과 미국의 우려에도 불구하고 용기를 가지고 과감하게 결단하여 작전을 시행한 것은 위기관리 리더십의 전형을 보여준 것으로 평가된다.

⑤ 도출된 교훈

도발에는 강한 응징만이 대안이다. 세계 전략적 차원의 강대국 입장에서는 전쟁 억제가 가장 중요한 가치이다. 비록 군사동맹관계이지만 자국의 힘이 약하면 제대로 국가이익을 지킬 수 없다. 결국 자신의 국력만이 적의 도발을 방지할 수 있으며 극한 상황에서 당황하지 않고 위기를 관리할 수 있는 리더십의 훈련이 필요하다.

(3) 거란 침입과 서희 장군

[1] 사건 개요

고려 성종 때 거란의 소손녕이 10만 대군을 이끌고 고려에 침입했을 때, 고려의 서희 장군은 싸움 대신 전략적 협상으로 오히려 강동 6주를 할양받고 거란군을 물러나게 했다.

[2] 위기관리 조치 경과

① 서희 장군은 소손녕에게 "우리 싸우지 말자, 송나라와 관계를 끊겠다."라고 제의
② 소손녕은 서희 장군의 제의를 기꺼이 수락
③ 서희 장군은 강경파 설득을 빌미로 "강동 6주를 할양해 달라."라고 2차 요구
④ 이에 소손녕은 2차 제의도 흔쾌히 수락

[3] 위기관리 결과

거란과의 전쟁 위기를 외교적 담판으로 해결하고 부가하여 강동 6주까지 할양받음

[4] 위기관리에 대한 분석 및 평가

서희 장군은 거란의 침공을 고려의 핵심적 가치인 생존의 위기로 정의하고 위기관리목표를 거란과의 전쟁 방지로 설정하였다. 전략 목표 구현을 위한 대안으로는 당시 동북아의 지·전략적 차원에서 분석·판단한 결과 협상을 통하여 거란의 고려 침공 목적과 명분을 제거하기로

하였다. 서희 장군은 소손녕에게 "거란이 송과 전쟁할 시 배후를 공격하지 않겠다."라고 약속하여 거란의 전쟁 목적을 충족시켜 주어 소손녕의 동의를 받았다. 또한 개경의 주전파 설득에 필요하다는 이유를 들어 강동 6주 할양을 요청하여 성공하였다. 이는 서희 장군이 당시 동북아 국제 정세에 대한 정확한 이해와 전략적 판단을 기반으로 소손녕과의 담판에서 담대한 리더십을 확연히 보여 준 모범적 사례이다.

⑤ 도출된 교훈

위기관리에서는 상황 판단이 중요하다. 서희 장군은 그 당시 동아시아 국제 정세를 전체적으로 정확히 읽고 통찰력으로 거란이 고려를 침공한 숨은 의도를 정확히 간파하여 이를 바탕으로 위기를 관리하였다. 이는 미래적이고 전체적인 맥락에서 전략적 상황을 정확히 파악하여 대안을 찾아내는 전략적 통찰력을 발휘한 결과다.

2) 기업위기관리

(1) 타이레놀 사건

①사건 개요

1982년 9월 29일 아침 미국 시카고 교외의 한 마을에서 목 통증과 콧물 등 감기 증세를 보이던 12세 소녀가 감기약을 먹고 갑자기 숨지고, 이어서 시카고 일대에서 며칠 사이 7명의 의문의 죽음이 발생하였다. 이들 모두가 숨지기 직전 감기약 타이레놀 캡슐을 복용했고 그 캡슐에는 치명적 독극물인 청산가리가 섞여 있었다는 사실이 밝혀지면서, 타이레놀 제조 업체 맥닐의 모기업이자 이 약품의 유통을 담당하는 존슨 앤드 존슨에는 비상이 걸렸다. 사건 보도 후 언론으로부터 2,500여 건 이상의 문의 전화가 폭주하였고 사건 발표 이튿날 뉴욕 증권시장에서 주가가 7포인트 하락하고, 37%에 달하던 시장 점유율이 사건 발생 1주일 만에 6.5%로 떨어졌다.

② 위기관리 조치 경과

① 기존의 매체 광고를 전면 중단하고, 언론을 통해 사건의 진상을 솔직히 알렸으며 범인 검거에 10만 달러의 현상금을 내걸었고 언론에 회사가 알고 있는 모든 정보를 공개함

② 전국의 병원과 약국에는 급전을 보내 타이레놀을 처방하거나 판매하지 말도록 당부하는 동시에 모든 약국에서 캡슐 제품을 전량 수거하고, 소비자들에게는 사건이 명백해질 때까지 제품을 복용하지 말도록 경고

③ 회장이 TV에 직접 출연하여 회사의 우려를 표명하고 회사가 취한 조치들을 설명하였으며 공장에서는 타이레놀 캡슐 제조를 중단

④ 언론과 소비자들로부터의 문의 전화에 대응하기 위해 직통 전화를 가설하여 두 달 동안 총 3만 건의 문의 전화를 처리하고, 경찰과 식품의약국(FDA) 등 관계 당국과 연락 채널을 구축해 긴밀히 협력하였으며, 지역 경찰은 담당 구역 구석구석을 돌면서 경찰차의 방송 시설을 이용해 타이레놀 캡슐을 복용하지 말 것을 시민들에게 알림

⑤ 유통 과정에서 이물질을 투입할 수 없도록 포장 방법을 개선하

여 세 가지 안전장치를 함

⑥ 사건의 전모를 알리고 협조를 당부하는 내용의 편지와 회사의 조치 내용을 소개하는 비디오테이프를 제작하여 종업원들에게 배포

⑦ 전국 의사들에게 자료 2백만 부를 우송하고, 보강된 판매팀과 회사 홍보 관계자가 의회 등을 방문

⑧ 제품의 재출시와 함께 새로운 포장 방법을 알리는 대대적인 광고를 개시하고, 주요 도시에서 타이레놀의 컴백을 알리는 기자 회견 실시

⑨ 존슨 앤드 존슨은 독극물에 오염된 타이레놀은 더는 없을 것으로 확신했으면서도 10월 5일 이미 전국에 팔려 나간 캡슐형 타이레놀 3,100만 병을 모두 수거하고 소비자들에게는 위험성이 없는 알약 제품으로 교환해 줄 것이라고 발표

③ 위기관리 결과

① 수사를 통해 타이레놀 제품의 제조 과정과는 아무런 관련이 없으며 소매상 유통 과정에서 발생한 범죄라는 것이 밝혀짐

② 거의 1억 불에 달하는 비용을 들인 대응을 통해 1983년 초 예전의 시장 점유율을 거의 회복

③ 소비자들에게 책임감 있는 회사로서의 이미지를 확고하게 심음

④ 위기관리에 대한 분석 및 평가

타이레놀에 독극물이 들어 있다는 사실을 존슨 앤드 존슨사의 핵심적 가치인 생존과 번영에 치명적 손해를 끼치는 위기로 인식하고 동사의

위기로 정의하였다. 이렇게 위기를 정확하게 정의함으로써 올바른 위기 관리 목표를 설정할 수 있었고 목표를 달성하기 위하여 신속하게 대안을 설정하여 차질 없이 수행하였다. 그 결과 존슨 앤드 존슨사는 '최단 기간 내에 회사의 신뢰성을 회복'하였다. 기업 역사상 유례없이 신속하고 단호하고 솔직하게 대처하여 실추된 회사의 신뢰를 회복하고 2개월여 만에 시장에 복귀하였으며, 40%에 가까웠던 시장 점유율을 곧 회복한 것은 리더의 위기 시 대처능력이 특출한 것으로 평가된다. 당장의 이익에 집착하거나 자기 보호 본능에 사로잡히지 않고 전략의 기획성이 적용된 필사즉생의 전략으로 위기를 해결한 전략적 리더로 평가된다.

⑤ 도출된 교훈

기업의 중요한 가치는 신뢰이다. 신뢰를 회복하면 시장 점유율은 자동적으로 따라온다는 사실을 실증적으로 보여 준 사례다. 당장의 현실적 가치에 집착하지 않고 전략적으로 판단하는 것이 위기 대처에서 가장 현명한 방법임을 증명하였다.

(2) 도요타 사태

① 사건 개요

2009년 8월 도요타가 제조한 렉서스 ES 350에 탑승한 일가족이 고속도로 상에서 의도하지 않은 급가속으로 인해 다른 차량을 추돌하고 가드레일과 부딪친 후 전복되어 일가족 전원이 사망하는 사건이 발생하였는데, 도요타 측이 운전석 매트의 불량으로 인해 발생할 수 있는 사고라는 식으로 사건의 여파를 축소하여 진화를 하려 했다가 비난 여론이 비등하게 되자 결국 모든 관련 차종의 생산을 중단하고 2010년 1월 대규모 리콜을 단행하였으며, 리콜은 유럽, 아시아 등 전 세계로 확산되어 도요타 및 일본의 이미지를 추락시켰다.

2 위기관리 조치 경과

① 최초 도요타 측은 렉서스 폭주 사고 후 현지 언론에 문제가 불거지자, 그것은 바닥 매트가 페달에 끼어서 가속이 된 것이라고 주장하면서 모든 것을 고객 과실로 책임을 돌림

② 바닥 매트를 zip tie(플라스틱으로 된 매듭. 케이블 타이라고도 함)로 고정시키는 조치 후 원하는 고객은 매트도 교환해 줌

③ 도요타는 모든 것은 바닥 매트 때문이며 차체 결함은 없다고 주장하였고, 미국 도로교통안전국(NHTSA)도 이에 동의하였다고 주장(미국 도로교통안전국 측에서는 그 주장을 바로 부정)

④ 계속 의혹이 불거지며 문제가 확대되자, 2010년 1월, 도요타 측은 이번에는 페달이 문제였다고 주장하며, 가스식 페달을 교체해 주는 리콜을 결정

⑤ 도요타는 북미에 있는 가스식 페달 공급사 CTS Corp.의 제품이 불량이었다고 주장하며 리콜을 해 주고, 리콜 비용을 CTS Corp.에게 청구하기로 함(CTS Corp.는 이에 반발하며, 자사 페달은 어떤 결함 문제도 없다고 주장. 급가속 문제는 2003년부터 빈번하게 발생하였고 CTS Corp.는 2005년부터 도요타에 제품을 공급)

⑥ 2010년 1월, 도요타는 미국 정부의 압력에 의해 마지못해, 결함이 발생한 해당 모델의 판매를 중단하기로 결정

⑦ 2010년 2월 일본 정부는 일본과 해외에서 보고된 프리우스 브레

이크 결함에 대해서도 조사하도록 도요타에게 강제 지시를 내림

⑧ 뒤늦게 은폐가 발각된 도요타는 프리우스 문제가 전자 제동장치 설계와 소프트웨어 결함임을 인정했으며, 미국 시장에서 리콜 결정

⑨ 도요타 측은 여전히 차량 결함이 아니었다고 주장하며 ECU 조사 결과 브레이크를 밟은 기록이 없고 액셀러레이터만 밟았다고 주장

⑩ 2010년 4월 17일, 도요타 자동차가 미국 교통 당국이 '차량 결함 은폐'와 관련해 요구한 16,375,000달러의 과징금을 지불하기로 방침을 정했지만 여전히 은폐는 없었다고 주장

③ 위기관리 결과

도요타의 미온적 대응과 책임회피성 관리로 2010년 1월 기준 760만 대를 리콜하였으며 시장 점유율은 17%(2009)에서 13%(2011)로 하락하였다.

④ 위기관리에 대한 분석 및 평가

도요타는 원인 불명 급가속의 문제를 운전자 과실과 부품 공급 업체의 잘못으로 책임 전가하는 등 위기 인식에 실패하였다. 위기가 바르게 정의되지 않았으므로 위기관리 목표마저 불분명하여 위기는 제대로 관리되지 못하였다. 대부분의 위기관리는 책임 전가와 변명으로 일관하여 신뢰를 크게 상실하였다. 위기의 주 원인은 1990년도 중반 공격적 투자를 위한 해외 생산 거점 확대와 과도한 원가 절감으로 인한 품질경영이 뒷받침되지 못한 것이었다. 도요타가 1995년 전문 경영인 체제를 도

입하여 새로운 성장과 도약의 발판 마련을 위해 천문학적 투자를 한 결과로 생산 능력은 급속히 증가한 반면, 품질경영은 이를 따라잡지 못하여 발생한 문제이다. "전문 경영인은 숫자에 집착한다."라는 말과 같이 경영 실적에 집착한 결과, 위기를 적기에 관리하지 못한 것으로 평가된다. 도요타의 위기관리 리더십은 기획성과 기만성 어느 하나도 적용이 되지 않은 최악의 리더십으로 평가된다.

⑤ 도출된 교훈

당시 도요타는 '품질'이라는 가치 중심의 회사였는데 이를 '성과'와 '생산 대수'로 바꾸면서 문제가 생겼다. 도요타는 자기의 역량을 초과하는 성과에 대한 과도한 집착으로 위기를 유발하였다. 전문 경영인은 객관적 관리의 장점을 가진 반면에 자신의 능력을 보여 주기 위하여 성과에 집착하는 경향을 경계해야 한다. 사고 발생에 대하여 올바른 상황 판단으로 위기를 정확하게 정의하는 것이 가장 중요하다. 기업의 핵심적 가치는 고객의 신뢰이므로 위기관리자는 책임성을 바탕으로 필사즉생의 신념으로 모든 것은 '고객을 위한다'는 생각에서 관리하는 것이 최선이다. 그것이 위기를 가장 잘 관리하는 전략이다.

(3) GS 칼텍스 개인정보 유출 사건

① 사건 개요

2008년 7월 GS 칼텍스 협력사 직원 4명이 피해자 소송에 따른 가치를 고려해 영업용 PC를 통해 수차례 고객 정보를 빼돌려 엑셀 파일로 전환해 1,100만 건에 달하는 고객 정보가 담긴 CD를 보관하고 있었는데, 동년 9월 4일 KBS 기자가 동 정보를 확보하여 늦은 오후에 GS 칼텍스에 전달하였고, 다음 날 오전 6시 각 언론사를 통해 GS 칼텍스의 고객 정보가 유출되었다는 보도가 나갔다.

② 위기관리 조치 경과

① GS 칼텍스는 CD를 전달받자마자 즉각 1,100만 건의 개인정보를 자사의 DB와 대조하는 작업을 시작

② 이어서 24시간 운영하는 최고 경영진 중심의 대책반 수립

③ 9월 5일 오전 10시에 사이버테러 대응센터에 사건을 접수하고 즉시 언론사 보도 자료를 통해 사건 개요와 진행 사항 통보

④ 동일 오후 3시에 나완배 사장을 비롯한 관련 부서 임원진이 기자 회견을 열어 대조 작업 중간 상황 설명

⑤ 동일 오후 6시 대조 작업을 100% 마친 결과 CD에 담긴 정보가 GS 칼텍스의 고객 정보와 일치하는 것이 밝혀져 GS 칼텍스는 고객에게 머리 숙여 사과

⑥ 경찰의 수사발표가 있었던 7일 GS 칼텍스는 고객들이 홈페이지를 통해 정보 유출 여부를 확인할 수 있도록 조치

⑦ 온·오프라인 사과 광고 게재 등 기업의 사회적 책임 강조

⑧ 장기적으로 보안 USB 도입, DB 암호화, 내부 보안교육 등의 대응 방안 발표

③ 위기관리 결과

최고 경영진의 신속하고 적극적인 조치와 사과로 피해 확산을 조기에 차단하고 회사의 이미지 손상을 방지하였다. 나아가 관계자들로부터

신속한 대응에 대한 찬사를 받았으며 고객의 신뢰 상실을 방지하였다.

④ 위기관리에 대한 분석 및 평가

GS 칼텍스 나완배 사장은 개인정보 유출을 기업의 신뢰에 심각한 위기로 판단하고 회사의 총역량을 투입하여 최단기간 내에 문제를 해결하고자 하였다. 사실 확인 후 고객과 언론에 진정성을 가지고 발표하였으며 경찰의 사이버테러 대응 센터에 신고함으로써 이로 인한 파생적 위기를 미연에 방지하고자 하였다. 이러한 신속하고 신뢰성 있는 조치로 개인정보 유출이 악용되는 사태를 막고 신속한 대응으로 고객의 신뢰를 제고시켰다. 특히, 나완배 사장이 사태의 심각성을 인지하고 진실을 바탕으로 최단 시간 내에 개인정보 유출의 악화를 방지하려고 노력한 점은 위기 시 필사즉생의 전략으로 대응한 모범적 사례로 평가된다.

⑤ 도출된 교훈

위기는 그 관리 여하에 따라 전화위복의 계기를 만들 수 있다. 위기 사태를 초래하지 않는 것이 최선이지만 발생한 위기는 전략적 관점에서 상황을 파악하여 가장 빠르게 대처하는 것이 최선임을 보여 주었다. 또한 최고의 의사결정권자가 직접 전면에 나서야 위기관리가 성공할 수 있다는 사실을 보여 주었다.

(4) 구미 불산 유출 사건

① 사건 개요

2012년 9월 27일 15시 43분경 구미시 (주)휴브글로벌에서 불산 이

송 작업 중, 작업자의 실수로 8톤의 불산이 누출되어 직원 5명이 사망하고 소방관 등 30명이 중경상을 입었으며 추가적으로 주민 등 2,500여 명이 건강 이상 호소 및 2,750여 마리 가축 피해가 발생하였다. 이에 부가하여 135ha 이상 농작물 피해와 인근 산업단지 내 제조업체에서 94억 원 손실이 발생하였다.

② 위기관리 조치 경과

① 사고 접수 후 20분 만에 주민 대피 명령 하달
② 소방차가 출동하여 살수, 불산이 기체 상태로 더욱 멀리 확대되는 부작용 발생(소석회로 중화 작업을 실시해야 했음)
③ 사고 발생 하루 만에 구미시가 상황 해제 및 대피 주민 귀가 권유

③ 위기관리 결과

초기에 소방관들의 무지로 중화 작업 대신 물로 희석한 결과 불산이 바람을 타고 확산되어 피해가 증가하였다. 2012년 10월 8일 대통령령으로 사고 지역 인근이 특별재난지역으로 선포되었다.

④ 위기관리에 대한 분석 및 평가

불산 제독에 대한 지식 부재로 위기를 올바르게 정의하지 못하였다. 독극물의 신속한 제거로 피해를 최소화하여야 했으나 대응 방법에 대한 무지와 상황 파악 미흡으로 목표도 제대로 설정하지 못하여 대안 설정도 불가하였다. 따라서 위기관리 실행과 절차는 우왕좌왕하는 혼선으로 일관되었다. 단순 불산 유출 사고로 마무리될 수 있었던 것이 구미 지역 재난을 넘어 중앙정부의 위기로 발전하였다. 불산 누출에 대한 관

리 역량의 부재로 우왕좌왕한 리더십 역시 부재 상태였다.

⑤ 도출된 교훈

초기 대응 부실로 중앙정부의 국가재난 대응 시스템에 대한 국민의 신뢰성이 위기에 처하였다. 특수한 상황의 사고 및 재난관리에 대한 교육과 훈련이 절실하며 관계관들의 현장 대응 능력 향상을 위한 유기적 훈련이 지속되어야 한다.

(5) 두산전자 페놀 유출 사건

① 사건 개요

1991년 3월 14일 두산전자 구미 공장의 페놀 원액 저장탱크에서 생산 라인으로 연결된 파이프의 파손으로 페놀 원액이 낙동강으로 유출되는 사고가 발생하였다. 수돗물에서 악취가 난다는 대구 시민들의 신고를 받고 취수장 측은 원인을 규명하지 않은 채 페놀 소독에 사용해서는 안 되는 염소를 다량 투입해 사태를 악화시켰다. 페놀은 낙동강을 타고 계속 흘러 밀양과 함안, 칠서 유원지에서도 잇달아 검출되면서 부산, 마산을 포함한 영남 전역이 페놀 파동에 휩쓸리게 되었다.[6]

② 위기관리 조치 경과

① 두산전자 차원

•사고 발생 초기 두산전자 구미 공장 간부들은 사건 발생 사실을

---

6) 유재웅, 『한국사회의 위기사례와 커뮤니케이션 대응 방법』(서울: 커뮤니케이션북스, 2011), pp. 173-177.

은폐하려고 시도

- 자체 회의를 통해 비공개를 결정하고, 상부 보고 지연[7] 및 관계 당국에 미신고
- 사고 발생 사실이 외부에 의해 밝혀져 검찰 조사 및 언론의 집중 감시를 받는 상황에서 대(對)언론 정보를 통제하고 취재에 소극 적인 대응 태도 견지
- 문제 확대 후 그룹 차원에서 대언론·여론 대응 사태수습대책위 원회를 구성, 대응하고 3월 22일 두산전자 임직원 일동 명의로 일간신문에 사과 광고 게재(고의성이 없는 우발적 사고[8] 강조)

② 두산그룹 차원

- 두산그룹 박용곤 회장은 3월 21일 오후 대구시를 방문해 시장에 게 사과하고, 두산전자 구미 공장의 가동을 즉각 중지하겠다고 밝힘
- 3월 22일 대구, 영남 지역의 수질 오염으로 주민이 입은 피해를 전액 보상하고, 피해 지역의 수질 개선 사업을 위해 200억 원을 대구시에 기부하겠다고 밝힘
- 3월 24일 페놀 유출 사고의 책임을 물어 사장을 해임했으며, 2차 페놀 유출 사고 이후 결국 박용곤 회장이 사고에 대한 책임을 지

---

7) 페놀 원액 누출이 발견된 3월 16일, 생산관리 차장 등과 담당 직원들은 논의 끝에 보안 유지 를 위해 함구하기로 했으며, 당시 부재중이던 공장장에게 오후 4시경 사고 발생 소식이 전달 됐으나 이 회사 전무에게는 하루 반이 지난 3월 18일 보고되었다.

8) "대구 시민과 영남지역 주민 여러분들에게 깊이 사죄 말씀 올립니다"라는 제목으로, "이번 사건은 공장 외부에 설치된 페놀 원료 탱크로부터 공장 안으로 연결되는 원료 공급 파이프라 인 중 지하 매설 부분에서 뜻하지 않은 유출 사고 발생, 수용성이 강한 페놀이 낙동강으로 흘러들어 일어난 것"이라는 내용이었다.

고 4월 24일 전격 사임[9]

- 이후 신임 정수창 두산그룹 회장은 4월 24일 기자회견을 갖고 두산전자의 페놀 수지 공장을 보다 안전한 곳으로 옮기거나 다른 업체에 넘길 계획을 밝힘
- 두산그룹은 최종적으로 사고 수습 단계를 넘어서 적극적 대처로 사고를 전화위복의 계기로 삼는 전략을 채택

③ 위기관리 결과

① 사고 발생 초기 사실을 은폐하려 시도한 결과, 사고를 일으킨 두산전자를 넘어 두산그룹 전체가 기업윤리를 저버리고 이윤만 추구하는 부도덕한 기업으로 여론의 지탄을 받는 결과를 초래하였음

② 언론사의 자료 요청에 비협조적이었고 폐쇄적인 태도를 보임으로써 언론으로부터 강도 높은 비판을 받았음

③ 두산전자의 미온적이고 소극적인 대응에 소비자 단체와 상인들의 불매운동 전개[10]

④ 만시지탄이지만 사고를 계기로 환경 개선을 위해 연구소를 설립하고 환경방지 시설과 오염 물질 사전 예측 자동화 설비에도 많은 투자를 한 결과, 환경과 관련한 최고의 기업으로 평가받음[11]

---

9) 정부에서도 환경처 장관과 차관이 모두 인책 경질되었다.

10) 사고 전 두산그룹이 운영하는 동양맥주(OB 맥주 전신)와 크라운(하이트 맥주 전신)의 시장 점유율은 68대 32였는데, 페놀 사태 이후 불매운동으로 크라운맥주의 점유율이 급상승해 56대 44까지 추격하였다.

11) 김경해, 『위기를 극복하는 회사, 위기로 붕괴되는 기업』(경기 파주: 효형출판, 2001), p. 231.

④ 위기관리에 대한 분석 및 평가

두산전자는 페놀 유출이 회사에 어떠한 위기가 될지 정확하게 인식하지 못하고 은폐하려고 하였다. 따라서 위기관리 목표도 소극적 관리로 정해졌고 따라서 선택된 대안도 소극적이었다. 언론과 여론이 악화된 후, 그룹 차원의 적극적 대응으로 전화위복의 계기를 만들었다. 최초부터 적극적 대응을 했더라면 회사의 이미지 실추와 두산 제품의 불매운동 등은 미연에 방지할 수 있었을 것이다. 두산전자 차원의 위기관리는 최악이었지만 그룹 차원의 대응은 평가할 만했다.

⑤ 도출된 교훈

두산그룹은 사고 발생 당시 위기관리 시스템과 운영철학이 부재한 바, 사고 발생 직후 두산전자 내의 위기상황 보고 시간대와 후속조치 부재가 이를 말해 준다. 정확한 상황 판단하에 위기를 올바르게 정의하고 그에 대한 대책을 신속하게 시행했어야 했는데, 두산전자는 사고의 은폐에만 집중하여 올바른 위기관리에 실패하였다. 여론의 뭇매와 많은 회사 손실을 입은 후 그룹 차원에서 전략적 대응을 한 것은 만시지탄의 사례이다.

(6) 후지필름의 위기

① 사건 개요

IT 산업의 발달로 '필름의 시대'가 종말을 고하면서 필름 업체인 미국의 코닥과 독일의 아그파와 같이 필름 부문 이익이 회사 총이익의 70%에 달했던 일본의 후지필름 역시 생존의 위기에 처했다.

② 위기관리 조치 경과

① 고모리 사장은 대규모 구조조정을 통해 후지필름의 필름 분야를 과감히 제거

② 2004년부터 2006년까지 2년간 필름 관련 인원 5,000명을 감축

③ 2,000억 엔(약 1조 9,451억 원)에 달하는 필름 관련 설비와 유통망 등을 제거한 후 사업 다각화 개시

④ 고모리 사장은 '탈필름 구조조정'을 선포하면서도 "본업과 무관한 분야는 절대 진출하지 않는다."라는 원칙을 갖고 필름 기술과 부품을 다른 사업에 응용·활용할 수 있는 방법을 모색

⑤ LCD TV 시장에 후지필름의 축적된 필름 기술을 직접 활용할 가능성 판단, 2005년 1,500억 엔(약 1조 4,588억 원)을 투자(LCD TV에 꼭 필요한 편광판에 들어가는 'TAC(Triacetyl Cellulose) 필름'의 구조가 후지필름이 만들어오던 카메라용 필름과 크게 다르지 않았기 때문)

⑥ 2000년부터 약품 회사 도야마 화학공업과 초음파 진단장비 제조업체 소노사이트 등 40여 개 회사를 7,000억 엔에 인수·합병

⑦ 필름 개발 과정에서 20만 개 이상의 화학성분을 다뤄 본 경험을 활용해 최근 에볼라 치료제 '아비간' 등 혁신적인 의약품을 개발

③ 위기관리 결과

후지필름은 사진 필름을 코닥과 아그파 포토와 삼등분하던 당시보다 훨씬 큰 비중의 시장 점유율을 달성하였고 현재 삼성전자와 LG전자 등 LCD TV 시장의 1, 2위를 다투는 업체들의 TAC 필름 상당 부분을 후지필름이 공급하고 있다. 그리고 2014년 화장품과 의약품 부문에서만 4,000억 엔 규모의 매출을 달성하였고, 2020년에는 1조 엔의 매출액을

예상하고 있다. 과감한 구조조정과 사업 다각화를 통해 새로 개척한 의료 · 전자소재 · 화장품 분야는 매출의 40%를 차지하고 있다.

④ 위기관리에 대한 분석 및 평가

후지필름의 고모리 사장은 필름은 더 이상 캐시카우가 아님을 인정하고 필름 사업만으로는 생존의 위기라고 판단하였다. 이러한 위기 정의를 바탕으로 위기관리 전략 목표를 '탈(脫)필름 구조조정'으로 설정하여 필름 분야에서 과감한 구조조정을 단행하고 필름 기술을 활용하여 사업을 다각화하는 것을 대안으로 선정하였다. 주위의 반대에도 불구하고 소신을 가지고 채택된 대안을 밀고 나간 고모리 사장이 보여준 리더십은 환경 변화에 의한 필름 산업의 라이프사이클의 하강 곡선에서 발생하는 위기에서 보여 준 리더십의 전범으로 평가된다. 고모리 사장은 기업이 위기에 처했을 때 가장 중요한 것은 "결단을 내릴 수 있는 용기"라고 밝힌 바 있는데, 눈앞의 이익이 아닌 3-5년 후를 생각하고 새로운 분야의 리스크를 견뎌 내기 위한 결단력과 용기를 보인 것은 위기전략의 진수이다.

⑤ 도출된 교훈

갑작스러운 사고나 재난에 의한 위기가 아닌 환경 변화에 의한 라이프사이클의 하강 곡선에서 발생하는 위기에서 리더의 미래를 보는 혜안과 통찰력이 위기를 극복하는 관건이라는 교훈을 보여 주었다. 기업을 둘러싸고 있는 환경에 대한 변화를 정확하게 읽고 기업이 가진 장점을 발휘할 유리한 경쟁의 틀을 만든다면 위기는 전화위복의 계기가 될 수 있다는 교훈을 제시하였다.

3) 가정위기관리

(1) 힐러리 클린턴

① 사건 개요

1995-1997년 백악관 등에서 미국 대통령 빌 클린턴과 인턴 모니카 르윈스키가 벌여 온 성 추문이 폭로되어 빌 클린턴은 한때 탄핵의 위기에 직면하기도 했으며 힐러리 클린턴은 가족의 위기를 맞았다.

② 위기관리 조치 경과

① 클린턴은 부적절한 관계를 부인하고 르윈스키에게 거짓 증언을 요구
② 재판 과정에서 르윈스키가 사실을 말함
③ 위증으로 몰리자 사실을 인정
④ 힐러리가 "남편을 믿는다."라고 선언

③ 위기관리 결과

클린턴은 대통령직을 그대로 유지하고 힐러리는 향후 대통령의 꿈을 이어 갔다.

④ 위기관리에 대한 분석 및 평가

가정의 위기는 부부 간 신뢰의 위기이다. 클린턴의 성 스캔들 문제의 관건은 힐러리가 쥐고 있다. 힐러리는 백악관 인턴 르윈스키와 부적절한 관계에 처했을 때 단순히 자신은 "남편을 믿는다."라고 선언함으

로써 대통령직이 위협받을 만큼 심각한 사안을 개인적인 일로 처리했다.[12] 따라서 대통령 문제를 한 가족의 문제로 축소시키는 전략적 선택을 한 것이다. 힐러리는 국민이 알면서도 속게 만든 애교적 기만성을 발휘하였다. 이를 통해 이 사건이 자신의 꿈을 실현하는 장애물이 되지 않도록 관리하였다. 전략적 기획성과 기만성이 모두 적용된 아주 훌륭한 위기관리 전략으로 평가된다.

5 도출된 교훈

더 큰 꿈을 위한 위기관리는 더 멀리 더 크게 판을 키워서 보면 해결이 가능함을 보여 준다.

(2) 만델라

1 사건 개요

만델라는 족장의 아들로 출생[13]하여 포트 하레 대학에서 법학을 전공한 후, 변호사가 되어 인종차별 반대 활동을 전개하는 등 정치활동으로 마침내 노벨 평화상을 수상하고 대통령까지 되었다. 그러나 그의 결혼 생활은 순탄하지 못했다. 만델라는 '애벌린 마세'와 1944년 결혼하였으나 12년 만인 1957년에 자신의 정치활동을 둘러싸고 부인과 격렬히 싸우다가 이혼하였다. 첫 번째 부인과 이혼 후, 24세였던 '위니'와 1958년에 결혼하였다. 만델라는 거주지 명령 위반, 반란 선동 등의 죄목

---

12) 김진항, 『유리한 경쟁의 틀로 바꿔라』(서울: 박영사, 2011), pp. 77-88.

13) 1918. 7. 18. 출생

으로 1962년에 구속되어 복역하던 중에 내란음모죄로 판결되면서 종신형을 선고받았다. 부인은 만델라의 옥바라지를 묵묵히 수행함으로써 대중들로부터 존경을 받았으나 폭력조직을 이끌고 범죄를 저질렀다는 혐의가 제기되고 부정부패 논란까지 나오면서 '진실과 화해 위원회(TRC)'[14]의 진상 규명 활동에 지장을 초래하는 상황으로 발전함에 따라 1992년에 만델라가 석방되면서 별거하다가 1996년 이혼하였다.

② 위기관리 조치 경과

① 절제된 인터뷰로 여론 확산 차단

- 리처드 스텡글과의 인터뷰: 첫 번째 부인과의 이혼 배경에 대한 질문에 대해 이혼 같은 것에 관해 말하는 것을 불쾌하다고 말하고 부인의 사실 왜곡에 대해서도 불쌍한 여자에게 불리하게 하지 않겠다는 의사를 밝힘

- 아메드 카트라다와의 인터뷰: 부인의 폭력 언급 부분에 대해 간결하게 사실만 지적[15]하는 등 절제된 인터뷰로 논란 차단

② 별거 기간으로 여론 조정

- 27년간 헌신적으로 옥바라지한 두 번째 부인과 이혼 전 별거

- 별거 기간을 가짐으로써 부인에 대한 좋지 않은 소문이 확산되어 부인의 옥바라지가 퇴색되도록 유도하여 이혼의 당위성이 형성되기를 기다림

---

14) Truth and Reconciliation Commission : 남아프리카공화국에서 과거의 인권침해 사례를 조사하기 위해 만든 기구

15) 넬슨 만델라 저, 윤길순 역, 『나 자신과의 대화』(서울: 알에이치코리아, 2013), pp. 100-103.

③ 배려하는 모습으로 이미지 제고

- 두 번째 부인과의 이혼 선언에서 만델라는 "우리 힘으로 통제할 수 없는 상황들이 파경에 이르게 했다."라면서 "그녀에 대한 사랑은 변함이 없다."라는 심경을 밝힘
- 자신의 잘못보다는 주변의 시선에 의해 불가피하게 이혼을 선택하였다는 생각을 갖게 함
- 만델라는 겉으로는 부인을 배려하는 것처럼 하였지만, 부인의 잘못으로 이혼하게 되었다는 생각을 유도하여 자신의 이미지를 바꾸는 수단으로 활용함

③ 위기관리 결과

이혼을 선택함으로써 부인과는 남남이 되었지만 대중은 만델라를 신뢰하게 되었고, 만델라는 자신의 정치적 신념을 관철할 수 있는 계기를 만들었다.

④ 위기관리에 대한 분석 및 평가

부인의 성향이 자신과는 다름을 안 만델라는 가정생활 유지라는 소극적 위기관리를 거부하고 '이혼'이라는 적극적 위기관리를 선택하였다. 그 결과 만델라는 자신이 핵심적 가치로 여긴 정치적 신념을 관철하여 세계적인 인사로 성공할 수 있었다. 그는 가정이라는 공간에 머물지 않고 국가라는 큰 판에서 가정 문제를 봄으로써, 이혼 과정조차도 자신의 이미지 관리 기회로 활용하였다. 가정의 위기가 자신의 정치활동에 미치는 영향을 고려하여 부인 관련 대화에서 절제된 화법과 배려로 논란의 여지를 차단하고, 대중의 호응을 이끌어 내었다. 전략의 기획적 속성

중에서 기획성의 전체성과 기만성이 돋보이는 위기관리 전략이다.

⑤ 도출된 교훈

가정의 위기에 대한 관리는 부부 간 신뢰를 기반으로 하는데 그 신뢰가 무너진 상황에서 더 이상 피차 간의 잘잘못을 따지는 것은 도움이 되지 않는다는 사실을 보여 준다. 특히 정치적 야망과 비전을 가진 사람은 이혼 과정에서도 잡음이 나지 않도록 상대를 자극하지 않게 언사를 절제하고 배려하는 것이 훌륭한 위기관리 전략이라는 것을 웅변으로 보여 주었다.

4) 개인위기관리

(1) 모 배우 노인 폭행 사건

① 사건 개요

2008년 4월 21일 오후 1시쯤 이태원동 도로 상에서 모 영화배우가 음식점 주인인 유모 씨와 말다툼을 벌이다 주먹으로 수차례 폭행하고 자신의 차로 유 씨를 보닛에 매단 채 끌고 갔다는 사건이다. 시비의 발단은 주차단속 중인 견인차 때문에 길이 막히자 모 배우가 자신의 오픈지프에서 욕설을 퍼부었고 이를 지켜본 유 씨가 "왜 그렇게 욕을 하느냐"고 훈계했기 때문이라고 한다. 논란이 되는 몇 가지 부분은 흉기 사용 여부에 대해 피해자는 흉기를 휘둘렀다고 진술하고 모 씨는 그렇지 않다고 하는 점이나, 차에 매단 채 끌고 간 주행거리가 일부에서는 60m

라고 하고 피해자는 300~400m 라고 진술한 점 등이다. 모 씨는 단순폭행이라고 주장하고 피해자는 '살인미수'라고 맞서고 있는 상황에서 경찰 조사 결과 사건 당일 모 씨의 흉기 사용 여부에 대한 증거를 찾지 못한 가운데, 모 씨가 유 씨를 방문해 병문안과 사과를 했고 유 씨도 진심 어린 사과를 받아들여 용서한 내용으로 언론 보도를 종합하면 부분적으로 논란은 있지만 사실관계는 비교적 단순한 사건이다.

② 위기관리 조치 경과

① 모 씨는 뉴스가 터져 나간 24일 저녁 바로 기자회견 실시
② 기자회견장에서 그는 무릎을 꿇고 눈물을 흘리며 "차라리 죽는 게 더 편하다."라는 극단적인 멘트까지 하면서 국민을 향해 큰절을 함

③ 위기관리 결과

유 씨가 언론사와의 인터뷰에서 "청와대에 탄원을 해서라도 흉기 부분은 명명백백하게 밝히겠다. 정상적인 사람이었다면 기자들을 불러 모아서 무릎을 꿇는 것이 아니라 나한테 먼저 와서 무릎을 꿇어야 했다."라고 전했으나 결국 사과와 용서로 끝을 맺었다.

④ 위기관리에 대한 분석 및 평가

영화배우 모 씨가 '변명할수록 구차해 보인다.'는 공인의 특성을 잘 이해하고 신속하게 사과한 것은 현명한 대처다. 사건이 지나치게 과장되었음을 이미 알고 있으면서도 변명 전에 바로 사과부터 들어갔다. 공인에 대한 세인의 엄격한 잣대를 이해하고 필사즉생의 전략으로 사과를

한 것은 훌륭한 위기관리다. 그러나 사건 관련 당사자인 유 씨에게 먼저 사과를 하고 기자회견을 하는 것이 더 옳았다고 평가된다.

⑤ 도출된 교훈

공인의 사과는 아무리 빨라도 지나치지 않다. 뿐만 아니라 공인에 대한 여론의 평가 기준은 엄격하고 시기와 질투의 눈으로 보고 있다는 것이다. 공인은 강자의 위치에 있으므로 대중의 약자 응원 심리가 강하게 작용한다는 점을 알아야 한다.

(2) 타블로 학력 위조 사건

① 사건 개요

가수 타블로(본명 이선웅)는 2003년 '에픽하이'라는 3인조 힙합 그룹으로 데뷔하기 전 미국의 명문대학인 스탠퍼드 영문학과에 입학해 학·석사 동시 이수 프로그램(Co-terminal master's program in English)을 3년 6개월 만에 수석 졸업한 것으로 전해지면서 화제가 되었다. 2007년 9월 신정아 사건을 비롯한 유명 인사들의 학력 위조 논란이 대두되면서 2009년 타블로의 학력 위조 의혹이 제기되기 시작하였다. 누리꾼들의 의혹 제기에 최초 타블로는 소극적으로 대응하였으나, 본인 및 가족들에 대해서 악의적인 루머가 확산되자 누리꾼 1명을 고소하였다. 이에 타블로와 누리꾼 간에 진실 공방이 벌어졌다.

② 위기관리 조치 경과

① 논란이 확산되자 MBC는 〈타블로 학력논란〉이라는 2부작 프로

그램을 방영

② 서울국제학교와 스탠퍼드 대학교 측은 여러 차례 타블로의 스탠
퍼드 석사 졸업 사실을 밝힘

③ 스탠퍼드 입학 공인서와, 스탠퍼드 졸업사진, 졸업앨범, 재학 시
절 교수의 평가서를 공개(경찰에 의해 학·석사 졸업장과 여권도 공개하는 등 개
인정보의 많은 부분들을 공개함. 사건을 수사한 경찰은 타블로 측이 제출한 학력과 관련된
서류는 모두 진본임을 밝힘)

④ 타블로가 명예훼손 고소를 밝힘('타블로에게 진실을 요구합니다(타진요)'의
운영자는 자신 또한 맞고소하겠다고 응소함. 그리고 타진요 카페의 회원들은 오히려 타블
로의 캐나다 시민권 취득 의혹, 이중국적 의혹, 음악 표절 의혹을 제기했으며 더 나아가 고
의로 병역을 기피한 것이 아니냐는 주장을 펼치기도 함)[16]

③ 위기관리 결과

검찰이 타블로의 학력은 사실이라고 밝혔다. 법원도 타블로의 스탠
퍼드 대학교 졸업 사실을 인정하며 타진요 회원 2명에 대해 징역 10월
의 실형을 선고하면서 종결되었다.

④ 위기관리에 대한 분석 및 평가

타블로의 최초 소극적 대응으로 본인과 가족들의 신뢰와 이미지가
실추되었다.[17] 의혹 해소를 위해 제시된 증거들도 공인된 문서보다는 주
변 지인들에 의한 증거, 단편적인 내용만 제시함으로써 의혹을 더욱 확

---

16) 최효찬, 『하이퍼리얼 쇼크』(서울: 위즈덤하우스), pp. 283-292.

17) 하재근, "타블로사건과 언론보도", 『관훈저널』 117호(2010), pp. 42-43.

대시키는 결과를 초래하였다. 루머는 일반인 입장에서 사실 정보와 구별해 내기가 쉽지 않으므로 의혹 발생 초기에 공인된 증거를 신속하게 제시하여 의혹이 확산되지 않도록 대응하는 것이 필요했지만, 타블로는 네티즌들의 의혹에 대한 소극적인 해명으로 초기 대응이 미흡했다. 그 결과 개인의 신뢰 추락이라는 위기상황에서 정확한 상황 판단과 위기관리 목표 설정이 미흡하였다. 연예인이라는 직업의 특성상 이미지 전략과 대중들과의 소통, 언론과의 유대관계 형성 등을 통해 루머나 스캔들이 발생할 경우 이를 신속하게 해결할 수 있는 위기관리 전략과 리더십이 필요했는데, 타블로는 공인이라는 성격과 언론의 성향을 인식하지 못했기 때문에 루머에 대한 대응이 미흡했다고 평가할 수 있다. 타블로는 자신에 대한 학력위조 논란에 대해 상황 판단 부실, 위기 정의 실패, 위기관리 목표 미설정 등 사태의 심각성을 파악하지 못하였으며 이에 따라 위기관리를 위한 대안 자체도 설정하지 못하고 그냥 방치함으로써 위기관리에 대한 리더십은 거의 발휘하지 못하였다.

5 도출된 교훈

위기관리 과정에서 적극적인 반박과 공인된 증명 자료를 통해서 일반 누리꾼들의 의혹을 해소하고 악플러에 대해서는 강력한 법적 대응을 통해서 루머 확산을 차단하는 조치가 필요했지만 학력 의혹 증명과 악플러의 처벌까지 2년 이상의 시간이 소요됐고 개인의 신뢰 추락, 개인정보 노출, 활동 중단, 가족들의 피해 등 많은 피해가 발생했다. 위기상황에 대한 정확한 파악을 통해 위기를 가장 빠른 시간 내에 해소하는 적극적 행동이 필요하다. 진실은 언젠가 밝혀질 것이라는 믿음으로 소극적으로 대응할 경우에는 회복할 수 없는 개인적 손실이 발생한다는 사실을 보여 준다.

5) 현장위기관리

(1) 버큰헤드 호 사건

① 사건 개요

1952년 군 수송선 엠파이어 윈드러시 호가 알제리 인근 바다에서 항해하던 중, 이 배의 보일러실이 폭발했다. 그때 배에는 군인과 가족 1,515명이 타고 있었다. 구명정은 턱없이 모자랐다. 그러나 승선원 전원이 구조된 상황에서 배는 침몰하였다.

② 위기관리 조치 경과

① 함장 스콧 대령이 승선 인원들의 동요를 막기 위해 전략의 기만성을 발휘하여 마이크를 잡고 "지금부터 버큰헤드[18] 훈련을 하

---

18) 1852년 2월 남아프리카공화국 케이프타운 근처 바다에서 영국 해군 수송선 버큰헤드 호가 암초에 부딪혀 가라앉기 시작했다. 승객은 영국 73보병연대 소속 군인 472명과 가족 162명이었다. 구명보트는 3대뿐으로 180명만 탈 수 있었다. 탑승자들이 서로 먼저 보트를 타겠다고 몰려들자 누군가 북을 울렸다. 버큰헤드 호 승조원인 해군과 승객인 육군 병사들이 갑판에 모였다. 함장 세튼 대령이 외쳤다. "그동안 우리를 위해 희생해 온 가족들을 우리가 지킬 때다. 어린이와 여자부터 탈출시켜라." 아이와 여성들이 군인들의 도움을 받아 구명보트로 옮겨 탔다. 마지막 세 번째 보트에서 누군가 소리쳤다. "아직 자리가 남아 있으니 군인들도 타세요." 한 장교가 나섰다. "우리가 저 보트로 몰려가면 큰 혼란이 일어나고 배가 뒤집힐 수도 있다." 함장을 비롯한 군인 470여 명은 구명보트를 향해 거수경례를 하며 배와 함께 가라앉았다. 1859년 작가 새뮤얼 스마일스가 책을 써 이 사연을 세상에 알렸다. 이때부터 영국 사람들은 큰 재난을 당하면 누가 먼저랄 것 없이 "버큰헤드를 기억합시다."라고 말하기 시작했다. 위기 때 약자(弱者)를 먼저 배려하는 '버큰헤드 정신'이 영국 국민의 전통으로 자리 잡았다.

겠습니다. 모두 갑판 위에 그대로 서 계시고 구명보트 지정을 받으면 움직이십시오."라고 명령함

② 곧바로 선장과 선원들이 여성과 아이, 환자들을 구명정에 태움

③ 남은 선원과 군인 300명에게 스콧 대령은 "이제 모두 바다에 뛰어내리라"고 지시함

④ 부하들이 모두 떠난 것을 확인한 뒤 함장이 마지막으로 물로 뛰어듦. 다행히 이들은 다른 화물선에 의해 모두 구조됨

3 위기관리 결과

탑승 인원 모두 무사히 구조됨

4 위기관리에 대한 분석 및 평가

승선 인원의 생명이 위기에 처한 상황을 인식하고 전원을 구하기 위하여 노력하였다. 부족한 구명보트를 감안하고 혼란이 일어날 것에 대비하여 버큰헤드 훈련으로 가장하여 명령하고, 약자부터 구명보트에 태운 뒤 선원을 바다에 뛰어내리도록 명령하고 승선 인원까지 확인한 뒤 최후에 침몰선을 이탈함으로써 탑승 인원 전부를 무사히 구조하였다. 스콧 대령의 행동은 완벽한 전략적 행동이었다. 이렇게 침착한 행동을 할 수 있었던 것은 전문가적 직관이 발동한 경우이며 노련한 선장에게만 가능한 행동이다. 스콧 대령은 전략이 몸에 밴 인물로서 최상의 위기관리 리더로 평가된다.

5 도출된 교훈

버큰헤드 호 선장과 같은 영웅의 미담이 전해져 오는 문화를 만들

어야 한다. 동시에 인명을 책임지는 리더는 책임감과 전략적 사고로 훈련이 되어 있어야 한다.

(2) 보스턴 마라톤 폭탄 테러

① 사건 개요

2013년 4월 15일 미국 매사추세츠 주(州) 보스턴 시(市) 코플리 광장에서는 세계 4대 마라톤 대회 중 하나인 보스턴 마라톤이 열리고 있었다. 결승선에서는 수많은 시민이 선수들을 격려하며 축제 분위기를 돋우고 있던 2시 4분, 시민들이 밀집해 있는 보도에서 "꽝"하는 첫 폭발음이 울렸고, 12초 후에는 170m 떨어진 지점에서 또 다른 폭탄이 터졌다. 미국과 이슬람 간의 전쟁에 반대하는 체첸 공화국에서 온 이민 가정 출신 차르나예프 형제[19]가 놔두고 간 압력솥 안에 쇠구슬 등을 넣어 만든 급조 폭발물(IED)이 터져 3명이 사망했고, 260명이 부상을 입었다.

② 위기관리 조치 경과

① 부상자 조기 후송을 위하여 구급차 위주의 차량 통제
② 마라톤 대회 현장 의료진의 현장에서 부상자 처치 및 후송에 적극 동참
③ 응급 처치법을 알고 있었던 경찰관과 일반 시민들도 자원봉사 활용

---

19) 범인 검거 과정에서 형 타메르란은 총격전 중 사망했으며 동생 조하르는 중상을 입고 체포됐다.

③ 위기관리 결과

① 폭발로 목숨을 잃은 3명 외에는 다리가 절단되는 등 중상자들이 많았는데도 부상자는 모두 22분 안에 병원으로 이송되어 병원에 도착해 치료를 받은 부상자 중에서는 사망자가 단 한 명도 나오지 않았음

② 보스턴 테러 사건은 이후 미국과 전 세계에서 가장 성공적인 위기 대응 사례로 평가[20]받고 있음

④ 위기관리에 대한 분석 및 평가

급조 폭발물로 시작된 사고로 263명의 사상자를 낸 이 대형 재난은 보스턴 시와 마라톤 개최 당사자 및 미국의 연방 재난관리청(FEMA)에게는 안전에 대한 대내외적 신뢰의 위기였다. 사망자 최소화로 부상자의 생존 위기를 해소하고 기타 관련 기관의 신뢰를 회복하기 위하여 현장 의료진은 선수뿐만 아니라 응원 나온 사람, 마라톤 관리자 등 일반인들에 대한 의료 서비스를 최대한 적극 지원하였다. 평소 준비되고 훈련된 대로 통합적이고 자치적인 지휘체계가 원활하게 작동하였다.

⑤ 도출된 교훈

효율적인 위기관리 대응 시스템 구축과 훈련이 중요하다. 이를 위해 신속한 응급 의료체계 구비, 통합적이고 자치적인 지휘체계 구축 및 훈련, 시민사회와의 커뮤니케이션 강화 등이 필요하다.

---

20) 하버드 케네디 스쿨에서 위기관리를 연구하는 허먼 레너드(Leonard) 교수와 아닐드 호윗(Howitt) 교수 등이 1년 동안 연구한 끝에 내놓은 "보스턴 스트롱은 어떻게 가능했나(Why was Boston Strong)"라는 보고서의 결론도 동일하다.

(3) 허드슨 강 불시착 사건

① 사건 개요

2009. 1. 15. 일요일 오후 3시 27분 US 에어 소속의 A320 여객기가 뉴욕 라과디아 공항 이륙 후 양쪽 엔진에 거위 떼가 흡입되어 추력이 거의 상실된 상태에서 공항으로부터 8.5마일 떨어진 허드슨 강에 불시착하였다. 탑승자 150명 중 객실 승무원 1명과 승객 4명이 중상을 입고 항공기는 전파되었다.

② 위기관리 조치 경과

① 조류 충돌 후 조종사들은 US 에어의 QRH에 따라 점검을 실시
② 시간 부족으로 약 1/3만 수행하였음
③ APU를 작동하여 주 전원이 유지되었고 비행 통제 시스템이 'NORMALLAW' 상태를 유지함으로써 비상 착수 시 조종성이 유지되어 안정적인 착륙이 가능함을 확인
④ 조류 충돌 위치로부터 4.5마일 떨어진 '라과디아 공항' 및 9.5마일 떨어진 '테드보로 공항'이 있었으나 두 조종사는 항공기 속도와 고도 및 위치로 볼 때 허드슨 강을 가장 안전한 착륙 장소로 결정하고 허드슨 강 착륙을 시도함

③ 위기관리 결과

탑승자 전원이 무사히 탈출하였다. 셀렌버그 기장의 올바른 대응에 전 세계 언론의 찬사가 쏟아졌고 현장 대응의 전범으로 기록되었다.

④ 위기관리에 대한 분석 및 평가

셀렌버그 기장과 부기장은 승객의 안전이 위험하다고 판단하고 허드슨 강에 수상착륙하기로 목표를 세우고 자신이 경험한 모든 비행 경험을 총 동원하여 수상착륙을 시도하였다. 가까운 공항을 고려했으나 만약 실패할 시에는 승객의 안전은 물론 뉴욕 도심에 추락할 가능성도 고려하였다. 긴박한 순간에 위험을 동반한 수상 착륙에 대한 판단은 셀렌버그 기장의 전문가 직관으로부터 비롯되었다. 그는 모든 사람들이 안전하게 빠져나온 것을 확인하기 위해 복도를 두 차례나 확인한 후에 자신도 빠져나왔다. 전문가적 직관과 책임을 다한 기장의 리더십은 높이 평가되었다.

⑤ 도출된 교훈

비상사태에서 능력을 발휘하는 것은 책임감과 고도의 훈련의 결과이다. 중요한 직책에서 임무를 수행하는 사람은 극한 상황에서 자신의 책무를 다할 수 있는 책임감, 판단력, 기술적 실행에 대한 지속적인 훈련을 쌓아 고도화시켜야 한다.

2.
우리나라 재난 유형별 인과지도(CLD)[21]

인과지도(CLD: Causal Loop Diagram)를 작성하는 데 있어 분석의 틀을 제공하는 핵심적인 이론적 토대는 시스템 다이내믹스(system dynamics)이다. 이 중에서 동태적 사회현상을 분석하여 제 변수 간의 인과관계와 상관관계를 식별함으로써 전략적 대책을 마련하는 데 결정적인 역할을 하는 시스템 다이내믹스[22]의 초보적 단계인 시스템 사고(systems thinking)를 기반으

---

21) 필자가 2009년 행정안전부 재난안전실장 재직 시 위기관리연구소에 용역을 의뢰하여 작성된 보고서이며, 고 안철현 박사의 헌신적 노력에 의해 만들어진 결과물이다. 정부 부처에 확산시키기 위해 노력했으나 성공하지 못했다. 학계에서 관심을 가지게 하여 실무에 적용케 할 전략적 목적으로 핵심 내용만 추려서 게재하였다.

22) 시스템 다이내믹스는 시스템과 다이내믹스의 결합어로서 관찰하고자 하는 어떤 대상이나 공간 상의 영역, 혹은 어떤 물질이 시간의 변화에 따라서 대상이 변화하는 것을 의미한다. 이 기법은 주어진 문제 또는 예상되는 문제(problem set)에 대해 그와 간접적으로 또는 직접적으로 관련된 변수들로 구성된 시스템을 정의하고, 변수들 간의 관계를 정량적으로 연구하여 컴퓨터 모델화한 후, 일련의 시뮬레이션을 통해 시스템의 동적인 특성을 밝혀내어 문제 해결을 돕는 기법이다. 시스템 다이내믹스는 1961년 미국 MIT 대학의 Jay. W. Forrester 교수가 산업동태론에서 처음 언급하였는데, Forrester 교수는 전기공학 분야에서 사용되는 순환고리 이론을 일반 사회 시스템에도 적용시킬 수 있다고 생각하여 미국 군대의 생산관리와 재고관리에 적용할 수 있는 모델을 개발하였는데, 이것이 시스템 다이내믹스로 불리게 되었다. 이

로 하여 국가위기 유형별 핵심 보존가치 발굴을 시도하였다.

1) 시스템 사고[23]

　시스템 사고(systems thinking)는 시스템 다이내믹스에 그 뿌리를 두고 있으며, 컴퓨터 시뮬레이션의 사전적인 분석 도구로 활용되면서 시스템의 전반적인 구조를 직관적, 포괄적으로 이해함으로써 빠르게 움직이는 현장의 생동감을 포착하는 데 목적이 있다. 이는 시스템을 구성하는 요소들 간의 영향관계가 동태적인 시간의 흐름에 따라 변화하는 방식을 관찰하고, 궁극적으로 관찰하고자 하는 시스템 전체에 영향을 주는 변수를 파악하고 이해하는 데 유리하다.

　시스템 사고는 문제의 근원이 되는 원인 구조를 밝힘으로써 구조에서 문제에 대한 해결을 찾으려는 시도이므로, 시스템에서 나타나고 있는 현재의 상황은 반드시 이전 시스템의 결과가 원인으로 작용한다. 시스템 사고는 시스템을 구성하는 상호 의존적 변수들 간의 관계를 고찰

기법은 처음에는 정책의 설계 도구로 개발되었으며, 1970년대에는 세계 환경 모델링과 국가 경제 모델의 거시적 연구에 사용되었고, 1980년대에는 기업 조직의 동태적 적응 과정에서 의사결정을 지원하는 방법론으로 연구되었다. 현재에는 산업체의 경영 전략, 수요 예측, 에너지 및 환경 문제, 의사결정 도구 등 모든 산업 분야에서 폭넓게 응용되고 있으며, 특히 시스템 사고를 이용한 학습조직과 복잡한 시스템의 해결책에 관한 연구가 다양한 분야에서 활발히 이루어지고 있다. 김도훈·문태훈·김동환, 『시스템 다이내믹스』(서울: 대영문화사, 1999) 참조.

23) 시스템 사고라고 불리기 시작한 것은 1980년대 이후로서, 1970년대 초반 로마클럽 보고서인 "성장의 한계(Limits to Growth)"를 저술한 Donnela Meadows가 1980년대 중반 이후 시스템 사고의 관점에서 사회적 이슈를 논평하는 칼럼을 신문에 게재하여 시스템 사고의 대중화를 선도하면서부터이다. 김동환, 『시스템 사고: 시스템으로 생각하기』(서울: 선학사, 2004), p. 14.

하여 이들 사이의 순환 고리(feedback loops)를 이해하는 사고체계이다. 이는 파동의 사고(wave thinking), 인과적 사고(causal thinking), 피드백 사고(feedback thinking), 전략의 발견이라는 순차적 절차를 밟아 이행된다.[24] 첫 번째 단계는 시스템 사고에서 다루는 문제의 본질은 동태적인 관점에서의 시계열에 따른 '변화'를 규명하므로 가장 우선적으로 시스템의 변화성을 인정하고, 시스템의 변화가 기회를 줄 수 있다는 '파동의 사고' 절차를 거치게 된다. 두 번째로, 파동의 사고를 통해 공격 가능한 문제를 발견한 다음에는, 문제의 핵심을 다루고 있는 변수들 사이의 관계성을 분석하게 되는데, 문제를 둘러싼 원인과 결과의 관계를 규명하는 인과적 사고의 단계를 거친다. 세 번째로, 변수들의 개별적인 인과관계를 파악한 다음에는 이 사이에 형성된 피드백 구조(feedback loop)를 발견하게 된다. 시스템 사고에서 중요시하는 부분은 일회적인 문제나 일시적으로 존재했던 문제를 다루기보다는 반복적으로 지속되는 변화의 흐름, 즉 피드백 구조를 발견하는 데 있다. 마지막 단계는 시스템을 치유할 수 있는 처방을 발견하는 단계로서, 시스템의 흐름을 분석한 뒤 자신이 원하는 방향으로 시스템을 변화시킬 수 있는 전략 지점을 발견하여 적용하는 전략적 사고가 필요하다. 시스템 사고는 이와 같은 4단계를 일회적으로 시행하여 수행되지는 않으며, 반복 순환을 하면서 완성되어 나가는 과정으로 보아야 한다.

시스템 사고는 오랫동안 지속적으로 반복하고, 여러 전문가들과 토의 및 의견교환을 통해 문제의 본질을 효과적으로 분석할 수 있으며 전략적인 대안을 마련할 수 있다. 시스템 사고라 부르는 사고의 틀은 인

---

24) 위의 책, p. 33.

과관계가 단일 방향으로만 흐르는 것이 아니라 쌍방향으로 흐르며, 독립변수들은 상호 독립적이 아니라 상호 의존적이며, 요인들 간의 상대적 중요성도 고정된 것이라기보다는 시간이 흐름에 따라 변화된다고 전제한다. 즉, 문제의 해결을 위해서는 문제의 요인을 찾아내는 것 이외에도 요인들이 어떻게 문제를 야기 시켰는지에 대한 이해가 필요하다 하겠다. 시스템 사고의 특징을 정리하면, 첫째, 시스템 사고는 문제요인들의 순환적 인과관계(Circular causality)와 피드백 루프(Feedback loop)를 강조 한다. 즉, 종속변수와 독립변수의 구분은 더 이상 유지될 수 없으며, 모든 인과관계는 결국 순환적인 관계로 귀결된다는 것이다.[25] 둘째, 문제를 유발하는 요인의 상대적 중요성을 고정되어 있는 것이 아니라 시간의 흐름에 따라 변하는 것으로 간주한다. 셋째, 문제의 요인을 찾아낼 뿐만 아니라 요인들이 어떻게 문제를 야기하는지도 설명하려고 한다. 넷째, 이 사고 틀은 멀리서 전체를 보고 가까이서 부분을 볼 것을 강조한다. 즉, 분석적 사고와 통합적 사고를 강조하고 있다. 시스템을 구성하는 부분들을 분석하고 차례로 부분들을 연결하여 시스템 전체를 이해하자는 것으로, 나누어 생각하고 전체를 정복하는 식의 사고 방법이다. 이와 같은 시스템 사고를 체득하기 위해서는, 동태적 사고(dynamic thinking), 내부 순환적 피드백 구조를 강조하는 사고(feedback thinking), 사실적 사고(operational thinking) 등의 사고 방법이 요구된다고 시스템 다이내믹스학자들은 주장한다.[26]

---

25) 시스템 다이내믹스 연구자들은 이를 피드백 루프에 의한 순환적 과정(circular process as feed-back loops)이라고 부르며, 이들은 단일 방향적 인과관계의 강조에서 순환적 인관관계의 강조로, 문제 요인 간의 독립성의 강조에서 상호 의존성의 강조로 사고 틀을 전환해야 한다고 주장한다.

26) 김도훈·문태훈·김동환, 앞의 책, pp. 33~44.

2) 인과지도의 작성

시스템 사고의 가장 핵심적인 단계는 시스템의 피드백 구조를 파악해 내는 일이며, 이를 2차원의 평면상에서 도식화하여 선정된 구성 변수들의 상호관계를 정리할 수 있는 수단이 바로 인과지도(CLD: Causal Loop Diagram)이다. 인과지도는 일반적으로 화살표, 부호, 피드백 고리 등 세 가지 요소로 구성된다.[27] 첫째, 화살표는 선정된 변수들의 상호관계를 표시하는 것으로서, 화살표의 출발점이 원인이 되고 도착점이 결과이거나 또는 영향을 받는다는 표현이다. 여기서 말하는 인과관계란 직접적인 인과관계를 의미한다. 둘째, 화살표와 함께 플러스(+), 마이너스(-) 부호를 사용하여 인과관계의 방향을 표시한다. 즉, 그 영향의 결과가 긍정(positive)일 경우 플러스(+) 부호로 표시하고, 부정(negative)일 경우 마이너스(-)로 표시한다. 셋째, 여러 개의 인과관계들이 하나의 폐쇄적인 원을 형성하는 피드백 루프(feedback loop)의 순환관계의 특성을 표시하는 부호이다. 피드백 루프를 구성하는 변수들이 모두 플러스이거나 양의 부호가 짝수 개이면 플러스 피드백 부호를, 음의 부호가 홀수 개이면 마이너스 피드백 부호를 표시한다. 이러한 인과지도 작성과 시뮬레이션을 지원하는 소프트웨어 중에서 일반적으로 응용되는 프로그램은 미국의 Ventana System사에서 개발한 벤심(Vesim)이 있다. 벤심은 동적인 시스템의 모델들을 개념화, 문서화, 시뮬레이션, 분석 및 최적화하는 비주얼 모델링 도구로서, 인과지도를 시뮬레이션화하도록 한다.[28] 물론 시스템 사고를

---

27) 위의 책, p. 63.

28) 김기찬 외, 『Vensim을 활용한 System Dynamics』(서울: 서울경제경영, 2007), pp. 9-10.

가시화하는 초보적 단계에서의 인과지도 작성은 시스템 내의 제 변수들 간의 상호 인과관계를 분석해 내는 것이 중요하므로 시뮬레이션 이전 단계의 구상 도구로서 유용하다. 또한 벤심에서 지원하는 인과지도 작성의 툴을 이용하면 빠른 시간 내에 손쉽게 작성이 가능하다는 장점이 있다. 도식을 하는 방법은 여러 가지가 있을 수 있으나, 본 연구에서는 일관성을 유지하기 위해 아래의 부호를 사용하여 인과지도를 작성하였다.

〈표 부록 3-1〉 인과지도 작성의 도식 부호

부호	내용
⟶	화살표의 기점이 원인변수이며, 화살표의 종점이 영향을 받는 변수임
⟶⁺	인과관계의 두 요인이 같은 방향으로 변화함
⟶⁻	인과관계의 두 요인의 변화 방향이 다름을 의미
R	양의 피드백 루프, 또는 자기강화 피드백(self-reinforcing feedback)으로써 피드백 루프 내의 여러 변수들 간의 상호 상승적인 양의 순환관계를 표시함
B	음의 피드백(negative feedback), 또는 안정화 피드백(stablizing / balancing feedback)으로써 피드백 루프 내의 여러 변수들 간에 안정적인 작용이 이루어지는 것을 의미함

양의 부호를 사용하여 양(+)의 관계로 순환하는 국가 간의 군비경쟁 사례를 인과지도로 도식화하여 살펴보면 〈그림 부록 3-1〉과 같다. 이 인과지도에서 보듯이 A, B 두 국가 간의 군비경쟁이 확대되는 것은 A 국가가 보유한 무기에 의해 B 국가가 위협을 느끼게 되어 B 국가가 군비를 확장하고, 이러한 B 국가의 행동이 또다시 A 국가에게 위협으로 느껴지면, A 국가는 다시금 군비확장을 하게 되는 악순환의 고리를 형성하게 된다. 여기서, 두 변수 간에는 상호 상승적인 양의 순환관계가 있

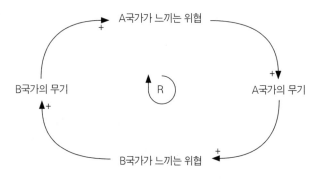

〈그림 부록 3-1〉 국가 간 군비경쟁[18]

음을 확인할 수 있다. 이런 방식을 통해 문제가 되는 시스템의 본질을 분석하고, 규명하는 것이 바로 시스템 사고의 단적인 예가 되며, 이러한 방법론을 적용하여 국가위기 유형별 위기상황의 원인이 되는 변수들을 분석하고 상호 연관관계를 식별하며, 장차 위기 전개 양상을 예측함으로써 위기 유형별 핵심 보존가치를 발굴하는 데 결정적인 역할을 할 수 있다.

3) 시스템적 사고의 유용성

현대 사회는 수행하는 기능의 복합성과 하위 시스템의 상호 연관성 및 의존성으로 인해, 시스템 상호 간의 관계가 점점 밀접해지고 상호 의존도도 높아짐으로써 사회 현상의 문제 해결을 어렵게 만드는 주 원인

---

29) 김도훈 · 문태훈 · 김동환, 앞의 책, pp. 33~44.

이 된다. 이를 해결하려는 정책 관련자들의 접근 시각은 정태성(靜態性), 단기간성, 부분성을 면치 못하고 인과관계가 단일 방향으로만 흐른다고 가정하는 경향이 있어 많은 오류를 범하고 있다. 현실적으로 인과관계는 단일 방향으로만 흐르는 것이 아니고, 쌍방향으로 흐르면서 피드백되는 동태성(動態性)을 띠게 된다. 대부분의 사회 문제들은 오랜 기간 동안 누적되어 오다가 이제야 비로소 표출된 것들이 많기 때문에 이들 문제를 근본적으로 이해하려면 좀 더 장기적인 시각을 통해 접근해야 한다. 단선적 사고에 빠져 사회과학자들은 정확한 숫자로 표현할 수 없는 현상과 비선형적인 관계를 무시하고 선형적이고 단선적인 관계에만 집착한다. 또 사회 문제를 다루는 많은 연구자들이 시스템이 변화한다는 사실을 인정하지 않으며, 어느 한 시점에서의 변수들 간의 관계를 발견하고자 하는 경향이 있다. 또는 자기 자신의 전공 분야만을 고집하여 다른 방법론이나 다른 사고방식을 인정하려 들지 않을 뿐만 아니라 다른 시스템이 실제로 존재하고 있다는 점을 무시함으로써, 정확한 상황 분석과 최적의 대책 마련이 미흡한 것이 사실이다.

바로 이러한 평면적인 사고의 틀을 극복하고 입체적인 차원에서 국가위기 유형별 핵심 보존가치와 핵심 지표를 발굴하는 데 있어 유용한 분석의 틀이 바로 시스템 사고라고 볼 수 있다. 왜냐하면 시스템 사고는 새로운 자료를 창출해 내는 도구라기보다는 이미 존재하는 자료를 조직화할 수 있는 분석 도구로서, 다음과 같은 유용성을 가지고 있기 때문이다. 첫째, 특정 위기의 전개 양상과 복잡한 원인을 분석함에 있어 직관(insight)을 사용하여 문제의 본질을 간파하도록 유도한다. 문제가 왜 발생하였는지, 그 문제를 해결하기 위한 효과적인 전략은 무엇인지를 알아내는 데 유용하다. 둘째, 시스템 사고는 자료 독립적인(data-free) 분석 방법으로서, 자료에 의존하기보다는 상식과 지혜에 의존하는 분석 도구이다. 정책 이슈 또는 위기 전개 양상에 대한 어느 정도의 상식과 지혜가 있다면, 접근하는 데 있어 매우 용이하다.[30] 셋째, 시스템 사고를 이용한 분석은 전문 분야의 벽을 넘어서 문제의 원인, 본질, 미래 예측 등을 토론할 수 있도록 해 주며, 이는 학습하고 적용하기 매우 쉬운 분석 도구이다. 특히 '위기관리'는 궁극적으로 정지된 시스템이 아니라 변화하는 시스템으로서의 속성을 지니므로 시스템 변화를 분석하기 위해서는 미래형 사고를 핵심으로 다루는 시스템 사고가 유용한 분석 도구로 활용될 수 있다.

4) 인과지도의 구성 요소

인과지도는 시스템 사고의 가장 핵심적인 것으로서, 2차원의 평면상에서 입체적으로 도식화하여 선정된 구성 변수들의 상호관계와 그 결과를 정리하는 것이며, 이러한 2차원 평면상의 입체적 도식인 인과지도는 위기관리 과정에서 다양한 요인 간 상호 연계와 작용을 통해 나타나는 상황과 현상을 종합적·입체적으로 보여 주는 것이다. 본 연구에서 인과지도가 중요한 것은 위기관리 과정에서의 다양한 요인 간 상호 연계와 작용의 결과로 보여 주는 제반 상황과 현상 속에 본 연구를 통해 발굴하고자 하는 비가시적·가치적 측면의 위기관리 목표, 즉 핵심 보존가치가 내포되어 있기 때문이다. 위기관리 과정의 다양한 상호 연계

---

30) 김동환, 앞의 책, p. 17.

<표 부록 3-2> 예시: 태풍에 의한 풍수해 인과지도의 구성 요소

구분		내용
리스크 요인 (잠재 원인)		• 매년 여름–초가을, 강력한 태풍의 발생과 북상 • 폭우를 동반한 강풍, 풍랑 · 해일 • 강풍 · 풍랑 · 해일에 취약한 지역에 거주 또는 위치하는 주민 또는 시설 • 태풍에 따른 풍수해 이후 복구가 진행 중인 주택 또는 시설 등
트리거 (촉발 요인)		• 강풍을 동반한 태풍의 한반도 내습 • 태풍에 따른 집중호우 • 태풍에 따른 풍랑 · 해일 등
피해 양상		• 폭우를 동반한 강풍 · 침수 · 범람 등으로 인명 · 시설 · 재산 · 농작물 피해 및 이재민 발생 • 산사태로 매몰 및 도로 유실 · 두절 • 정전 · 전화 불통, 가스 공급 중단 등 국가 핵심 기반 마비 및 생활 불편 등
파급 영향		• 국민의 생명 · 재산의 피해 • 국가 · 국민 경제의 손실, 공공서비스 기능의 마비 • 피해 증가 및 복구 지연, 지원 부실에 따른 생활 불편 및 사회 불안정 • 정부의 대응 및 피해 복구 노력에 대한 불만 대두 소지

위기
관리
활동
내용
	예방
	·
	대비
		• 태풍 피해 취약 지역 지정 및 관리
		• 태풍 피해 저감 관련 제도 개선 및 조치
		  – 방재 기준 설정 및 적용, 시설 건축 지도 및 관리
		  – 우수 유출 저감 시설 설치, 비상대책 수립 등
		• 태풍 진로 관련 기상정보 전달 및 경보체계 구축
		• 기관 간 긴급지원 및 공조체계 구축
		• 태풍 피해 예방 홍보 및 교육훈련 실시
		• 비상대비태세 유지
		  – 비상상황 근무 및 통신망 구축
		  – 위기경보 발령 및 필요 조치 강구
		  – 관련 기관 조치사항 점검
		  – 취약 지역 점검 및 통제 등

	대응
	·
	복구
		• 태풍 기상정보 전파 및 경보 발령
		• 초기 대응 조치 강구
		  – 위험 구역 설정 및 주민 대피 등 통제
		  – 응급복구지원본부 등 비상대책기구 가동
		• 대국민 홍보활동 전개
		• 긴급 지원활동 전개
		• 신속 · 정확한 피해 조사
		• 지속적 지원 및 복구 추진 등

와 작용의 결과로서 나타나는 인과지도상의 상황과 현상은 상호 연계와 작용의 내용, 즉 인과지도의 구성 요소에 따라 다르다. 따라서 인과지도를 작성하기 위해서는 위기관리 과정에서 상호 연계와 작용의 내용이 되는 구성 요소가 있어야 한다. 이러한 인과지도의 구성 요소로는 잠재된 리스크 요인, 리스크 요인의 예방과 위기에 대비한 조치, 위기의 촉발 요인(트리거), 촉발 이후 나타나는 피해의 양상, 파급 영향, 피해 및 파급 영향에 대한 대응 및 복구 내용 등이 있다. 〈표 부록 3-2〉는 태풍에 의한 풍수해 유형을 통해 인과지도의 구성 요소를 예시로 보여 주고 있다.

5) 위기관리 핵심 보존가치 발굴의 고려 요소

인과지도라는 특별한 연구 분석 틀을 통해 위기관리 과정 전반을 아우르고 공통적으로 적용할 수 있는 비가시적·가시적 측면의 위기관리 목표, 즉 핵심 보존가치를 발굴하기 위해서는 위기 유형별로 핵심적으로 보호 또는 실현해야 할 가치를 검토할 수 있는 검토 기준이 필요하다. 선행 연구나 조치를 통해 이러한 기준이 정립되어 있지 않고 개념도 임의적인 상황에서, 연구진의 주관적 판단과 가치관의 이입 우려가 있는 핵심 보존가치를 검토·발굴하기 위해서는 타당한 접근 기준이 더욱 요구된다고 할 것이다. 이러한 연구 검토의 기준을 설정하는 문제와 관련하여, 무엇보다도 위기관리 과정에서 핵심적으로 보호 또는 실현해야 할 가치는 트리거(촉발요인)로 인해 발생하는 피해 및 파급 영향의 내용과 정도, 피해 및 파급 영향이 트리거 발생 이전과 이후에 관리 및 대처가 가능한지 여부가 중요한 변수가 될 것으로 본다. 왜냐하면, 피해 및 파급 영향의 내용과 정도에 따라 위기관리의 목표와 내용도 다르고, 그 피해 및 파급 영향을 트리거 이전에 억제 · 차단이 가능한지, 아니면 트리거 이후에 대처 · 피해 최소화만 가능한지에 따라 위기관리의 목표와 내용이 다를 수밖에 없기 때문이다. 따라서 본 연구에서는 핵심 보존가치의 발굴을 위한 일반적인 검토 고려 요소로 첫째, 해당 유형의 위기가 미치는 파급 영향의 영역은 무엇인지, 둘째, 파급 영향의 정도는 어느 정도인지, 셋째, 트리거 발생 이전과 이후로 구분하여 관리 및 대처의 중점을 두어야 할 영향 영역이 무엇인지를 검토의 고려 요소로 설정하였다. 먼저, 파급 영향의 영역으로는 국가 존립과 안보, 국가경제와 공공서비스 기능, 지역 사회의 안정, 국민의 생명 및 재산(환경), 국민 생활과 편익, 정부에 대한 국민의 신뢰, 국제관계와 평화 등 7개를 공통적인 고려 요소[31]로 하였다. 그 외에 특정 유형별로 특수한 파급 영향의 영역이 있을 경우 이를 기술할 수 있도록 하였으며, 파급 영향의 정도는 지대, 상당, 일부, 전무의 4가지로 구분[32]하여 각 영역별로 파급 영향의 정도를 구분하여 기술하였다. 또한 구체적인 검토 과정에서 먼저 트리거 발생 이전과 이후에 걸쳐 관리 및 대처해야 할 포괄적인 영향 영역을 핵심 보존가치의 영역으로 설정하여 제시하고, 이어서 트리거 이후에만 대처 및 피해 최소화가 가능한 영향 영역을 별도로 기술하여 트리거 이전의 관리 영역과 비교할 수 있도록 하였다. 〈표 부록 3-3〉은 태풍에 의

---

31) 7개의 파급영향 영역은 연구진이 21개 위기유형상의 피해 전개 양상 및 파급 영향 내용을 분석하여 7개의 영역으로 임의 분류, 정의한 것이다.

32) 파급 영향의 정도 구분과 관련하여, 일률적으로 정량화한 기준을 적용하여 정도를 구분하는 데에는 여러 한계가 있어, 본 연구에서는 연구진의 분석 역량과 매뉴얼상의 기술을 바탕으로 과거 사례 및 피해 규모 등을 고려하여 파급 영향의 정도를 4개(지대, 상당, 일부, 전무)의 수준으로 정성적으로 구분하였다.

한 풍수해 유형의 핵심 보존가치 검토 고려 요소 및 검토 현황에 관한
예시이다.

<표 부록 3-3> 예시: 태풍에 의한 풍수해 핵심 보존가치 검토 고려 요소 및 검토 현황

구분	검토 기준	검토 내용
영향 영역	국가 존립과 안보	피해 내용에 따라 영향 존재
	국가경제, 공공서비스 기능	영향: 지대
	(피해) 지역 사회의 안정: 치안질서 유지, 심리적 안정 등	영향: 지대
	국민의 생명 및 재산(환경): 주민의 생명과 건강, 개인 재산 / 공공 자산, 대기 및 자연환경 등	영향: 지대
	국민 생활과 편익: 피해 지역 주민의 생활과 편익	영향: 상당
	정부에 대한 국민의 신뢰: 정부의 위기관리 능력 및 의지, 결과에 대한 지지와 공감, 협조 등	영향 : 일부
	국제관계와 평화 등: 관련 외국 및 국제사회와의 관계, 국제평화 유지 등	영향 : 전무
	기타	
시계 열별 영향 영역	트리거 이전	• 국민의 생명 및 재산 • 국가경제, 공공서비스 기능
	트리거 이후	• 국민의 생명 및 재산 • 국가경제, 공공서비스 기능 • (피해) 지역사회의 안정
검토 결과	• 트리거 이전/이후에 걸쳐 포괄적으로 영향을 미치는 영역은 '국민의 생명 및 재산', '국가경제, 공공서비스 기능' 영역임 – 트리거 이전: 트리거(태풍)로부터 '국민의 생명 및 재산', '국가경제, 공공서비스 기능'을 보호하고 부정적 영향을 미치는 요인을 사전에 제거 또는 완화하기 위해 태풍 풍수해 예방 · 대비 활동을 전개 – 트리거 이후: 트리거(태풍) 발생 이후 '국민의 생명 및 재산', '국가경제, 공공서비스 기능'의 피해를 최소화하고 조기에 정상을 회복하기 위해 태풍에 대한 대응 및 피해 복구 활동을 전개 * 국가경제 관련 피해: 농작물 · 수산물 생산 감소 및 수출 차질, 수출입 화물 운항 차질, 소비자 물가 상승 등	

검토 결과	* 공공서비스 기능 관련 피해 : 도로 · 철도의 유실, 정전, 항만 시설 손괴 등 핵심기반 마비 및 공공서비스 기능 기능의 차질 • 트리거(태풍) 발생 이후 영향을 받을 수 있는 영역은 위의 2개 영역 이외에 '(피해) 지역 사회의 안정' 영역임 – 피해 증가 및 복구 부실 시, 피해 주민의 불만이 팽배하고 인재론이 제기되는 가운데 생활고와 지역경제 침체로 사회불안 · 정부에 대한 불만 증폭 소지 • 풍수해 재난의 대응 · 복구 과정에서 특별히 '(피해) 지역사회의 안정'도 중요한 가치라 고 볼 수 있으나, 위의 2개 가치 실현 과정에서 부수적으로 파생되는 것으로서 핵심적인 보존가치로는 미흡 ⇒ 풍수해 재난 위기관리 핵심 보존가치 1. 국민의 생명 및 재산의 보호와 피해 최소화 2. 국가경제 및 공공서비스 기능의 보호와 피해의 최소화

6) 위기관리 핵심 지표의 도출 기준

위기관리 핵심 지표는 위에서 발굴한 유형별 위기관리상의 핵심 보존가치를 구체적으로 보호 또는 실현하기 위해 수행해야 할 범정부적 수단과 조치를 말한다. 유형별 위기관리 전반에 관한 수단과 조치가 아니라 위의 검토를 거쳐 발굴한 해당 핵심 보존가치에 관한 구체적 조치인 것이다. 먼저, 이들 핵심 지표의 도출은 크게 두 가지 기준에 의해 접근할 수 있다. 하나는 해당되는 핵심 보존가치가 트리거 발생 이전, 이후 중 어느 것과 관련되는 가치인지, 다른 하나는 위기관리 조치가 핵심 가치 보호 및 실현에 얼마나 실효성을 갖고 있는가이다. 첫째 기준은 트리거 이전과 이후에 따라 핵심 보존가치의 보호 또는 실현을 위한 구체적 조치 내용이 달라지기 때문이다. 둘째 기준은 아무리 핵심 보존가치를 보호 또는 실현하기 위한 구체적 조치라고 하나, 그 조치 내용이 실제로 효과를 발할 수 있는 내용이 되어야 핵심 지표로서 의미가 있는 것이라고 보기 때문이다. 이러한 실효성 여부를 판단하는 내용적 기준으로 원인 제거 및 통제 여부, 트리거 차단 여부, 초기 신속 대응 여부, 피해 확산 차단 및 최소화 여부, 조기 복구 및 정상화 여부를 설정하여 핵심 지표 도출에 적용하였다. 핵심 지표는 위와 같은 트리거 이전과 이후, 원인 제거 및 통제 여부, 트리거 차단 여부, 초기 신속 대응 여부, 피해 확산 차단 및 최소화 여부, 조기 복구 및 정상화 여부를 기준으로 도출됨에 따라 자연스럽게 조치의 시계열 형태를 띠면서 일종의 가치별 조치 목록 성격도 갖게 된다. 그러나 도출된 핵심 지표, 즉 가치별 조치 목록은 해당 핵심 가치의 보호 및 실현을 위해 정부가 수행해야 할 구체적인 조치이기는 하나, 한정된 자원과 역량, 시간으로 인해 모든 지표에 동시에 충분한 자원과 역량을 투입하기에는 한계가 있다. 따라서 자원과 역량, 시간의 한정 속에서 보다 효율적인 위기관리 활동이 되기 위해서는 도출된 핵심 지표별로 우선순위를 정해 상황과 여건에 맞는 '선택과 집중'의 핵심 지표 적용이 불가피하다고 할 것이다. 핵심 지표 적용의 우선순위를 정하는 데 있어서는 적절한 기준이 필요하나 현실적으로 핵심 지표가 트리거 이전과 이후에 걸쳐 폭넓게 분포되어 있는 데다, 가치별로 각 위기관리 단계에 핵심적으로 필요한 조치 목록 성격을 지니는 핵심 지표들을 대상으로 적용의 우선순위를 다시 정한다는 것은 매우 지난한 문제가 아닐 수 없다. 그러나 이러한 한계에도 불구하고, 한정된 자원과 역량, 시간 속에서 '선책과 집중'이 불가피하다는 측면에서 적용의 우선순위를 정하기 위한 기준 또한 마련되어야 타당성 있는 우선순위가 될 수 있다는 점에서 다음과 같은 기준 요소를 고려해 보았다. 첫째, 도출된 핵심 지표를 실행할 경우에 발생하는 효과 측면이다. 모든 조치는 적합한 효과를 목표로 계획되고 실행되어야 하며, 효과가 없는 실행은 무의미하다. 따라서 우선순위를 정하는 기준에 있어서 가장 먼저 고려해야 할 요소는 지표의 실행으로 발생하는 효과가 무엇이냐 하는 점이다. 예를 들어 실행한 핵심 지표가 트리거의 발생 억제 등 위기의 예방, 피해의 최소화 등과 같은 실질적인 효과에 기여하느냐, 하지 않느냐 하는 부분이다. 둘째, 지표 실행의 결과로 나타나는 긍정적 효과, 즉 수혜의 범위 측면이다. 위기관리 활동은 특정의 효과를 목표로 함과 동시에 그 효과는 인원, 지역, 분야별로 혜택을 받는 수혜층을 발생시키게 된다. 예를 들면, 위기의 원인을 제거하면 위기의 발생을 억제하고 피해를 예방하는 효과와 동시에 그 효과의 수혜를 받는 대상이 있기 마련이다. 수혜의 범위가 넓다면 그 효과도 크다는 것을 의미하며, 그 반대라면 효과가 작다는 것을 의미한다고 볼 때에 수혜의 범위 측면은 우선순위 선정의 중요한 기준이 될 수 있다고 본다. 셋째, 도출된 핵심 지표에 대한 국민의 기대 또는 필요 측면이다. 정부가 수행하는 위기관리 서비스의 객체이자 수요자인 국민이 핵심 가치의 보호 또는 실현을 위해 필요하다고 생각하거나 정부에 대해 기대하고 있는 조치가 무엇이며, 핵심 지표가 이에 실질적으로 부응하는 것인가 하는 점이다. 아무리 핵심 가치를 보호 또는 실현하기 위한 위기관리 핵심 지표라 할지라도 위기관리의 수요자인 국민과 공중에게 실질적으로 유용한 조치가 되지 못하면 실질적인 효과도 기대하기 곤란할 뿐 아니라 실행 이후 국민과 언론으로부터 비판과 질타를 받는 경우가 있을 수 있다. 따라서 핵심 지표의 우선순위를 선정함에 있어 효과, 수혜 범위와 국민의 기대(필요) 측면도 매우 중요한 고려 기준이라고 본다. 넷째, 직면한 위협과 시급성 측면이다. 이 측면은 주로 징후나 상황 발생 이후에 적용되는 제한된 경우이기는 하나, 위기관리에 있어 중요한 부분인 대응에 관한 내용으로서, 핵심 지표가 직면하거나 발생한 시급한 상황의 대처에 유용한 것인가 하는 점이다. 중대한 위협이나 시급한 상황에 직면하면 평상시의 조치로는 대처하기가 곤란하므로 비상체계로 전환하고 신속하고 유용한 대응을 통해 피해의 차단과 최소화 등 사태가 악화되지 않도록 해야 한다. 따라서 이 시점에서는 실질적으로 직면한 위협과 상황에 시급히 대처하여 적절한 효과를 얻을 수 있는 지표에 우선순위를 두어야 할 것이다. 다섯째, 핵심지표를 실행하는 기관의 수준 측면이다. 이 측면은 핵심 지표의 효과나 유용성 등, 내용 측면이 아니라 핵심 지표를 실제로 실행하는 주체인 조직의 수준에 따라 우선순위를 고려하는 것으로서, 앞서 설명한 기준 요소와는 다소 상이한 차원의 접근이다. 위기관리 조치는 상황에 따라 범정부 차원에서 취하는 조치, 주관기관 차원에서 취하는 조치, 지자체 차원에서 취하는 조치, 동시에 통합적인 조치 등으로 구분할 수 있다. 여기에서는 범정부 차원의 조치 내용을 우선적으로 고려해야 할 지표로 보았다. 위와 같은 임의의 정성적인 요소들을 적용의 우선순위 선정 기준으로 정하고, 우선순위의 결정은 도출한 핵심 지표 중에서 5개의 기준(지표 실행 시 발생 효과, 발생 효과의 수혜 범위, 국민의 기대(필요) 내용, 직면한 위협과 시급성, 조치 기관의 수준)과 관련도 순, 동일한 관련도일 경우엔 시차적으로 앞서야 할 지표 순서로 우선순위를 정하였다. 위와 같은 위기관리 핵심 지표의 도출 및 우선순위 선정 기준의 예는 다음 〈표 부록 3-4〉와 같으며, 이러한 선정 기준을 적용하여 도출한 위기관리 핵심 지표의 예는 〈표 부록 3-5〉와 같다.

〈표 부록 3-4〉 위기관리 핵심 지표의 도출 및 우선순위 선정 기준

구분	핵심 지표 도출 기준	핵심 지표 중 적용 우선순위 선정 기준

트리거 이전
– 예방
– 대비
	• 위기 원인 사전 제거 및 통제 가능 여부
	• 트리거 차단 가능 여부
		• 지표 실행 시 발생 효과: 트리거 차단, 피해 최소화 등
		  → 실제로 발생한 효과의 내용
		• 발생 효과의 수혜 범위: 수혜 인원/지역/분야 등
		  → 발생한 효과로부터 혜택을 받는 인원/지역/분야의 범위 및 규모

트리거 이후
– 대응
– 복구(수습)
	• 초기 신속 대응 가능 여부
	• 피해 확산 차단 및 최소화 가능 여부
	• 조기 복구 및 정상화 가능 여부
		• 국민의 기대(필요) 내용
		  → 해당 조치가 국민이 원하고 기대하는 바에 부응하는지 여부(국민과 언론의 호의적 반응 고려)
		• 직면한 위협(피해)과 시급성
		  ⇒ 직면한 위협이나 중대상황에 대한 적절한 대처 가능 여부
		• 범정부 차원의 조치

〈표 부록 3-5〉 위기관리 핵심 지표의 예: 태풍 풍수해 위기관리 핵심 지표 도출 기준 및 검토 현황

⇒ 핵심 보존가치: 국민의 생명 및 재산의 보호와 피해 최소화, 국가경제 및 공공서비스 기능의 보호와 피해의 최소화

* (연번)은 우선순위

구분	고려 요소 및 검토 결과	위기관리 핵심 지표
이전	위기 원인 사전 제거·통제 가능 여부: 완전한 제거 및 통제 불가능 트리거 차단 가능 여부: 완전한 차단 불가능	① 산업별/공공서비스 분야별 국가경제 및 공공서비스 기능 피해 저감 방안 사전 수립 ② 취약 지역 및 취약 지역 내 중점 보호 대상(취약 요인) 파악과 점검 ③ 경보·인명 대피·집단보호 관련 시설 사전 확보 및 운영 계획 수립
이후	초기 신속 대응 가능 여부: 가능하나 바람의 강도, 호우량 등에 따라 한계 소지	① 신속한 경보 발령 및 이동 통제, 주민 대피: 필요 시 재난사태 선포 등 ② 풍수해 취약지 / 피해 우려·발생 지역 집중 대응조치: 우수 유출 시설 및 장비 총동원, 배수 조치 / 침수 지역 주민 대피 등 ③ 국가경제·공공서비스 관련 시설 및 시스템 보호·대응조치 실행: 발생 피해 신속 대처 및 추가 피해 억제책 강구

이후	피해 확산 차단·최소화 가능 여부: 가능하나 바람의 방향과 강도, 호우량, 자원의 규모와 내용 등에 따라 한계 소지	① 산사태·제방 붕괴 등 피해 지역 통제 및 추가 피해 우려 지역 집중 대처 ② 국가경제 및 공공서비스 기능 피해 최소화 방안 강구, 실행 - 수송/산업생산/물자 수급 등 경제피해 파악 및 비상·대체수단 확보 - 전력/통신 등 필수기반 보호 및 피해 신속 대처 등
	조기 복구·정상화 가능 여부: 피해 규모와 내용, 기상 상태, 자원의 지원 상태 등에 영향	① 피해 발생 및 인근 지역 자원 총동원, 복구활동 전개: 필요 시 특별재해지역 선포 등 ② 범정부 차원의 지원·복구체계 가동: 국민생활/ 국가경제/공공서비스 기능 정상 가동에 중점

7) 연구자 제언

연구의 한계와 불비한 여건에도 불구하고 본 연구를 통해 위기관리에 있어 핵심 보존가치의 중요성, 위기관리 활동에 있어 핵심 보존가치의 유용성에 대한 확신을 갖게 되었다. 본 연구에서 제시하고 있는 내용이 다소 미흡한 부분이 있을 수 있지만, 이러한 부분과는 별개로 핵심 보존가치 자체는 향후 우리의 위기관리 활동에 있어 매우 중요한 개념이자 기능이 되어야 할 것이다. 따라서 본 연구를 마치면서 다음과 같은 사항을 제안하고자 한다. 첫째, 인과지도 및 핵심 보존가치 개념을 적용한 위기관리 체계를 조기에 구축하는 일이다. 앞서 활용 방안에서도 기술하였듯이 인과지도는 정부가 힘쓰고 있는 선제적이고 체계적인 위기 징후 및 상황관리의 핵심적인 기능으로 유용성이 있다고 보며, 처음 발굴한 핵심 보존가치의 개념은 보다 심층적이고 입체적인 위기관리에 기여하는 요소가 될 것으로 본다. 인과지도를 활용한 위기징후 및 상황관리, 핵심 보존가치 개념을 반영한 위기관리 매뉴얼 및 활동 체계로의 재정비 등이 필요할 것으로 본다. 둘째, 국가 위기관리와 관련한 핵심 보존가치 개념의 정립과 인식 확산을 위한 후속 연구를 지속하는 일이다. 보다 객관적인 연구기반과 분석 틀을 개발하고 개념을 정립하여 국가위기 유형 및 위기관리 활동 전반에서 본격적으로 핵심 보존가치가 내재화될 수 있는 기초 기반을 견고히 하기 위해선 후속 연구가 필요하다고 본다. 특히 본 연구에서 유형별 연구라는 형식적 틀로 인해 접근하지 못한 복합위기 유형의 핵심 보존가치를 발굴하는 연구도 추가적으로 이루어져 국가위기관리의 사각지대를 제거하고 예기치 못한 위기 국면의 대두에도 혼선 없이 대처할 수 있어야 할 것이다. 셋째, 어느 정도 핵심 보존가치에 관한 개념과 인식이 개발·정립되는 시점에서 국가 위기관리의 핵심적 주체인 관련 공무원들을 대상으로 핵심 보존가치 개념의 내재화·구축, 재정비한 새로운 위기관리 체계의 숙달을 위한 교육훈련이 지속적으로 실시되어야 할 것이다. 정립된 핵심 보존가치 개념과 인식이 특정한 시기에 일시적으로 활용되거나, 매뉴얼에만 기술되어 있는 괴리된 가치가 아니라 실제로 국가 위기관리에 유용하게 적용되기 위해서는 지속적인 연구와 함께 교육훈련이 필요하다.

별지:
21개 유형 인과지도

본 별지의 21개 유형 인과지도는 상황에 따라 개선의 여지가 있는 인과지도로서
더욱 정밀하게 발전시킨다면 위기관리에 크게 기여할 것임.

부첨 1-1: 풍수해(태풍/집중호우)

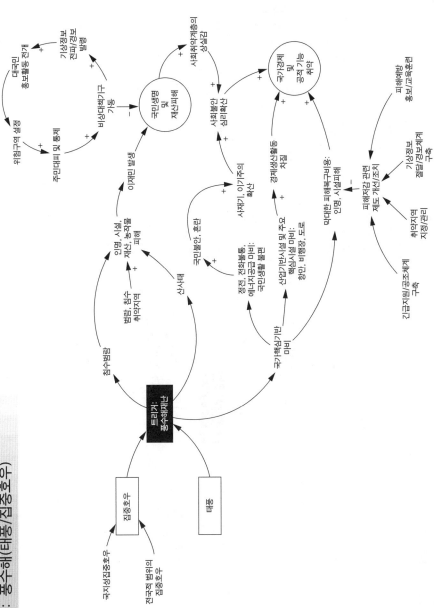

부첨 1-2: 홍수해(대설)

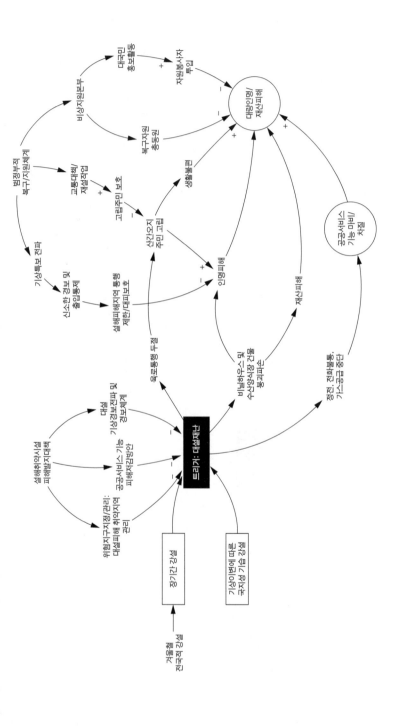

부점 2: 지진

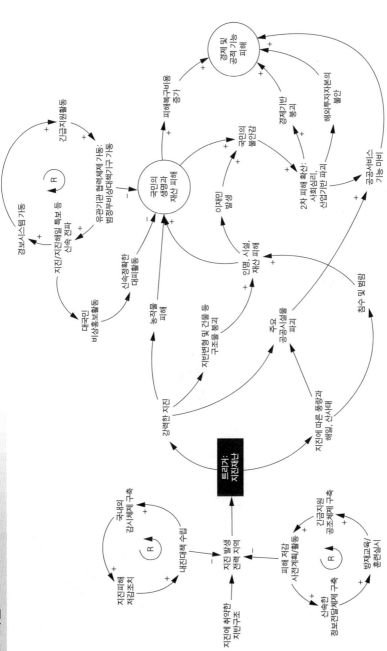

부점 3: 산불

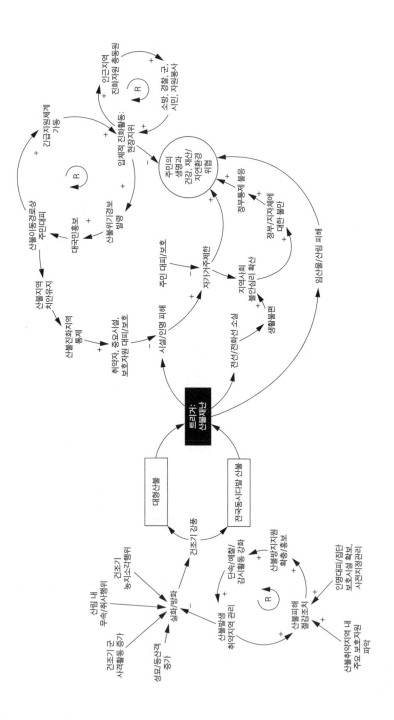

부첨 4: 고속열차 대형 사고

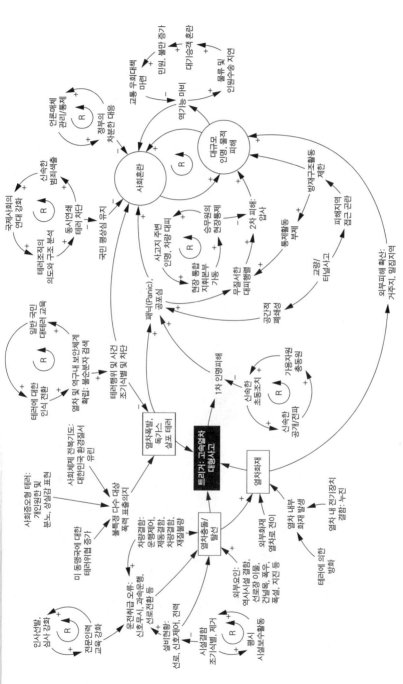

부점 5: 대규모 환경오염

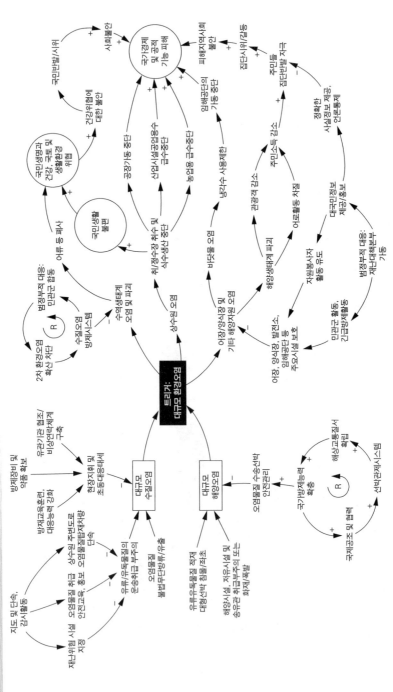

부첨 6: 유해 화학물질 유출사고

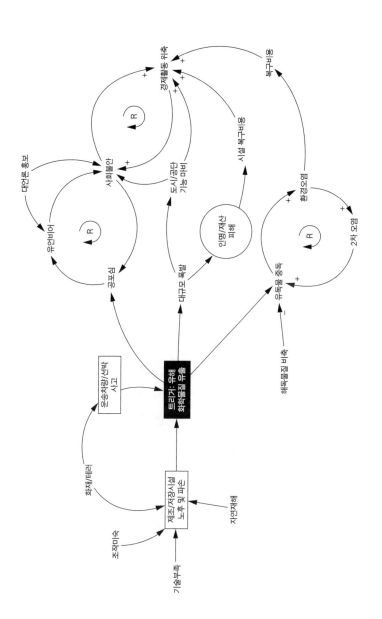

부록 7: 공동구 재난

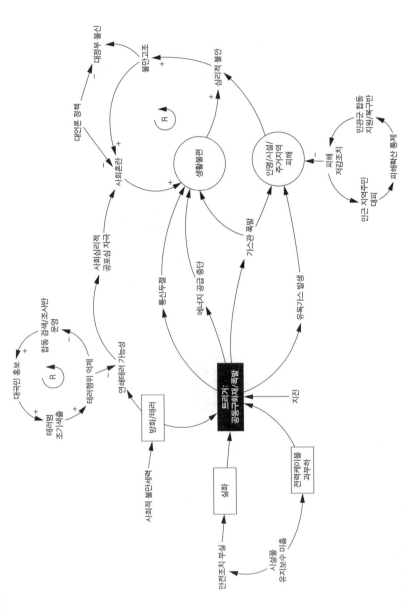

부첨 8: 댐 붕괴

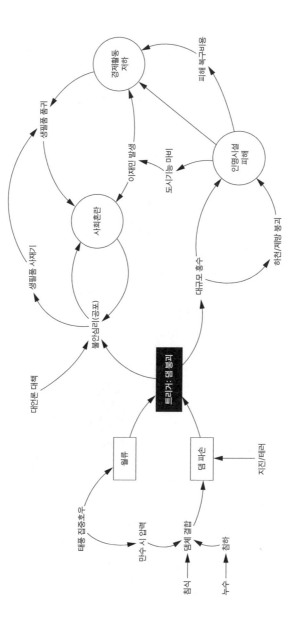

부점 9: 지하철 대형화재

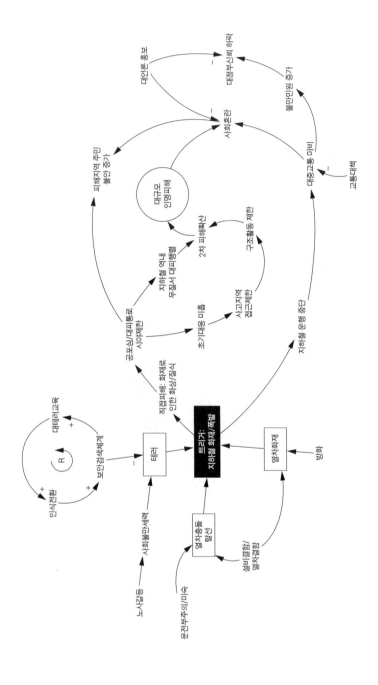

부첨 10: 다중밀집시설 대형 사고

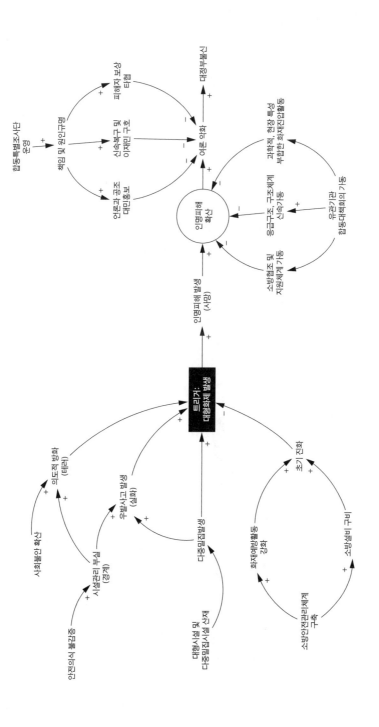

부록 11: 전염병

사회활동 위축

자기능 취약성 노출 및 비정상적인 국가운영

국가혼란

경제성장 저하

사회불안정

해외투자 유지

국민심리 불안

유언비어

언론과 공조 정확한 정보 제공

사망자 발생

대규모 전염 확산

국가 신인도

국내 전염 확산

국내 전염 확산 차단

인구밀집 제한조치: 휴교령 등

환자 즉시 격리치료

역학조사 및 방역체 규명

트리거: 환자 발생

국내 전염 확산

해외 전염병 확산

감염자 유입

국내 감염자

해외여행 제한

전염병 관련 국제정보 수집

공항만 검역강화

인수공통 전염병 발생

자연재해: 수인성 전염병 발생

국민면역력 강화

예방접종 확대

방역백신 확보

평시감시체계 구축

중앙 방역대책기구 정상가동

R

부칙 12: 가축질병

부첨 13: 전력

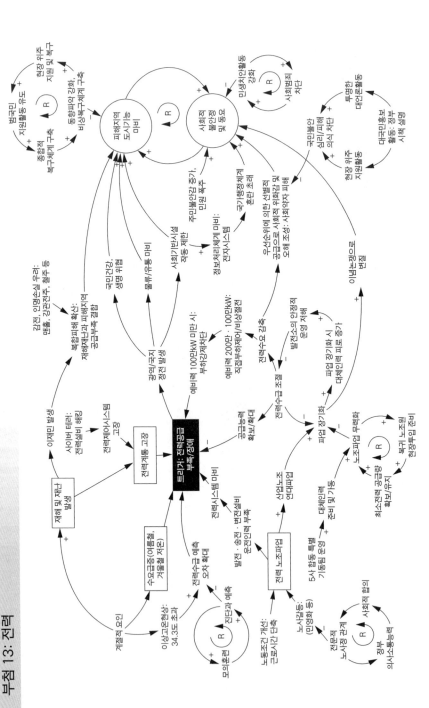

부첨 14: 원유수급

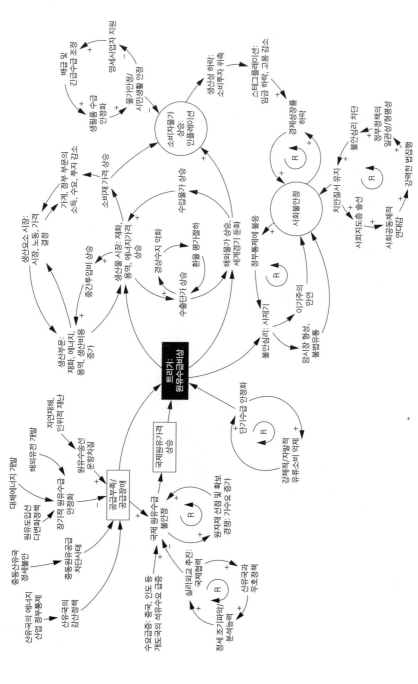

부첨 15: 원전안전

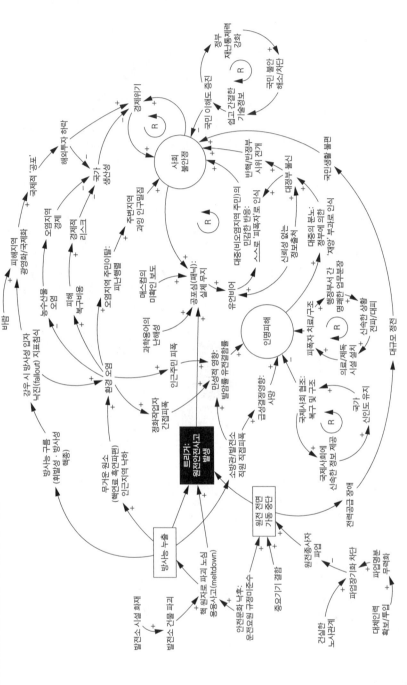

부첨 16: 금융전산

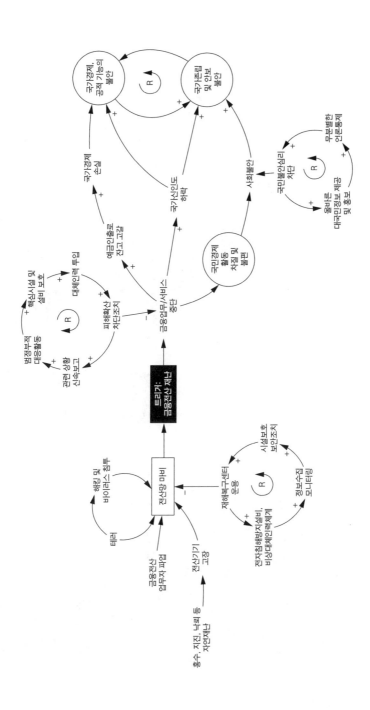

부첨 17: 육상화물운송

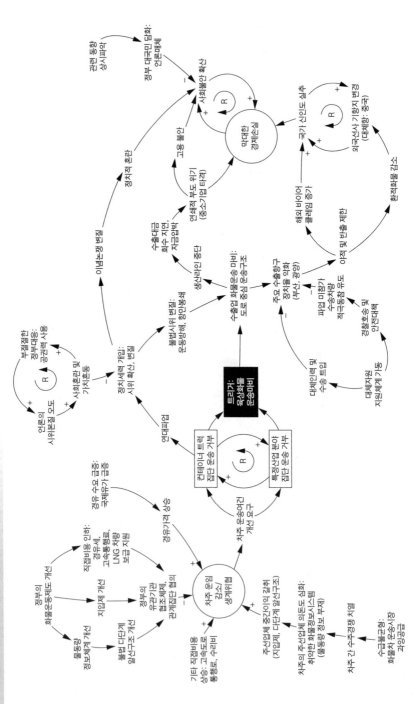

부점 18: 식용수

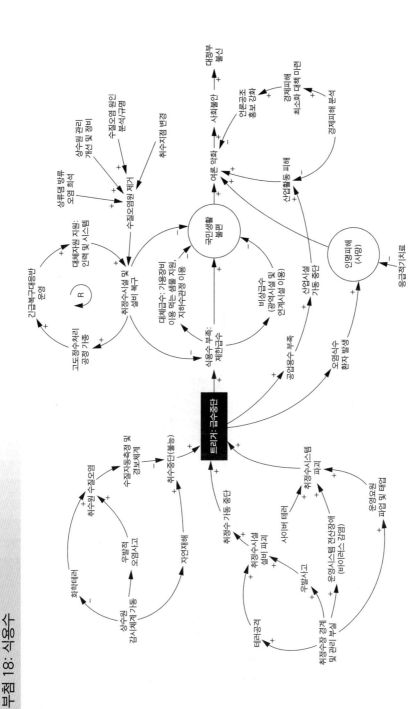

부첨 19: 보건의료

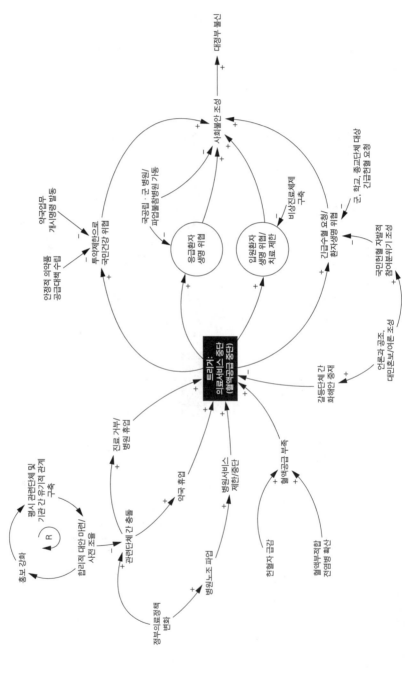

부첨 20: 정보통신

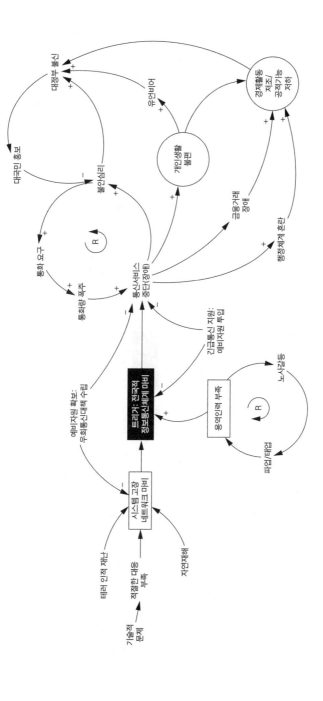

부록 21: 소요폭동

3.
프랑스 재난 대응군

(1) 상비군의 전체 조직 및 명칭

① 시민보호 재난안전 상비군(FMSC, formations militaires de la Sécurité civile)은 특수 위험 발생에 대응하기 위하여 지역별 소방대원을 지원하는, 군 공병대 출신의 소방-구출대(sapeurs-sauveteurs)로 특히 산불, 기술적 원인에 의한 위험발생, 매몰된 인력구출 등에 전문성을 갖추고 활동

② 남녀 약 1,500명의 재난대비 대응군으로 프랑스의 노장, 코르트, 브리뇰 지방에 산재해 주둔하고 또한 국제구조 활동에도 적극 참여

(2) 창설 및 발전

① 1968년 드골 대통령이 국가방어 및 시민안전 차원에서 군 출신
   의 안전 상비군을 창설
② 20년이 지나면서 3개 대대(1, 5, 7 대대)의 규모로 발전
③ 1988년 3월 현재의 상비군으로 재조직되고, 육군 출신의 장군
   이 상비군 총대장으로 내무부 시민안전총국장의 부국장 지위를
   맡음
④ 1990년 7월 육군참모부가 대응군 조직을 내무부와 국방부가 지
   휘하도록 이관
⑤ 2009년의 경우 직업적 경력관리는 국방부가, 총괄 지휘 및 명령,
   훈련 등은 내무부가 총지휘권을 가짐

(3) 조직 및 운영 사례: 제1대대 시민안전 상비군(UIISC 1)

① 구성: 노장(Nogent le Rotrou) 지역에 소재하고 있으며 1978년 창설.
   650명 인력으로 이 중에 45명 장교와 129명(직업군인 및 계약직의) 준
   장교직 인력이 있음
② 조직: 지휘부, 물류 및 병참부, 1개 기술중대, 1개 교육중대 등
   3개 중대로 편재
③ 지휘부 장교들의 근무기간은 1대 중대에서 4-8년의 근무기간이
   지나야 승진이 가능. 다양한 분야의 출신들로 구성되지만 75%
   정도가 기술공병군 출신. 모두 예외 없이 소방대원의 기본기술
   과 교육을 이수한 인력이며 실제 상당한 소방기술자격을 가진

전문인들임

④ 지휘부와 물류병참부(C. C. L.: Compagnie de Commandement et de Logistique)
는 사고 발생 시 총괄지휘 및 기술적인 지원, 대응정책 결정의
지원과 같은 기본적인 활동 이외에도 사고처리를 위한 물류지
원, 현장에서의 통신전자 시스템의 지원 등과 같은 중요한 역할
을 담당. 이들의 활동 영역은 산림화재, 피해자 구출 등 다양. 피
해자 구조를 위한 구조견 팀도 보유하고 활동

⑤ 교육중대는 주로 육군 출신의 자원병들로 구성. 최소 자격요건
은 군인으로서의 군교육 / 전문가로서 교육 등을 요함

⑥ 군 교육은 직간접적으로 시민안전 활동과 경력직으로서 자격에
필요한 것이고, 또 다른 교육은 전문가로서의 향후 자신의 미래
직업 활동과 관련됨

⑦ 전문 분야의 교육이란 예를 들면 인명구조 분야 및 산불진압 분
야에 필요한 전문직 기술자격인 등이 될 수 있도록 한 교육

⑧ 이상의 교육 이수 후 신참교육중대는 현장투입중대(compagnies d'in-
tervention) 또는 지휘부나 물류지원중대에 배치되어 활동

⑨ 3개 현장투입중대(compagnies d'intervention)는 여러 재난발생 현장에
투입되어 재난대응 및 처리, 인명구조 활동 등 다방면에서 위기
대응. 특히 2개 중대는 자연재해 발생에 따른 현장투입 위주로
임무를 수행, 다른 1개 중대는 화학 및 방사능 분야에서의 기술
적 재난발생에 대응

⑩ 대응군들의 계약이 만료되거나 또는 전문직으로서의 임기가 끝
나면 다양한 경험과 전문기술과 지식을 살려 일반 소방대원으로
다시 활동함

(4) 활동상황 및 장비

① 제1대대의 기본장비는 재난현장 투입에 적합한 140대의 특수차량, 300대의 무전기, 5가지의 특수복장과 휴대장비(화재, 매몰인명 구조를 위한 굴착기 장착의 구명복, 화학방사능 탐지복, 의료장비, 식수음료 공급장비) 등을 갖춤

② 100여 명 정도가 한 시간 내로 현장에 투입되어 산불 확산 방지 활동, 기술적 재난에 따른 방어조치, 물류지원 및 의료지원 활동 등이 가능. 3시간 내로 두 번째 현장투입중대들이 지원할 수 있는 상시체제

③ 대응군 1인의 현장대응 활동시간은 통상 1년 평균 150~200일(1중대의 경우는 평균 120일) 정도로 산림화재, 인명구조 등 다양

④ 각 중대는 특수설비(구급 및 응급수술 의료차량, 기술재난 처리를 위한 특수차량, 음용수 오염 지역에 대한 식수공급차 등)를 갖추고 현장에서 신속한 재난대응 임무를 수행

⑤ 국제구조 활동을 위한 현장투입도 3시간 이내에 전 세계 어느 곳이나 긴급출동이 가능하도록 운영. 이에 따른 위성통신장비 운영

4.
미래 예측과 수명주기(라이프사이클)

    동서고금을 막론하고 앞일을 안다는 것은 무척이나 중요하다. 고대 국가에서는 신탁에 의존하여 국가의 존망을 점치기도 하고, 하늘에 기도하여 국가의 운명을 예측하기도 했다. 나라마다 민족마다 그 미래를 예측하는 방법은 달라도 그 욕구는 한결같았다. 서양 문명의 시원으로 알려진 그리스에서도 신전을 만들어 중요한 국가의 장래를 알려고 애를 썼고 동양에서는 하늘에 제사를 지내는 천제를 만들어 나라의 중요한 일이 있을 때마다 빌었다. 특히 우리나라는 바이칼 호로부터 시작되는 샤머니즘의 맥이 흐르는 민족으로서 무당이나 점에 의해 우리의 미래를 알고자 했다. 21세기 첨단 문명이 판을 치는 오늘의 서울에서도 무당과 점집이 성행하는 것은 다가올 미래를 알고자 하는 인간의 욕망이 엄청나게 크다는 것을 짐작하게 한다. 우리 근세사에 서양의 물질문명이 들어오면서 서양 학문 중심의 사상이 우리의 생각을 지배한 관계로 과학적 방법론만이 옳은 것으로 여겨지고 우리의 것들은 대개 미신으로 취급당하게 되었다. 그러나 서양의 과학적 방법론이라는 것도 자세히 살펴보면 먼 미래를 예측하는 데는 그 한계를 드러내고 있다. 그러므로 뭔가 더 나은 방법을 찾아야 하는 상황이다. 그러면 우리는 미래를 어떤 방법으로 예측할 수 있는가? 서양 철학의 아버지라고 할 수 있는 아리스토텔레스는 "만물은 변한다."라고 했다. 만약 세상이 변하지 않는다면, 미래를 예측하는 문제 자체가 필요하지 않다. 항상 그대로 미래는 오늘과 같을 것이기 때문이다. 그러므로 미래를 예측하는 것은 만물이 어떻게 변하는지 그 원리를 알면 가능할 것이다. 동양에서는 약 6,000년 전에 나온 『주역』이 '세상의 변화 원리'를 음양오행설로 설명하고 있다.[33]

  미래를 내다보는 것은 아무래도 인간에게는 너무 어려운 영역이다. 각국 정부와 전문가들은 늘 수많은 전망을 내놓지만 역사를 바꾸는 결정적 사건은 '이미 터진 뒤에야' 알기 일쑤였다. 옛 소련의 해체나 독일 베를린 장벽의 붕괴 같은 지구적 사건도 내로라하는 세계 전문가들, 그리고 주요국 당국자들의 예측 밖에서 일어났다. 미국 국가정보위원회(NIC)는 "글로벌 트렌드 2030" 보고서를 내면서 "미래를 예측 — 이는 불가능하다 — 하려 하기보다, 가능성 있는 미래들과 그 함의들에 대해 생각해 볼 수 있는 틀을 제공하고자 한다."라고 밝혔다. "향후 15년간 세계가 걸어갈 방향에 대한 사고(思考)를 촉진하려는 것"이라고도 했다. 1997년 11월 외환 위기를 맞은 한국 정부는 이듬해의 경제성장률 전망치를 3%로 할 것인가, 2%대로 할 것인가를 놓고 국제통화기금(IMF)과 며칠간 승강이를 했지만 실제 성장률은 -6%대였다. 한국 정부도, IMF 전문가들도 1년 뒤 성장률을 9%포인트나 틀리게 예측한 것이다. 그럼

---

33) 최근세사에서 그 주역을 가장 심도 깊게 연구한 학자로 한동석(1911년 함경남도 함주에서 출생)이라는 사람이 있는데 그는 『우주변화의 원리』(1966년 초판 발행, 2002년 대원출판에서 개정판 6쇄를 발행)라는 책을 저술하여 주역을 공부하는 사람들에게 큰 도움을 주고 있다.

에도 불구하고 미래는 내다봐야 한다. 세계사의 변전(變轉)도, 국가 운명
도, 경제 부침(浮沈)도 '과거 되짚어 보듯이' 예언할 수는 없지만 미래 전
망은 필요하다. 경제를 예측하지 않고는 기업 투자도, 국가 예산도 결정
할 수 없다. 국가 외교를 세계질서 변화에 대한 전망 없이 '감성과 즉흥'
으로 할 수도 없다. 남북한 8,000만 인구의 삶에 결정적 영향을 미치는
북한의 장래에 대한 다각적 관측이 대북정책 결정의 기초일 수밖에 없
다. 자연에서는 오늘의 태양이 곧 내일의 태양이지만 인간사에서 내일
은 오늘의 단순한 반복이나 연장(延長)이 아니다. 그럼에도 인간은 오늘
의 관점으로 내일을 생각하는 경향이 있다. 케인스 학파 창시자인 존 메
이너드 케인스는 "대부분의 사람은 미래가 현재와 다를 것이라는 인식
을 갖고 행동하는 것을 강하게 거부한다."라고 했다. 이러한 개인 · 기
업 · 국가는 변화 대응이 어렵고 적자생존(適者生存)의 세계에서 밀려날
위험이 커진다. 변화와 변수를 제대로 읽어 내지 못하고 어제의 잣대로
내일을 재단(裁斷)하는 국가와 국민은 기회를 놓치고 위기의 지뢰밭에 던
져지기 쉬운 것이다. 닥칠 수 있는 위험을 경고하고 회피 방안을 강구토
록 하는 것은 미래 예측의 중요한 목적이다. 미래는 예측의 대상인 동시
에 실현의 영역이다. "현재는 모든 과거의 필연적 산물이고 모든 미래의
필연적 원인"이라는 말이 있다. 우연 또는 우발도 인간이 감지하지 못했
을 뿐, 어떤 필연일지 모른다. 우리가 과거에 무엇을 했고 현재 무엇을
하느냐가 미래를 가를 것이다.

사실 전략을 공부하는 사람들에게 가장 중요하고 어려운 문제가 미
래 예측이다. 이것은 전략을 수립하기 위한 전제사항이며 전략상황 판
단을 가능하게 하는 주 수단이다. 전략이 미래에 대한 계획이므로 미래
가 어떻게 변하거나 전개될지를 안다면 전략 수립의 80%는 완성된 것

이나 다름없다. 따라서 장기적 미래는 동양학의 주역으로 예측하고 단기적 미래는 서양학의 과학적 방법론을 활용하는 것도 한 방법이다. 과학적 방법론으로 미래를 예측하는 방법은 대표적인 것이 '추세분석'이다. 과거의 행적을 분석하여 그 연장선상에서 과거에 이러이러했으니 미래에도 그런 방향으로 나아갈 것이라는 것이다. 주로 통계를 이용한 조사방법론이 이용된다. 그리고 최근에는 컴퓨터의 도움으로 표본 조사의 한계를 넘어서 관련되는 모든 자료를 이용하는 방법인 빅데이터를 이용하여 그 예측의 정확도를 높이기도 한다. 그렇지만 이 방법은 단기적 미래를 예측하는 데는 어느 정도 효용성이 있으나 먼 미래는 예측하기가 쉽지 않다. 물론 나날이 발전하고 있는 인공지능이 상당한 도움을 줄 것으로 예상하지만, 예를 들어 지구에 왜 빙하기가 왔었는지, 그 많고 많던 공룡은 왜 갑자기 사라졌는지, 문명은 왜 이렇게 변화하여 발전하고 있는지에 대한 명쾌한 답을 주기는 어려울 것이다. 이처럼 거시적이고 원론적인 문제는 철학의 문제로서『주역』의 음양오행설이 답을 줄 수 있다고 본다.

『주역』은 세상만사는 음과 양으로 구성되어 있으며 그것은 오행의 기운으로 변화한다는 내용이다. 물질적인 것이든 정신적인 것이든 음과 양으로 구성되어 있는데 그 음양의 원리는 서로 반대되면서 동시에 서로를 완전하게 만드는 것이라고 한다. 그러니까 세상은 어떻게 만들어져 있는가에 대한 질문의 답이 음양론이다. 서양 과학적 이론에서도 양자역학에 들어가면 물질과 비물질의 한계가 없어진다. 물질을 쪼개고 또 쪼개어 무한히 쪼개면 그것은 파동만 남는다는 것이다. 동양학에서는 그것을 기(氣)라고 하고 서양에서는 그것을 에너지라고 한다. 다만 그 기 또는 파동이 얼마 정도의 밀도로 뭉쳐져 있느냐가 존재의 형태를 결정한다. 단단한 것은 그렇지 못한 것보다 밀도가 높게 뭉쳐진 것이다. 이러한 것은 우리가 생각하는 무변광대한 우주로부터 소립자까지 동일하게 적용되는 것이며 그것이 프랙탈 현상으로 보인다. 이처럼 우리 인간의 머리로 상상할 수 없는 거대한 현상은 서양의 귀납적 방법으로는 설명이 불가능하고 동양의 연역적 방법만으로 설명 가능하다. 그리고 이렇게 음과 양으로 구성된 세상의 모든 것이 변화하는 원리는 오행의 원리에 의해서 일어난다. 오행이란 세상의 모든 것은 다섯 가지 성질의 기운으로 구분할 수 있다는 것이다. 그것은 목(木), 화(火), 토(土), 금(金), 수(水)인데 그것들은 '나무'나 '불'과 같은 자연형질 자체를 말하는 것은 아니지만, 그것을 배제하는 것도 아니다. 왜냐하면 그것은 형(形)과 질(質)의 두 가지가 공존하고 있기 때문이다. 이와 같이 오행은 형질을 대표하는 것이다. 그러나 주 포인트는 성질을 나타내는 기운을 말한다. 예를 들어서 목(木)은 나무를 나타내기보다는 나무의 성질을 가진 기운을 나타내는 것이다. 이러한 성질을 나타내는 기운으로 모든 것을 설명하는 것이다. 그런데 이 오행은 상생작용과 상극작용을 하는데, 상생작용이란 하나의 기운이 다른 기운을 도와주는 것을 말하고 상극작용이란 하나의 기운이 다른 기운을 망가뜨리는 것을 말한다. 예를 들어 목(木)은 화(火)를 생하게 하여 불이 일어나게 하지만 토(土)는 극하여 땅을 갈라지게 한다. 이를 도식으로 표시하면 이해가 쉬운데 목(木)을 12시 방향에 두고 시계 방향으로 목(木), 화(火), 토(土), 금(金), 수(水)로 배열한 후, 인접 방향으로 선을 그으면 오각형이 만들어지는데, 이 관계는 상생의 관계이고 한 칸 건너 선으로 이으면 그 오각형 안에 별 모양이 생긴다. 그것들은 상극의 관계이다. 상생의 관계는 작은 변화를 이루고 상극은 큰 변화를 불러온다. 상생은 마치 서양 과학에서 말하는 추세 분석과 같이 동일한 범주에서의 변화에 해당한다. 그런데 상극의 변화는 혁명적인 큰 변화를 일으키는데, 기존의 패러다임 내에서는 그 발전의 한계에 부닥친 경우다. 헤겔의 변증법(정반합)이 이와 유사하다고 볼 수 있다. 상생의 예를 들면 계절의 변화가 이에 해당한다. 봄의 목(木) 기운이 화(火) 기운을 생하여 여름이 오고, 여름의 화(火) 기운이 토(土) 기운을 생하여 여름에서 가을로 넘어가기 전 잠깐의 장마 기간을 만들고, 토(土)의 기운이 금(金) 기운을 생하여 열매를 맺는 가을이 오게 하고, 금(金) 기운은 수(水) 기운을 생하여 겨울을 오게 한다. 이는 목, 화, 토, 금, 수의 순서로 변화한 것이다.

그런데 이보다 더 큰 변화인 인류 역사의 발전은 상극 작용에 의해서 일어난다. 인류가 이 지구 상에서 최초 살아온 방식은 원시 채집 경제에서 시작하였다. 여기서 시작한 목의 기운은 금의 기운에 극을 당하여 청동기 및 철기 시대로 발전하였고 다시 이 금의 기운은 화의 기운에 극을 당하여 화의 시대인 산업화 시대가 되었다. 이 화(火)의 시대인 산업화 시대가 극에 달하자 화의 기운은 수의 시대에 의해 소멸되어 20세기가 끝나 갈 무렵에 화를 극하는 수의 시대가 나타나기 시작하여 21세기는 수의 기운이 세상을 지배하는 수의 시대가 된 것이다. 동양학자들은 수의 시대 시작을 1984년(하원 갑자년)으로 보고 있으며 화의 시대가 2011년까지 잔존 세력으로 남아 있다가 2012년부터 완전한 수의 시대가 시작되었다고 본다.[34] 아마 이다음에 나타날 세상은 분명히 수의 기운을 극하는 토의 시대가 될 것으로 보는 것이 옳을 것이다. 이처럼 역사는 오행의 상극 작용에 의해 변화·발전되어 왔다. 다음에 올 토의 시

---

34) 청곡, 『수의 시대 대한민국이 미래다』(서울: 김&정, 2007), pp. 33-39.

대는 인류의 역사가 완전히 소멸되든지 아니면 모든 것이 평화로운 천국과 같은 세상이 될 것이다. 그러나 역사 발전이 확장적 나선형 형태로 발전하는 것으로 보아 후자가 될 가능성이 높다. 즉, 패러다이스가 이 지구 상에 건설될 것으로 생각된다. 패러다이스란 상상의 세계에만 있는 것으로 생각하지만 우리 인류가 발전해 온 역사적 발자취를 돌아보면 인간의 가치가 점점 향상되는 방향으로 발전해 왔다. 지금의 삶이 아무리 고달프다고 하더라도 지난 세월 우리의 선조들이 살아온 세상보다는 훨씬 좋은 세상이고 우리가 어렸을 때보다 더 좋은 세상이 되었다. 세상은 더 좋은 세상으로 나아가고 있다는 증거다. 물질문명의 발달뿐만 아니라 지적 수준도 높아져서 인간다운 삶을 추구하는 분위기가 증대되고 있다. 지금은 수의 시대로서 정보화가 세상을 이끌고 있는데 다음의 세상은 인간의 삶을 가장 중시하는 문화의 시대가 될 것이라고 한다. 그 문화의 시대란 수의 기운을 극하는 토의 기운이 만들어 줄 것이다. 인류 역사 발전의 속도는 가속도적으로 변하기 때문에 어쩌면 21세기가 끝나기 전에 문화의 시대가 올지 모른다. 원시 채집경제 시대가 근 200만 년 동안 지속되었지만, 그다음 철기문화는 몇만 년 동안이었고, 그다음 산업화 시대는 약 400년 정도였다. 그리고 정보화 시대는 이제 30년 정도 되었는데, 그러므로 이것이 20-30년 후가 되면 문화의 시대로 발전할지도 모르겠다.

　인류 역사의 발전이 이렇게 상극작용에 의해 발전하는 이유는 무엇일까? 하나의 패러다임 내에서 상생작용에 의해 발전하다가 더 이상 발전하지 못하는 한계점에 봉착할 경우 그동안 압축되었던 반대 기운이 폭발적으로 발휘되어 새로운 패러다임이 생긴 것이다. 이것은 과학사 연구로 유명해진 토마스 쿤의 이론이다. 그는 인류가 이룩한 과학의 발전사를 연구하여 얻은 결과를 『과학 혁명의 구조』라는 책으로 저술하였고 그 책에서 최초로 '패러다임'이라는 용어를 사용했다. 과학이 같은 패러다임 내에서 점진적으로 발전하다가 한계에 부딪히면 혁명적 발전이 일어나 새로운 패러다임을 형성한다는 것이다. 이처럼 세상이 변하는 방식은 그 원리가 근본적으로는 오행의 상생작용과 상극작용에 의해서 이뤄진다. 이것은 세상이 변화하는 대원리를 말하는 것인데, 실제 우리 인간이 느끼는 것은 변화는 결과만으로 이해할 수밖에 없고 인간의 생존 기간이 짧은 관계로, 그 변화를 모아 놓은 결과인 귀납적 사실을 연역적 방법과 연관 지어 해석함으로써 미래를 장단기로 해석하는 데 도움을 받을 수 있을 것이다. 세상에 대하여 의문을 가지고 그것을 풀려고 노력하는 학문은 철학이고 그 답을 찾은 결과는 과학이라고 한다. 그런데 이 미래를 예측하는 문제는 너무나 어려워 철학의 단계까지 도달해도 가능할지 모르겠다.

그러나 장기적 미래 예측은 오행의 상극작용을 활용하여 예측하는 것이 바람직할 것으로 생각되며, 그 이전에 단기적 예측은 상생작용에 의해 예측하는 것이 옳다고 본다. 계절의 변화와 같이 상생작용에 의한 단기 예측이 가용하기는 하나, 경험이나 과학적 연구 결과에 의해서 변화의 패턴이 밝혀지지 않은 것들은 서양 학문에서 발전한 추세분석을 활용하는 것이 바람직하다. 요컨대 장기적 미래는 동양적 학문 방법인 연역적 방법으로 오행의 상극작용으로 예측하고, 단기적 미래 예측에는 서양적 학문 방법인 귀납적 방법으로 추세분석을 활용하는 것이 바람직하다고 생각한다. 그런데 미래를 예측한다는 것은 변화의 패턴을 찾아서 목표 시점상의 변화가 어떻게 될 것인가를 아는 것이다. 이 변화의 패턴은 직선적이기보다는 나선형이다. 왜냐하면 하나의 사상이 가지는 수명주기는 그 상부 체계의 수명주기(라이프사이클)에 포함되어 변화하기 때문이다. 다시 말해 세상만사는 우주의 수명주기의 하부 구조로서 변화한다. 우리가 알고자 하는 유기체의 수명주기를 알고 그 유기체와 상호작용을 하는 주변 환경의 수명주기를 안다면 위기를 관리하는 데 크게 도움이 될 것이다. 그러므로 수명주기는 우리가 미래를 예측하는 데 큰 도움을 줄 수 있다. 예를 들어 우리는 1년 4계절의 수명주기를 알기에 초목의 모습이 어떻게 변할지 알고 그에 맞춰서 농사일을 준비한다. 1년 4계절은 반복되므로 우리는 1년의 수명주기를 가지고 있는 식물, 그것도 일년생 식물에 대해서는 쉽게 이해를 한다. 그런데 우리 인간은 125년[35]의 라이프사이클을 가지고 있기에 이보다 수명주기가 긴 장차 일어날 미래를 예측하기는 어렵다. 뿐만 아니라 인간이 취급하는 일 중에서 1년 단위의 수명주기(라이프사이클)를 가지는 것 빼고는 모두가 그렇다.

수명주기(라이프사이클)에 대해서 가장 보편적이면서도 광범위하게 그리고 철학적으로 설명한 사람은 11세기 중국에서 살았던 소강절이다. 소강절은 우주 삼라만상의 모든 것은 일정한 라이프사이클을 가지고 있다고 보고 우주도 지구와 같이 봄, 여름, 가을, 겨울의 4계절을 가지면서 순환한다고 주장했다. 소강절은 우주 변화의 기본을 우리가 살아가는 지구 상에서 일어나는 1년의 변화를 기준으로 설명한다. 동양 철학의 보고인 『주역』은 이 우주 삼라만상은 무변광대한 우주로부터 아주 미세한 원자까지 동일하게 작동하는 원칙이 있다고 본다. 그래서 우주에 존재하는 모든 사상은 소우주로 표현한다. 이러한 원리를 이용하여 우리 인간이 가장 피부로 느끼는 시, 일, 월, 연의 변화를 이용하여 우주의 변화

---

35) 수명은 성장 기간의 5배라고 한다. 인간은 25년 동안 성장하기 때문에 원래 수명은 125년이라고 한다.

사이클을 추정한 것이다. 지구 상에서 일어나는 변화는 해와 달 그리고 지구의 움직임에 의해서 결정된다. 이들의 움직임이 에너지를 생성하여 상호 영향을 줌으로써 지구상에 존재하는 만물의 생장소멸에 영향을 준다. 가장 작은 단위로 변화를 측정한 것이 시(時)다. 시는 지금 우리가 사용하는 24시간 기준이 아니고 12시간 기준이다. 이것은 자, 축, 인, 묘, 진, 사, 오, 미, 신, 유, 술, 해로 셈한다. 지지(地支)로부터 가져온 셈법이다. 그러니까 지구 자전 360도의 1/12 동안의 변화인 30도 차이로 변화의 차이가 일어난다고 보는 것이다. 작은 변화이지만 우리가 아는 시간으로 보면 2시간이니까 자세히 보면 변화를 감지할 수 있다. 결과적으로 지구는 30도를 돈 것이다. 다음은 일(日)이다. 하루가 지남에 따라 변화하는 것을 말한다. 지금은 지축이 경사진 관계로 1년이 365와 1/4일이지만 원래 지구가 태양 주위를 도는 데 걸리는 시간은 360일이다. 지구가 태양 주위를 1도 돌면서 자전 한 바퀴를 돈 양만큼의 변화가 일어난다는 것이다. 이때 지구는 360도를 돌았으며 밤과 낮이 한 번 바뀌는 변화를 겪었다. 이어서 월(月)이다. 월의 변화는 지구가 하루에 360도 회전하는 것을 한 달간 30회 하면 10,800도 회전한다. 이 정도의 기간이면 상당히 변화한다. 특히 달(moon)이 한 라이프사이클을 가지는 기간이다. 계절의 변화만큼은 아니더라도 상당한 변화가 일어날 수 있는 기간이다. 아마도 음의 기운이 크게 작용하는 것으로 이해된다. 마지막으로 연(年)이다. 변화의 한 주기를 만드는 완성의 라이프사이클이다. 매월 10,800도씩 회전한 지구가 12개월 동안 회전하면 129,600도를 회전하게 되는 것이다. 지구가 태양 주위를 한 바퀴 돌면서 129,600도를 자전했으니 상당히 많이 변했을 것이다. 변하고 변해서 태양을 중심으로 하여 한 바퀴 돌았으니 지구가 자전을 해서 하루가 변하여 새로 시작하는 것과 같이 일 년을 다시 시작하는 것이다. 소강절은 이러한 지구의 자전 도수를 이용하여 원회운세를 산출하였다. 즉 지구의 자전도수를 우주의 1년으로 계산하여 세는 30년, 운은 360년, 회는 10,800년, 원은 129,600년으로 하였다. 그러니까 우주의 작은 변화는 30년을 주기로 나타나며, 중간의 변화는 360년을 주기로, 대변화는 10,800년을 주기로, 마지막으로 대대변화는 129,600년을 주기로 순환한다고 보았다. 태양계의 상위 체계인 우주에도 같은 원리로 적용한 것이다. 즉, 지구의 자전 도수를 지구 1년의 시간으로 환산하여 우주에 적용한 것이다. 우주가 한 바퀴 순환하는 데 걸리는 시간은 지구의 시간으로 129,600년이라고 했는데, 이러한 주장을 과학적으로 뒷받침하는 근거가 있다. 지구과학을 연구하는 학자들에 의하면 빙하기가 거의 10만 년 주기로 나타났다는 것이다. 우주의 겨울이 약 10만 년 주기로 나타났다는 것을 증명하는 것이다. 빙하기라고 하면 극지방의 기후를 예상하기 쉬운데, 그렇게 추운 것이 아니고 빙하기의 온도는 다른 시기보다 평균 4-5도 정도 낮다고 한다. 그러니 빙하기가 온다고 해도 지구 상의 생물이 멸종하거나 하지는 않는다. 살아가는 모든 것들은 우주가 변화하는 주기에 영향을 받는다. 그러므로 우주가 지금 어느 변화의 노정에 있는지를 안다면 미래를 예측하는 데 도움이 될 것은 틀림없는 사실이다.

그런데 이러한 우주의 변화 사이클 가운데서 살아가는 만물의 라이프사이클은 오행의 순서로 변화한다. 즉, 봄에는 싹이 나고 여름에 성장하여 가을에 결실을 맺고 겨울에 저장하는 순서로 말이다. 이것은 목, 화, 토, 금, 수의 기운으로 이뤄지는 것으로 유, 무형 모든 것이 이러한 원리에 따른다. 우리 인간도 태어나서 성장하여 늙은 다음 죽는다. 사업도 그렇고 생각까지도 그렇다. 그래서 사업을 하는 사람들은 그 아이템의 수명주기를 잘 파악하여 수명주기가 끝나려는 조짐이 보이기 전에 새로운 아이템의 씨앗을 적절하게 뿌려야 한다. 그래야 지속적인 사업이 가능하다. 소강절의 주장에 하나를 더 보태면, 지구의 1년이 4계절로 나뉘어 있는 것처럼 우주의 1년도 4계절로 되어 있을 것이다. 이를 준거로 하여 한 달의 지구 자전 도수 10,800에 3개월을 곱하여 32,400도 수를 산출할 수 있다. 즉, 우주는 32,400년 마다 봄, 여름, 가을, 겨울의 계절로 변화할 것이다. 봄에는 목의 기운이, 여름에는 화의 기운이, 가을에는 금의 기운이 그리고 겨울에는 수의 기운이 나타날 것이고 각 계절의 사이에는 토의 기운이 나타날 것이다. 이러한 기운이 나타나는 시기를 알아 두면 역사를 이해하는 데 더 도움이 될 것 같다. 우리 인간이 사는 시간이 우주의 변화 사이클의 시간에 비해 너무 미미하므로 미래를 예측하는 것이 쉽지는 않겠지만 만일 우주 변화의 시작점이나 변곡점을 안다면 그로부터 기산하여 미래를 예측할 수 있을 것이다. 예를 들어 지금은 많은 역학자들이 선천이 끝나고 후천으로 들어가는 시기라고 한다. 봄과 여름은 양(陽)의 시기이고 가을과 겨울은 음(陰)의 시기다. 그러니까 양의 시대가 끝나고 음의 시대가 시작되고 있다는 것이다. 중·후·장·대 제조업이 사라져 가고 컴퓨터 중심의 IT 산업이 부상하고 있고 남성의 시대가 사라져 가고 여성이 사회의 중심 역할로 부상하고 있는 것이 보이지 않는가? 이것이 음의 기운이 지배하는 현상이다. 지금 세계적으로 여성의 활동상이 두드러지게 나타나는 것은 우연이 아니고 우주의 기운이 가을로 접어들고 있다는 것을 보여 주는 현상이다. 세계에서 40여 개의 국가 수반이 여성인데, 그 나라들이 대체로 선진국들이다. 경제 분야에서도 미국의 얠렌 연준의장, 리카르도 IMF 총재 등이 있으며 남성의 전유물로 여겨졌던 국방장관에도 프랑스와 일본이 여성을 장관으로 보임하는 등 여성의 역할이 크게 부각되고 있다. 이러한 현상은 앞으로 사회 전반에 나타날 것이다. 강압보다는 타협이, 완력보다는 협상력이, 무리보다는 합리가, 불의보다는 정의가 요구되는 세상으로 변모해 갈 것이다. 용광로처럼 들끓는 갈등의 시대가 점점 사라지고 순리가 승리하는 세상이 될 것이다. 따라서 앞으로 지도자는 하드 파워보다는 소프트 파워를 가진 사람이 될 것이다. 이 기운을 느끼는 사람이 성공할 것이다. 그러니 젊은이들은 이런 것을 알고 공부했으면 좋겠다.

우리나라 역사에서, 360년의 주기로 고난의 시기가 왔었다고 분석한 분의 이야기를 들어 보면 최근세사에서 우리나라 운의 최저점은 6.25가 일어난 1950년이라고 한다.[36] 1950년을 기점으로 향후 180년은 상승 기운이 우리에게 있다는 것이다. 즉, 1950년부터 90년 후인 2040년 까지는 목의 기운이 뻗치는 시기이고 그 이후 90년까지는 화의 기운으로, 즉 여름과 같이 뜨겁게 성장하는 시기라는 해석이 나온다. 골드만 삭스가 2050년이 되면 대한민국이 세계 일등 국가가 될 것이라는 예측을 했는데 알고 하는 말인지는 모르지만 대충 비슷하다. 겨울이 추워야 풍년이 드는 것처럼 우리 민족이 근세사에서 조선 말기부터 일제 강점기, 6.25 등과 같이 너무나도 추운 겨울을 보낸 덕분에 봄을 맞아 강력한 분출력을 발휘하여 불과 반세기 만에 민주화와 경제성장을 이룬 세계 유일의 국가가 되었다. 겉으로 보면 하루도 편할 날이 없으면서도 놀라운 성장을 해 온 것을 보면 상승의 기운을 내뿜는 시기를 우리가 살아가고 있기 때문이다. 무리하지 말고 순리를 따라서 서로 타협해 가면서 좋은 나라를 만들라는 기운이 감돌고 있는 것이다. 이러한 변화의 기

---

36) 이충웅, 『한반도에 기가 모이고 있다』(서울: 집문당, 1997), p. 50.

운을 아는 것은 미래에 닥칠지도 모르는 위기를 대비하는 데 상당히 중요한 고려 사항이 될 수 있으며 특히 변화의 시기에 이러한 조짐을 안다는 것은 전략을 수립하는 데 크게 기여할 것이다.

5.
각종 전략

1) 목표지향 전략

(1) 조직 결속 전략

　　조직의 결속을 강화하는 것 중에서 가장 중요한 것이 '정서의 공유' 다. 우리나라에서 불가사의한 조직이 해병전우회, 고대 교우회, 그리고 호남 향우회라고 한다. 그러면 왜 그들은 그렇게 결속력이 강한가? 조직 내에서 결속을 강화시키는 정서공유는 어떻게 만들어지는가? 그것은 어려운 시기에 고통을 같이 함으로써 만들어진다. 전우애라는 것도 생사를 넘는 전장에서 같이 있었기 때문에 정서공유가 가능한 것이며, 훈련을 같이 받거나, 운동을 같이 한 경우에도 이런 정서공유가 이뤄진다. 정도의 차이는 있겠지만 정서의 공유는 같이 시간을 많이 보내면 보낼수록 그리고 어려운 시기를 많이 공유함으로써 정서공유의 정도가 높아진다. 그래서 신입사원이나 신입생들을 대상으로 MT를 한다. MT는 단체로 가서 일부러 사서 고생을 하고, 기억에 남는 그들만의 퍼포먼스로 동일 정서를 제공하기 위해 애쓴다. 결론적으로 조직결속을 강화하기 위해서는 정서공유가 된 사람들끼리 모이면 더욱 좋고, 그렇게 모인 조직에서 주기적으로 어려운 시기를 같이 경험할 기회를 많이 제공하면 더욱 좋다. 정치단체가 산악회를 많이 결성하고 자신들이 어려움에 처하면 같이 산행을 하는 경우를 자주 보는데, 산을 오르면서 같이 겪는 고행을 통해 정서공유의 장을 넓히기 위한 것이 아닌가 생각된다.

(2) 갈등 해결 전략

갈등은 상호 간의 추구하는 이익이 다를 때 나타나는데 그것은 같은 사안을 보는 관점이 다르기 때문이다. 그러면 왜 같은 사안을 다르게 볼까? 그것은 그 밑바닥에 이기주의가 자리하고 있기 때문이다. 자신의 이기주의가 아니고 이타주의가 밑바닥에 자리하고 있다면 애초부터 갈등이 생길 근거가 없어진다. 그런데 이타주의는 실행으로 옮기기가 쉽지 않다. 상당한 마음 공부가 된 사람이 아니고서는 불가능하다. 문제는 우리들이 부닥치는 일들은 필부필부를 상대하는 것이므로 그들은 대개 이타주의에 대한 이해가 충분하지 못하며 더구나 그들에게 이타주의를 실행하라고 강요할 수는 없다. 그러므로 본능적으로 발휘되는 이기주의를 바탕에 두고 일을 처리하는 방법 외에 달리 방도가 없다. 그렇다면 이기주의를 바탕에 두고 만들어지는 갈등을 어떻게 해결할 것인가? 갈등을 해결하려면 양자가 서로 이익이 되게 해야 한다. 즉, 서로가 수용할 수 있는 방안이 제시되어야 한다. 다시 말해 윈윈 게임이 되어야 한다. 그런데 문제는 어떻게 윈윈 게임으로 만들 것인가? 그것이 문제고 그 문제를 푸는 것이 전략이다. 그러니까 이것을 갈등 해결 전략이라고 할 수 있다. 갈등의 해결 전략은 현재 경쟁하고 있는 가치를 잘 분석하는 것이 먼저다. 그리고 지금 서로가 지키려고 애쓰는 가치를 잘 분석하여 그 상위 가치가 무엇인지 확인하는 것이 다음 단계다. 그 상위 가치가 확인이 되면 그 상위 가치에 대하여 갈등 당사자 간에 서로 이해하고 수용함으로써 윈윈이 된다고 인식하고 수용하게 하는 것이 마지막 단계다. 이렇게 되면 갈등이 해결되는 것이다. 가장 중요한 것은 갈등하고 있는 가치로부터 상위 가치를 확인하는 것이다. 이 과정은 알고 보면 콜럼버스의 달걀과 같다. 그럼에도 불구하고 흥분한 상태이거나 지나친 이기주의에 사로잡혀 있을 때는 잘 보이지 않는다. 많은 경우에 자기가 현재 몰입하고 있는 상황을 벗어나 상위의 가치를 잘 인식하지 한다. 그럴 때, 제3자 또는 학식이 있는 분이 그 상위 가치를 찾아내어 설명하고 갈등 당사자들에게 인식시켜야 한다. 이 과정은 복잡하고 인내를 요구한다. 그 과정을 얼마나 슬기롭게 헤쳐 나갈 것인가가 갈등 전략의 진수다. 이러한 갈등 해결 전략은 상호 경쟁하는 틀의 외연을 상위 계층으로 확대하여 경쟁함으로써 경쟁 상대와 같은 가치의 범주에서 상생으로 틀을 바꾼 전략이다.

2) 개념지향 전략

(1) 이소제대(以小制大) 전략

이소제대라는 말은 전략에서 흔히 쓰는 말이다. 그런데 이 말은 자세히 뜯어보면 논리적으로 맞지 않는다. 세상의 이치는 작은 것이 큰 것을 이길 수는 없는 것이다. 그런데도 이소제대하는 것이 진정한 전략이라는 생각을 갖는다. 큰 것이 작은 것을 이기려고 할 때에는 전략이 필요하지 않을 것이기 때문이다. 왜 그럴까? 여기에는 가장 중요한 경쟁의 틀, 즉 패러다임을 바꾸는 것이 생략되었기 때문이다. 다시 말해서 작은 것이 큰 것을 이기기 위해서는 작은 것이 유리한 경쟁의 틀로 바꾸어야 하는데 이렇게 바꾸어 놓고 싸우게 되면 결과는 작은 것이 큰 것이 되고 큰 것이 작은 것이 되는 것이다. 따라서 결과는 최초의 작은 것이 큰 것을 이긴 것이지만, 경쟁의 틀이 바뀐 이후 단계부터 생각하면 자연의 이치에 맞게 큰 것이 작은 것을 이긴 것이다. 이러한 결과는 전략이라는 촉매가 작용하였기 때문인 것이다. 우리가 흔히 접하는 비대칭 전력 양성은 경쟁의 틀을 바꾸기 위해서 필요한 방법이다.

(2) WalT & See 전략

몹시 굶주린 여우가 속이 빈 참나무 구멍에서 양치기가 잊고 놓아 둔 약간의 빵과 고기를 발견하게 되었다. 그는 살금살금 기어 들어가 그것을 먹어 치웠다. 배가 잔뜩 부른 여우는 그 구멍에서 다시 나올 수가 없었다. 다른 여우가 지나가다가 그의 외침과 비탄의 소리를 듣고 다가오더니 무슨 일이냐고 물었다. 사정 이야기를 듣고 난 여우가 말하기를 "음, 그렇다면 네가 들어갔을 때처럼 배가 홀쭉해질 때까지 기다릴 수밖에 없겠군. 배가 홀쭉해지면 쉽게 그곳을 빠져나올 수 있다구." 하고는 그 자리를 떠나 버렸다. 이것은 이솝 우화에 나오는 이야기다. 모든 일은 때가 되어야 되는 것이다. 조급하게 생각하지 말고 때를 기다려야 한다. 동시에 여유 있게 생각하여 전략가라면 들어갈 때 음식을 먹고 나면 어떤 상황이 될 것인가를 미리 생각했어야 한다. 배가 불러진 후에 들어간 구멍을 나올 수 있겠느냐는 생각을 했어야 했던 것이다.

(3) 평지풍파 전략

세상이 너무 조용하고 체계가 확고한 사회는 기회가 부족하다. 모든 것이 정해진 대로 예정된 대로 진행되고 미래의 예측이 너무도 분명한 사회에는 기회가 부족한 법이다. 이런 시스템에서 기회가 없다고 판단한 사람은 판을 흔들어 버리고자 한다. 시스템이 불완전해야 어설픈 주장도 먹혀들 수 있고 억지도 통할 수 있다. 개발도상국에서 많은 사람들이 벼락출세를 하고 떼돈을 버는 것은 이러한 이치다. 우리나라도 개발 연대에는 많은 기회가 있었다. 그때 모험심과 야망을 가진 자들이 성공했다. 정해진 길만 가는 모범생보다는 좌충우돌하는 비모범생들이 더 성공했다. 씨름판에서도 서로 팽팽하게 대치하고 있는 선수들이 제일 먼저 하는 것은 공격의 기회를 잡기 위해 상대를 흔들어 보는 것이다. 흔들어서 약점이 잡히면 여지없이 공격하는 것이다. 도저히 희망이 없어 보이니까 이판사판식으로 흔들어 보는 것이 평지풍파전략이다.

3) 수단지향 전략

(1) 이이제이(以夷制夷) 전략

오랑캐로 오랑캐를 무찌른다는 뜻으로, 한 세력을 이용하여 다른 세력을 제어함을 이르는 말이다. 중국의 당나라 역사에서 외교정책으로 많이 쓰인 전략으로 적과 적을 경쟁하게 하여 적을 약하게 만들어 자신과 적과의 경쟁에서 유리한 구도를 만드는 전략이다. 자신이 직접 경쟁의 장에 뛰어들지 않고 자신의 전략적 목표를 달성할 수 있는 방법이다. 동양의 대 전략가 손자는 그의 병법 제3편, "모공편(謀攻篇)"에서 "부전이굴인지병, 선지선자야(不戰而屈人之兵, 善之善者也)", "고상병벌모, 기차벌교, 기차벌병, 기하공성(故上兵伐謨, 其次伐交, 其次伐兵, 其下攻城)"이라고 했는데 이 말은 "적과 싸우지 않고도 적을 굴복시킬 수 있는 것이 가장 좋은 것이다"라는 뜻이다. 그러므로 "가장 좋은 병법은 적의 꾀를 치는 것이며, 그 다음은 적의 동맹을 치는 것이며, 그 다음은 적의 병력을 치는 것이며, 가장 하책은 성을 공격하는 것이다"라는 말이다. 이처럼 직접 적과 싸우는 것보다는 적의 꾀를 공격하거나 적의 동맹을 치는 간접접근 방법이 좋은 것이다. 하지만 그보다 더 좋은 방법은 적들을 상호 견제시키거나 싸우게 만들어 자신과 싸울 역량과 시간을 없애는 것이다. 이러한 이이제이 전략은 적대국과의 후유증마저 남지 않게 되는 것이다. '자신과 적 간의 경쟁의 틀'을 '적과 적 간의 경쟁의 틀'로 만들어 싸우게 함으로써 적들로 하여금 자신들의 역량을 완전히 소진케 하여, 감히 경쟁의 틀로 나오지 못하게 하는 전략인 것이다. 즉, 자신과 경쟁의 틀에서 발휘될 역량을 사전에 제거하여 적과의 경쟁의 틀이 형성되면 절대 우위의 경쟁력을 갖게 하는 것이야말로 진정한 전략이다. 그러한 의미에서 이이제이 전략은 전략의 최고봉에 자리매김된다. 요컨대, 이것은 자신에게 유리한 경쟁의 틀로 바꾸는 전형이다.

(2) 기정사실 전략

기정사실 전략이란 궁극적 목표를 달성하기 위하여 상대가 눈치채지 못할 만큼 목표를 잘게 쪼개어 야금야금 갉아먹은 후 궁극적 목표를 점령하고 나면 상대방도 그것을 기정사실로 받아들일 수밖에 없게 하는 전략을 말한다. 전술적으로는 전술적 목표를 나누어 점령하는 '살라미 전술'이라는 것이 있다. 이러한 전략이 가능한 것은 대부분의 사람들은 천성적으로 보수적이기 때문이다. 자신이 가진 것을 빼앗기지 않으려 안달하고, 예측할 수 없는 결과와 피할 수 없는 갈등을 야기하는 상황을 두려워한다. 사람들은 기본적으로 대립을 싫어하고 피하려 한다. 만약 당신이 적으로부터 중요한 가치를 지닌 것을 빼앗으려 한다면 적은 전쟁도 불사할 것이다. 그러나 작고 별 볼일 없는 것을 빼앗는다면, 적은 굳이 전투를 하려고 하지는 않을 것이다. 작은 것을 두고 싸우기보다 당신을 그냥 내버려 두는 것이 더 합리적이라고 생각하기 때문이다. 이것이 바로 적의 보수적 성향을 이용한 것이다. 따라서 당신이 빼앗은 작은 부분은 기정사실, 즉 현상의 일부분이 될 것이며 이는 앞으로도 계속 유지될 수 있게 된다. 이어서 기정사실을 기반으로 당신은 또다시 작은 부분을 야금야금 갉아먹게 될 것이다. 이번에는 당신의 적은 좀 더 경계심을 품고, 당신의 행동을 주시할 것이다. 그렇지만 당신이 갉아먹은 것이 작은 부분이기 때문에 싸울 만한 가치가 있는지 고려해 보다가 결국은 보수적 성향이 작용하여 싸움을 피할 것이다. 이렇게 반복적으로 작은 부분을 갉아먹어 전체를 다 먹어 치울 때까지 계속될 것이다. 마침내 당신의 목표가 드러나고 당신의 라이벌이 이전의 평화주의를 후회하며 전쟁을 고려할 때가 오겠지만, 그때쯤이면 당신은 이미 작은 상대도, 처치하기 쉬운 상대도 아닐 것이다. 경쟁의 상대라고 할 수 없었던, 완벽하게 열세했던 경쟁의 틀이 야금야금 부분을 갉아먹은 후 강해져서 동등하게 경쟁할 수 있는 경쟁 상대가 되거나, 더 나아가 상대를 위협하는 경쟁자가 될 수도 있다. 이렇게 되면 완벽하게 경쟁의 틀이 바뀐 것이다. 이 기정사실 전략을 구현할 때 반드시 주의할 점은 당신이 원하는 것만 갉아먹어야 하며, 사람들이 싸우기를 꺼려 하는 본성을 해칠 정도의 분노와 공포, 불신을 유발해서는 안 된다는 것이다. 동시에 야금야금 갉아먹는 사이에 충분한 시간적 여유를 두어 사람들이 잠깐 관심을 가지다가 말게 하여야 한다. 일반적으로 사람들은 더 심해지지 않으며 상황이 좋아진다고 판단하는 경향이 있다. 또한 기정사실 전략의 비결은 사전 논의 없이 빠르게 진행해야 한다는 것이다. 만약 행동을 취하기도 전에 자신의 의도를 드러낸다면 수많은 비판과 분석, 의문에 둘러싸이게 되어 전략으로서의 가치를 상실하게 된다. 일반적으로 사람들은 꿈을 이루려는 감정과 엄청난 욕구에 사로잡혀, 대개 한 번의 큰 도약으로 목표에 다다를 수 있다고 생각한다. 그러므로 꿈을 이루는 데 필요한 작고 지루한 단계들을 중요하게 생각하지 않는다. 하지만 자연의 세계와 마찬가지로 사회적 체계에서도 모든 것의 크기와 안정성은 서서히 자라는 것이다. 그것이 '우주변화의 원리'이고 자연스럽다는 의미다. 태양은 우리의 육안으로는 감지되지 않을 정도의 속도로 움직이고 동식물의 성장 역시 마찬가지로 느리지만 그것들이 자라는 것과 같이 자연의 속도에 맞춰 움직이는 것은 안정성을 유지하는 가운데서 변화 발전한다. 이 전략은 처음에는 작고 가까운 것에, 그다음에는 궁극적인 목표에 더 가까이 가려면 어디에서 어떻게 접근해야 하는지에 초점을 두게 된다. 작은 단계를 밟음으로써 원대한 욕구들은 실현 가능한 것이 된다. 큰 것을 빼앗으려는 유혹을 물리쳐야 한다. 씹을 수 있는 것보다 더 큰 것을 삼킨다면, 그로 인해 발생하는 문제를 처리하느라 시간을 낭비하게 되며, 이 문제가 제대로 풀리지 않을 경우 의욕을 잃게 된다. 이 전략이 더 효과를 발휘하기 위해서는 당신의 공격적 의도를 감춰야 한다. 공격의 발톱을 숨기고 어리석음을 표출해야 한다. 전략적 의도를 감추기만 해서는 안 된다. 따라서 한 입 갉아먹었을 때는 아무리 작은 것이라도 자기 방어에서 나온 행동을 보여라. 부분적인 것을 갉아먹는 중간중간에 충분한 휴식기를 두어 당신의 목표가 거기까지라고 인식하게 하여, 당신이 평화적인 사람이라는 것을 보여 주어라. 만약 당신이 더 큰 것을 수시로 갉아먹은 후, 먹을 것 중 일부를 토해 낸다면 그것은 이 전략의 극치다. 이러한 전략의 역사적 사례는 1740년 프로이센의 대제가 된 프리드리히이다. 그는 가장 강력한 적수였던 오스트리아를 상대하여 자신의 목표를 이룩하였다. 그는 마리아 테레지아 여제가 오스트리아의 왕이 되자 정통성을 트집 잡아 군대를 오스트리아의 작은 지방인 셀레지아로 보냈다. 수년간 전쟁이 지속되었는데, 그는 상황을 적절히 판단하여 다른 지역까지 위협, 마리아 테레지아가 화평을 요청하게 하였다. 프리드리히는 이 전략을 반복함으로써 싸울 만한 가치가 없는 작은 영토들을 힘들이지 않고 점령해 나갔다. 그렇게 해서 사람들이 미처 눈치채기도 전에 프로이센을 열강의 반열에 올려놓았다. 다른 사례는 2차 대전 당시의 드골이다. 드골은 1940년 6월 17일 영국 수상 윈스턴 처칠을 방문하였다. 그 자리에서 그는 공동의 대의를 위해 싸우겠다고 말했다. 그러면서 그는 처칠에게 BBC 라디오 방송을 통해 모든 프랑스인들에게 프랑스 해방을 위해 항전하고 용기를 잃지 말 것을 호소하는 연설을 하고 싶다고 했다. 처칠은 비시 정부와 마찰을 빚고 싶지 않아 망설였지만 드골이 비시 정부를 자극할 만한 말은 전혀 언급하지 않겠다고 약속하자 마지막 순간에 승인하였다. 드골은 약속은 지켰지만, 연설을 마치면서 다음 날 방송을 기약했다. 처칠도 이 사실을 알았지만, 막아 봐야 모양새가 좋지 않다고 생각했으며, 암흑의 시기에 봉착한 프랑스인들의 마음을 위로할 수 있다면 가치가 있다고 생각했다. 드골은 영국에 도착하여 프랑스의 명예를 회복하겠다는 한 가지 목표만을 가지고 있었다. 조국 프랑스를 해방시키기 위해 군사와 정치 조직을 이끌겠다는 것이었다. 그는 자신의 조국이 자유를 되찾기 위해 다른 나라에 의존해야 하는 나약한 국가가 아니라, 연합국과 동등한 위치를 가진 국가로 인식되길 원했다. 그러나 그는 결코 그러한 의도를 드러내지 않았다. 그 대신 목표를 주시하고 아주 신중하게 한 번에 한 입씩 야금야금 갉아먹었다. 첫 번째로 BBC 방송을 통해 자신을 대중에게 드러내고 그다음 영리한 전략으로 계속해서 방송에 출연한 것이다. 여기서 그는 친숙하고 극적인 성향과 사람들을 끌어당기는 목소리를 이용하여, 실제보다 훨씬 더 과대 포장된 이미지를 형성했고 자유 프랑스군을 조직할 수 있었다. 두 번째로 그는 아프리카 지역을 자유 프랑스군의 지휘하에 두었다. 외딴 곳이긴 하지만 커다란 지역을 수중에 넣고 있다는 자체가 그에게 확고한 정치권력의 기반을 마련해 주었다. 세 번째로 레지스탕스의 환심을 사서 한때 공산주의자의 요새였던 단체를 맡았다. 네 번째로 해방될 프랑스를 통치할 프랑스 국민해방위원회를 설립하고 지휘권을 획득했다. 이러한 드골의 단계적인 행동 방식 때문에 아무도 그의 속내를 눈치채지 못했다. 드골이 프랑스의 전후 지도자로 인식되고 있다는 사실을 처칠과 루스벨트가 깨달았을 때는 이미 아무런 조치도 취할 수 없었다. 모든 것이 기정사실화된 것이다. 결론적으로 기정사실 전략은 원대한 목표를 가슴에 새기고 상대가 눈치채지 못할 속도로 살금살금 다가가서 작게 나누어진 목표를 야금야금 먹어치워 상대가 그 사실을 알았을 때에는 어찌할 수 없이 그것을 기정사실로 받아들이게 하는 전략이다. 지금 준동하는 좌익 세력들의 움직임을 예의주시하여 그들이 기정사실 전략을 구사하지 않도록 빠르고 강력한 맞대응 전략을 구사해야 한다.

(3) 당의정 전략

"몸에 좋은 약은 쓰다."라는 말이 있다. 그것이 세상 이치다. 세상에 입에 달면서 몸에도 좋은 약이 있다면 그것은 대박이다. 도대체 있을 수 없는 일이다. 물 좋고 그늘 좋은 곳이 잘 없듯이 하나가 좋으면 다른 하나가 나쁜 것이 보편적 세상의 이치다. 아이는 몸에 좋은 쓴 약보다는 우선 입에 달콤한 사탕을 좋아한다. 그렇다고 계속 아이에게 사탕을 먹도록 하는 부모는 없을 것이다. 사탕을 계속 먹으면 우선 이가 삭고 나중에는 당뇨병 환자가 될지도 모른다. 몸은 나약해져 종내는 사람 구실을 못 하는 것이다. 입에 좋다고 계속 먹다가 몸 전체가 망가지는 것이다. 이를 다 아는 부모가 아이가 사탕을 계속 먹는 것을 방치한다면, 그 부모는 친부모가 아니거나 천치 바보 중에 하나다. 이를 국가에 대입해 보면 비슷한 현상이 나타난다. 대중은 아이처럼 당장의 달콤함에 빠져들기 쉽다. 대중들의 생각은 자신의 장래 몸의 상황을 가늠하지 못하는 아이처럼 나라 전체의 일을 생각할 만한 능력이 없다. 오직 자신의 입장에서 좁은 세계만을 볼 수 있는 대중일 뿐이다. 이 대중들에게 국가 장래를 위해 나라에 좋은 쓴 약을 먹으라고 요구하면 대중은 잘 먹지 않는다. 나중에 나라가 망하는 것은 자신과 무관하다고 생각하는 경향이 많다. 그들은 우선 먹기 좋은 사탕을 좋아한다. 나중에 국가가 당뇨병에 걸려 제대로 몸을 가누지 못해도 자신과는 상관없는 듯 생각한다. 그런데 국가지도자나 전략가는 그럴 수가 없다. 미래가 훤히 그려지는 전략가에게는 참을 수 없는 고통이다. 그렇다고 대중들에게 강제로 쓴 약을 먹일 수 없다. 독재체제에서는 가능할지도 모르겠지만, 자유민주주의 체제에서는 어렵다. 이때 전략가는 그 쓴 약을 삼키기 쉽도록 당의정을 입히는 일을 해야 한다. 당의정을 어떻게 만들어 입힐 것인가는 전략가의 몫이다. 쓴 약에 비록 당의정을 입히더라도 그 약의 효용에 대해서는 정확하고 명쾌하게 설명해야 한다. 검증이 되지 않은 약일수록 대중을 설득하는 데 어려울 것이다. 이것은 기존의 지식과 정보 통계를 이용하여 대중이 이해할 수 있는 수준으로 설명하고 설득해야 한다. 이 약을 먹는 것이 나라에 좋고 그 결과가 대중들 자신에게 큰 이익이 돌아간다는 것을 쉬운 말로 설명하고 설득하여야 한다. 그래서 대중들이 이 약을 먹긴 먹어야 하는데 약이 입에 너무 써서 문제라는 사실에 이르도록 한 다음에 당의정을 입혀서 제공하는 것이 옳다. 앞으로 국가지도자가 될 사람은 국가의 미래를 위하여 대중에게 쓴 약을 먹이는 데 필요한 당의정을 개발할 능력이 반드시 필요하다.

(4) 강온 유연 전략

　　세상의 무슨 일에나 강할 때는 강하고 온화할 때는 온화해야 한다. 문제는 때를 잘 알지 못하고 때를 안다고 하더라고 강온을 적절하게 구사하기가 쉽지 않다는 것이다. 그렇다. 그게 쉽다면 이 세상에 실패할 사람이 어디 있겠는가? 세상은 그 쉽지 않은 것을 연구하고 노력해서 시행하는 자가 승리하고 그렇지 못한 자가 실패하도록 되어 있는 것이다. 미 하버드 대 케네디 스쿨 조지프 나이 교수는 "'포스트 9.11 시대' 의 승자와 패자"라는 글에서 미국 부시 행정부가 너무나 강경 일변도의 전략에만 치중하다가 알카에다에게 패했다는 결론을 내렸다. 도널드 럼스펠드 국방장관은 "살해하는 테러리스트의 수가 모집하는 테러리스트의 수보다 많으면 성공한다"라고 말한 적이 있다. 그런데 2003년 11월 5,000명이던 이라크 내의 테러리스트들이 2006년 현재 2만 명까지 늘어났다고 한다. 이는 무엇을 말하는가? 미국이 강경 일변도의 전략만을 구사했다는 것이다. 공화당의 매파들에게 '온' 전략의 여지는 없었나 보다. 그러나 물리력에는 한계가 있다는 것이다. 미국의 가공할 군사력으로 압박한 강경 전략은 오히려 이라크 내의 적대 세력에게 더 강한 적개심을 유발시켜 내부적 결속을 더욱 강화하였다는 것이 된다. 어느 정도 물리력으로 심적 상태를 강제할 수 있지만 도가 지나치면 반발하게 되어 그 지경에 이르게 되면 더 이상 강제가 되지 않는 것이다. 사람이 '자신의 목숨을 버려도 좋다.'라고 생각하는 상황이 도래하면 통제의 범위를 벗어나는 것이다. 조폭의 세계에서 완력이 큰 사람이 결코 보스가 되지 못하는 것은 상대적으로 정신적 파워, 소위 '깡'이라는 것이 크지 못한 것이 그 이유이다. 대개 조폭의 보수들은 일반인의 상식을 벗어나서 체구가 왜소한 경우가 많은데 이는 체구가 작은 사람이 깡이 크다는 얘기다. 체구가 크고 완력이 센 사람이 깡이 작다는 것은 음양의 이치에서도 맞는 얘기다. 그래서 보통 체구가 큰 사람들의 마음이 유순한 경우가 많다. 한 국가가 외교활동을 할 경우나 심지어는 전쟁을 할 때에도 강온 병행 전략을 쓰는 것이 현명하다. 강하기만 하면 결국 부러지고 약하기만 하면 결국 끊어진다. 이러한 것은 멀리 크게 볼 것도 없다. 모든 일에 강온 병행 전략은 적용된다. 그것이 세상 이치의 근본인 음양의 이치이기 때문이다.

(5) 비타민 전략

흔히 "무슨 무슨 비타민이 좋다.", "아니다, 종합 비타민이 좋다." 하면서 비타민을 상시 복용하는 사람들이 있다. 분명 좋아질 것이다. 신체의 컨디션이 좋지 않을 경우 일정 기간 복용하는 것도 바람직하다. 그러나 문제가 있다. 인체란 일반 음식물을 섭취하면 거기서 필요한 비타민을 섭취하고 섭취하지 못하는 것은 인체 자체가 생산하여 필요한 곳에 쓰게 되어 있는 시스템이다. 그런데 외부에서 비타민을 계속 제공하면 신체는 비타민을 음식물에서 섭취하는 활동이나 자체 생산의 필요성을 느끼지 않는다. 그 결과 비타민을 음식물로부터 분리 섭취하는 활동과 비타민 생산을 중단하게 되며, 마침내는 비타민을 섭취하거나 생산하는 시스템은 퇴화해 버린다. 이렇게 되면 신체는 외부에서 완제품의 비타민을 어떠한 수단으로든 강구하든지 지속적으로 공급받아야 한다. 그런데 이와 비슷한 현상이 있다. 아편(마약)이 그렇다. 아편과 비타민의 차이점은 비타민은 인체의 보다 원활한 활동을 위해 투여한 것인데 반해 아편은 일시적인 정신적 쾌락을 위해 투여한 것이라는 점이다. 투여를 계속하였을 경우 비타민은 신체 내부의 일정 비타민 관련 섭취 및 생산 활동에 장애를 초래하는 데 그치지만, 아편은 그 중독성 때문에 인간의 정신적·육체적 황폐를 초래한다. 그래서 아편은 반인륜적이다. 그러므로 모든 국가는 아편을 법으로 엄격하게 금지하고 있는 것이다. 비타민이건 아편이건 수혜자는 의존성이 증가한다는 문제를 안고 있다. 이에 빗대어 선의적 차원에서 전략을 구사할 때에는 비타민 전략을, 그리고 악의적 차원에서 전략을 구사할 때에는 아편 전략을 구사하면 될 것이다. 다만 전략적 차원에서 고려되는 것은 이 수혜자의 의존성을 활용하는 것이다. 비타민 전략을 쓰고자 할 때에는 컨트롤 레버를 확실하게 확보해야 한다. 비타민을 쓸 것인가 아편을 쓸 것인가 하는 것은 여러 가지 전략적 상황을 고려해서 선택하겠지만, 장기적 차원의 전략을 구사할 때에는 비타민 전략을 써야 한다. 그것이 대개 인류에 거역하지 않는 방법이고 그렇게 함으로써 관계자들로부터 지지를 받기가 쉽기 때문이다. 기업 합병(M&A)에서 이런 전략이 많이 사용된다. 마피아들은 주로 아편 전략을 쓰고 있으며 공적 기관에서는 비타민 전략을 쓰고 있다고 볼 수 있다. 남북관계에서 포용 전략의 저변에는 비타민 전략이 깔려 있으리라 생각한다.

(6) 미인계 전략

미인계란 아름다운 여자를 이용하여 상대방 조직을 분열시켜 승리하는 전략이다. 미인계라는 말이 처음 등장한 것은 강태공의 『육도』라는 병법서인데, "상대방을 무너뜨리려 할 때 무기와 말로만 하는 것이 아니라 먼저 상대방 신하들을 포섭하여 군주의 눈과 귀를 막아 버리고 미인을 바쳐서 군주를 유혹한다."라고 기술되어 있다. 또한, 『군주론』의 저자로 유명한 마키아벨리는 "여자가 끼어들어 나라가 망한 사례는 얼마든 있다. 그러나 여자 자체가 문제가 되는 것은 아니다. 여자가 끼어듦으로서 생기는 불의의 사건에 의해 조직의 질서가 깨지는 것이 가장 두려운 것이다."라고 말했다. 이러한 미인계는 적의 세력이 강하여 정면 승부가 어려울 때 쓴다. 전략이란 기본적으로 이소제대 하고자 하는 상황에서 필요하다. 현재의 무력 경쟁으로는 이길 수가 없으므로 미인을 이용하여 상대의 조직을 분열시켜 전투 현장에서는 전투력이 제대로 구사될 수 없게 하는 것이다. 이 미인계는 인간의 기본적 욕구를 이용한 전략이다. 세상의 모든 남자는 미인을 좋아하게 되어 있으며 그것은 본능이다. 강한 남자일수록 여자에 약한 특징을 가지고 있다. 조직의 장이 여자에 관심을 갖기 시작하면 그 조직은 와해하기 시작한다. 우선 조직의 장이 사고가 흔들려 판단이 흐려지면 이를 알아차린 부하들의 기강이 해이해지기 시작한다. 그러니 그 조직이 제대로 된 파워를 발휘할 수가 없는 것이다. 중국 역사에서 유명한 미인계는 적벽대전에서 주유의 부인인 소교는 남편을 위해 조조를 유혹하여 조조가 대패하게 만들었고 '와신상담' 고사의 주인공들인 구천과 부차의 복수전에서도 구천이 보낸 서시에게 유혹을 당한 부차 역시 패배하였다. 미인계를 전략적 차원에서 평가하면, 열세한 전력으로 강한 전략을 이기기 위하여 정면 대결의 장에서 열세한 경쟁의 틀을, 미인으로 적장을 유혹하여 적장의 판단을 흐리게 하는 동시에 조직을 와해하여 전투력의 상대적 투사능력을 저하시킴으로써 우세한 경쟁의 틀로 전환하는 것이다. 요컨대, 미인계 전략은 약자가 강자와의 경쟁에서 이중으로 경쟁의 틀을 만들어 싸우는 전략이다.

4) 시간지향 전략

(1) 냄비 속 개구리 전략

냄비에 물을 담아 개구리를 넣은 다음 서서히 가열하면 개구리는 가만히 웅크린 채로 죽는다. 개구리는 서서히 더워지는 물의 온도를 알아채지 못하고 죽는 것이다. 그러나 뜨거운 물에 개구리를 집어넣으면 개구리는 참지 못하고 튀어나온다. 이처럼 급작스러운 변화에는 과격한 반응을 보이지만, 점진적으로 아주 천천히 상대가 알아차리지 못할 정도의 느린 속도로 변화를 추구하면 그 상대는 자신이 죽는 줄도 모르게 그에 적응해 버린다. 따라서 변화의 추구에 시간성의 요소는 아주 중요하다. 그러므로 조용히, 그것도 아주 조용히 상대를 자신이 원하는 방법으로 변화시키고자 한다면 냄비 속의 개구리처럼 상대가 눈치채지 못할 정도의 느린 속도로 변화를 시도하라.

(2) 천적 전략

세상은 재미있게 구성되어 있고 그 진행 절차마저 아주 엄격하게 규칙적이고 공평하다고 생각한다. 이런 말은 세상 전체 국면을 일괄적으로 조망했을 때 해당하는 말이다. 물론 세상을 시공간적으로 조망한다는 것이 그리 쉬운 일은 아니지만 말이다.

그러나 찬찬히 살펴보면 이 세상의 모든 것은 사람을 포함하여 장단점을 반드시 가지고 있다. 그것도 정확하게 반반으로 말이다. 미모가 출중하면 성격이 괴팍하다든지, 두뇌가 명석하면 게으르다든지, 몸집이 크면 약간 둔하다든지 등등이다. 이렇듯 세상사는 강한 점이 있으면 약한 점이 있으며 동시에 강한 상대가 있으면 약한 상대가 있기 마련이다. 다시 말해 천적이 있기 마련이라는 뜻이다. 최근 농사를 연구하는 학자들 사이에서 해충을 퇴치하는 데 천적을 이용(진딧물을 없애기 위해서는 무당벌레를 이용한다)한다는 보도를 들은 적이 있는데, 그들이야말로 전략가다. 왜냐하면 천적을 이용하여 해충을 퇴치한다면 그것은 해충을 퇴치하면서도 농약의 피해로부터 벗어날 수 있기 때문이다.

모기 한 마리가 사자의 등에 올라타고 말하였다. "난 자네가 무섭지 않아. 자네가 나보다 잘 하는 것이 하나도 없거든, 만일 자네가 할 수 있는 것이 있으면 그것이 무엇인지 말해 보라구. 보나마나 앞 발톱으로 할퀴거나 이빨로 물어뜯는 일이겠지? 남편과 다투는 여자라면 누구나 그 정도의 것은 할 수 있다구. 나는 자네보다 훨씬 강하다구. 어디 자네가 나보다 강하다면 한번 덤벼 보라구." 그러고는 용감하게 사자의 얼굴 중에서 털이 없는 콧구멍 둘레를 쏘아 대면서 사자에게 달라붙었다. 사자는 앞발로 자신의 얼굴에 계속 상처만 내게 되어, 마침내 싸움을 포기하였다. 더욱 우쭐해져서 의기양양해진 모기는 승리감으로 신명나게 콧노래를 부르며 쏜살같이 날아갔다. 그러나 모기는 그만 거미줄에 걸려들고 말았다. 결국 거미에게 잡아먹히게 된 모기는 가장 힘센 동물과 싸우기를 서슴지 않은 자신이 거미와 같이 보잘것없는 동물에 의해 죽게 내버려 두는 운명의 장난을 통탄해 마지않았다. 여기서 우리는 백수의 왕 자라고 하는 사자가 모기에게 수모를 당하고 그 모기는 거미줄에 꼼짝

하지 못한다는 천적의 사이클을 보게 된다. 이렇듯 우리가 세상을 둘러보면 반드시 천적은 있게 마련이며, 그 천적을 찾아 이용하는 것이 전략의 한 표본이다.

5) 장소지향 전략

(1) 블루오션 전략

블루오션은 잘 아는 바와 같이 유럽경영대학원 전략 및 국제 경영학 담당 석좌교수인 한국인 김위찬 교수와 르네 마보안 교수가 공동으로 제안한 이론이다. 간략히 한마디로 요약하면 기존의 경쟁체제에서 탈피하여 그 누구도 하지 않는 새로운 분야를 개척하여 경쟁자 없는 상태에서 목표를 달성하고자 하는 전략이다. 경쟁자가 없다면 그곳은 그야말로 모든 것을 자신의 의지대로 움직일 수 있는 행동의 자유가 보장된 공간이다. 그러니 블루오션에서 할 수 있는 아이템이 있다면 그것은 땅 짚고 헤엄치기다. 21세기에 발행된 블루오션 전략과 2,500년 전 손자가 강조한 부전승 전략은 시공을 초월한 공통점이 존재한다. 그것은 양 전략이 한결같이 사전에 충분한 준비로, 또는 남들이 생각하지 못한 것으로 경쟁자가 거의 없거나, 전혀 없게 만들어 소기의 목적을 달성하겠다는 것이다. 이렇게 시공을 초월하면서도 같은 공통점이 존재하는 것은 전략이 인간의 심리상태에 크게 기인하기 때문이다. 블루오션 전략의 기본적 관건은 뉴 패러다임의 창조다. 기존의 관념을 과감히 뛰어넘어 지금까지 누구도 생각하지 못했던 분야와 방법을 생각해 내는 것이다. 마찬가지로 부전승 전략도 상대가 싸워 보지도 않고 승산이 없다고 경쟁을 회피하게 하는 전략이다. 이렇게 하기 위해서는 유·무형의 전력이 상대보다 절대적으로 우위에 있어야 한다. 우리가 피 흘리는 전쟁을 하지 않고 이기는 부전승 전략을 달성하기 위해서는 블루오션 전략을 적극 활용하여 상대가 상상도 할 수 없는 전력 운영 방법을 창안하여야 하고 동시에 상대가 생각하지도 못한 무기체를 개발하여야 한다. 따라서 부전승 전략은 블루오션 전략을 포함하여 레드오션 분야까지 망라하여 절대적 힘의 우위에 있어야 한다. 그러니까 블루오션 전략은 부전승 전략의 부분이라고 할 수 있다.

(2) 퍼플오션 전략

퍼플이란 자주색을 말하는데 레드와 불루를 섞으면 된다. 그러니까 퍼플오션 전략이란 쉽게 말해서 레드오션 전략과 블루오션 전략을 섞어 놓은 것을 말한다. 이를 조금 어렵게 학문적으로 설명하면 치열한 경쟁 시장인 레드오션에 참신한 아이디어로 블루오션 전략을 접목시켜 시장 판도를 바꾸는 전략이다. 그러니까 블루오션 전략이 상당한 모험을 내포하고 있는 것이라면 퍼플오션 전략은 기존의 레드오션에서 약간의 참신한 아이디어를 가미함으로써 변화를 추구하지만 모험이 적은 분야다. 블루오션 전략이 혁명적 변화를 추구한다면 퍼플오션 전략은 아마 점진적 변화를 추구하는 것이라고 볼 수 있다. 그러므로 퍼플오션 전략은 실패의 가능성이 적다. 따라서 보수적 성향의 사람들이 추구하면 좋을 것이다.

참고문헌

1. 국문 자료

단행본

국방대학교, 『안보관계용어집』, 서울: 국방대학교, 1991.

국방부, 『위기관리실무지침』, 서울: 국방부, 1998.

김명, 『국가학』, 서울: 박영사, 1995.

김용구, 『한 · 미 군사지휘관계의 어제와 오늘』, 서울: 합참전력기획본부, 1993.

김열수, 『21세기 국가위기관리체제론』, 서울: 오름, 2005.

김영태 외, 『국제분쟁과 전쟁』, 서울: 국방참모대, 1992.

김학진, 『이타주의자의 은밀한 뇌구조』, 경기 고양: 도서출판 갈매나무, 2017.

대통령실 국가위기상황센터, 『바람직한 국가위기 관리체계』, 서울: 국가안보전략연구소, 2009.

민중서관, 『에센스 국어사전』, 서울: 민중서관, 1994.

박우순, 『현대조직론』, 서울: 법문사, 1996.

백종천 · 이민룡, 『한반도 공동안보론』, 서울: 일신사, 1993.

비상기획위원회, 『비상대비교육교재 96-9』, 비상기획위원회, 1996.

삼성경제연구소, 『나는 고집한다, 고로 존재한다』, 서울: 삼성경제연구소, 2011.

우리말사전편찬회, 『우리말 대사전』, 서울: 삼성문화사, 1997.

이극찬, 『정치학』, 서울: 법문사, 1999.

이동훈, 『국가안보론』, 서울: 박영사, 2001.

이상우, 『정치학 개론』, 서울: 도서출판 오름, 2013.

이언 크로프턴 · 제러미 블랙, 이정민 역, 『빅히스토리』, 서울: 생각정거장, 2017.

이충웅, 『한반도에 기가 모이고 있다』, 서울: 집문당, 1997.

이선호, 『국가안보전략론』, 서울 : 정우당, 1990.

온만금, 『국가안보론』, 서울: 박영사, 2001.

전호훤, 『국가안보론: 이론과 실제』, 대전: 한밭대학교 출판부, 2009.

조재형, 『위기는 없다』, 서울: 신화커뮤니케이션출판팀, 1995.

정인홍 외, 『정치학 대사전』, 서울: 박영사, 2005.

채경석, 『위기관리 정책론』, 서울: 대왕사, 2004.

청곡, 『수의 시대 대한민국이 미래다』, 서울: 김&정, 2007.

최경락 · 정준호 · 황병무, 『국가안전보장서론』, 서울: 법문사, 1989.

한동석, 『우주 변화의 원리』, 서울: 대원출판, 2002.

행정안전부, 『비상대비 관련 법령집』, 서울: 행정안전부, 2009.

논문

김용석, "위기관리 이론과 실천", 『한국위기관리논집』 제1권 2호, 2005, 겨울 호.

길병옥 · 허태회, "국가위기관리체계 확립방안 및 프로그램 개발에 관한 연구", 『국제정치논총』
　　　제43집 1호, 한국국제정치학회, 2003.

남주홍, "한국의 위기관리체제 발전방향", 『비상대비연구논총』 제30-31집, 국가비상기획위원회,
　　　2003.

방태섭, "시스템 관점의 위기관리 프로세스", 『삼성경제연구소 연구보고서』 제699호,
　　　삼성경제연구소, 2009.

서창수, "한국의 위기관리체계 발전 방향 연구", 『합동참모대학 연구보고서』, 합동참모대학, 2005.

이덕로 · 오성호 · 정원영, "국가위기관리능력의 제고에 관한 고찰: 비상대비 업무기능 강화의
　　　관점에서", 『한국정책과학학회』 제13권 제2호, 한국정책과학학회, 2009.

이수형, "비전통적 안보 개념의 등장배경과 유형 및 속성", 『2009 한국국제정치학회
　　　하계학술회의』, 한국국제정치학회, 2009.

이신화, "국가위기관리와 조기경보: 미국 NGO 및 정당의 위기관리 역할", 『한국정치학회 Post-
　　　IMF Governance 하계학술회의 발표논문집』, 한국정치학회, 2000.

이종열 외, "국가위기관리 통합적 체계구축에 관한 연구", 『한국사회와 행정연구』 제15권 제2호, 서울행정학회, 2004.

이재은, "한국의 위기관리정책에 관한 연구", 『연세대학교 대학원 박사학위논문』, 연세대학교, 2000.

전웅, "국가안보와 인간안보", 『국제정치논집』 제44지 1호, 국제정치학회, 2004.

정찬권, "국가위기관리체계 변화의 결정요인에 관한 연구: 냉전기와 탈냉전기의 비교를 중심으로", 『군사논단』 제53호, 한국군사학회, 2008.

조영갑, "전환기 국가 위기관리정책", 『제20회 비상대비세미나 발표집』, 국가비상기획위원회, 2003.

홍용표, "탈냉전기 안보 개념의 확대와 한반도 안보환경의 재조명", 『국제정치총론』 제36집 제4호, 한국정치학회, 2002.

2. 영문 자료

단행본

Anwar, Dewi Fortuna, "Human Security: An Intractable Problem", in *ASIA Security Order: Instrumental and Normative Features*, Standford, California: Stanford University Press, 2003.

Clutterbuck, Richard, *International Crisis and Conflict*, New York: ST Martin's Press Inc., 1993.

Commission on Human Security, *Human Security Now: Final Report*, New York: CHS, 2003.

Kolditz, Thomas A., *In Extreme Leadership*, Sanfransisco, John Wiley & Sons. Inc., 2007.

Heywood, Andrew and Williams, Phil, *Crisis Management: Confrontation and Diplomacy in the Nuclear Age*, London: Martin Robertson, 1976.

Lippmann, W. A., *Preface to Politics*, New York: The Macmillan Company, 1933.

Moller, Bjorn, *Common Security and Nonoffensive Defense: A Nonrealist Perspective*, Boulder, Colorado: Lynner Rienner Publishers, Inc., 1992.

Murray, James A. H. et al., *The Oxford English Dictionary*, London: Oxford University

Press, 1961.

Nolan, Janne E. ed., *Global Engagement: Cooperation and Security in the 21st Century*, Washington DC: The Brookins Institution, 1994.

North, R. C. Holsti, O. R. Zaninovich, M. G. and Zinnes, D. A., *Content Analysis*, 1963.

OSCE, *Conference on Security and Cooperation in Europe Final Act*, Helsinki 1975, Vienna: OSCE, November 1999.

Smoke, Richard and Kortunov, Andrei eds., *Mutual Security: A New Approach to Soviet-American Relation*, New York: ST. Martin's Press, 1991.

Snyder, Glenn H. and Diesing, Paul, *Conflict Among Nations: Bargaining, Decisionmaking and System Structure in International Crisis*, Princeton: Princeton University Press, 1972.

Steward, John P. and Lykke, A. Jr. (eds), *Military Strategy: Theory and Application* Carlisle Barracks, PA: U. S. Army War College, 1982.

William, Phill, et al., *Crisis Management*, London: Groom Helm, 1978.

Winham, Gilbert R. (ed.), *New Issue in International Crisis Management*, Boulder: Westview Press, 1988.

논문

Acharya, Amitav, "The Nexus Between Human Security and Traditional Security in Asia", paper presented in International Conference on Human Security in East ASIA, International Conference Hall, Korea Press Center, Seoul, Korea, 16-17, June 2003.

Allison, Graham T. and Halperin, Morton H., "Bureaucratic Politics: A Paradigm and Some Poicy Implication", *World Politics*, Vol. XXIX Supplement, Spring 1972.

Begawan, Bandar Seri and Darussalam, Brunei, "Chairman's Statement the second ASEAN Regional Forum", 1 August 1995; *ASEAN Secretariat*, 2003.

Buzan, Barry, "New Patterns of Security in the Twenty-first Century", *International Attairs*, Vol. 67, 1991.

Hermann, Charles F., "Defining National Security", in John F. Richard and Steven R. Sturm (eds.), *American Defense Policy, 5th ed*. Baltimore: Johns Hopkins University Press, 1982.